PC

VOYAGE EXTRAORDINAIRE AU CENTRE DU CERVEAU

DU MÊME AUTEUR
CHEZ ODILE JACOB

Desir et mélancolie, 2006.

Pour une nouvelle physiologie du goût (avec Jean-Marie Amat), 2000.

Qu'est-ce que l'homme ? (avec Luc Ferry), 2000 ; « Poches Odile Jacob », 2001.

Faust, une histoire naturelle (avec Jean-François Peyret), 2000.

La Vie est une fable, 1998.

La Chair et le Diable, illustré par François Durkheim, 1996 ; « Poches Odile Jacob », 2000.

Celui qui parlait presque, 1993.

Casanova, la contagion du plaisir, 1990.

Biologie des passions, illustré par François Durkheim, 1986 ; « Biblothèque », 2009.

JEAN-DIDIER VINCENT

VOYAGE EXTRAORDINAIRE AU CENTRE DU CERVEAU

Illustrations de
François Durkheim

Odile Jacob
poches

15, rue Soufflot, 75005 Paris

www.odilejacob.fr

ISBN : 978-2-7381-2349-7
ISSN : 1621-0654

À Boby Naquet

CHAPITRE 4
Dormir, P. 69
CHAPITRE 5
Manger, P. 101
CHAPITRE 6
L'Hypothalamus' Restaurant
P. 121
CHAPITRE 3
Le climat et les saisons
P. 41
CHAPITRE 2
Avec qui voyager ?
P. 27
CHAPITRE 1
Le paysage cérébral
P. 15

Chapitre 7
Boire, p. 159
Chapitre 8
Mourir de soif, p. 173
Chapitre 9
La vallée des plaisirs
p. 183
Chapitre 10
Le rire et compagnie
p. 209
Chapitre 11
Boulevard Pavlov
p. 219
Chapitre 12
Les chemins de l'amour, p. 235
Chapitre 13
Le salon des beaux-arts
p. 261
Chapitre 14
Le grenier des souvenirs
p. 283
Chapitre 15
Le cerveau des facultés
p. 309
Chapitre 16
Le cerveau de l'action
p. 343
Chapitre 17
Le cerveau de l'autre
p. 359
Chapitre 18
Le jardin des langues
p. 385
Appendice
p. 409

Avant de partir

Le cerveau est indispensable à la vie. L'arrêt de son fonctionnement signifie la mort de l'individu. On sait depuis toujours que, pour tuer un homme, il suffit de lui couper la tête... ou de lui plonger un couteau dans le cœur. Il en est sorti une dispute prolongée quant à savoir où placer le siège de l'âme. Longtemps, le cœur a semblé l'emporter ; et, encore aujourd'hui, ce ne sont pas des cerveaux que les amoureux gravent dans l'écorce des arbres, c'est un cœur avec leurs deux noms enlacés. La victoire finale est revenue au cerveau. Il n'est pas certain qu'on y ait autant perdu au change qu'on le croit souvent, comme le montrera, je l'espère, ce livre.

Le cerveau est le terrain de « je » du corps. C'est parce qu'il a un cerveau qui éprouve tout ce qui advient dans et par son corps, avec son lot de souffrance et de plaisir, que l'homme peut dire « je ». Et tous les souvenirs, toutes les manières d'être, toutes les aptitudes et tous les comportements usuels qui constituent notre identité, ce « moi » dont nous nous parons, sont aussi le produit de notre cerveau. Mais il ne faut pas oublier que c'est à « vous » que « je » s'adresse, c'est-à-dire à un autre cerveau, voix d'une autre chair portant son propre lot de souffrance et de plaisir. Le cerveau, support de l'individuation et du moi, est donc aussi celui du « nous », de la société des hommes. On notera ainsi, dans ce livre, deux fils directeurs qui souvent s'entremêlent. Le premier est le plaisir et sa compagne la souffrance, qui gouvernent l'ensemble de nos actes et de nos représentations du monde ; le second est « l'autre », tant le besoin et la reconnaissance d'autrui constituent l'essence de l'humain.

Ce cerveau qui assume le destin de chaque homme est bien sûr le support de l'intelligence, mais c'est aussi le siège de passions indicibles et le refuge de la bête immonde qui rend parfois l'humain infréquentable. Agent au service de l'intelligence, fondement d'une part de notre liberté, il fait la loi dans le corps, et nul esprit supérieur ne lui dicte ses décisions ou ses inclinations. Mais cette chair sur laquelle il règne sans partage exerce sur lui en retour une emprise dont il ne peut se défaire, contraint qu'il est par ses besoins, ses désirs et ses manques. Comme tous les tyrans. On croit souvent rompre avec le vieux dualisme du corps et de l'âme en se contentant de remplacer cette dernière par le cerveau. Comme si, siège de notre intelligence, de notre identité, de notre grandeur, isolé dans notre crâne, il n'était pas partie intégrante de notre corps, comme s'il n'était pas d'abord et avant tout la clé de notre incarnation. Dualisme encore, dont j'espère avoir purgé ce livre de ses relents. C'est pourquoi, comme on le verra, j'ai plus insisté sur ce qui dans le cerveau est en relation avec les fonctions les plus élémentaires de la vie qu'avec nos « facultés intellectuelles ». Nous parlons, nous pensons, nous écrivons des livres ou des symphonies ; mais même ces productions « supérieures » ne sont possibles que parce que nous sommes des êtres de chair, qui sentons, qui éprouvons plaisir et douleur. Le cerveau n'est pas une entité désincarnée qui se représente le monde ; ce n'est pas un logiciel qui contrôle miraculeusement la machine de notre corps. C'est le centre de notre action dans le monde. Et c'est ce cerveau-là que je vous propose de visiter.

Ne vous attendez pas à rencontrer l'« esprit » sur votre chemin. L'esprit n'est jamais là où on l'attend. « Et l'âme, Brigitte ? », s'interrogeait dans un de ses livres l'éminent professeur Jean Bernard. Brigitte cherche toujours la réponse ; elle s'est mariée et a eu des enfants. Quant aux techniciens de l'imagerie cérébrale qui prétendent presque nous faire voir la « pensée » à l'œuvre dans les neurones, je rappellerai qu'une carte n'est pas un territoire et qu'une image n'est pas un esprit. Le grand psychiatre suisse Auguste Forel dans *L'Âme et le système nerveux* affirmait que « l'âme et l'*activité* du cerveau vivant sont une seule et même chose ». C'est le point de vue que j'adopterai jusqu'à preuve du contraire, c'est-à-dire tant que l'on n'a pas prouvé qu'il existe des âmes sans cerveau et des cerveaux vivants sans âme. C'est un cerveau tout d'action que je veux vous faire découvrir.

Comment une telle cathédrale peut-elle tenir dans les 1 500 mm^3 d'un crâne humain ? Allez comprendre ce mystère ! Il n'est pas surprenant que le cerveau continue d'inspirer une sorte d'étonnement sacré et de méfiance. Sa découverte et son exploration sont postérieures à celles de l'Amérique. Auparavant, cette *terra incognita* n'était livrée qu'à la spéculation et à la superstition. Intouchable, presque. Souvent encore, on répugne même à faire étudier le cerveau à nos enfants. Trop compliqué, argue-t-on. Et pourtant, n'est-il pas déraisonnable de refuser de connaître le fonctionnement d'un instrument qui nous sert à agir, à aimer, à connaître ? Un peu comme si l'on allait en Égypte sans visiter les Pyramides, comme si l'on traversait Rome en évitant le Colisée ou Athènes en détournant les yeux de l'Acropole. Voilà ce qui m'a conduit à proposer une sorte de guide de voyage à l'intérieur du cerveau.

En route donc pour le cerveau, capitale et siège du gouvernement avec ses multiples institutions, ministères, conseils et tribunaux qui font fonctionner le corps. Nous visiterons des endroits célèbres comme l'aire de Broca, où la parole est souveraine, des coins à la mode comme l'hypothalamus et ses centres de plaisir, des lieux de mémoire comme l'hippocampe. Nous irons là où satisfaire nos désirs les plus simples comme manger, boire et dormir, ou sur d'autres terrains moins avouables.

Nous tenterons de parcourir des passages secrets, d'entrouvrir des portes condamnées. L'excursion n'est pas sans risques ; il sera bon de s'y préparer pour savoir réagir en conséquence. Le cerveau est parfois malade et peut devenir la cause de toutes sortes de dérangements dont le voyageur devra être informé.

Le cerveau dont je vous propose la visite, c'est votre cerveau, unique en son genre et pourtant semblable à tous les autres. Mieux le connaître vous permettra de mieux vous connaître et d'apprendre à mieux « gérer » les relations de votre corps avec votre « tête ». Un cerveau malade se soigne et peut se guérir. Ce livre a d'ailleurs pour vocation d'aider ceux qui souffrent. « Connaître son cerveau pour en respecter les règles d'hygiène, concluait Auguste Forel, c'est le devoir de chacun à l'égard de son âme. »

En avant donc. Et avant d'en découvrir un peu plus sur les lieux où dormir, manger et boire, et de savoir où et comment déambuler parmi les hauts lieux, commençons par un peu de géographie sur cet étrange pays qui est en nous. Quelques éléments aussi sur ses habitants. Les esprits les plus curieux trouveront en appendice une petite histoire de la découverte de cette contrée et des disputes qui l'ont jalonnée. Des invités, ici ou là, viendront aussi nous rejoindre et nous guider pour visiter tel ou tel site.

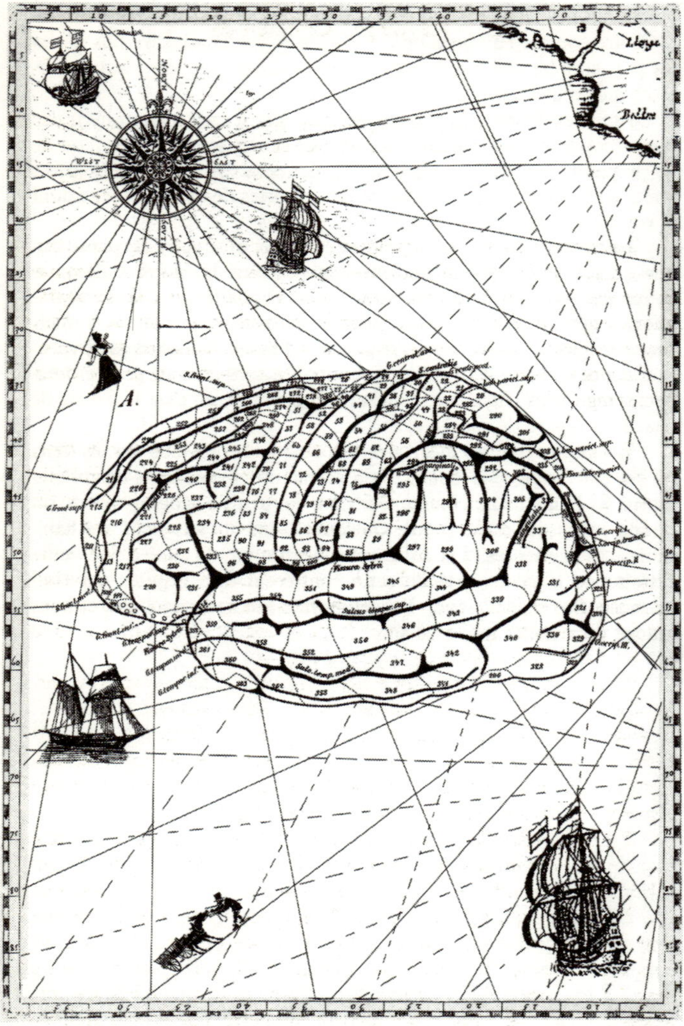
WEST
EAST
A.

CHAPITRE PREMIER

Le paysage cérébral

« La caractéristique de l'homme est dans son cerveau et non dans son organisation extérieure. »

D. DIDEROT, *Éléments de physiologie.*

Voici une première description du paysage cérébral. Elle permettra au voyageur de disposer de quelques repères dans l'architecture baroque du cerveau et d'une description des traits caractéristiques de sa population. Bien sûr, elle reste très générale. Mais tout le reste de ce livre viendra l'enrichir. Le lecteur pressé de se mettre en chemin pourra passer ce chapitre et, selon ses besoins, y revenir. Nul itinéraire contraint dans cet ouvrage. C'est le goût de la découverte qui commande.

Le cerveau humain pèse en moyenne 1 500 grammes chez le mâle, un peu moins chez la femelle. C'est la règle chez toutes les espèces de singes. Elle ne tient pas à une différence d'intelligence mais de taille, la femelle étant plus petite et moins musclée que son partenaire sexuel.

Chaque humain a dans sa tête un monde de dix milliards de neurones et d'autant de cellules gliales rassemblées dans ce cerveau. La majeure partie de ces « étoiles neuronales » occupe l'écorce (ou cortex) du cerveau qui est comme la peau épaisse d'une orange ; une poétesse a d'ailleurs parlé de la peau de l'âme[1].

Mais comment faire tenir dans l'étroite boîte crânienne les presque deux mètres carrés que mesure l'étendue déployée du cortex ? La solution que l'évolution a trouvée consiste à lui faire subir des plis et des replis qui dessinent des sillons et des scissures séparant des circonvolutions. D'où l'aspect « chiffonné » de la surface cérébrale, autre élément de similitude avec l'univers sidéral (Figure 1).

Pour découvrir le cerveau, il suffit d'enlever la calotte crânienne après l'avoir découpée à la scie et aussi décollé les portions de l'os qui adhèrent à la membrane fibreuse (la *dure-mère*) enveloppant l'organe. Une fois la tige qui le relie à la moelle épinière sectionnée, le cerveau peut être extrait de sa boîte crânienne et débarrassé de ses trois méninges comme on pèlerait un oignon. Voilà alors offert à notre regard l'instrument de notre jugement. Quoi, ce gros fruit rosâtre aux reflets de nacre serait le subtil reposoir de notre âme et le temple de nos passions ? Il faut nous faire une raison : l'humaine nature est tout

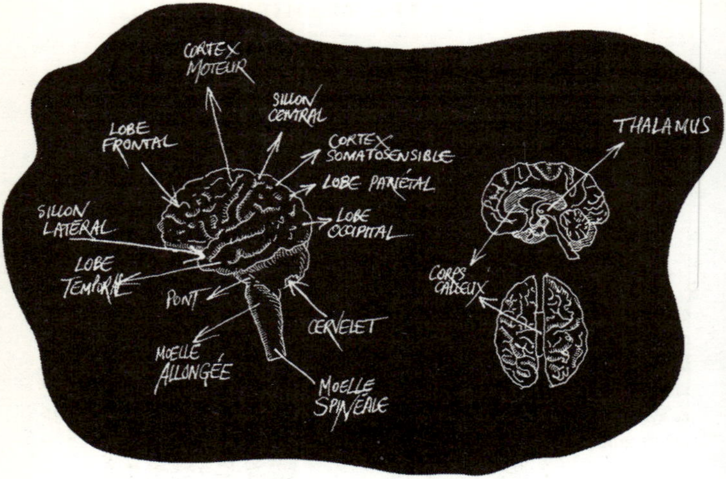

Figure 1. – VUE GÉNÉRALE D'UN CERVEAU HUMAIN.

entière contenue dans ces 1 500 g de cervelle, et sa mort après que le sang a cessé de circuler dans les nombreux vaisseaux qui courent sur sa surface et dans sa profondeur signifie la mort de l'individu.

LES DEUX HÉMISPHÈRES

La partie la plus en vue du cerveau et la plus volumineuse est formée de deux hémisphères ovoïdes. Leur partie inférieure, irrégulièrement plane, repose sur la base du crâne et recouvre en arrière le cervelet, dont il est isolé par une sorte de tente fibreuse (Figure 2).

Les hémisphères droit et gauche sont séparés par une scissure profonde, la *fissure longitudinale*, mais restent unis entre eux par de grandes *commissures* : la plus importante est le *corps calleux*, épaisse bande de substance blanche faisant pont entre les deux hémisphères. Chaque hémisphère a trois faces : l'*externe*, convexe en forme de voûte (Figure 2A) ; l'*interne*, plane et verticale qui comprend deux parties, l'une libre au-dessus du corps calleux, l'autre adhérente constituée par tous les organes (corps calleux, septum, fornix, diencéphale) qui relient les deux hémisphères (Figure 2B) ; la *face inférieure* enfin, séparée en deux par une scissure profonde, le *sillon latéral* (Figure 2C).

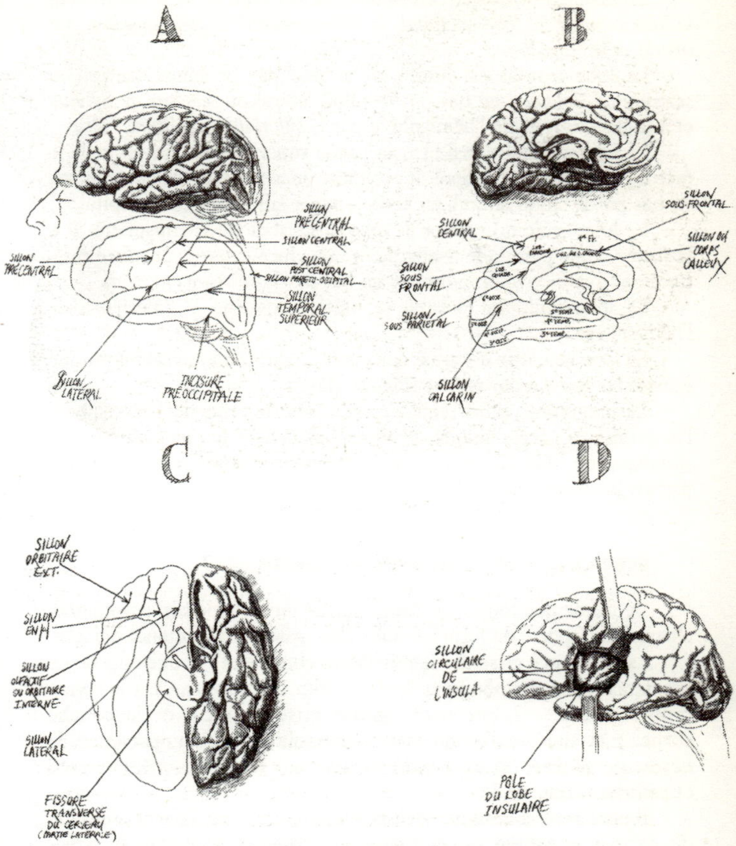

Figure 2. – Les hémisphères cérébraux : A : face externe de l'hémisphère gauche ; B : face interne de l'hémisphère droit ; C : face inférieure ; D : lobe de l'insula.

La surface des hémisphères est parcourue de nombreux *sillons* qui délimitent des *lobes* et des *gyrus*. Les lobes sont séparés les uns des autres par des sillons profonds appelés *scissures*. Chaque lobe présente un certain nombre de gyrus ou *circonvolutions* limités par des sillons secondaires.

On distingue à chaque hémisphère six lobes qui sont : le *lobe frontal*, le *lobe pariétal*, le *lobe occipital*, le *lobe temporal*, le *lobe insulaire* ou *insula* et le *cingulum*.

Le lobe frontal est limité en arrière par le sillon central ou *scissure de Rolando*, en bas par le sillon latéral ou *scissure de Sylvius* et à la face interne de l'hémisphère par le *sillon du cingulum*.

Le lobe pariétal s'étend sur la partie supérieure et moyenne de la face externe de l'hémisphère. Il est limité en avant par le sillon central, en bas par le sillon latéral, en arrière par le sillon pariéto-occipital.

Le lobe occipital occupe le pôle postérieur de l'hémisphère. Il a la forme d'une pyramide triangulaire : une face externe, une face inférieure et une face interne limitée en bas par la *scissure calcarine*.

Le lobe temporal occupe la partie moyenne et inférieure de l'hémisphère.

Le lobe insulaire est situé dans le fond du sillon latéral ; il faut en écarter les lèvres pour le voir (Figure 2D).

Le cingulum, enfin, entoure à la face interne de l'hémisphère l'insertion du corps calleux, il rejoint en arrière le *gyrus parahippocampique* du lobe temporal pour former un anneau complet appelé parfois la *circonvolution limbique*.

QUE TROUVE-T-ON À L'INTÉRIEUR DES HÉMISPHÈRES ?

De même que toutes les autres parties du système nerveux central, chaque hémisphère est formé de substance grise et de substance blanche.

La substance grise des hémisphères comprend : 1) une couche de substance grise périphérique de 3 à 4 mm d'épaisseur, c'est le *cortex* proprement dit ; 2) une petite masse grise distincte de la couche corticale et située à l'avant de la circonvolution de l'hippocampe, le *noyau amygdalien* ; 3) les *noyaux gris centraux* (noyau caudé, putamen et pallidum) (Figure 3).

Il nous reste à désigner le *diencéphale*, partie médiane et profonde du cerveau constitué par le *thalamus*, structure bilatérale et symétrique bordant de chaque côté le troisième ventricule et le plancher formé par un entonnoir, l'*hypothalamus*, petite région, grosse comme le pouce, mais que tout le monde connaît, car elle est le lieu où sont gérés nos besoins et nos désirs, nos plaisirs et nos peines.

Le lecteur, s'il a eu le courage de poursuivre jusqu'au bout la lecture de cette longue litanie de noms étranges, se sent probablement plus perdu que s'il se contentait de méditer sur un cerveau gisant sur une table de dissection. Encore lui ai-je fait grâce de la description du cervelet, ce petit cerveau greffé par ses pédoncules sur le tronc du

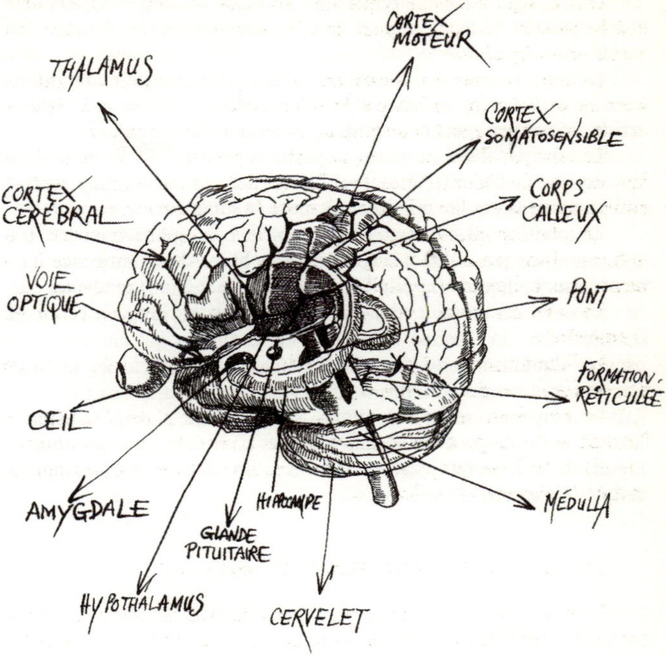

Figure 3. – Schéma de l'intérieur du cerveau.

grand. J'ai négligé également le tronc cérébral, qui relie l'encéphale à la moelle épinière contenant les noyaux d'origine des nerfs crâniens, ainsi que les centres qui commandent les grandes fonctions végétatives (respiration, circulation sanguine et pression artérielle). J'y reviendrai le moment venu.

Je ne peux toutefois passer sous silence les vastes plans d'eau qui occupent le paysage cérébral : ces fameux ventricules qui ont si longtemps focalisé l'attention des savants et des faiseurs de systèmes.

LES PIÈCES D'EAU

Dans un cerveau de 1 500 g, les cavités remplies de liquide représentent environ 100 millilitres, soit la valeur d'un verre de bourgogne.

Les plus grands espaces aqueux sont au cœur de chaque hémisphère. Ces *ventricules latéraux*, droit et gauche, communiquent par un orifice étroit avec le troisième ventricule, pièce d'eau médiane en forme d'entonnoir qui plonge dans l'hypothalamus. Cet espace communique vers l'arrière par un passage appelé l'*aqueduc de sylvius* avec le quatrième et dernier ventricule, bassin losangique dont le plancher recouvre les centres vitaux du tronc cérébral et dont le toit forme la base du cervelet. L'autre extrémité se prolonge dans le canal de l'épendyme, qui parcourt la moelle épinière sur toute sa longueur.

Des orifices placés dans l'angle inférieur du quatrième ventricule font communiquer celui-ci avec les espaces libres situés entre méninges et cerveau. Le liquide (appelé liquide céphalorachidien) se répand dans la convexité du cerveau, dans sa base et tout au long de la moelle épinière, dans la colonne vertébrale. Les fontaines qui alimentent les espaces liquidiens sont placées à l'intérieur des ventricules latéraux. Ces *plexus choroïdes* sont formés d'un écheveau de vaisseaux capillaires gainés d'un revêtement de cellules qui tirent du plasma sanguin et laissent sourdre dans les cavités à raison d'un demi-litre par jour un liquide dont la composition est celle du milieu dans lequel baignent les cellules nerveuses (Figure 4).

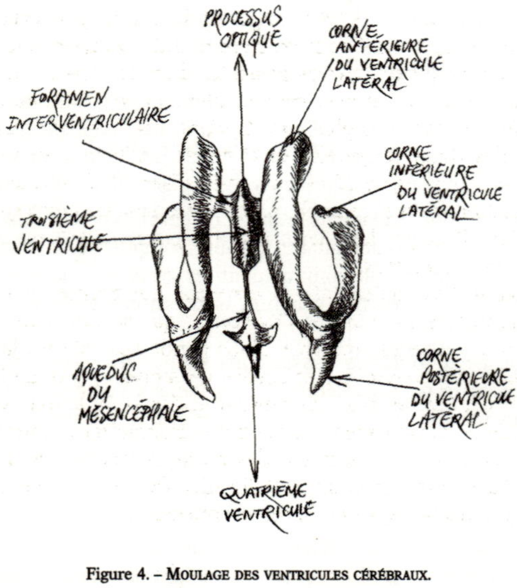

Figure 4. – MOULAGE DES VENTRICULES CÉRÉBRAUX.

LES MURAILLES

Autour du cerveau, une barrière (la barrière hémato-encéphalique) protège celui-ci des substances interdites que charrie le sang. Ces remparts sont formés par les méninges et par la paroi rigoureusement étanche des vaisseaux sanguins qui irriguent le cerveau. Comme tous les murs, ceux qui isolent le cerveau du milieu corporel ne sont pas infranchissables. Il existe des *transporteurs* assermentés et spécialisés pour certaines substances, ainsi que des zones où la porte reste ouverte en permanence. Certaines substances comme les hormones stéroïdes, solubles dans les graisses, entrent sans frapper en raison de la nature graisseuse des membranes. Toutes les membranes biologiques sont en effet formées de deux demi-couches de lipides opposées l'une par rapport à l'autre qui les rendent imperméables à toute substance non soluble dans les graisses.

LES ENTRÉES ET LES SORTIES

On dit souvent que le cerveau est une représentation du monde et que, réciproquement, il agit sur ce monde selon des programmes innés ou acquis. La stabilité de ces images et de ces programmes exige un isolement auquel contribue la barrière hémato-encéphalique.

Il n'y a que deux entrées possibles dans le cerveau, la *nerveuse* et l'*humorale*. Cette dernière est parfaitement contrôlée au niveau de la barrière hémato-encéphalique. L'entrée nerveuse fait parvenir au cerveau des données recueillies et mises en forme au niveau des organes des sens et de récepteurs spécialisés. Il s'y ébauche déjà la représentation, qu'il s'agisse du monde extérieur (*extérorécepteurs*), de la position du sujet dans le monde (*propriocepteurs*) ou du milieu intérieur (*intérocepteurs*).

Deux sorties également : la *nerveuse*, qui permet la réalisation des programmes moteurs et l'*humorale*, qui se fait sous forme de libération d'hormones au niveau d'une région spécialisée : le *carrefour hypothalamo-hypophysaire*. Les sorties hormonales, comme les sorties motrices, peuvent se faire en réponse à des stimulations venues du corps et de l'environnement ou selon des programmes centraux. Parmi ceux-ci, certains sont réglés par des horloges logées dans le cerveau. Ce sont des montres molles à la Dali : elles s'allongent et se raccourcissent au gré des humeurs et de l'environnement.

LES HABITANTS

Emporté par une veine poétique trop facile, j'ai parlé des milliards de neurones du cerveau comme autant de milliards d'étoiles dans l'Univers. En réalité, ces neurones sont des entités singulières, véritables êtres vivants, donc mortels. Ils sont là après divisions de *cellules souches*[2], venus par migration selon des trajets fléchés et se sont installés dans un lieu précis du cerveau pour y tenir leur rôle en attendant de mourir sur place sans être remplacés. Certains neurones sont presque aussi vieux que le cerveau lui-même, d'autres un peu plus jeunes, d'autres enfin ont disparu très tôt, car ils étaient de trop. Le dogme du neurone patrimonial qui demeure lui-même jusqu'à sa mort sans jamais se diviser et donner naissance à d'autres neurones a été récemment contesté. Il persiste en effet dans le cerveau adulte des cellules souches indifférenciées, sorte de larves tapies dans un marécage fertile où elles se divisent avant de se différencier en neurones et éventuellement d'émigrer. Il s'agit d'une zone située dans les parois des ventricules latéraux et d'une région de l'hippocampe, l'*uncus*, connue pour participer aux processus de mémoire.

Comme le lecteur non spécialiste n'aura que peu d'occasions d'observer directement un neurone pendant sa visite du cerveau, voici un bref aperçu des populations locales.

Observés au microscope, les *neurones* ont une apparence fixée, statique, bien éloignée de la réalité. Ils se parlent grâce à la multitude de leurs contacts synaptiques qui, loin d'être stables, se font et se défont, s'ouvrent et se ferment en fonction des signaux électriques et chimiques qui les animent : une population innombrable et changeante, grouillante d'un va-et-vient et d'un remodelage incessants. En somme, une *machine plastique* aux milliards de rouages qui évoluent et se plient aux exigences d'un milieu incertain.

Les *cellules gliales* occupent les espaces entre les neurones et forment un ensemble compact avec des espaces intercellulaires de quelques dizaines de nanomètres. Elles n'établissent entre elles aucun contact synaptique de type chimique, mais peuvent être jointes par des formations spéciales appelées *jonctions gap* et *jonctions serrées*.

On distingue cinq types de cellules gliales répartis dans le système nerveux central et périphérique. Dans le système nerveux central, les cellules gliales sont soit des cellules d'« emballage » (*astrocytes, oligodendrocytes* et *microglie*), soit des cellules épendymaires qui recouvrent la paroi des cavités (ventricules et canal de l'épendyme). Les cellules gliales du système nerveux périphérique sont dites *cellules de Schwann*. Je n'en parlerai pas, car elles servent d'isolant aux fibres du système nerveux périphérique, fonction dévolue dans le cerveau aux oligodendrocytes.

Les astrocytes sont de petites cellules (10 µm de diamètre) munies de nombreuses ramifications. On en distingue deux types : le type 1 entre en contact avec des neurones et des vaisseaux sanguins ; le type 2 n'entre en contact qu'avec des neurones.

L'ensemble des astrocytes joue un rôle de protection des neurones et de contrôle de la composition du milieu extracellulaire. Ils régulent en particulier la composition en potassium, en absorbant une partie des ions libérés par les axones lors du passage d'un potentiel d'action. De la même façon, les astrocytes participent à l'élimination des neurotransmetteurs libérés dans les fentes synaptiques, grâce à des systèmes protéiques de recapture.

Les *oligodendrocytes*, localisés au sein des faisceaux d'axones, forment une gaine de myéline autour de certains axones du système nerveux central. Leurs expansions constituent des languettes membranaires qui s'enroulent autour des axones. Ces segments myélinisés[3] sont séparés par des points non myélinisés : les nœuds de Ranvier.

Les cellules de la *microglie* sont peu nombreuses : elles ne représentent que 5 à 10 % des cellules gliales centrales. Il semble qu'elles jouent un rôle essentiel au cours du développement embryonnaire ; stade durant lequel elles se différencient à partir de monocytes sanguins qui ont franchi la barrière hémato-encéphalique. Elles forment alors la microglie amiboïde. Ces cellules se différencient ensuite en microglie ramifiée dont le rôle chez l'adulte reste encore très mal connu, en relation notamment avec les processus immunitaires au sein du cerveau.

Les cellules *épendymaires* forment un épithélium qui tapisse les parois des ventricules cérébraux et du canal de l'épendyme de la moelle épinière. Elles sont unies entre elles par des jonctions serrées qui assurent la cohésion de l'épithélium. Certaines d'entre elles présentent de nombreux cils qui baignent dans le liquide céphalo-rachidien. D'autres, les *tanycytes*, possèdent des microvillosités sur leur surface apicale et des prolongements qui viennent au contact des capillaires, des neurones ou d'autres cellules gliales.

La *synapse* constitue l'unité de base de l'organisation des circuits nerveux. Les interactions entre neurones se font par l'intermédiaire de ces jonctions spécialisées. Je ne parlerai ici que des synapses chimiques qui sont en très large majorité dans le cerveau.

Une synapse comporte deux portions qui définissent son orientation : le *versant présynaptique* où est libérée une substance neurotransmettrice, stockée dans des vésicules. Ce neurotransmetteur agit après diffusion dans l'étroite *fente synaptique* sur le versant postsynaptique où elle se fixe sur des *récepteurs spécifiques.*

Au point de vue opérationnel, la synapse convertit un signal électrique présynaptique (potentiel d'action) en un signal chimique libéré dans la fente synaptique qui, à son tour, est transformé en signal électrique postsynaptique. Après ouverture de la vésicule dans la fente, le neurotransmetteur qui ne s'est pas fixé sur son récepteur est détruit par des enzymes ou recapté par la transmission.

On observe une grande uniformité dans la structure des synapses qui peuvent se ramener à deux types :

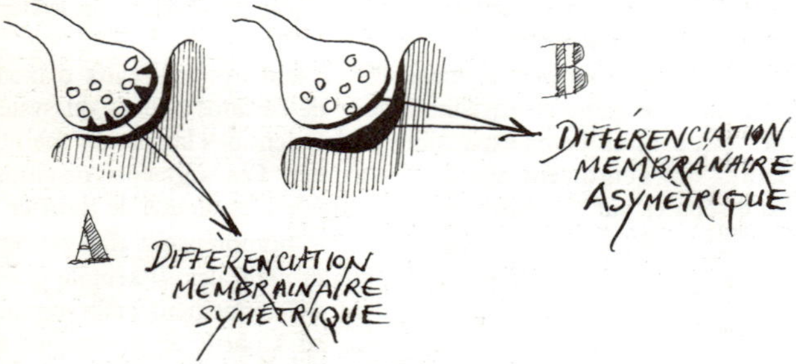

Figure 5. – Reproduction schématique de deux types de synapses chimiques.

Type 1 : avec une densification asymétrique de leurs membranes pré- et postsynaptiques. Elles contiennent des petites vésicules claires et rondes. Ce sont, en général, des synapses excitatrices (Figure 5A).

Type 2 : avec une densification symétrique et des vésicules de formes variées. Elles sont, en général, inhibitrices (Figure 5B).

Un caractère remarquable de la synapse est sa petite taille, offrant une surface de contact de 0,5 à 2 micromètres. Une contrepartie, son abondance est extrême : par exemple, 1 mm^3 de substance grise du cortex contient 50 000 neurones donnant chacun naissance à 6 000 synapses. Soit un total de 300 millions de synapses dont on estime que 84 % sont de type 1 et 16 % de type 2. Un calcul comparable pour l'ensemble du cortex humain donne 10 milliards de cellules et 60 000 milliards de synapses. Ces milliards de contacts permettent l'organisation de milliards de microcircuits dans l'espace confiné du cerveau.

Par ailleurs, on peut voir que la synapse est définie par le sens de la transmission synaptique du versant présynaptique vers le versant postsynaptique. Cependant, de manière non exceptionnelle, il peut y avoir contrôle rétrograde, avec notamment la mise en jeu de messagers diffusibles. L'exemple le mieux documenté est celui d'un gaz, l'oxyde nitrique, qui est un messager diffusible et qui peut donc franchir librement la membrane et passer dans le versant présynaptique, afin de moduler le gain de la synapse. Cela introduit la notion de *neuromodulation* qui peut être effectuée au niveau présynaptique (modulation rétrograde) et postsynaptique. Un autre exemple est donné par l'action des *cannabinoïdes endogènes* (substances fabriquées par les neurones qui reconnaissent les mêmes récepteurs que la drogue extraite du cannabis).

Il existe une régulation à plus long terme du gain de la synapse, c'est-à-dire de la quantité du messager libérée pour le même signal présynaptique. Les effets sont beaucoup plus lents que ceux de la neurotransmission proprement dite et peuvent durer de quelques secondes à des heures, voire des jours, comme c'est le cas pour la potentialisation à long terme (PLT) qui intervient dans les processus de mémoire. Il existe aussi dans certaines structures (notamment le cervelet) une dépression à long terme (DLT).

Cette vue d'ensemble n'a pas la prétention d'être un cours s'adressant à des étudiants. J'ai songé un instant à le rédiger en alexandrins « Synapses impatientes, combien se sont perdus dans vos fentes serrées en quête de leur âme, cherchant un récepteur et ne sont jamais revenus. » Mais les vers de mirliton n'empêchent pas l'ennui. Pour ceux qui n'ont pas encore renoncé au voyage, d'autres informations vont suivre.

CHAPITRE 2

Avec qui voyager ?

> « Voyager c'est bien utile, Ça fait travailler l'imagination. Tout le reste n'est que déceptions et fatigues. Notre voyage à nous est entièrement imaginaire. Voilà sa force [...]. Et puis d'abord tout le monde peut en faire autant. Il suffit de fermer les yeux, c'est de l'autre côté de la vie. »
>
> Louis-Ferdinand CÉLINE, *Voyage au bout de la nuit.*

On ne voyage jamais qu'avec « soi-même ». Voilà un compagnon dont on ne peut se défaire et qui se manifeste sans retenue à chaque détour de notre chemin. À plus forte raison lorsqu'il s'agit de voyager dans notre cerveau, que ce soit pour une simple excursion ou une véritable expédition. On y est le plus souvent reçu comme chez soi. Encore faut-il s'y bien conduire : le respect s'impose, mais le rire n'est pas interdit. Au commandement : connais-toi toi-même, Stendhal préfère : on peut tout connaître, excepté soi-même. Il n'a pas tort. Je propose de parler d'« ignorance éclairée » pour définir notre quête.

Cerveau de soi, bien sûr, mais cerveau de l'autre aussi. La conscience de soi – cette exquise faculté de l'humain – passe par la connaissance de ce que sent et pense l'autre, expression du désir inépuisable de l'homme pour l'homme. Quel amant, quelle maîtresse n'entreprendrait pas, au risque de se perdre, l'exploration du cerveau qui se cache derrière le visage gracieux de l'aimé(e). Tout d'abord, on ne découvre que merveilles : qu'importe le cerveau pourvu qu'on ait l'ivresse. Le coup de foudre frappe de stupeur le jugement – terrible guérison en perspective. Ces cerveaux étaient faits l'un pour l'autre et déjà ils ne le sont plus – trois ans, parfois moins, pour la fin de l'appariement.

L'autre ne se résume pas à l'aimé(e). Depuis le commencement de votre petite vie, vous êtes égaré dans la forêt obscure de ces êtres étrangers avec leur crâne en coquille de noix que vous aimeriez briser pour y trouver un cerveau pareil à votre cerveau. Prenez garde de ne pas disparaître au milieu de ces autres. « Il ne faut pas se mettre à la place des autres, dit Voltaire, sinon je penserais de moi comme eux. » Boutade, bien sûr, qui contredit ce que j'ai dit plus haut sur la conscience de soi, mais précaution utile avant d'entreprendre le voyage dans un cerveau : ne pas penser de moi ce qu'en pensent les autres – à trop se regarder à travers les yeux d'autrui, il y a danger de se voir odieux ou malheureux, ce qui n'est guère encourageant pour vivre.

PARCE QUE C'ESTOIT LUI ET PARCE QUE C'ESTOIT MOY

Heureusement, il existe de vrais amis, ceux qui chérissent votre liberté de jouir ou de souffrir autant que la leur. Montaigne s'est tellement plu dans le cerveau de La Boétie qu'il ne voulait plus s'en départir et n'en prendre d'autre pour demeure jusqu'à la fin de ses jours. En matière de voyage dans le cerveau, l'amour, qui n'est que feu de paille, ne vaut pas l'amitié, qui n'a pas de fin. L'amitié est prodigue de son temps ; elle ne compte pas. Voyagez donc avec un ami ou avec plusieurs, si vous avez cette fortune rare ; goûtez leur cerveau sans exclure leur corps et partagez leurs appétits. Le sexe ne fait rien à l'affaire, il ne dure pas, mais une caresse du cœur vaut pour l'éternité.

Sans ami, il ne vous resterait plus qu'à voyager seul s'il n'y avait les livres pour vous offrir leur compagnie. Mais celle-ci n'est pas toujours de tout repos. Je prends quelques exemples qui me viennent. À tous, je préfère Montaigne, un homme qui voyage à cheval, sans crainte pour son cul douloureux. Pour jouir de la volupté de celui qui s'offre au plaisir de l'autre dans le partage insouciant, voici Casanova le plus exquis des écrivains désinvoltes, sauteur d'un plaisir au suivant : son cerveau est aussi léger que sa plume et il n'est pas à craindre d'être indisposé en sa compagnie ou de s'égarer dans les *circonvolutions* d'un cerveau malade. Plus dangereux est *Paludes*, le récit d'un voyage impossible dans un paysage plein de pierres et de marécages ; l'histoire, dit Gide, « de qui ne peut pas voyager ». Comme excursion à risque, je recommande aussi Virgile, spécialiste des croisières en enfer, seul ou accompagné de Dante, un pince-sans-rire dont l'humour vous protégera de rencontres peu recommandables dans l'*hypothalamus*. Avec Joyce, alias Dedalus, vous vous égarerez dans des venelles obscures qui sentent la bière et la chair pas très fraîche. Proust, bien sûr, vous conduira dans les palais de la mémoire, cette région de l'*hippocampe* où les miroirs et les lustres dissimulent des antres sordides.

Vient enfin la cohorte des philosophes. Ils risquent de se disputer dans la malle de voyage où vous les entasserez. Les plus modernes ne sont pas les moins agités. Les « nouveaux » ne sont pas toujours les mieux informés et vous refilent de vieilles adresses pour des trouvailles de leur cru. D'autres ont succombé à un destin funeste qui n'encourage guère à leur fréquentation. Je songe à ce grand penseur mort récemment, qui régnait sur une bande de jeunes faons esbaudis devant les prouesses de son esprit et qui, se sentant de plus en plus mal dans son cerveau, trouva pour remède d'étrangler sa femme ; ou encore à ce chaman inspiré qui sombra dans la démence sans que ses disciples en fussent avertis.

Il existe, bien sûr, des guides, plus ou moins assermentés, qui se proposeront à vous pour la visite du cerveau. Certains sont des spécialistes préposés à son entretien, des jardiniers du cerveau ; parfois de vrais savants qui ont poussé très loin l'exploration du mystérieux organe. Méfiez-vous toutefois de ces imagiers du cerveau qui, par leurs tours de cartes et l'usage de lanternes magiques, prétendent révéler vos pensées et parfois votre destin. La *résonance magnétique nucléaire* est à plus d'un titre une magnifique et coûteuse technique, et il est plaisant de voir l'image de votre cerveau s'éclairer au bon endroit quand vous pensez que deux et deux font quatre. Mais ne vous laissez pas trop prendre à ce jeu. Il arrive que ces magiciens vous trompent, en toute bonne foi d'ailleurs, et vous vous retrouverez aussi marri que devant, le scanner ayant négligé de vous révéler où se trouvait votre âme absente.

LA COMPAGNIE DES GUIDES

J'aborde maintenant un sujet délicat – j'appartiens en effet à la profession –, celui du choix du guide. Tout d'abord viennent les médecins. Il en existe une grande variété. Ce sont des *généralistes*, ceux que de nouvelles dispositions administratives nous invitent à consulter en premier. Leur rôle ne se limite pas à donner quelques conseils, une ordonnance assez longue et des explications du type : « Ce sont les nerfs qui ont lâché. » Leur pratique est connue : prescrire quelques pilules de couleurs variées, on l'espère inoffensives, des examens complémentaires, éventuellement un arrêt de travail et avant tout écouter le mal-être du patient et faire un examen visuel, palpatoire et oscultatoire des organes (foie, tête, poumons, articulations, etc.). Le généraliste a pour mission principale de déceler derrière le rideau des apparences une atteinte authentique des fonctions du cerveau et d'adresser le malade au spécialiste des *nerfs*, autrement dit un guide diplômé faisant partie d'une compagnie (comparable à celle des guides de haute montagne).

Il existe deux catégories de médecins du cerveau : les *neurologues* et les *psychiatres*. C'est une division qui vient de ce que, pour certains, tout ce qui touche à l'esprit n'a rien à voir avec le cerveau lui-même. Ce sont ceux-là qui pensent qu'ils n'ont d'existence que parce qu'ils pensent. Ils sont les « riches en esprit » : la visite du cerveau, capitale de la chair, n'est pas pour eux. En des temps anciens (avant 1968), il n'y avait qu'une discipline, la *neuropsychiatrie*, mais le démon de la division était déjà dans le fruit. En 1968, la psychiatrie a proclamé son indépendance, bientôt suivie de luttes entre chapelles : la psychanalyse avec ses obédiences ; l'antipsychiatrie, médecine libertaire qui abolissait les frontières entre la folie et le bon sens ; la psychiatrie biologique enfin, qui ne pensait qu'en termes de chimie et se mesurait à l'aune de médicaments à l'efficacité redoutable sur le cerveau. Une véritable révolution a eu lieu sur le plan institutionnel avec l'ouverture sur le monde de l'hôpital, grâce à la sectorisation. La psychiatrie aujourd'hui reste un champ libre où convergent philosophie, sociologie, anthropologie et politique. Poussée par la biologie moléculaire et la recherche génétique, elle a été invitée à regagner le cerveau. Le clivage entre la neurologie (avec des « trous » dans la tête) et la psychiatrie (dysfonctionnement sans trou) n'est plus guère pertinent. Qu'il s'agisse de se mouvoir ou de sentir, de parler ou de penser, d'être conscient ou inconscient, de se souvenir ou d'oublier, c'est toujours dans le cerveau que cela se passe.

La querelle des bouffons

On désigne sous ce nom une de ces batailles d'idées (1752-1755), comme les affectionnent les Français, qui opposa les tenants de la musique française incarnée par Rameau et les défenseurs de l'opéra italien menés par Rousseau. Les affrontements d'une violence inouïe – allant jusqu'à la pendaison en effigie du pauvre Jean-Jacques – portaient sur l'opposition de la mathématique et de l'harmonie aux règles rigides et inviolables face à la mélodie cultivant un art de la persuasion qui se nourrit de sentiments – d'un côté la rhétorique de la raison et de l'autre celle du cœur –, avec en arrière-plan les prémisses de la Révolution française et l'éternel combat des gendarmes défenseurs de l'ordre et des champions de la liberté.

La querelle déclenchée par la publication du *Livre noir de la psychanalyse*[1], violent pamphlet dénonçant les méfaits de cette dernière, assortie d'une enquête de l'Inserm tendant à démontrer la supériorité des thérapies dites comportementales, les seules à pouvoir prétendre au label « sciences » et d'un amendement (dit Accoyer) visant à réglementer le métier de psychothérapeute, n'est pas sans rappeler la fameuse querelle des bouffons, même s'il est difficile de bien distinguer parmi les bouffons psychomélodistes (le côté de la reine) et les neuroharmonistes (le côté du roi).

Les neurosciences et d'une façon plus générale la biologie n'impliquent pas un abandon de la psyché. La naturalisation de l'esprit doit-elle s'accompagner d'un renoncement à l'esprit de finesse au profit de l'esprit de géométrie ? On me permettra de penser le contraire. La théorie réflexe, si belle et si explicative s'agissant de la moelle épinière, a abouti dans ses avatars béhavioristes à une déroute de la subjectivité et à un exil du moi hors du « cerveau-machine ». L'illusion physicaliste, alimentée successivement par la pharmacologie, la biologie moléculaire, la neuro-informatique et finalement par l'imagerie cérébrale, a eu raison de la psyché, désormais perdue corps et âme dans les réseaux de neurones.

Se parant des défroques du béhaviorisme, les sciences dites *cognitives*, gavées d'informatique et d'imagerie cérébrale en couleurs virtuelles, sont devenues le prétexte théorique d'un retour en force des thérapies dites comportementales. Celles-ci se présentent comme des moutures au goût du jour, des conditionnements pavloviens ou skinneriens dont on ne peut nier l'efficacité dans certaines pathologies du type obsessionnel-compulsif, tout comme d'ailleurs dans un contexte plus strictement carcéral et policier. Ces approches ne considèrent, en somme, l'homme que dans sa moitié d'orange mécanique.

Sous l'évocation de ces thérapies « efficaces », le *Livre noir de la psychanalyse*, par sa vieille dialectique totalitaire et sa violence militante, ferme la porte à toute argumentation philosophique. Le grand mérite de la psychanalyse, bien au-delà de ses excès et de ses dérives, a été de maintenir la présence de la psyché dans la substance même de l'humain, tout en affirmant la prééminence de l'affect sur l'acte. Comprendre le dedans de l'autre n'est-ce pas l'impératif auquel nous ramène le concept d'inconscient ? Accepter que la conscience soit un affect en soi, n'est-ce pas, en retour, accepter que l'inconscient fonctionne comme un langage ? Le génie de Freud et de Lacan méritait bien que ces « inquisiteurs de la cognition » leur réservassent leurs meilleurs bûchers.

1. *Le Livre noir de la psychanalyse*, Paris, Les Arènes, 2005.

La démarche qui consiste à s'en remettre à la seule compétence d'un guide – psychiatre, neurologue ou les deux à la fois – n'est jamais facile. Le voyage n'est pas sans risque notamment pour le voyageur dont le cerveau est malade. Il s'agira alors pour lui de regarder pour comprendre et de comprendre pour se soigner. Dans le contrat, les soins (la thérapie) sont compris ; il en est d'efficaces, d'autres de dangereux... et beaucoup d'inutiles.

LES THÉRAPIES[1]

Il serait aussi naïf qu'erroné de vouloir opposer la psychanalyse et les « psychothérapies ». Décrire la psychanalyse en quelques lignes est aussi vulgaire et vain que de vouloir réduire le musée du Louvre à une carte postale de la Joconde, celle-ci fût-elle barbue et fumeuse de cigare. Je me limiterai donc à affirmer qu'il s'agit, hors de toute querelle partisane ou polémique éculée, d'une fascinante façon de voyager dans un cerveau.

Qu'est-ce qu'un psychanalyste ?

Spécialiste de l'économie affective, le psychanalyste exerce un travail analogue à celui de l'historien d'art, confrontant la permanence de l'ancien à la différence du nouveau dans l'histoire d'un patient, qui effectue lui-même, activement, ce travail de mise en forme de son espace psychique, selon le mouvement spontané de sa pensée. C'est une cure de parole au cours de laquelle l'analyste écoute son patient, révélant ainsi la vie de l'inconscient à celui qui se pose la question de son existence : l'analyste permet au patient de prendre conscience de phénomènes pulsionnels inconscients, sexuels, agressifs, conditionnant son rapport au monde, comme le catalyseur d'une réaction biochimique à l'œuvre dans l'esprit de celui qui cherche à se comprendre pour comprendre le monde extérieur. Et, pour se comprendre, il faut être compris.

L'analyste applique à cet effet une technique qui consiste à libérer le patient de la compulsion de répétition des mêmes attitudes et de ses automatismes affectifs, à le libérer d'un conditionnement aliénant qui souvent le transforme en machine et le déshumanise et ce, par l'investigation des processus psychoaffectifs en jeu dans l'appareil psychique. Le but de l'analyse est aussi de permettre au sujet d'assumer sa condition humaine.

En ce sens, l'analyste définit un cadre où une seule règle prévaut pour le patient : TOUT DIRE et NE RIEN FAIRE ; c'est-à-dire mettre des mots sur des émotions, sans crainte d'être jugé, dans un mouvement de libre association de la pensée. Ce cadre, non social et constant, permet d'établir une relation patient-analyste qui se veut hors du champ de la séduction, le narcissisme faisant obstacle à une connaissance de soi. Interprète de la parole du patient, en particulier de ses fantasmes conscients et inconscients et de ses rêves, l'analyste favorise l'émergence d'un transfert affectif par levée des résistances. Pour certains, il n'y aurait d'analyse que des résistances, l'être humain étant plus attaché à sa souffrance qu'à son plaisir. La résolution du transfert permet d'envisager un terme à l'analyse.

Lorsque la technique psychanalytique se propose comme une méthode de traitement des troubles psychiques, il est alors d'usage de parler de psychothérapie d'inspiration psychanalytique. Selon les méthodes employées, la neutralité de l'analyste thérapeute s'avérera plus ou moins bienveillante, au sens d'une participation plus ou moins active de l'analyste à la thérapie du patient qui, dans l'absolu de la psychanalyse, se devrait de considérer activement les aspects vulnérables de la personnalité sans intervention autre qu'interprétatrice de la part de l'analyste. Le psychanalyste ne se présente pas comme un médecin ou soignant, refuse toute tentation de névrose empathique, n'aide pas son patient selon le sens commun, ne répond pas à ses questions, reste la plupart du temps silencieux et l'écoute. Cet aspect frustrant de la relation analytique s'avère structurant, générant une activité de symbolisation source de croissance psychique, de développement et d'épanouissement de la personnalité du patient.

> Dans les psychothérapies psychanalytiques, le but est clairement de soulager la souffrance psychique, d'éradiquer des symptômes mis en avant par le patient ou son entourage. Il est question de l'aider à mieux maîtriser sa vie pulsionnelle qui déborde, d'assurer, par exemple dans la dépression, une meilleure gestion de ses pulsions agressives retournées masochiquement contre lui. Le psychanalyste pur et dur, en revanche, impose le silence de son écoute au patient, ce qui constitue une certaine frustration, source potentielle de résistance au traitement et même de résistance à la psychanalyse. En ce sens, l'analyste exerce un métier impossible, et c'est l'impureté psychothérapeutique qui permet souvent, paradoxalement, de progresser dans l'analyse.
>
> Alain Lizotte, psychiatre et psychanalyste

Les psychothérapies n'ont pas la vocation d'exploration et d'errance dirigée de la psychanalyse. En revanche, elles prétendent guérir. La liste en est longue, même si l'on s'en tient aux écoles qui ont pignon sur rue et dispensent une formation conforme aux normes européennes et à une charte éthique.

Les *thérapies dites comportementales* se distinguent par leur efficacité dans le traitement des troubles obsessionnels et compulsifs (les fameux TOC) et des formes graves de l'anxiété. J'y reviendrai lors du voyage dans le cerveau, lorsque nous croiserons sur notre chemin Pavlov et son chien, Skinner et ses rats : un Russe et un Américain, deux compères ennemis et alliés objectifs dans une commune détestation des pulsions obscures et du désir infini qui animent la créature humaine. Légitimés par des modèles animaux – celui de l'anxiété et de la dépression se résumant à trois neurones chez la limace de mer (nobélisée avec Eric Kandel[2]) ou celui de la peur conditionnée chez le rat se jouant avec la complicité de quelques synapses entre des souvenirs traumatiques et des réponses émotionnelles systématisées par Joseph Le Doux[3]. Les thérapies comportementales, fortes de leur réussite dans certaines manifestations symptomatiques de l'autisme et des états psychotiques, prétendent aujourd'hui remédier aux troubles de la personnalité. Dans ce dernier domaine, les sciences cognitives ont permis d'approfondir, en leur ajoutant les dimensions affective et corporelle, les modèles comportementaux sur lesquels se fondent les thérapies. Introduisant le concept de *schémas* qui représentent des interprétations personnelles et automatiques de la réalité, Aaron Beck[4] associe ceux-ci à des manifestations émotionnelles pathologiques (attaques de panique, phobies, troubles obsessionnels compulsifs). Il propose au sujet de révéler les pensées qui lui viennent à l'esprit lorsqu'il ressent une violente émotion. La mise au jour des constellations de pensées automatiques permet de comprendre et d'évaluer les schémas : « L'émotion, dit Beck, est la voie royale vers la cognition », conduisant parfois à la guérison.

L'*hypnose eriksonnienne,* du nom de son fondateur le psychiatre Milton Erickson, a pris le relais de la grande hypnose à la Charcot. Celle-ci n'était pas très différente de celle pratiquée dans les music-halls ; elle n'en joua pas moins un rôle de détonateur dans la révolution freudienne. Il n'est plus question d'agresser l'inconscient du sujet par la suggestion, afin de provoquer chez celui-ci toutes sortes de manifestations corporelles bizarres et spectaculaires – paralysies, anesthésies, mutisme, transes et autres phénomènes qualifiés abusivement de grande hystérie –, mais de s'adresser directement à l'inconscient, grâce à une transe légère qui court-circuite le conscient et laisse libre cours à l'esprit inconscient : en somme, une communication directe entre le thérapeute et l'individu en souffrance utilisant le langage ericksonnien « tout en suggestions, analogies obliques et anecdotes décalées[5] » qui entraîne parfois en quelques séances des guérisons durables.

Relativement passée de mode, la thérapie centrée sur la personne créée dans les années 1960 par Carl Rogers insiste sur la relation *empathique* entre le thérapeute et son patient. Le succès thérapeutique se mesure au prorata du transfert de subjectivité entre les deux partenaires : *toi et moi* et *moi pour toi.* Très branché aujourd'hui, en revanche, l'EMDR (*Eye Movement Desensitization and Reprocessing*) s'inspire des manifestations oculaires observées au cours du rêve pendant la phase paradoxale (*REM sleep*) du sommeil. La séance alterne les périodes où le patient suit des yeux des mouvements de va-et-vient de la main du thérapeute et les périodes où il verbalise les affects qui « sont remontés à la surface ». Il s'agit en somme d'une sorte d'hypnose telle qu'elle est définie par François Roustang[6] : un éveil paradoxal par analogie avec le sommeil paradoxal. Par opposition au rêveur qui est toute intériorité, enfermé dans un corps coupé du monde, le sujet serait donc toute extériorité et en état de coupure avec son corps, permettant de mettre un terme au cercle vicieux corps-esprit dans lequel le patient a été entraîné.

Pour terminer cette parade des guides officiels ou apparentés sur une note humaniste, pour ne pas dire amicale, quelques indications sur la méthode que Fritz Perls a appelée la *Gestalt-thérapie* dont on pourrait dire en jouant sur les mots (*Gestalt* en allemand signifie forme) que sa finalité est de permettre à l'individu de retrouver la forme – être bien dans son corps et dans sa tête –, grâce à une méthode de développement personnel qui utilise la médiation corporelle pour faire sauter les verrouillages émotionnels.

Il nous reste à évoquer les voyages en famille – autrement dit les *thérapies familiales* – qui consistent à aborder celle-ci comme un système en soi qu'il convient par des « réunions de famille » dirigées par le thérapeute de faire évoluer, grâce à une prise de conscience collective, vers une résolution de conflits violents – à l'origine de pathologies graves comme l'anorexie mentale – dans lesquels se trouve entraîné l'adolescent.

Voilà donc la présentation sommaire des guides professionnels sérieux auxquels le voyageur inquiet pourra avoir recours.

Mais il faut bien savoir que, comme tous les sites touristiques, le cerveau attire les escrocs, les charlatans, tous les gourous douteux et exploiteurs sans scrupules de la crédulité du promeneur égaré. Celui-ci n'y perdra pas seulement son argent, mais il s'enfoncera encore un peu plus profondément dans les sentiers perdus de l'existence.

FOCUS 1

En ce début du XXIe siècle, la pratique médicale en neurologie et en psychiatrie va-t-elle changer ?

YVES AGID
professeur de neurologie,
CHU Pitié-Salpêtrière

Depuis toujours, et plus encore aujourd'hui, la neurologie et la psychiatrie sont considérées comme la branche la plus noble de la médecine, tout simplement parce qu'elle concerne les fonctions mentales. Ce sont aussi des disciplines attractives en raison des avancées récentes de la recherche. Ces deux raisons font que la neurologie et la psychiatrie, désormais conceptuellement réunies, car les méthodes d'investigation et les problématiques de recherches sont quasi identiques, sont choisies par les meilleurs étudiants. Au cours des trois dernières décennies, la compréhension des mécanismes des affections neuropsychiatriques et les possibilités de diagnostic qui en découlent ont connu un développement accéléré. Pour l'essentiel, les progrès ont eu lieu dans trois directions : 1) la biologie moléculaire, qui permet d'approcher les causes et les mécanismes étiopathogéniques des maladies héréditaires du système nerveux, quelles soient mono- ou polygéniques ; 2) la neurophysiologie, qui permet d'élucider les fondements anatomo-physiologiques des principales maladies neuropsychiatriques, donc d'identifier le dysfonctionnement des principaux circuits de neurones qui sont à l'origine des symptômes ; 3) la neuro-imagerie, plus particulièrement l'IRM cérébrale et la caméra à positons, qui permet de localiser, avec un grand degré de discrimination, non seulement des lésions minimes du système nerveux, mais aussi le dysfonctionnement de voies neuronales en l'absence de perte cellulaire. Les découvertes qui résultent de ces approches neuroscientifiques ont permis d'améliorer encore la sémiologie des maladies du système nerveux. Au fond, on connaissait bien la neurologie jusqu'au trou occipital (orifice à la base du crâne traversé par les structures cérébrales qui unissent le cerveau à la moelle épinière) ; elle permettait d'identifier l'atteinte des nerfs périphériques, de la moelle épinière et du tronc cérébral. La situation était encore plus sommaire pour la discipline de psychiatrie dont les interprétations cliniques s'effectuaient – et s'effectuent encore souvent – sans tenir compte du chef d'orchestre de l'organisme qu'est le cerveau, dont on considérait que c'était une « boîte noire ». Tel n'est plus le cas aujourd'hui puisqu'on commence à comprendre comment fonctionne un cerveau et, donc, comment il dysfonctionne, avec le corollaire diagnostique, pronostique et thérapeutique qui en découle. D'où l'explosion des connaissances sémiologiques pour poser plus aisément le diagnostic des troubles intellectuels (mémoire, langage, perception, stratégie d'action), psychiques (troubles de l'humeur, anxiété, psychoses) et moteurs (tremblements, lenteur des mouvements, secousses musculaires, tics, etc.). Ces données sont capitales pour le clinicien et le scientifique car les symptômes observés – cognitifs, psychiques et moteurs – sont le meilleur reflet des dysfonctionnements qui ont lieu dans le cerveau. D'où le renouveau de la recherche clinique à cause de la richesse des comportements humains par rapport à l'animal et de sa capacité exclusive à rapporter son vécu.

Dès lors, les maladies neuropsychiatriques peuvent être distinguées en deux catégories : 1) celles qui sont communes avec d'autres champs de la médecine comme les tumeurs, l'athérosclérose, les infections et l'inflammation ; 2) celles qui sont spécifiques à la neurologie et à la psychiatrie, comme les maladies neurodégénératives qui intéressent la substance grise (cellules neuronales), par exemple, les maladies d'Alzheimer ou de Parkinson, ou la substance blanche (gaine de myéline), ainsi la sclérose en plaques, mais aussi l'épilepsie, les psychoses, la dépression, les maladies du développement (autisme) ou la migraine. Étant donné le grand nombre de maladies qui atteignent le système nerveux depuis le nerf périphérique jusqu'au cortex cérébral, l'identification de cibles thérapeutiques précises est absolument essentielle. Mais l'innovation thérapeutique n'a de sens que si elle s'appuie sur les connaissances concernant les origines et les mécanismes qui sous-tendent cette constellation d'affections. D'où l'importance des méthodes de biologie cellulaire et moléculaire chez les malades et dans les modèles expérimentaux (cultures de cellules, animaux transgéniques, knock-out) pour étudier les grands processus fondamentaux que sont la transcription de gènes, les voies de transduction intracellulaires, les interactions entre les neurones et les cellules gliales. D'où aussi l'effort à accomplir dans le domaine de la neurophysiologie (en particulier des noyaux gris de la base et du cortex cérébral), de la neuropharmacologie (des canaux ioniques, des acides aminés excitateurs, des facteurs trophiques), de la barrière hémato-encéphalique (à quoi serviraient des médicaments qui ne pourraient pénétrer dans le cerveau ?) et de toutes les sciences exactes qui sous-tendent cette recherche neuroscientifique, plus particulièrement la biochimie structurale (protéines), la physique (source de tant d'innovations), les mathématiques (neurosciences computationnelles).

Cette explosion des connaissances, qu'elles soient purement cognitives ou de santé publique, exige des choix politiques difficiles, mais nécessaires. Comment nos institutions pourront-elles concilier les ambitions intellectuelles et les contraintes financières (les méthodes modernes exigent des moyens considérables), le besoin de valorisation industrielle (par exemple, la biotechnologie) et la nécessaire liberté de créer sans laquelle il n'est pas de recherche innovante ou de découverte majeure ? Comment pourra-t-on renforcer une recherche qui implique l'utilisation de technologies coûteuses (génétique moléculaire, thérapie génique, neuro-imagerie) dans les pays développés, tout en assurant une recherche indispensable pour éradiquer les fléaux (sida, tuberculose, parasites) qui sévissent dans les régions les plus pauvres du monde ? Comment assurer une recherche de haut niveau pour étudier les maladies rares, souvent paradigmatiques (maladie de Huntington, myopathie, etc.), et en même temps susciter des programmes de santé publique dont l'impact social est immédiat (toxicomanie, maladies du développement de l'enfant, pathologies dégénératives du sujet âgé) ? Saura-t-on simultanément initier des recherches précliniques chez l'animal ou en phase II chez l'homme (Centre d'investigation clinique), mettre en œuvre des réseaux de recherche clinique multicentriques, assurer la formation scientifique des futurs neurologues et psychiatres, développer des collaborations industrielles suffisantes, et en même temps prendre la mesure des problèmes éthiques qui naîtront nécessairement de ces avancées scientifiques ?

Ces questions paraissent essentielles mais difficiles à résoudre pour les cliniciens – neurologues, psychiatres, neurochirurgiens – accablés par les tâches cliniques quotidiennes. Il sera intéressant de les reposer aux cliniciens et aux neuroscientifiques dans une dizaine d'années. Il n'est pas sûr que les prédictions d'aujourd'hui n'apparaissent pas alors comme totalement naïves.

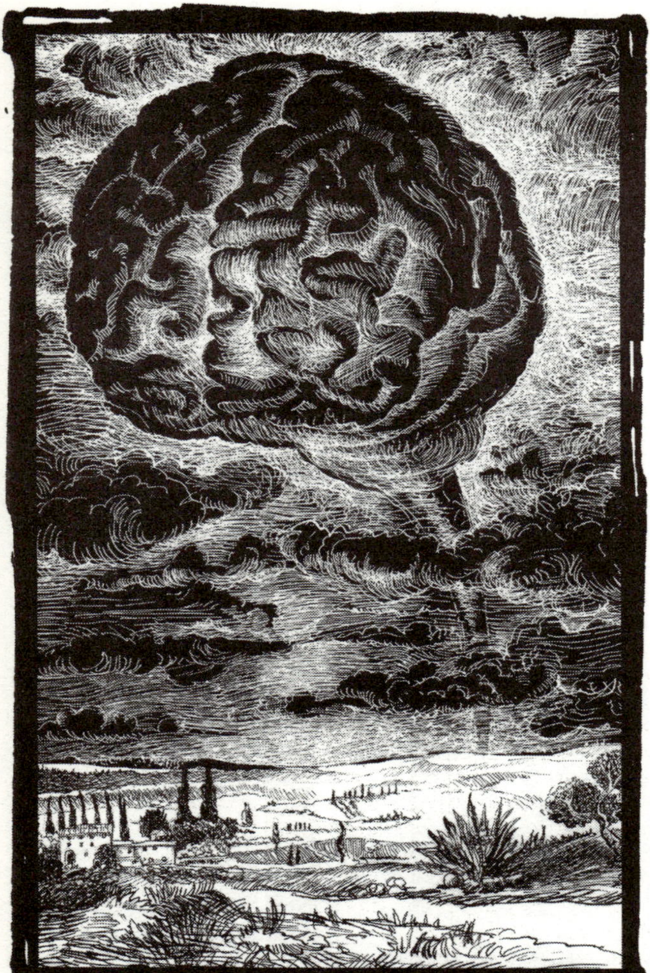

CHAPITRE 3

Le climat et les saisons

> « Avec chaque goutte de pluie, c'est ma vie manquée qui pleure dans la nature. Il y a quelque chose de mon désarroi dans le goutte à goutte, dans l'averse sur averse par lesquels la tristesse du jour se déverse inutilement sur la terre. »
>
> Fernando PESSOA, *Le Livre de l'intranquillité.*

Comme le temps, le cerveau a ses humeurs conditionnées par un climat variable selon les individus ; mélange de froid et de chaud, de sec et d'humide. Il est sujet à des changements plus ou moins soudains, à des dépressions qui amènent les orages ou les calmes plats avec leur torpeur paralysante. Enfin, il est sensible aux changements de saison notamment à la durée respective des jours et des nuits.

LA TEMPÉRATURE

Celle-ci est stable entre 36,5 et 38 °C et à peu près uniforme d'un endroit à l'autre du cerveau. Celui-ci impose sa température au reste du corps.

Comparable au régulateur d'ambiance que l'on trouve dans les appartements bourgeois, un thermostat est placé dans l'*hypothalamus*, lieu que nous aurons l'occasion de visiter à plusieurs reprises, car il s'y concocte des choses plus ou moins avouables que l'on désigne sous le nom pudique de « fonctions végétatives ». Pour que le système fonctionne, il faut qu'il soit informé des variations de la température du corps grâce à des détecteurs thermiques situés dans l'hypothalamus ou sur la peau et dans les viscères. Après avoir rassemblé et analysé toutes les informations, la centrale thermorégulatrice déclenche les réactions appropriées du corps destinées à produire ou à éliminer de la chaleur.

La température suit un rythme journalier avec une baisse de quelques dixièmes de degré pendant la seconde moitié de la nuit, la chaleur la plus basse se situant aux alentours de trois heures du matin. Ce rythme thermique suit celui du sommeil. Il peut s'en désolidariser, par exemple lors d'un changement rapide de fuseau horaire. J'aurai l'occasion de revenir sur l'horloge cérébrale qui règle ces rythmes journaliers (appelés encore *circadiens*) caractéristiques de tous les êtres vivants soumis à l'empire du Soleil.

La progestérone modifie également le point de consigne du thermostat avec une élévation de l'ordre de 0,5 °C. Pour cette raison, la température centrale augmente légèrement pendant la seconde moitié du cycle ovarien, phénomène que l'on utilise pour déterminer la date de l'ovulation. Des hausses de température viennent parfois alourdir le climat tempéré. Les accès de *fièvre* qui embrasent le corps sont dus à un déréglage du thermostat hypothalamique dont le point de consigne se déplace vers des températures plus élevées. Une infection en est souvent la cause. Des substances appelées *pyrogènes* sont libérées par les globules blancs après qu'ils ont mangé les bactéries envahisseuses. Ces pyrogènes agissent sur l'hypothalamus en induisant dans les neurones la synthèse de *prostaglandine* E1. Celle-ci est bloquée par l'aspirine. Ce qui explique l'effet spectaculaire de ce médicament sur la fièvre.

LE TEMPS QU'IL FAIT

Le climat de notre cerveau est incertain, changeant au gré de nos humeurs, si mauvaises parfois qu'elles nous empêchent de sortir, voire de vivre, ou au contraire si euphoriques qu'elles nous poussent à l'extravagance.

La notion d'humeur est facile à comprendre, mais presque impossible à définir[1]. Le grand psychiatre Jean Delay parle d'« une disposition fondamentale riche de toutes les instances émotionnelles et instinctives qui donnent à chacun de nos états d'âme une tonalité agréable ou désagréable oscillant entre les deux pôles du plaisir et de la douleur ».

> Longtemps, je me suis levé de mauvaise humeur. Mes nuits étaient agitées de rêves mauvais et les premiers étirements de mon corps réveillé étaient englués d'une épaisse tristesse. Tel était alors le climat de mon cerveau pendant ces longues semaines où le soleil noir de la mélancolie éclairait mon âme meurtrie. Qui n'a pas connu à une époque de sa vie ce mauvais temps sur son âme détrempée par une avalanche ininterrompue de larmes ne sait pas ce qu'est l'inconfort de vivre.
>
> E. Trochu, *Mémoires d'un hypochondriaque*

C'est donc de nos *états d'âme* qu'il me faut rendre compte afin d'essayer d'en comprendre les mécanismes. Le concept d'*état central fluctuant* (*ECF*) peut servir de cadre permettant de répondre à ces exigences contradictoires que sont l'infinie diversité des états psychiques chez l'humain et la profonde unité de base que lui confère sa nature animale. Ou comment réconcilier l'âme sans étendue ni durée et la molécule d'ADN une et universelle, à quelques variations près comme une partita de Bach.

L'ÉTAT CENTRAL FLUCTUANT

L'« état central fluctuant » désigne la *manière d'être* d'un organisme considéré dans ce qu'il a de permanent, sans que cela implique l'idée d'arrêt ou l'absence de changement ; il exprime à la fois le devenir, la finitude et le caractère dynamique qui qualifient le vivant. Un ver de terre, un rat, un scientifique faiseur de concepts sont, de la naissance à la mort, en état de non-équilibre. *Central,* comme une centrale d'achats, une centrale de consommateurs, une centrale syndicale, mais aussi centrale comme une prison. Être prisonnier de son corps, c'est mieux que de ne pas avoir de corps ; être prisonnier des autres, mieux que d'être seul ! *Central,* comme le système nerveux par lequel le sujet déploie sa présence au monde. *Fluctuant,* enfin, parce que cet ECF change sans cesse au fil du temps.

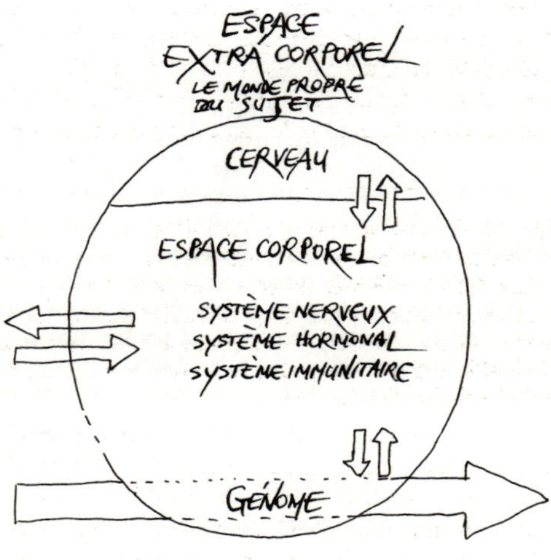

Figure 6. – L'ÉTAT CENTRAL FLUCTUANT.

L'ECF s'exprime selon trois dimensions : la dimension *corporelle*, la chair ; la dimension *extracorporelle* (le monde des phénomènes), c'est-à-dire le monde propre de l'individu ; la dimension *temporelle* enfin, occupée par les traces accumulées au cours du développement de l'individu depuis sa conception jusqu'à sa mort. Cette dernière dimension relève soit du déterminisme génétique qui met en place les programmes centraux, ordonne la maturation et le vieillissement, soit de la contingence historique qui intègre les événements de l'existence ; en bref, tout ce qui contribue au devenir du sujet (Figure 6).

La dimension extracorporelle de l'ECF est apportée par le monde propre du sujet qui contient les objets de son désir ; aliments pour satisfaire sa faim, vêtements et abris pour le protéger des intempéries, ornements de son apparence, instruments de son pouvoir ou de sa soumission et surtout, propres à l'homme, les objets de sa compassion : l'autre et les autres.

Les dimensions corporelle et extracorporelle – la chair et le monde dans leur version humaine – sont en interaction continue. La signification d'un objet change avec l'état du corps. Ainsi, la vision d'un aliment à jeun, objet désirable s'il en est, se change en spectacle détestable après un copieux repas. C'est bien le corps du sujet qui donne à l'objet son sens (désir ou aversion).

> Lorsqu'il m'advient, guidé par une odeur alléchante, de pousser la porte de la cuisine à l'heure du déjeuner, mon regard est saisi par la vision du plat qui nous est destiné : Oh ! Ce pâté de lièvre au foie gras, rouge cinabre et jaune d'or scintillant de lumière savoureuse comme une matinée d'automne, un pur objet de désir soumis aux injonctions de mon corps : taux de sucre au plus bas dans mes cellules, débordement de sécrétions hormonales (dopamine, endorphine) dans mon cerveau, tout en moi est appétit et attente de la dévoration qui va suivre. Deux heures plus tard, notre festin achevé, la digestion commencée et mon sang saturé de sucre, une nouvelle présentation du même plat (de grâce ne faites jamais une si terrible expérience) fait de celui-ci un objet de dégoût qui produit dans les parois de l'estomac et dans le cerveau une sécrétion de substances (cholécystokines) et entraîne chez moi un état nauséeux transformant le merveilleux pâté en objet de dégoût.
>
> J.-M. Amat et J.-D. Vincent,
> *L'Art de parler la bouche pleine*, La Presqu'Île, 1996.

L'ECF englobe l'état et l'acte. Contrairement à l'opinion des comportementalistes qui considèrent un comportement comme une réaction pure (un réflexe au sens large du mot) par laquelle l'organisme réagit à ce qui advient dans son corps et dans son milieu, l'acte résulte d'un mouvement expressif dans lequel il est en position seconde par rapport à l'état. Autrement dit, l'état précède l'acte, et non l'inverse comme le prétend la théorie : je ne suis pas en état de bien-être parce que je viens de commettre une bonne action, c'est l'état de bien-être, le bonheur éprouvé par anticipation, qui conduit ma bonne action à s'accomplir. Le « je » sent et éprouve avant d'agir. L'ECF permet ainsi le déploiement de la subjectivité et restaure la primauté du sujet détrôné par le réductionnisme cérébral. Ce n'est pas le cerveau qui pense mais un homme possédant ce cerveau ; ce n'est pas le système nerveux qui sent, agit et réagit, mais un sujet dans un monde qui lui appartient.

LES ÉTATS D'ÂME

Ich weiss nicht was soll es bedeuten/Daß ich so traurig bin[2] : deux des plus beaux vers de la langue allemande pour dire l'impossibilité de dire ma tristesse autrement que comme une désagréable émotion de l'âme tout aussi insaisissable que la joie « agréable émotion de l'âme en laquelle consiste la jouissance *qu'elle a du bien* que les impressions du cerveau lui représentent comme sien[3] ». Imprévisible météo de l'âme qui fait se succéder le beau et le mauvais temps dans un cerveau qui offre au voyageur le spectacle d'une mer tour à tour calme et violente sur laquelle vogue au gré des courants et des vents la flotte innombrable des passions[4]. De cette mer, on ne peut observer que la surface étale animée par la houle immobile ou soulevée par la tempête et ses vagues déferlantes, connaître ce qu'elle cache dans ses profondeurs relève de la plongée introspective ou de l'exploration scientifique.

Avec leurs appareils d'imagerie, leurs pipettes et leurs éprouvettes les neurosciences révèlent aujourd'hui les courants, les réseaux et les turbulences qui animent ces profondeurs. Ce ne sont plus « des monstres furieux aux fronts larges et armés de cornes menaçantes » soumis aux ordres de Neptune, responsables des sentiments qui troublent notre humeur, mais des neuromédiateurs défaillants et des neurones aux abois qui causent nos tourments intimes. Ces substances chimiques et ces cellules nerveuses seront désormais nos compagnons de route. Voici venu le temps des pharmaciens de l'âme.

Dépeindre l'humeur appartient davantage au talent de l'écrivain ou du philosophe qu'à la rigueur objective du scientifique ou à l'examen clinique du médecin.

Les mélancoliques 1

Considérons pourtant les malades que l'on appelle mélancoliques ; nous verrons qu'ils savent trouver en n'importe quelle pensée des raisons d'être tristes ; toute parole les blesse ; si vous les plaignez, ils se sentent humiliés et malheureux sans remède ; si vous ne les plaignez pas, ils se disent qu'ils n'ont plus d'amis et qu'ils sont seuls au monde. Ainsi cette agitation des pensées ne sert qu'à rappeler leur attention sur l'état désagréable où la maladie les tient ; et, dans le moment où ils argumentent contre eux-mêmes, et sont écrasés par les raisons qu'ils croient avoir d'être tristes, ils ne font que remâcher leur tristesse en vrais gourmets. Or les mélancoliques nous offrent une image grossie de tout homme affligé. Ce qui est évident chez eux, que leur tristesse est maladie, doit être vrai chez tous ; l'exaspération des peines vient sans doute de tous les raisonnements que nous y mettons, et par lesquels nous nous tâtons, en quelque sorte, à l'endroit sensible.

Alain, *Propos,* 19 février 1911

Comment rendre compte du flux continu des sentiments sans l'interrompre ou en modifier le cours ? De nouveau, la métaphore de la mer s'impose. « La mer fascinera toujours ceux chez qui le dégoût de la vie et l'attrait du mystère ont devancé les premiers chagrins, comme un pressentiment de l'insuffisance de la réalité à les satisfaire. » Personne n'a mieux que Proust décrit ce courant permanent de tristesse qui soulève la surface étale de l'eau. « As-tu jamais aperçu un seul être vivant qui fût heureux ? », interpelle Leopardi s'adressant au soleil dans *Le Cantique du coq sauvage.* Comment pourrait-il en être autrement dès lors que la présence de la mort ne cesse de tourmenter l'âme humaine ? Zarathoustra pourra toujours chanter que toute joie veut l'éternité, quel homme alors pourra jamais prétendre à l'immortalité ? Pour parler comme Leopardi : « L'homme désire *le* plaisir, mais cela n'existe pas, le plaisir ; ce qui existe c'est ce plaisir-*ci* ou ce plaisir-*là* », toujours fini et déterminé. Et la mer efface sur le sable ces plaisirs qui ne durent que le temps d'une marée basse. Or le désir pousse l'humain à la recherche incessante du plaisir, désir inné et illimité, qui ne peut conduire qu'à la souffrance née de sa finitude, la mer revêt alors les couleurs sombres de la mélancolie. Je reviendrai sur ces processus opposants qui gèrent nos affects.

La mer et ses humeurs

Les rythmes de chaque individu sont innés et construits dans son organisme. Il peut sembler à un observateur superficiel qu'ils soient sous l'influence du moi *conscient*. Ainsi les roulis de l'Atlantique semblent être causés par le vent et le temps. Ceux-ci cependant changent seulement l'apparence et la hauteur des vagues. La lame de fond elle-même, propageant son énergie pendant des milliers de milles à travers la mer, est engendrée en réalité par une tout autre force *inconsciente* à l'observateur : la rotation de la Terre.

Foster Kennedy, cité par J. Delay, in *Les Dérèglements de l'humeur*.

À l'encontre de l'humeur, les *émotions* qui en émergent sont facilement identifiables et peuvent faire l'objet d'une description.

LES ÉMOTIONS

Les événements climatiques qui viennent interrompre le calme apparent de l'humeur sont l'objet d'études savantes. Parmi les *émotions*, Paul Ekman[5] ne retient que six catégories : la joie, la surprise, la peur, la colère, le dégoût et le chagrin, auxquels certains auteurs ajoutent parfois l'intérêt et la honte.

La caractéristique temporelle des émotions est sa brièveté. Elle est avant tout une réaction à un événement extérieur qui entraîne des bouleversements dans l'espace corporel et une réponse expressive organisée par le cerveau. Le corps est ainsi *affecté* par le monde et *affecte* en retour la psyché dans un va-et-vient entre le cerveau et les organes irrigués par le système nerveux périphérique et les hormones. Si les émotions sont une échappée, un débordement brutal de la psyché, elles n'en jaillissent pas moins à la façon d'une vague des mouvements affectifs de l'humeur qui sont comme la houle de notre psyché.

Au centre du dispositif, les systèmes activateurs englobent ce que l'on désigne tantôt sous les termes psychologiques de désir ou d'aversion, tantôt sous ceux, physiologiques, d'*arousal* ou d'activation. Ces systèmes sont univoques et indépendants de l'objet de désir ou d'aversion. Ils mettent en jeu les voies et les neurones fabriquant des médiateurs de la famille des monoamines[6] ; leurs corps cellulaires sont logés dans le tronc cérébral.

L'*arousal* est inséparable des différents états affectifs. Des régions communes du cerveau sont impliquées dans la gestion de ces derniers.

Au cœur du dispositif règne la *dopamine* ; les *neurones* dits *dopaminergiques* sécrètent ce neuromédiateur maître d'œuvre de nos passions. J'y reviendrai longuement lorsqu'il s'agira du plaisir et de sa sœur jumelle, la souffrance. Un schéma nous permet de visualiser le changement d'humeur (Figure 7).

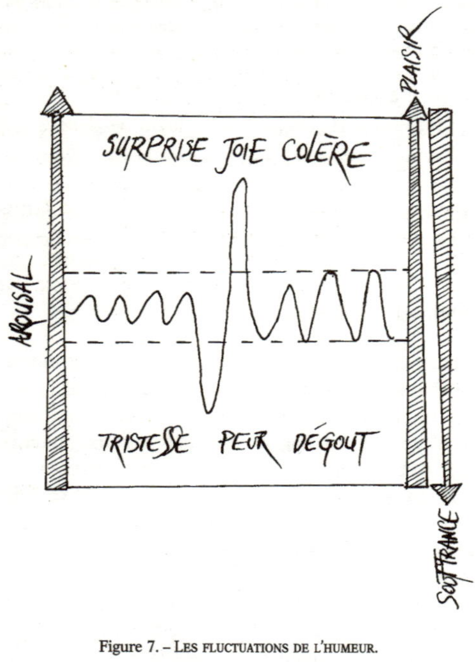

Figure 7. – Les fluctuations de l'humeur.

Lorsque l'on considère l'humeur selon un axe représentant la réactivité du sujet, il est possible de définir un niveau de base qui correspond aux fluctuations continues au gré des minutes et des heures, selon une amplitude variable et modérée autour de la médiane. C'est la houle et son clapotis incessant de sentiments incertains et fuyants. Des émotions viennent épisodiquement interrompre les oscillations comme des vagues qui soulèvent la mer ; elles sont rapidement et efficacement tamponnées par l'inertie affective. Chez certains sujets, ce niveau de base est déplacé vers la droite ou la gauche du diagramme. Dans le premier cas, il s'agit d'individus dont le tempérament reflète le besoin d'atteindre et de maintenir un niveau d'activation élevé qui correspond à leur niveau optimal de fonctionnement. Leur humeur est à marée haute. Dans le second cas, ce sont des individus de tempérament *anhédonique* présentant une hypoactivité affective et une indifférence au plaisir : leur humeur est comme une mer à morte-eau. Les désordres de l'humeur se situent aux extrémités de l'échelle de réactivité avec, d'un côté, des patients présentant une perception accrue des émotions quelle que soit la tonalité des affects que l'on peut qualifier d'hyperactivité émotionnelle, de l'autre côté, des patients caractérisés par une perte de la capacité à éprouver des émotions et à ressentir le moindre plaisir. Le premier cas regrouperait les états maniaques, mixtes et les dépressions mixtes qui répondent à la thérapeutique par des régulateurs de l'humeur (lithium, carbamazépine et acide valproïque) et le second, les dépressions avec émoussement affectif, cibles de choix pour les antidépresseurs stimulant les systèmes monoaminergiques responsables des renforcements, que ceux-ci soient positifs ou négatifs.

MÉTÉOROLOGIE PSYCHIQUE

> « Il pleut dans mon cœur
> Comme il pleut sur la ville
> Quelle est cette langueur
> Qui pénètre mon cœur »
>
> VERLAINE.

« Une dépression venue de l'est d'Éden se rapproche progressivement de mon cerveau ; ciel orageux à couvert et menace de précipitations abondantes sur mon cœur. » Bulletin météo de mes humeurs qui vaut pour celles de tous mes semblables : aussi changeantes que le temps et, n'en déplaise aux météorologues de l'âme, aussi peu prévisibles que celui-ci.

Le terme de dépression en psychiatrie a été utilisé par Emil Kraepelin, célèbre psychiatre allemand (1856-1926) qui est à l'origine de descriptions et de classifications des dérangements de l'esprit, à une époque où l'abondance des nomenclatures et des théories régnait en proportion inverse de la capacité des médecins à soulager leurs patients.

Autant le mot dépression est explicite en météorologie – il s'agit d'une baisse de la pression atmosphérique –, autant son utilisation en médecine est porteuse d'ambiguïté. Dans son acception pure, la dépression (psychique) désigne une baisse de l'humeur qui ne se traduit pas par une « mauvaise humeur », mais par un abattement, une perte du désir, une lassitude avec lenteur physique et absence d'entrain, une perte du goût pour les choses plaisantes et d'intérêt pour les activités habituelles. Bref : la déprime ! Proust qui était expert en matière de dépression nous en donne une description exemplaire. « Il était en proie presque chaque jour à des crises de dépression mentale, caractérisées non pas positivement par de la divagation, mais par la confusion à haute voix, devant des tiers dont il oubliait la présence ou la sévérité, d'opinions qu'il avait l'habitude de cacher, sa germanophobie par exemple[7]. » On peut ajouter comme symptômes la *douleur morale* sans cause psychologique avec souvent un profond sentiment de culpabilité. Cet effondrement de ce que j'appellerai faute de mieux, l'instinct de vie, va de pair avec une « hypertrophie de la conscience morale » qui a tout pouvoir sans risque d'insurrection de labourer l'âme du déprimé des remords les plus acérés[8]. L'idée d'incurabilité, associée avec l'impuissance à penser conduit tout naturellement le patient à désirer la mort et à la rechercher activement.

Parfois, l'intensité de la dépression réalise un véritable cyclone. Le déchaînement de l'humeur se traduit par une tristesse majeure, permanente et monotone qui va bien au-delà du désespoir ordinaire, ce compagnon de route des pessimistes. La charge douloureuse afflige le patient qui semble porter le deuil de son moi. Le flot ralenti de ses pensées charrie de lourdes pierres qui ont pour nom : faute et malheur. L'amour a déserté son cœur et son espace extracorporel s'est vidé de tout objet de désir. Son avenir est sans issue, rien de bon ne peut lui arriver, rien ne lui sera pardonné.

L'inhibition motrice est également marquée et se lit sur le visage figé, émacié par la douleur et l'amaigrissement. Le patient refuse de s'alimenter en raison souvent d'idées délirantes de culpabilité ou d'empoisonnement. Les idées noires (comme la bile noire des anciens médecins) sont le lot de ces patients qui échafaudent dans le secret des plans pour se suicider : condamnation à mort et verdict justifié par l'énormité de la faute. Il est des cas où les idées délirantes poussent le sujet à supprimer également ses proches pour les protéger eux aussi du malheur : homicide suivi d'un suicide, véritable acte altruiste dans une pensée dévastée par la dépression.

Parfois, la dépression peut prendre une forme anxieuse, le malade est alors agité, la douleur côtoie la révolte et la panique s'empare du malade. Dans d'autres formes, c'est tantôt la stupeur qui transforme le patient en statue du désespoir, tantôt un délire pauvre avec des voix qui insultent le malade en le couvrant d'insanités.

Tel qu'il est ici décrit, le tableau général est celui d'un *mélancolique*. Il s'oppose trait pour trait à celui d'un patient présentant un *état maniaque* qui est en quelque sorte l'anticyclone de notre météo psychique (zone de très hautes pressions). Celui-ci est caractérisé par une agitation motrice désordonnée qui peut conduire à des actes répréhensibles ; une euphorie avec une jovialité expansive ; une totale levée d'inhibition entraînant des projets insensés et des dépenses inconsidérées ; une insomnie sans fatigue ; une accélération de la pensée et du langage qui charrie des mots orduriers ; pour finir parfois sale et débraillé ou encore obscène et grimaçant, se livrant à des exhibitions sur la voie publique jusqu'à l'inévitable intervention de la police et au placement d'office en hôpital psychiatrique. J'ai conservé le souvenir troublé d'une de mes premières nuits de garde d'interne où une malheureuse sœur de charité me fut amenée nue et exaltée, chantant des cantiques à la gloire de son époux. Un épisode de manie aiguë, risible à faire pleurer le plus endurci des athées, qu'un traitement par sismothérapie a rendue miraculeusement à ses dévotions tranquilles dans la paix du Seigneur, oublieuse de l'épisode psychotique où elle avait frôlé l'Enfer.

Il serait erroné de croire que la météo psychique se réduit à l'opposition entre dépression et excitation des fonctions psychiques. Il en est, là encore, comme du temps qui fait alterner les dépressions et les canicules, des humeurs qui font se succéder de façon récurrente chez certains patients des états de mélancolie et de manie que l'on regroupe sous le terme de *troubles bipolaires*.

L'attention des psychiatres se porte aujourd'hui sur les troubles que Kraepelin a proposé d'appeler la *folie maniaco-dépressive* (1899), concept qu'il convient d'étendre à des formes évoluant sur un mode moins spectaculaire : les états dits *mixtes* du fait de la coexistence au cours du même accès de symptômes dépressifs et de symptômes maniaques. Ma grand-mère qui n'était ni experte en météorologie ni férue de psychiatrie avait coutume de dire que lorsqu'un rayon de soleil perçait au milieu d'un ciel de pluie « le diable mariait sa fille ». Dans la mélancolie considérée jadis comme le jardin du diable, il est fréquent que des rayons brûlants de soleil déchirent les nuages noirs qui obscurcissent l'âme du patient. Ainsi le mélancolique présente-t-il parfois des bouffées d'excitation qui ne le rendent pas très différent du maniaque en proie à des accès de tristesse et de culpabilité suivis d'un passage à l'acte suicidaire.

Il faut souligner la présence de ces états mixtes qui peuvent avoir l'aspect trompeur d'une dépression. Pour les reconnaître, il convient d'utiliser des échelles d'évaluation qui permettent de déterminer le niveau de réactivité émotionnelle de ces patients. Si l'on se reporte à la Figure 7, ceux-ci se situent dans la partie haute du diagramme avec un niveau d'activation (*arousal*) élevé et une hyperactivité émotionnelle, ces patients ressentant les émotions d'une façon excessive. En revanche, les dépressions que je qualifierai d'ordinaires se situent sur la partie basse du diagramme avec un niveau très bas d'excitabilité psychique et un émoussement affectif dont témoigne leur impassibilité face aux émotions qui ne sont plus que vaguelettes sur fond de marée basse. Mais attention à ces états mixtes qu'un médecin inattentif traitera comme une dépression banale par des antidépresseurs[9]. Le praticien aura la surprise d'observer que ces derniers provoquent l'augmentation de l'agitation, de l'insomnie et surtout du risque de suicide. La science médicale comme la météorologie n'est bonne que si elle s'accompagne d'une observation à la fois profonde et fine qui repose sur une connaissance acquise par l'expérience et le bon sens : un art en quelque sorte. Il devrait y avoir chez tout psychiatre un vieux marin qui sommeille.

Les mélancoliques 2

L'histoire ne compte plus le nombre des patients atteints de cette maladie de l'âme, cette langueur du cœur qui conduit au désespoir, cette exaltation de l'esprit qui fait accomplir des prodiges et qui apparaît si l'on s'en réfère à Aristote comme le signe du génie. Mais s'agit-il bien d'une maladie et non d'un trait commun de l'humanité qui vient de cette faculté particulière de l'homme d'être averti de son sort qui pousse certains à interrompre un destin aussi misérable et d'autres, comme Démocrite, à rire de tout ? On connaît l'histoire de la consultation du docteur Hippocrate appelé à guérir le philosophe que ses concitoyens considéraient comme fou. Après l'avoir trouvé en train de disséquer des animaux et obtenu les raisons de son rire, le médecin fut convaincu que c'était Démocrite qui était sain dans un monde de fous : « c'est le monde qui est malade sans le savoir » et « on fait de la Terre, notre mère, une Terre ennemie ». Démocrite vivait en ermite et fréquentait les tombeaux. Peut-être interrompait-il quelquefois son ressassement ricaneur pour courir aux prostituées et s'enivrer de vin.

« J'écris sur la mélancolie en m'évertuant à éviter la mélancolie, dit Robert Burton[1], le nouveau Démocrite [...], car j'avais une sorte d'abcès dans la tête dont j'avais grande envie de me soulager et je ne pus concevoir d'exutoire plus approprié que ceci [...], je n'étais pas affligé légèrement par cette maladie [...] et pour cette raison [...] je voulus [...] faire un antidote de ce qui fut la cause primordiale de mon mal. » Le mal, c'est le chagrin, c'est l'humeur désespérée, l'humour noir qui provoque le rire.

Voici Hamlet, portrait probable de William Shakespeare et prince des mélancoliques sous l'effet d'un traumatisme de l'âme dû à la mort du roi son père et du remariage impudique de sa mère. Le meilleur compagnon du monde devient un être qui doute de sa propre existence. Une humeur noire le rend suspicieux à l'encontre d'un monde devenu un objet d'amertume et de dérision. Instrument de sa propre destruction, il flétrit dans les sarcasmes un amour pur qui aurait pu le sauver.

Voici encore James Boswell, illustre écrivain écossais du XVIIIe siècle, auteur du journal d'un hypocondriaque – autre mot pour désigner la mélancolie – qui appartient lui aussi à cette race de joyeux lurons toujours prêts à boire, toujours prêts à jouir ou à faire des ronds dans l'eau comme Burton crachant dans la Tamise dont le courant emporte la tristesse.

La mélancolie altère les fonctions du cerveau et rend l'esprit obtus, mais il arrive parfois que « les mélancoliques, dit Burton, soient très intelligents et d'un jugement rapide. Cela peut être dû à ce que l'humeur mélancolique est rendue plus subtile par la chaleur ; comme le bois le plus sec donne la flamme la claire et comme la lie distillée du vin donne une eau-de-vie forte et brûlante [...]. On peut y ajouter d'autres raisons : l'exercice intellectuel où ils se montrent *infatigables*, leur permet de posséder cette rapidité d'esprit apparemment naturelle dont les a dotés l'habitude de l'entraînement. De plus, tant qu'ils n'ont pas atteint la violence et l'emportement de la passion, la mélancolie engendre en eux un doute très soupçonneux en ce qu'ils examinent et les rend d'autant plus pointilleux et méticuleux lorsqu'ils apprécient le poids des choses ». Un psychiatre moderne aura reconnu dans cette description du mélancolique par un auteur de la Renaissance[2] le portrait de celui qu'il désigne aujourd'hui du terme de « bipolaire ».

Boswell est donc un bipolaire[3] qui jouit du bonheur d'être triste et se lamente du malheur d'être joyeux. À ce titre, il représente un type humain universel qui exprime la déchirure entre joie et tristesse. Tout homme est mélancolique par nature – *Homo melancholicus*.

La mélancolie ne se révèle que dans le malaise et la maladie de l'individu. Alors lui apparaît la noirceur du monde qui submerge son corps et la déchirure devient plaie. Les grands mélancoliques sont des phares qui éclairent de leur sombre lumière l'humanité tout entière.

Au siècle de Boswell, la théorie de la bile noire, l'« atrabile », a continué de régner avant que la science moderne ne la relègue dans les bibliothèques et les musées de la médecine. Elle reste vivante, toutefois, tant sont fortes sa valeur expressive et sa pertinence symbolique. Non seulement le langage populaire, mais celui des médecins, continue à propos des patients souffrant de dépression (un terme nouveau emprunté à la physique) de dire que leur mimique est sombre et terne, que leur motricité est engluée et qu'ils sont en proie à des idées noires, ce noir de la bile qu'ils se font, noir comme un *De profondis*, le noir des romans anglais à la mode au temps de Boswell ou comme la collection des séries noires. Pourra-t-on nous citer un seul écrivain de talent qui n'ait trempé sa plume dans l'encre noire de ses humeurs ? Une encre qui se dilue dans le vin. Voici enfin Georg Trakl dans *Révélation et anéantissement* : « Silencieux, je restais assis dans une auberge abandonnée, sous les solives enfumées, seul avec mon vin ; radieux cadavre penché sur une forme ténébreuse ; à mes pieds gisait une brebis morte. Surgissant de l'azur décomposé, la silhouette blême de ma sœur apparut, et voici comment parle sa bouche sanglante : *blesse, ronce noire*[4]. »

J'arrête ici ce mince catalogue des princes de l'humeur avant de succomber à la tristesse qui m'accable de n'être qu'une fourmi atrabilaire perdue parmi tous ces mélancoliques aux ailes de géants : Leopardi, Baudelaire, Verlaine, Rimbaud, Chateaubriand, Stendhal, Musil, Hoderlin, Byron, Keats.

1. Robert Burton, *Anatomie de la mélancolie,* dans une très belle traduction de Bernard Hoepffner, Paris, José Corti, 2000.

2. Timothy Bright, *A Treatise of Melancoly,* Londres, 1588 ; traduction française d'Éliane Cuvelier, Grenoble, Jérôme Millon, 1996.

3. Voir une étude de la vie de Boswell dans J.-D. Vincent, *Désir et mélancolie,* Paris, Odile Jacob, 2006.

4. Claude Louis-Combet, *Blesse, ronce noire,* Paris, José Corti, 1995.

ANATOMIE DE LA MÉLANCOLIE

Ce titre est un hommage à Robert Burton (1577-1632). La publication de l'*Anatomie de la mélancolie* en 1621 marque le sommet du discours médical sur la mélancolie qui, commencé cinq cents ans avant l'ère chrétienne par les écrits hippocratiques, s'est prolongé jusqu'à nos jours dans le langage de la psychiatrie et de la pharmacologie modernes tout imprégnées encore du flux métaphorique des humeurs. Selon la légende, Burton s'est pendu pour accomplir sa propre prophétie sur la date de sa mort. L'histoire n'est pas vraie, mais illustre cet humour noir qui a la douceur amère du chocolat, ce merveilleux remède contre la tristesse.

Nostalgie de l'ancienne médecine trop souvent inefficace, mais qui savait s'adresser à l'imaginaire du malade pour l'assister dans son désespoir d'être en vie. Voici venu le temps où le médecin fait tenir dans une synapse les subtiles contradictions d'une âme en peine et où il règle la circulation des influx nerveux dans des voies cérébrales et des centres aussi compliqués que le trafic dans une ville aux heures de pointe.

Place donc à l'anatomie et aux mécanismes des fluctuations de l'humeur. Que le lecteur paresseux – la paresse est une vertu secrète – passe son chemin, il ne s'en portera pas plus mal, et que celui qui a choisi de me suivre se reporte aux planches du chapitre précédent, afin de se repérer dans le cerveau des humeurs.

Comprendre l'alchimie confuse des humeurs qui régule l'humeur exige de la part du chercheur le difficile mélange de rigueur et d'imagination qui est la marque de la bonne science – avec une dose de hasard qui est souvent à l'origine des découvertes.

Les psychotropes

Le terme de *psychotropes* désigne littéralement un médicament de l'âme (*psyché*), dénomination manifestement abusive ; il est préférable de parler simplement de médicaments du cerveau. Ceux-ci sont d'utilisation récente (moins de cinquante ans) et, comme le dit Édouard Zarifian, « nulle stratégie de recherche, nulle brillante hypothèse neurobiologique n'ont présidé à leur caractérisation. Leurs bonnes fées s'appelaient le hasard, la chance et l'observation de leurs effets par les cliniciens ». Toutes ces observations furent faites chez l'homme avant que ne fussent créés des modèles animaux de maladie mentale. Pauvre rongeur pendu par la queue, lancé sur des planches glissantes, plongé dans l'eau, soumis à des chocs électriques, comment pourrait-il ne pas devenir « dépressif » après ces traitements ? Ayons une pensée amicale pour ces réprouvés sacrifiés par milliers dans les laboratoires pour chercher un remède qui apaisera l'âme tourmentée de l'homme, son ennemi.

Le premier vrai médicament du cerveau fut le lithium. En 1949, J. Cade, en Australie, étudie une substance supposée efficace sur les rhumatismes. Première surprise : les animaux qui ont reçu une injection de la substance sont d'une tranquillité anormale ; deuxième surprise : ce n'est pas la substance, mais le solvant, qui est responsable de l'effet sédatif. Ce solvant contient un sel de lithium. En comparant avec des solvants dépourvus de lithium, Cade arrive à la conclusion que seul le lithium est en cause. Fort de sa découverte, Cade, qui est psychiatre, imagine un emploi possible chez les malades mentaux agités. À cette époque, la folie se manifeste bruyamment par de grands états d'excitation psychomotrice chez des malades que l'on est contraint de ligoter. Les premiers résultats sont concluants, mais l'utilisation du lithium est abandonnée en raison de complications parfois mortelles. Le Danois M. Schon émet l'hypothèse que la toxicité serait liée à des concentrations trop élevées. Après l'obtention d'une méthode de dosage, il travaille seul pendant plusieurs années, avant que l'usage du lithium soit accepté, en respectant de strictes limites de concentration entre lesquelles le produit est efficace et non toxique. En plus de l'efficacité dans les états d'agitation, Schon démontre que l'administration continue de ce simple métal empêche et limite les rechutes mélancoliques et maniaques dans la maladie bipolaire. Le lithium devient le chef de file des « régulateurs de l'humeur ».

À peu près à la même époque, en 1952, H. Laborit observe qu'un antihistaminique, la *chlorpromazine,* qu'il utilise dans le cadre d'anesthésie chirurgicale, possède une action psychique qui se caractérise par un ralentissement des idées et des gestes, une indifférence à l'entourage et une sorte de mise à distance du monde de l'expérience. Je passe sur les péripéties qui conduisent à l'utilisation par les psychiatres de l'hôpital Sainte-Anne dirigé par J. Delay, à essayer la chlorpromazine chez les grands agités et comme si une intervention miraculeuse avait rétabli le calme dans le pavillon des fous furieux, les agités s'apaisent, les délires disparaissent, le silence et la communication se rétablissent. Le *largactil* est né et avec lui est introduite la camisole chimique à l'hôpital

psychiatrique. En 1957, le groupe de Sainte-Anne propose le terme « neuroleptique » pour caractériser cette classe de médicaments dont la multiplication fait la fortune de l'industrie pharmaceutique. Ainsi s'ouvre l'ère de la psychopharmacologie qui transforme l'évolution des psychoses.
Les autres grandes découvertes en matière de médicaments du cerveau ne sont pas moins dues au hasard et à l'observation. Ce sera en 1957 la découverte de l'*imipramine*, une molécule dérivée de la chlorpromazine, mais sans effet neuroleptique qui se révèle efficace dans le traitement de la mélancolie. La même année une équipe de psychiatres américains avec N. Kline découvre les propriétés antidépressives d'un médicament antituberculeux qui est à rapprocher de l'ambiance « chaude » observée dans les sanatoriums et qui n'était pas exclusivement due à l'air pur de la montagne.
Puis viendront d'autres familles d'antidépresseurs et les tranquillisants qui inaugurent une recherche plus ciblée, minorant la place du hasard au profit d'une volonté créatrice et concertée que l'on a appelée le *drug design*.
Pour une étude très approfondie et critique des médicaments du cerveau, on consultera le livre d'Édouard Zarifian, *Les Jardiniers de la folie*, Paris, Odile Jacob, 1988.

Les hypothèses proposées par les chercheurs ont été nombreuses et n'ont pas toujours résisté à l'observation des faits et aux résultats des expériences. Des théories parfois contradictoires se sont opposées ; la mode qui existe aussi en recherche, comme en haute couture a contribué à la diffusion d'idées qui se sont par la suite effacées. Le visiteur naïf ne doit pas s'attendre à rencontrer la lumineuse clarté de la connaissance. Il sera un peu dans la situation de celui qui prétendrait découvrir les secrets de la météorologie en marchant dans les nuages.

Toutes les hypothèses, toutes les théories gravitent autour des systèmes dits *monoaminergiques*. Allons, visiteur, encore un effort. S'il te venait jamais le besoin d'avoir recours à ces pilules amères censées apporter la tranquillité de l'âme, sache au moins où elles agissent, faute de bien comprendre leur mystérieuse action. *Le cœur de ces systèmes est situé dans la base (les sous-sols [sic]) du cerveau. C'est en quelque sorte la machinerie qui assure la climatisation de notre affectivité.* Tous ces systèmes naissent d'un relativement petit nombre de neurones rassemblés dans le tronc cérébral. Leurs prolongements d'abord regroupés en faisceaux se dispersent ensuite pour se terminer sous forme d'arborisations dans différentes régions corticales et sous-corticales du cerveau. Ce sont les systèmes dopaminergiques (dopamine), sérotoninergique (sérotonine), noradrénergique (noradrénaline) pour ne citer que ceux directement impliqués dans la régulation de l'humeur.

Ces voies nerveuses aminergiques constituent le substrat anatomique de l'humeur et une cible privilégiée pour le traitement des désor-

Le système dopaminergique

Malgré leur variété d'expression, les neurones à dopamine sont concentrés dans une zone étroite du cerveau. À l'exception de neurones isolés dans l'hypothalamus, toute la dopamine du cerveau provient d'une poignée de cellules tassées dans une étroite région du tronc cérébral – le mésencéphale – à l'endroit où celui-ci s'épanouit en deux expansions symétriques, les hémisphères. Dans le mésencéphale, les cellules à dopamine forment une sorte de banc ininterrompu qui va des bords – substance noire – au milieu – aire ventro-tegmentale (AVT). Les prolongements de ces neurones se rassemblent dans les parois latérales de l'hypothalamus en un tronc symétrique qui grimpe vers les structures homolatérales du cerveau. Autant les corps cellulaires et le tronc sont ramassés, autant sont dispersés les rameaux terminaux de l'arbre à dopamine. Les trois cerveaux reçoivent une innervation dopaminergique : le néocortex, le système limbique et le striatum. À la continuité des corps cellulaires répond une continuité des projections. Les neurones du AVT envoient leurs terminaisons sur le cortex préfrontal et sur le striatum médian ; les neurones de la région plus latérale se projettent sur le système limbique et sur le système striatolimbique où figure le noyau accumbens ; les neurones latéraux de la substance noire, enfin, vont au striatum latéral. À ce continuum anatomique répond un continuum fonctionnel qui va de la perception à l'action, en passant par l'intention. Par ailleurs, ces terminaisons nerveuses n'établissent pas, dans les structures qu'elles innervent, des contacts synaptiques précis, mais se répandent en arborisations diffuses qui quadrillent l'espace et l'arrosent de dopamine. Ainsi la dopamine paraît-elle dessiner par ses projections des ensembles fonctionnels aux frontières vagues au sein de structures anatomiques mal limitées. Le terme de *cerveau flou* désigne assez bien ces ensembles.

D'après J.-D. Vincent, *Biologie des passions.*

dres de cette dernière. Le fonctionnement de ces systèmes ne peut se comprendre sans l'intervention des structures situées en aval. Ces voies se projettent en effet dans le cerveau en larges arborescences, sur le cortex, principalement dans sa partie frontale antérieure (cortex préfrontal), la matière grise (striatum ventral ou noyau accumbens) et le système limbique (un ensemble à la face interne des hémisphères qui comprend le *cingulum,* le *septum,* l'hippocampe et l'amygdale). À la différence des structures profondes, stables et génétiquement spécifiées, ces régions se modifient en permanence avec l'expérience et les fluctuations de l'état central ; elles sont instables, partiellement innées, largement soumises aux facteurs épigénétiques et ont subi une pression évolutive conduisant à leur développement considérable chez l'homme.

Longtemps les explications des troubles de l'humeur ont été centrées sur les synapses aminergiques. Selon le fameux théorème du réverbère qui consiste à chercher sa clé égarée là où le trottoir est éclairé, la possibilité de mesurer la libération locale des neuromédiateurs, l'affinité, la sensibilité de leurs récepteurs et la facilité de construire des schémas explicatifs et relativement clairs de l'action des médicaments ont guidé à la fois la mise au point et la mise sur le marché de ces derniers (Figure 8).

L'hypothèse centrale repose sur un déficit de la transmission aminergique qu'il convient de restaurer par différents moyens pharmacologiques : 1) augmenter la libération de l'amine, 2) freiner sa dégradation avec des inhibiteurs d'enzyme (exemple le inhibiteurs de la monoamine-oxydase IMAO), 3) bloquer sa recapture (exemple les inhibiteurs spécifiques de la recapture de la noradrénaline ou les inhibiteurs spécifiques de la recapture de la sérotonine comme la fluoxetine (*Prozac*), 4) une augmentation de l'efficacité des récepteurs postsynaptiques, 5) une action désensibilisatrice sur les récepteurs présynaptiques dont l'effet inhibiteur est lésé.

Le problème posé par ces effets porte sur leur brièveté (quelques minutes, quelques heures) qui contraste par leur action thérapeutique qui se fait sur le long terme (semaines).

L'HUMEUR PREND SON TEMPS

Les troubles de l'humeur s'inscrivent dans la durée et doivent donc être abordés sur le long terme, ce que permet la dimension temporelle de l'ECF. Celle-ci est occupée par les traces accumulées de la mémoire au cours du développement de l'individu.

Les études morphométriques en résonance magnétique nucléaire sur des populations de patients présentant des troubles de l'humeur, ainsi que des observations *post mortem* montrent que leur évolution à long terme se traduit par des anomalies anatomiques significatives lorsqu'on les compare aux mesures effectuées chez des sujets témoins : réduction du volume de la substance grise dans le cortex préfrontal sus-orbitaire et médian ; atrophie de l'hippocampe et du striatum ventral ; dilatation du troisième ventricule. Le débit cérébral mesuré par tomographie à émission de positrons est fortement augmenté dans la région amygdalienne en proportion de la gravité des troubles dépressifs et diminué lors de la rémission des symptômes.

Sur le plan histologique, les faits saillants sont une réduction de la taille des neurones, une prolifération des cellules gliales, une destruction des gaines de myéline (l'isolant) autour des prolongements neuronaux, une perte de ces prolongements et des signes de destruc-

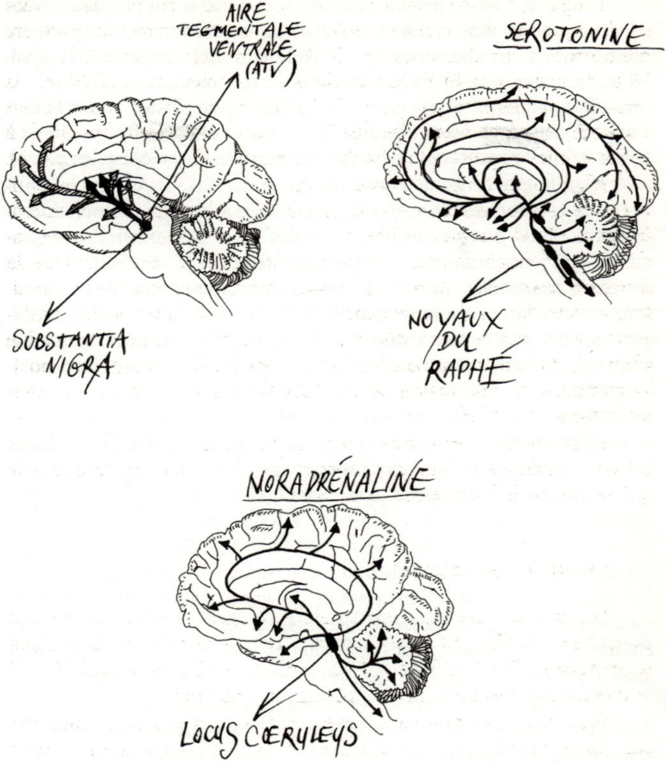

Figure 8. – LES VOIES MONOAMINERGIQUES DANS LE CERVEAU : A. Les deux groupes de neurones produisant de la dopamine sont localisés dans le tronc cérébral : la *substantia nigra* (substance noire) projetant sur les noyaux gris centraux leur dégénérescence produit la maladie de Parkinson (voir plus loin). L'autre groupe occupe l'aire tegmentale ventrale et forme le système mésolimbique qui intervient notamment dans le plaisir et le désir.
B. Les neurones du système sérotoninergique sont localisés dans les noyaux du raphé dans le tronc cérébral ; ils projettent de façon diffuse sur l'ensemble du système nerveux central (cerveau, cervelet et moelle épinière).
C. Les neurones produisant de la noradrénaline sont localisés dans le *locus coeruleus*. Ils projettent sur le circuit limbique et sur l'ensemble du cerveau. Ils interviennent dans la modulation des entrées sensorielles, l'attention et la vigilance. Ils sont enfin la cible de nombreux médicaments psychotropes.

tion cellulaire. Cette atrophie neuronale et cette perte cellulaire dans les structures cérébrales liées aux émotions, observées chez des patients présentant des troubles majeurs de l'humeur, interviennent-elles dans les mécanismes adaptatifs et de résistance aux facteurs pathogènes de l'espace extracorporel ou sont-elles l'expression d'une vulnérabilité d'origine génétique aux désordres de l'humeur ? Une autre possibilité serait qu'elles constituent des séquelles cicatricielles d'épisodes passés favorisant la gravité de nouveaux accès.

Une révision des concepts est nécessaire à la suite d'observations contradictoires ou paradoxales. Il s'agit pour l'essentiel de phénomènes qui font intervenir la dimension temporelle de l'ECF. Malgré des effets immédiats sur les synapses monoaminergiques et la concentration des neurotransmetteurs dans la fente synaptique, l'action thérapeutique des agents antidépresseurs ne se produit pas avant plusieurs jours, voire plusieurs semaines. Il y a fréquemment discordance entre le taux de neurotransmetteur, de sérotonine par exemple, et le niveau de l'humeur. De nombreux traitements efficaces dans les états dépressifs sévères, notamment dans les formes bipolaires (le lithium, certains anticonvulsivants et la sismothérapie) n'ont aucun effet notable sur la transmission synaptique. Les principales recherches s'orientent aujourd'hui sur le rôle de la plasticité à long terme dans la régulation et la stabilisation des fluctuations de l'humeur. Les actions se font principalement par l'intermédiaire des voies de signalisation intracellulaire qui régulent l'expression de gènes responsables d'effets fortifiants sur les neurones. Ces mécanismes sont à rapprocher de ceux étudiés lors de phénomènes neuroadaptatifs comme la potentiation à long terme qui joue un rôle dans les processus d'apprentissage.

L'existence d'une neurogenèse dans le cerveau adulte, notamment dans l'hippocampe, région spécialisée dans l'affectivité et la mémoire, a suscité un mouvement de recherche tendant à relier neurogenèse et plasticité. La neurogenèse sera abordée dans le focus de P. M. Lledo. (Figure 9).

LES TEMPÉRAMENTS

On ne possède qu'un cerveau et il n'appartient qu'à son maître, le sujet : moi ! Comme disait Raymond Devos : « Un sujet qui est le roi de son soi mais qui reste sur son quant à soi. » Le fait qu'il existe des différences individuelles vis-à-vis de l'humeur était connu des médecins hippocratiques. Au début du XIXe siècle, le grand psychologue Wundt distinguait encore quatre types de tempéraments, analogues à ceux de Gallien sur la base de l'intensité et de la rapidité des changements

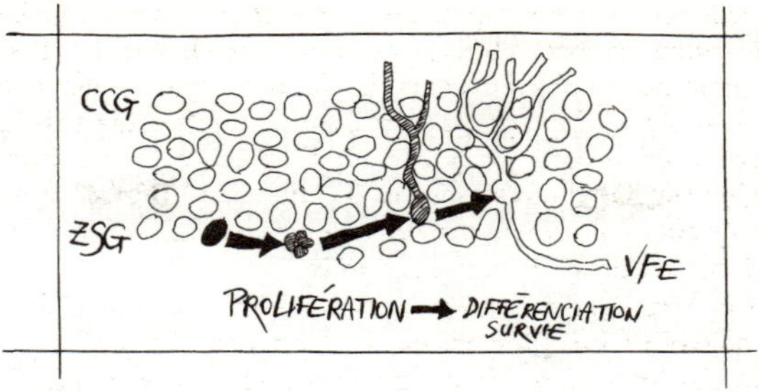

Figure 9. – INFLUENCE D'UN TRAITEMENT ANTIDÉPRESSEUR SUR LA NEUROGENÈSE.

émotionnels. Cette typologie recouvre l'opposition entre les sujets anhédoniques avec émoussement affectif et les sujets hyperactifs au niveau émotionnel représentée sur le diagramme (voir Figure 7).

Cette typologie n'est pas propre à l'homme et se retrouve par exemple chez les rats[10]. En fonction de leurs caractéristiques génétiques, certaines souches de rats (rats Lewis) présentent une activité locomotrice spontanée d'exploration et sont en même temps hyperréactifs au stress et à la nouveauté ; il s'agit de rats curieux et chercheurs de sensations. Ces rats possèdent, semble-t-il, un noyau accumbens qui fonctionne à haut régime avec la dopamine qui coule à flots dans les synapses. Cette réactivité des systèmes désirants est en partie constitutionnelle, en partie liée aux événements de l'enfance qui ont « sensibilisé » les structures nerveuses. Les hormones du stress ne sont peut-être pas innocentes. Libérées lors des agressions subies par le sujet, les hormones sécrétées par la glande corticosurrénale (cortisone) agissent sur le cerveau et y exercent leurs vertus euphorisantes et stimulantes, que les sportifs qui se dopent connaissent bien. D'autres rats (rats Fischer) restent en revanche peu curieux de leur environnement et faiblement réactifs au stress et à la nouveauté.

Ces variations des comportements peuvent être objectivables chez l'homme à l'aide d'échelles d'évaluation permettant de ranger les individus selon leur tempérament. Celui-ci a manifestement une origine génétique et offre des indices précieux pour apprécier la nature des troubles de l'humeur présentés par un patient, choisir une thérapeutique adaptée et prévoir l'évolutivité de l'affection[11] ?

LES SAISONS ET LES JOURS

Le cerveau est sûrement l'organe du corps le plus sensible à l'alternance du jour et de la nuit. L'horloge interne du cerveau est réglée spontanément sur une période des 25 heures – peut-être un souvenir venu de la nuit des temps où les journées étaient plus longues parce que la Terre tournait plus lentement.

L'horloge est logée dans l'hypothalamus – une région appelée noyau suprachiasmatique – où des rouages compliqués font interagir des molécules synthétisées en période diurne avec des molécules synthétisées en période nocturne entraînant une oscillation globale de deux ensembles neuronaux selon une période de 25 heures. La destruction du noyau suprachiasmatique arrête la pendule. Avec les variations circadiennes de la température corporelle, des sécrétions endocrines disparaissent, tandis que le sommeil et l'activité de l'animal deviennent fragmentés, sans organisation temporelle stable. Par ailleurs, il est possible d'obtenir des explants de noyau suprachiasmatique maintenus en survie *in vitro*. L'enregistrement électrophysiologique des neurones contenus dans de tels explants montre que leur activité obéit à un rythme circadien dont la période est d'environ 25 heures, avec approximativement 12 heures d'activité élevée et 12 heures d'activité réduite. L'activité électrique de ces explants permet de distinguer deux populations de neurones dont les périodes d'activité sont en opposition de phase.

Des enregistrements externes permettent d'ajuster au jour le jour la période ou la phase de l'horloge suprachiasmatique aux contraintes imposées par l'environnement. En situation habituelle, ces signaux interviennent pour ramener à 24 heures la période propre de 25 heures. Dans des situations plus inhabituelles de décalage horaire, ces signaux permettent d'adapter la phase de l'horloge aux horaires d'éclairement ou d'activité dans le nouvel environnement. *Le principal synchroniseur chez l'animal est le synchroniseur lumineux*. En effet, l'horloge suprachiasmatique des mammifères reçoit, par le faisceau rétinohypothalamique, des informations d'origine rétinienne qui l'informent sur le niveau d'éclairement ambiant. Il recevrait également des informations visuelles en provenance du thalamus (corps genouillé latéral). Les photorécepteurs à l'origine de ces signaux seraient des cônes, et il a même été avancé que, pour certaines espèces de mammifères, les signaux lumineux capables de resynchroniser l'horloge circadienne n'appartiennent pas à la bande visible mais aux ultraviolets, caractéristiques de l'éclairement solaire.

C'est donc bien le Soleil qui fait fonction d'horloge et remet notre cerveau à l'heure.

L'homme de nature a toujours vécu à l'heure de son cerveau et l'on est en droit de penser que, comme tous les animaux, il s'en trouvait bien, calquant son temps sur celui du Soleil, et à peu près assuré de le voir réapparaître chaque matin. On peut s'interroger si la course contre la montre devenue frénétique, engagée par la société contemporaine n'entraîne pas celle-ci dans un dérèglement systématisé de ses humeurs et de ses émotions. « Briser la montre n'arrête pas le temps qui fuit », dit le proverbe suisse.

Il en est des saisons comme des jours et certains pour penser qu'elles ne sont plus ce qu'elles étaient : « Il n'y a plus des saisons, mon pauvre monsieur. » Une deuxième horloge cérébrale – l'*épiphyse* – est en charge des variations saisonnières des fonctions organiques. Située dans la région de l'épithalamus, en arrière du troisième ventricule, cette glande (également nommée glande pinéale et qui constituait pour Descartes pas moins que le siège de l'âme) produit une hormone, la *mélatonine*, dérivée de la sérotonine. La synthèse de mélatonine à partir de la sérotonine est régulée par une enzyme.

La sécrétion de mélatonine correspond à la phase nocturne du nycthémère[12]. La glande pinéale remplit une double fonction de montre et de calendrier, autrement dit celle d'horloge circadienne (le débit instantané de sécrétion dépendant de l'alternance jour-nuit) et celle d'horloge circanuelle (la sécrétion cumulée de mélatonine sur le nycthémère dépendant de la photopériode, c'est-à-dire de la durée relative du jour et de la nuit). Les fonctions de la mélatonine demeurent assez mal connues chez l'homme. Elle favoriserait le sommeil et participerait au contrôle circadien ou circannuel de certains axes endocriniens. En revanche, elle joue un rôle majeur chez les animaux dont l'activité sexuelle obéit à un rythme circannuel. Chez ces espèces à reproduction saisonnière, la mélatonine régule l'axe gonadotrope non seulement au niveau périphérique, mais aussi au niveau central, et permet de faire coïncider la période des naissances avec les saisons les plus propices au développement de la progéniture.

La stricte dépendance de la sécrétion de mélatonine vis-à-vis de l'éclairement ambiant suppose que la lumière constitue, ici encore, un puissant synchroniseur. Chez certains amphibiens et reptiles, la détection du niveau d'éclairement ambiant destinée à synchroniser l'épiphyse est assurée par un organe distinct du système visuel. Ce troisième œil, encore appelé œil pariétal ou œil pinéal, est un organe photosensible composé de cônes, mais dépourvu de cornée et de cristallin, situé sous le squelette crânien au voisinage de l'épiphyse. Étant donné le développement des hémisphères cérébraux, une telle disposition devient impossible chez les mammifères, chez lesquels les signaux lumineux provenant de la rétine atteignent l'épiphyse par l'intermédiaire du faisceau rétinohypothalamique et du noyau suprachiasmatique, qui assure ainsi la commande du rythme de sécrétion de la mélatonine.

Il n'est pas prouvé que chez l'homme les saisons influencent l'activité sexuelle. On ne peut toutefois exclure que la sexualité puisse bénéficier du printemps. On connaît bien en revanche l'influence des saisons sur l'humeur et la théorie des climats est corrélative chez les médecins hippocratiques de leur théorie des tempéraments.

Les psychiatres décrivent des dépressions saisonnières connues chez les praticiens anglo-saxons sous le terme de *seasonal affective disorders* (SAD). Les états dépressifs plus ou moins sévères surviennent de façon régulière à la même époque chaque année, le plus souvent au début de l'hiver et durent en général jusqu'au printemps. Il existe aussi une forme estivale beaucoup plus rare.

Les signes cliniques sont ceux d'une dépression banale avec tristesse, anxiété, instabilité, perte d'intérêt pour les activités habituelles, retrait social et difficultés de concentration. On note quelques traits particuliers : l'extrême fatigue, l'hypersomnie ou besoin de sommeil accru, l'augmentation de l'appétit avec prise de poids. La dépression estivale assez étonnamment se traduit par les signes opposés (perte de sommeil, agitation et diminution de l'appétit et du poids). On attribue ces dépressions à un dérèglement de l'horloge interne et des fonctions que celle-ci régule, l'humeur, le sommeil et la sécrétion des hormones, qui sont ralenties en hiver. Le traitement consiste en exposition à la lumière lors de séances de luminothérapie. Il est toutefois connu que, bien évidemment, la baisse d'éclairement n'est pas la seule cause et que, comme toutes les dépressions de facteurs exogènes, des conditionnements de tout ordre sont là pour accomplir leur rôle de facteurs déclenchants et apporter leur part de ténèbres à l'obscurité qui tombe sur l'âme du malheureux.

Le climat du cerveau est particulièrement incertain. Il n'est pas nécessaire de se munir d'un parapluie ou de couvrir son chef d'un chapeau, les menaces viennent de l'intérieur : orages, ondées suivies d'éclaircies, calme plat qui sécrète le morne ennui ou vent de force 4 qui gonfle les voiles du désir ; je ne saurais trop recommander la prudence au voyageur de l'encéphale. « Nous ne sommes jamais chez nous, nous sommes toujours au-delà. La crainte, le désir, l'espérance nous eslancent vers l'advenir et nous dérobent le sentiment et la considération de ce qui est, pour nous amuser à ce qui sera, voire quand nous ne serons plus. » Montaigne est un bon guide pour ne pas s'égarer sur les chemins du désespoir et de la folie tout en s'assurant pour les jours à venir du gîte et du couvert. Car c'est dans et par le cerveau que l'humain mange, boit et dort.

Conduite à tenir devant un patient déprimé

Le diagnostic devra être évoqué lorsque

1. Un changement notable de comportement existe chez un individu. Ce dernier pourra entraver le fonctionnement du sujet dans sa vie professionnelle, familiale ou sociale. Il pourra également affecter sa présentation, sa façon de ressentir et de percevoir le monde environnant, de penser et d'agir.
2. Le patient a le plus souvent un faciès figé ou douloureux et, globalement, il émane de lui une sensation de lassitude. Ses sentiments pourront osciller entre la tristesse, la morosité ou l'indifférence. Certains patients présentent des formes de dépression plus agitées avec une composante anxieuse et irritable au premier plan. Le plus souvent, la pensée est entravée, ralentie et laborieuse. Cela peut transparaître dans le discours, qui manque alors de fluidité. L'action est généralement différée par lassitude ou difficulté à prendre des décisions.
3. Il peut exister ou non des facteurs pouvant précipiter cet état dépressif : choc émotionnel comme un deuil, un divorce ou toutes autres causes de stress : échec, violence subie, etc.

Quelle attitude adopter ?

Devant un changement marqué de comportement entravant la conduite du sujet, il convient de faire appel à un médecin. En effet, les bons sentiments de l'entourage ne peuvent pas grand-chose face à un état dépressif avéré. Souvent, dans son extrême sollicitude, l'entourage multiplie les propositions hédoniques qui ne font que renvoyer le déprimé à son incapacité à éprouver du plaisir. Le diagnostic de dépression devra être évoqué d'autant plus rapidement que la personne a déjà présenté des états similaires ou qu'il existe des antécédents familiaux de troubles de l'humeur.

Conduite à tenir du médecin

Le médecin s'attachera à confirmer le diagnostic de dépression et éliminer des causes organiques ayant pu induire cet état. Il devra systématiquement évaluer le risque suicidaire. En fonction de la sévérité de l'état dépressif, le patient pourra bénéficier d'une hospitalisation ou être traité en ambulatoire et être vu régulièrement en consultation. Le traitement le plus classique consiste à prescrire un antidépresseur. Cependant, devant tout type de dépression, il conviendra de rechercher si cet état est un épisode s'intégrant dans une pathologie bipolaire alternant des phases de dépression et de manie. En effet, certaines dépressions bipolaires sont aggravées par les antidépresseurs qui de toute façon doivent être associés à un régulateur de l'humeur dans le cadre d'un trouble bipolaire. En cas de doute, une consultation spécialisée auprès d'un psychiatre est souhaitable afin de vérifier cette hypothèse diagnostique et d'établir la meilleure stratégie thérapeutique.

Dr Chantal Henry

FOCUS 2

Les intermittences de l'humeur

MARC-LOUIS BOURGEOIS
professeur émérite de psychiatrie,
université de Bordeaux-II

Les passions ont longtemps rendu compte des folies humaines. Après le grand XVIIe siècle, âge d'or des passions, elles sont tombées en désuétude comme paradigme pour la psychopathologie. Dès 1827, Alibert a tenté de les ranimer scientifiquement dans sa *Physiologie des passions*. C'était prématuré, faute de connaissances biologiques. Il fallut attendre 1986 pour que les neurosciences permettent d'élaborer une *Biologie des passions* (Jean-Didier Vincent). Même l'amour est devenu un effet des humeurs dans le cerveau humide, l'ocytocine en particulier (Lucy Vincent). Ce tout-biologique n'a pas manqué d'agacer les philosophes. Pour eux, les passions étaient devenues un « philosophème obsolète ». En réalité, elles intéressent à nouveau certains philosophes.

Longtemps, la folie, l'aliénation (*alienatio mentis* des anciens et des modernes), fut attribuée à une perte de raison chez les insensés, considérés comme incontrôlables, irresponsables, incapables majeurs ne pouvant se voir imputer « ni crime ni délit » (code pénal, 1810), puisque « en état de démence ».

La raison était l'apanage et l'orgueil de l'homme, la fonction suprême de l'esprit et son dérèglement l'explication essentielle des troubles mentaux. Il aura fallu longtemps à la psychiatrie moderne, dont on peut situer la naissance à l'âge des Lumières au XVIIIe siècle, pour relativiser la toute-puissance des idées, de la conscience, sinon du libre arbitre. L'affectivité a pris le relais.

On découvre avec émerveillement un texte de 1803, écrit par Reil, un des pères fondateurs de la psychiatrie allemande, classé généralement dans le groupe des « psychistes » (*Psychiker*), inscrits dans le mouvement romantique. Ainsi, dans l'avant-dernière page, on retiendra : « L'homme chez qui l'organisme tourne vers l'esprit sa face intérieure d'excitabilité sous la forme de l'affectivité, qui sert pour ainsi dire d'enveloppe éthérée à l'intelligence, dans laquelle elle descend vers le monde extérieur. C'est avec un double visage de Janus qu'il se tient, comme le Dieu Terme, sur la séparation des deux mondes. Avec son esprit, il regarde dans le monde intellectuel, avec le sentiment de son organisme dans le monde matériel. » Berrios affirmait que l'affectivité n'avait pas été établie comme une des facultés majeures en psychiatrie. Selon lui, le concept d'humeur comme fonction psychique n'aurait trouvé sa place dans la psychiatrie moderne qu'au milieu du XXe siècle. Même Kraepelin ne lui aurait guère attribué la place fondamentale qu'elle occupe désormais. La lecture de Crichton, Pinel, Esquirol (thèse, 1805) semble infirmer ce propos (Bourgeois et Haustgen, 2005).

Les troubles de l'humeur sont classés désormais, aussi bien par les cliniciens, les épidémiologistes et les économistes comme la cause la plus fréquente de handicap, de perte de la « force de travail » et de mort prématurée (les fameux DALY) ainsi que la plus coûteuse. La fameuse enquête conjointe de la Banque mondiale, de l'OMS et de Harvard prévoit une augmentation de 20 % dans les années à venir...

L'humeur (la « thymie » dans le jargon psychiatrique) peut être définie comme cette fonction qui régule et tempère nos émotions et les intègre plus ou moins harmonieusement dans le fonctionnement psychosomatique. C'est le dérèglement de l'humeur qui vient rendre compte de toutes les formes de dépression et d'excitation du type manie et/ou fureur et irritabilité. C'est cette fonction déréglée que visent à régulariser les médicaments dits régulateurs de l'humeur (thymorégulateurs au premier rang desquels se situent le lithium et certains médicaments anticonvulsivants).

La mélancolie hippocratique, attribuée depuis l'Antiquité grecque au déséquilibre entre les quatre humeurs fondamentales (la bile noire et la bile jaune, le sang et le phlegme), sera « laissée finalement aux artistes, philosophes et psychanalystes », comme le souhaitait Esquirol dès 1820 (proposant de la remplacer par sa lypémanie), en raison du flou de ses contours et de l'impossibilité d'un consensus quant à sa définition. Elle a été progressivement remplacée par le concept de dépression. Les médicaments dits antidépresseurs ont paru depuis un demi-siècle légitimer ce modèle des dépressions.

Le trouble bipolaire maniaco-dépressif et la maladie dépressive récurrente sont les formes les plus typiques des pathologies de l'humeur. Leur évolution cyclique par accès, parfois périodique, leur intermittence sont caractéristiques, avec des hauts et des bas, des phases de rémission plus ou moins longues de normalité et de lucidité retrouvée.

La dépression devenue si populaire dans le public a longtemps été réfutée par les idéologies totalitaires. Les États considérés comme marxistes-léninistes ont stigmatisé la dépression en tant que complaisance bourgeoise et réactionnaire et manque de conscience politique. Ils furent précédés dans cette réprobation par l'Église catholique romaine avec l'anathème d'acédie pour les moines à la foi défaillante, et repris au milieu du XIXe siècle par des psychiatres tels que Brierre de Boismont : la dépression comme « mollesse de l'âme », symptôme d'un relâchement des mœurs et décadence d'une civilisation. Lacan lui-même reprenait cette vue de la dépressivité comme mollesse de l'âme.

Quoi qu'il en soit, les troubles de l'humeur occupent désormais et de loin la première place dans les traités de psychiatrie et les chiffres de l'épidémiologie. On peut désormais voir le cerveau penser : l'imagerie cérébrale confirme la réalité des effondrements dépressifs, le ratatinement des hippocampes, la défaillance du cortex préfrontal, que les médicaments psychotropes aussi bien que les psychothérapies réglées vont régénérer.

CHAPITRE 4

Dormir

« Un souvenir c'est l'image d'un rêve, une heure trop brêve qui ne veut pas mourir. »

Chanson de Damia.

Sous le calme trompeur du sommeil se consument les braises ardentes du rêve qui brûlent au feu des souvenirs. Notre voyage au pays du rêve commence à Vienne, capitale de Psyché en ses états, et se poursuit à Lyon, antique cité d'initiés : étrange duo que ces deux villes de pleine terre.

VIENNE

Le rêve est la façon la plus ordinaire de voyager dans le cerveau. Deux guides viennent à nous pour proposer leurs services : Sigmund Freud le Viennois et Michel Jouvet le Lyonnais.

Ces savants ont révolutionné la connaissance que nous avons du rêve ; tous deux sont médecins, mais dans des genres bien différents. Le premier, psychologue, s'intéresse au contenu psychique du rêve et aux forces obscures du désir circulant sous l'apparence trompeuse de la conscience endormie ; le second, physiologue, a découvert le substrat neuronal de l'activité onirique et son organisation cyclique au cours du sommeil. Pour faire image, je dirai que Freud est spéléologue du cerveau : il en explore les rivières souterraines. Jouvet, lui, est géologue : il étudie les structures profondes et la dynamique pendant le sommeil. Il me paraît qu'un rapprochement est possible entre leurs deux visions d'apparence éloignées.

On ne peut guère parler du rêve sans payer de sa personne. Le rêve est le bien propre du rêveur : c'est voler l'étranger que divulguer ses rêves sans y être autorisé. Voici donc un de *mes* rêves. Je ne l'ai jamais oublié, et peut-être s'est-il transformé en mensonge pendant toutes ces années où ne s'est pas effacée de mon cœur l'amoureuse présence de celle qui m'accompagnait dans la ville de Freud.

Je suis allongé sur un canapé facilement identifiable d'après les nombreuses cartes postales qui montrent le cabinet de Freud – un véritable monument de la ville où nous sommes arrivés, il y a deux jours.

L'appui est dur, inconfortable ; je perçois une forte odeur de cigare. Une seule pensée occupe mon esprit : « Combien cela va-t-il me coûter ? » La main de A caresse mon front. Je me lève et me dirige vers la fenêtre à la façon d'un somnambule. Sur une des vitres, je lis, distinctement gravé dans le verre : « Toi aussi tu oublieras A. » En me retournant, je vois un lapin blanc qui s'enfuit sur le tapis persan. « C'est l'heure », me dit une voix d'homme derrière moi. En me retournant, je perçois alors comme le dessin de deux yeux ou le contour d'une paire de lunettes.

Un autre rêve, la même nuit :

Nous sommes dans un tramway. A me donne le bras. Le regard enlunetté d'un homme est posé sur nous. Il a l'allure grave d'un professeur. A le salue cérémonieusement. L'homme répond en ôtant son chapeau : « Comment allez-vous, mademoiselle Agathe ? »

Dans son grand livre fondateur, *L'Interprétation des rêves* (1900), Freud a construit l'édifice central de la psychanalyse qu'il complétera et remaniera jusqu'à la fin de sa vie en 1939. Se faisant l'interprète des rêves, il s'exposait au risque de passer pour un de ces oniromanciens qui pratiquent la divination par le rêve ou de rejoindre le clan des poètes qui tiennent le rêve pour une accession à un niveau supérieur de l'esprit. À l'encontre de ces superstitions, le but de Freud est scientifique : il s'agit d'obtenir grâce à l'analyse raisonnée du rêve rien moins qu'une compréhension d'ensemble du psychisme humain.

En offrant au lecteur à titre d'exemple un de mes rêves dépourvu de tout label d'authenticité et en essayant de l'interpréter, je me montre d'une témérité qui frise l'innocence. Loin de moi l'intention d'usurper une qualification qui n'est pas la mienne. Je cherche en tant que physiologiste à montrer que le rêve, manifestation de la psyché, ne peut échapper aux phénomènes cérébraux qui ont permis son *apparition.* Lors de son passage de l'inconscient à la conscience, le rêve devient une « apparence » dont la réalité demeure cachée.

De quoi s'agit-il ? Simplement de montrer les mécanismes à l'œuvre dans le travail du rêve, qui est le processus de transformation de son contenu latent (celui qui est inconscient) en contenu manifeste (celui qui apparaît dans la conscience). Ce travail n'est pas incompatible avec les activités neuronales électrochimiques qui se produisent lors du sommeil paradoxal. Si je suis du côté de chez Jouvet, je me dois également de considérer avec respect celui de chez Freud.

Prenons comme postulat de départ que le rêve constitue l'accomplissement d'un désir. Il n'est pas très différent en cela d'un comportement éveillé ordinaire – acte ou pensée – sous-tendu par l'activation des systèmes désirants dont j'ai esquissé la description lors du chapitre précédent. On trouve donc à son origine l'attente d'un plaisir, la promesse d'une satisfaction. Ce caractère apparaît nettement selon Freud dans les rêves des enfants qui ont conservé une franchise que la maturation de leur cerveau et l'établissement d'une censure oblitéreront chez le sujet plus âgé – « Un garçon de vingt-deux mois rêve d'une jouissance qui lui a été refusée ; la veille il a reçu en cadeau de son oncle un petit panier de cerises fraîches, dont on ne lui a naturellement laissé goûter qu'un échantillon. Il se réveille en déclarant tout joyeux : "Hermann mangé toutes les cerises." » Freud donne d'autres exemples et conclut : « L'élément commun de ces rêves d'enfants saute aux yeux. Ils accomplissent tous les désirs qui ont été mis en branle pendant le jour et sont demeurés inaccomplis. *Ce sont des accomplissements de désir simples et sans voile.* Un second caractère des rêves d'enfant est leur *corrélation avec la vie diurne.* Les désirs qui s'y réalisent proviennent du jour, en règle générale du jour précédent et ont été marqués dans la pensée vigile d'une intense accentuation affective[1]. » Le caractère persiste chez l'adulte, le contenu manifeste du rêve étant presque toujours constitué de souvenirs d'événements, même peu importants, qui sont survenus dans la journée. À ces « restes » ou « résidus diurnes » s'ajoutent des souvenirs souvent anciens, voire infantiles et des objets ou des faits et gestes dont l'interprétation devra rechercher la signification symbolique.

Dans mon rêve, il n'y a aucune difficulté à relever les éléments diurnes provenant du cabinet de Freud, dont la visite est prévue pour le lendemain. Le désir qui est en jeu n'est pas en revanche manifestement érotique, malgré la présence de l'objet d'attachement A (comme Amour). On notera toutefois que l'initiale A revient deux fois à travers des souvenirs littéraires : Agathe, la sœur/maîtresse d'Ulrich, le héros de *L'Homme sans qualités*, le roman viennois de Robert Musil, et Alice par le truchement du lapin venu du pays des merveilles. Je voudrais toutefois m'attarder sur le lapin blanc du rêve dont le caractère érotique n'est pas apparent. Mon travail de chercheur en neurobiologie a porté pendant une dizaine d'années sur l'étude des mécanismes nerveux de l'ovulation qui est provoquée chez la lapine par le coït. Mes sujets étaient des gros lapins blancs de race new-zeland !

Le rêve de la lapine

Il s'agit d'un bel exemple de *Serendipity*[1].

Le sommeil n'était pas à l'origine l'objet de notre étude. Mon maître Jacques Faure, élève de Jaspers, pionnier de l'électroencéphalographie en France, s'intéressait aux influences des hormones sur le cerveau à une époque où le terme de neuroendocrinologie n'existait pas encore. Il avait montré la dépendance de certaines crises d'épilepsie vis-à-vis du taux circulant des hormones sexuelles et observé chez le lapin que les stéroïdes et les rares neuropeptides que l'on connaissait (ocytocine et vasopressine) modifiaient l'excitabilité de structures du diencéphale et de l'hypothalamus.

J'observais que la lapine, espèce à ovulation provoquée, présentait dans les minutes qui suivent le coït, un état comportemental et électroencéphalographique stéréotypé, décrit en 1959 par Sawyer et Kawakami sous le nom d'*after-reaction* EEG qu'ils avaient eux-mêmes identifié au phénomène observé par nous en 1957.

Après quelques instants de somnolence banale, la lapine que le mâle vient d'honorer s'affale sur le sol, ses oreilles chutent, des soubresauts agitent son corps et, en contraste avec cette apparence de sommeil profond, l'électroencéphalogramme présente des signes d'éveil attentif qui consistent en rythmes sinusoïdaux à la fréquence de 6 à 9 Hz (les rythmes dits thêta). Cette activité est surtout intense dans l'hippocampe et dans les structures liées à l'olfaction particulièrement développée chez le lapin. Cet état s'interrompt brutalement pour permettre à l'animal d'entreprendre une activité compulsive de reniflements, d'exploration du sol et de coprophagie.

Un séjour que je fis en 1961 à Lyon et la rencontre avec Michel Jouvet me permirent d'identifier la réaction postcoïtale de la lapine avec la phase du sommeil dit paradoxal que celui-ci avait observé chez le chat et l'homme. Jouvet et Dement avaient montré que ce type de sommeil supportait l'activité onirique pendant le sommeil.

Nos lapines rêvaient-elles après l'amour ? Le comportement OBAGS (olfacto-bucco-ano-génito-sexuel), décrit par Faure, qu'elles enchaînaient de façon quasi hallucinatoire après leur phase de sommeil, pouvait laisser penser qu'il s'agissait de rêves érotiques donnant à l'expression « chaude lapine » une valeur métaphorique certaine. Extrapolation anthropomorphique que ni mon austère maître ni moi-même ne nous sommes permise.

Ce n'est pas ici le lieu d'évoquer les travaux qui ont suivi sur les structures nerveuses du cerveau impliquées dans les mécanismes du sommeil paradoxal chez le lapin et sur l'influence des hormones sexuelles et notamment de la prolactine et de l'hormone d'ovulation. Je voudrais seulement insister sur le rôle initiateur de ces observations dans la genèse du concept d'*état central fluctuant* que j'ai développé dans *Biologie des passions* (*cf.* chapitre 4).

Ma rêveuse de clapier illustrait assez bien ce concept dans sa dimension corporelle (le cerveau et les hormones), sa dimension extracorporelle (l'environnement toujours menaçant pour le lapin, une espèce chassée qui rend problématique son sommeil et à plus forte raison son observation), sa dimension temporelle enfin (l'histoire du sujet, de son développement et de son espèce).

J.-D. Vincent, *La Recherche*, avril 2000, hors série n° 3, p. 107.

1. *Serendipity* du nom d'un prince indien qui découvre par hasard ce qu'il ne cherchait pas là où il cherchait autre chose.

D'autres éléments du rêve sollicitent le travail d'analyse. L'inscription sur la vitre est l'adaptation littérale de la phrase retrouvée des années après qu'Henriette, peut-être le seul grand amour de Casanova, eut quitté l'aventurier – gravée dans le verre d'une fenêtre de la chambre où ils se sont tant aimés. L'épitaphe de cette passion est pieusement conservée dans l'ancien hôtel des Balances à Genève : « Toi aussi, tu oublieras Henriette. » Le *déplacement* du rêve fait ici intervenir, la menace de finitude et d'oubli dans le feu d'un désir qui veut l'éternité.

Le processus de *condensation* opère dans l'association entre l'inconfort du canapé et la pensée préoccupante : « Combien cela va-t-il me coûter ? » La référence à l'argent sert à la fois de justification à la résistance que j'ai toujours opposée à l'analyse et d'instrument de *régression* portant « sur les transpositions des pulsions plus particulièrement dans l'érotisme anal ».

Il reste, enfin, l'inquiétante étrangeté de ce regard « enlunetté », deux fois entrevu dans le cabinet du docteur et dans le tramway, « mais des considérations de nature non pas scientifique, mais privée me retiennent de faire publiquement ce travail. Je devrais trahir trop de choses dont il vaut mieux qu'elles demeurent mon secret, car, en m'acheminant vers cette solution, toutes sortes de choses, que je ne m'avoue moi-même pas volontiers, me sont devenues claires ».

Malgré toutes les polémiques et le flot manifeste des arguments contradictoires rassemblés sous la bannière de la science, le travail de Freud conserve à l'heure des neurosciences sa géniale pertinence. Tel un Léonard de Vinci de la psychobiologie, Freud a ouvert la voie à ce que l'on appelle des assemblées neuronales, unités psychiques labiles et réactivables, soumises au travail inépuisable du désir et de ses différentes instances affectives et mémoratives. Le rêve est bien la voie royale de la conscience vers les machineries obscures de l'inconscient.

Mais le rêve, pas plus que le désir n'a, comme le pensait Freud, le sexe pour unique objet. L'aiguillon du désir est le même, quel que soit le besoin élémentaire que l'animal se doit de satisfaire. (Les comportements nécessaires à sa survie sont limités à quatre : sexe, température, boisson et nourriture.) Le désir est la voie commune de nos actes ; il est spécifié par son objet : pourquoi le sexe aurait-il l'exclusivité ? Même si, comme on est parfois tenté de le croire, « l'homme ne pense qu'à ça ».

Une autre fonction du rêve proposée par Freud est aujourd'hui abandonnée : il serait le « gardien du sommeil ». En effet, le sommeil paradoxal qui accompagne le rêve est un sommeil profond, plus profond que le sommeil orthodoxe. Au cours du sommeil paradoxal, les muscles sont totalement relâchés et en quelque sorte paralysés. Cet état est dangereux pour l'animal qui n'est plus en état de fuir ou de se défendre. Jouvet suggère que c'est le sommeil qui est le « gardien du rêve », celui-ci ne pouvant survenir en toute sécurité que dans un cerveau déjà endormi. C'est, affirme Jouvet, grâce à cette sécurité dont le sommeil est témoin que peut survenir le rêve. Après avoir entrouvert les portes du rêve, il nous faut donc aborder maintenant la visite du cerveau endormi.

LYON

> « Vous me dites que la nuit vous est familière alors que vous n'avez jamais vu le jour. »

L'identification du « sommeil paradoxal » par Michel Jouvet au tournant des années 1960 à Lyon a été un événement dans l'histoire de la neurobiologie, rien moins que la « découverte d'un nouveau continent du cerveau ». Autour de ce *physiologiste* s'est formée une école qui a ouvert la voie à de nouvelles recherches, aussi bien en neuroanatomie, en pharmacologie qu'en biologie de l'évolution et en physiologie comparée.

Après vous avoir fait découvrir à Vienne le rêve et ses sortilèges, je vous invite donc à une visite du cerveau endormi, beau et mystérieux comme une ville la nuit.

La nuit vient de tomber et vos paupières se ferment comme les volets de la maison. La rue est silencieuse. Vous vous couchez de bonne heure, tel le sage en sa demeure. Mais qui respecte encore un tel programme ? L'homme est la plus désordonnée des bêtes : les uns regardent la télévision jusqu'à minuit, les autres font la fête jusqu'à l'aube ; il y a aussi ceux qui travaillent, les belles de nuit et leurs clients, les veilleurs, les soupeurs et les assassins que leurs crimes empêchent de dormir. La nuit est leur royaume et parfois leur enfer. De ceux-là, je ne dirai rien. Je parlerai du sommeil du juste, celui qui s'endort une fois son devoir accompli et sa panse remplie, après que le soleil s'est couché.

L'homme dort dans son lit comme l'animal dans son repère. C'est un endroit où justement il n'a pas à craindre d'être repéré. Il aime généralement des lieux fermés comme l'alcôve avec ses rideaux tirés ou le lit clos avec ses portes, lointains rappels de la douceur utérine. Le *où* du dormir doit, selon Jouvet[2], remplir deux conditions : premièrement on ne dort que lorsque l'on est en sécurité ; deuxièmement, lorsqu'on n'a pas à lutter contre le froid ou l'excès de chaleur.

Félix

Michel Jouvet a passé une grande partie de sa vie de scientifique à regarder des chats dormir ; pourquoi ne pas lui laisser la parole ? Il s'adresse ici à son fils : « Pour l'instant, nous allons regarder dormir Félix, notre chat noir et blanc. Il a passé la nuit à chasser des mulots qu'il a apportés sur le pas de la porte. Il a donc sommeil et il se lèche déjà depuis 15 minutes, toujours selon un ordre bien établi. Il va se coucher la tête posée sur une patte ; comme il fait chaud, il s'étend, il bâille, ferme les yeux, sa queue bouge encore un peu, surtout si on fait du bruit. Puis sa queue ne bouge plus, sa respiration devient plus régulière, sa tête a glissé de sa patte et repose sur le bord du fauteuil. Prends ma montre et compte le nombre de respirations dans une minute. Je te parie que tu vas trouver 18 – non, c'est 19 – 18 ou 19, c'est la même chose. Reste silencieux et regarde les yeux du chat ; je vais le réveiller par un léger bruit. Félix ouvre les yeux, juste le temps pour nous de voir qu'ils sont recouverts par une membrane gris-noir (les membranes nictitantes). Elle se contracte pour laisser apercevoir la pupille verticale, un trait noir qui se dilate quelques secondes, et Félix referme les yeux. Tu as remarqué les signes oculaires du sommeil du chat. La membrane nictitante et la constriction de la pupille (le myosis). Quelques dizaines de minutes plus tard, après une longue période de calme, on va voir apparaître beaucoup de petits signes qu'il faut apprendre à bien connaître. D'abord la tête va tomber peu à peu et pendre le long du fauteuil, les moustaches (les vibrisses qu'il ne faut jamais couper) commencent à bouger, ainsi que les oreilles.

Regarde les yeux : les paupières s'entrouvrent, et tu peux voir les yeux bouger, très vite, ou bien plus lentement, comme s'ils fixaient quelque chose. Les membranes nictitantes sont relâchées, mais elles peuvent se contracter et tu vois que les pupilles sont à peine visibles tellement elles sont serrées, sauf que, cette fois-ci, il y a eu une dilatation très brusque. L'as-tu vue ? Il faut bien regarder avec une loupe. Regarde la queue qui bouge très vite, et les petits mouvements des doigts, un tout petit coup de patte ? Et la respiration ? Elle est très irrégulière. Elle s'arrête, elle repart. Cela a commencé il y a 5 minutes. Dans 1 à 2 minutes, tout va s'arrêter. Brusquement, Félix s'étire, relève la tête, ouvre les yeux, bâille, se met sur l'autre côté et se rendort.

Tu as donc assisté en moins d'une heure à la succession des trois états principaux du cerveau de Félix : lorsqu'il est éveillé et se lèche, lorsqu'il dort, et enfin ce que l'on vient de voir, le sommeil paradoxal, qui a duré 6 minutes. C'est le sommeil avec mouvements oculaires rapides, que l'on appelle en anglais *Rapid Eyes Movement* ou *REM Sleep*. Il est très probable qu'il s'agit du moment où le chat rêve. C'est la même chose (ou à peu près) chez le rat, le chien et l'éléphant. »

Michel Jouvet, *op. cit.*

La première fonction du cerveau est de maintenir le corps éveillé, c'est-à-dire d'être présent dans son espace extracorporel afin de pouvoir faire face aux obligations de celui-ci. Elles n'ont d'ailleurs rien de particulières à l'homme : chercher sa nourriture et manger, chercher un partenaire sexuel et s'accoupler selon les manières de son espèce, vivre avec ses congénères s'il est un animal social et se protéger des dangers qui le menacent, notamment des prédateurs. Toutes ces obligations satisfaites, l'animal où l'homme peut s'endormir. On comprend pourquoi certaines espèces dorment plus que d'autres. D'une façon générale, les prédateurs sont de grands dormeurs : un chat, en dehors de la saison des amours, passe le plus clair de ses journées à dormir.

Tout à l'opposé, les animaux traqués (les proies) dorment peu et par moments discontinus. C'est le cas du lapin, bête offerte à tous les carnassiers et aux chasseurs, qui ne dort que par bribes, ce qui explique mes difficultés de jeune chercheur travaillant sur le lapin (animal de prédilection des neuroendocrinologistes) à observer son sommeil dans les conditions d'enregistrement et à plus forte raison de découvrir ses phases de sommeil paradoxal). Certains de mes collègues avançaient que le lapin ne rêvait pas, comme si le rêve était le privilège des prédateurs. Je n'oserai dire si cette règle s'applique à l'homme et si les prédateurs (militaires, financiers et pirates en tous genres) ont le sommeil plus long que celui de leurs proies.

Une autre condition nécessaire pour s'endormir est que la température (mesurée à 1 mm de la surface de la peau, front, joues, nez) soit à 27 °C. On a pu mesurer avec une sonde thermoélectrique que cette température restait à cette valeur lorsque les animaux s'endormaient, que la température extérieure soit à – 40 °C ou à + 35 °C. Différents dispositifs naturels (fourrure) ou artificiels (couvertures), ainsi que la position adoptée par l'animal (museau et tête enfouis entre les pattes avant) lui permettent de conserver sa chaleur dans le froid.

L'homme en général se couche sur un côté déterminé par son cycle nasal et son souffle réchauffe ses thermorécepteurs faciaux. Dans la situation opposée de lutte contre le chaud, les animaux disposent de la transpiration, de systèmes de ventilation et d'humidification. L'homme, avant d'avoir inventé les climatiseurs, savait utiliser les courants d'air.

En résumé donc, deux conditions pour dormir : la sécurité et la peau à 27 °C.

Ces conditions remplies, le sujet peut s'endormir. Il ferme les yeux, mais ne dort pas encore. Si l'on essaie de relever sa paupière avec l'index et le majeur, il oppose une résistance et l'on aperçoit ses pupilles qui vous fixent. Au contraire, si l'on relève doucement les paupières du dormeur qui dort, celui-ci n'essaie pas de résister et on découvre le blanc de ses yeux basculés vers le bas. Les yeux fermés, le sujet sent sur lui s'accroître la pression du besoin de dormir ; quelques images sans signification traversent parfois son esprit (images hypnagogiques). Il ne s'enfonce pas progressivement dans le sommeil ; l'éveil le quitte brusquement : une véritable chute dans la nuit de la conscience. Tout se passe comme si un agent de service avait appuyé sur un bouton. Celui-ci est d'un modèle couramment utilisé dans les appareils électriques que les Anglo-Saxons désignent sous le terme imagé de *flip-flop*. Il s'agit d'un commutateur à bascule qui lorsqu'on appuie sur un versant supprime l'inhibition venant du versant opposé (voir Figure 12) permettant ainsi le passage sans transition d'un état stable à l'autre. Nous verrons qu'il s'agit d'un système sécurisé, gardien aussi bien du sommeil que de la veille selon l'adage qu'il est un temps pour dormir et un temps pour être éveillé.

La polygraphie

Tout le monde ne dispose pas d'un appareil d'enregistrement à la maison (mais il en existe de portables que l'on peut amener chez soi). Nous observerons donc une nuit de sommeil au laboratoire de sommeil, grâce à un *polygraphe*. Celui-ci permet de mesurer à l'aide d'électrodes collées sur le cuir chevelu en différentes régions, qui correspondent aux lobes du cerveau, l'électroencéphalogramme (EEG), c'est-à-dire l'activité électrique du cerveau traduite sous forme d'ondes caractérisées par leur fréquence et leur amplitude. Des électrodes de chaque côté des yeux captent les mouvements oculaires (EOG). D'autres placées sur la houppe du menton donnent un reflet général du tonus musculaire du sujet (EMG). Je trouve assez plaisant de savoir que le port altier de l'homme est en quelque sorte concentré dans l'activité de ses muscles mentonniers. On enregistre également la respiration à la fois par des thermistances placées à l'entrée des narines et par un système recueillant les mouvements du diaphragme ; lorsque les deux sont arrêtés simultanément, on est en présence d'une apnée d'origine cérébrale. On peut encore recueillir de nombreux paramètres : pression artérielle, température centrale et, enfin, l'érection (homme et femme) qui se produit lors du sommeil paradoxal. Le cerveau éveillé, le menton flasque et le pénis dressé, tel est le tableau de l'homme qui rêve.

Quatre stades vont se succéder dans ce qu'il est convenu d'appeler le sommeil orthodoxe. Le *stade I* ressemble à de l'éveil avec un EEG aux rythmes rapides et de basse amplitude, dépourvu de ces ondes alpha (9-10 Hz) sur le cortex occipital qui accompagnent l'éveil aux yeux fermés. Le *stade II* dure plus longtemps, il se traduit par un rythme EEG ralenti à 5-7 Hz entrecoupé d'ondes curieuses qui ressemblent aux fuseaux des fileuses de laine : les *spindles* de fréquence rapide (16 Hz). Quelques grandes ondes isolées, les complexes K sont caractéristiques de ce stade. Vient ensuite le *stade III* avec l'apparition d'ondes delta très lentes et de grande amplitude mélangées à des spindles et c'est enfin le *stade IV* où ne restent que des ondes lentes de 1 à 3 Hz (un tracé de coma) : c'est un sommeil très profond dont il est très difficile de réveiller le sujet. En passant du stade I au stade IV, le sujet, comme s'il avançait dans l'eau claire d'un bord de lac a progressivement perdu pied et s'est installé dans un nouvel état comme si un autre flip-flop avait été enclenché et qu'il s'était mis à flotter. Les ondes lentes ont disparu, remplacées par une activité rapide d'éveil, alors que, paradoxalement, jamais le sujet n'a été plongé dans un sommeil aussi profond dont témoigne la disparition totale du tonus musculaire – d'où ce nom de *sommeil paradoxal* : un éveil du cerveau dans un corps endormi aux muscles impassibles. Autres caractéristiques : des mouvements oculaires rapides groupés en bouffées et une érection. Si l'on réveille le sujet pendant cette période, il raconte qu'il a rêvé. Mais, en vérité – ce serait trop simple –, les mouvements oculaires ne correspondent que rarement à la poursuite d'une action et l'érection – cela a pu être prouvé – n'a aucun lien direct avec une quelconque excitation sexuelle. Il est préférable de se contenter d'étudier la valeur adaptative de l'érection onirique.

> La présence de l'érection pendant le rêve n'a pas manqué de *fasciner* les psychanalystes. Je signale que *fascinus* désigne en latin le membre viril. Ces derniers placent la sexualité à la source du désir qui opère dans le travail du rêve. Si l'on considère par ailleurs que le désir est une manifestation de l'être dans son effort pour exister (*conatus*), alors on serait autorisé de dire : *arrigo ergo sum.*
>
> E. Trochu

Un chercheur américain venu étudier à Lyon a confirmé que les rats aussi « se dressaient » en rêvant comme tous les mammifères. Markus Schmidt pense que l'homme s'entraîne pendant le sommeil paradoxal. L'érection est due à une activation du parasympathique pelvien (les nerfs honteux) qui augmente la pression sanguine dans le pénis, associée à l'activité de certains muscles péniens. Or ces muscles, comme les muscles oculaires, se contractent pendant le rêve. Il s'agirait donc de les dynamiser pour éviter une dégénérescence du système. Le rêve agirait ainsi, selon Pierre-Henri Luppi, comme le stimulateur d'un processus indispensable à la survie de l'espèce.

L'ensemble du sommeil orthodoxe et du sommeil paradoxal qui le suit constitue un cycle de sommeil de 90 minutes environ dont 10 à 20 % sont constitués de sommeil paradoxal. Cinq cycles de sommeil se succèdent généralement au cours de la nuit avec un sommeil orthodoxe de plus en plus léger et de plus en plus court et un sommeil paradoxal de plus en plus long alors que la nuit s'avance, d'où la fréquence des rêves matinaux et des « réveils triomphants » qui sont la fierté du dormeur de sexe mâle.

LA MÉCANIQUE DU SOMMEIL

Étudier les circuiteries du cerveau qui règlent l'éveil et le sommeil est aussi passionnant pour un promeneur que la visite du salon annuel de la machine-outil. Nous ne ferons donc que passer, en laissant aux spécialistes l'examen comparatif des différents modèles proposés.

À première vue, la machine à sommeil est aussi une machine à éveil. On ne peut en effet comprendre le premier sans envisager

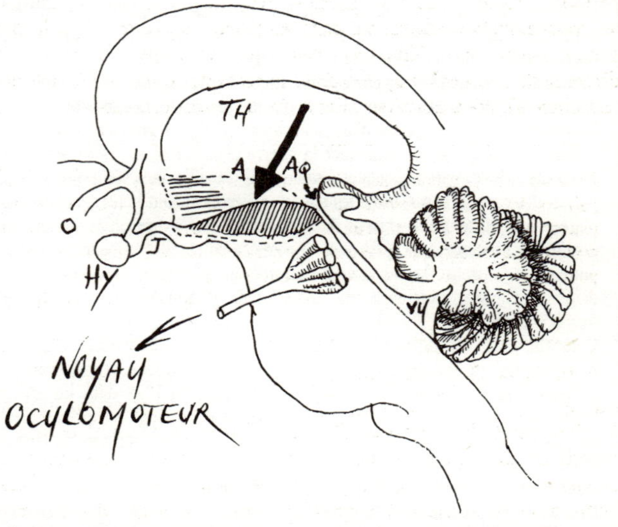

Figure 10. – DESSIN DU CERVEAU HUMAIN RÉALISÉ PAR VON ECONOMO (COPIE) : Il montre les sites lésés (hachures) : l'un postérieur, placé à la jonction du cerveau et du tronc cérébral est responsable de la « léthargie » ; l'autre, situé à la partie antérieure de l'hypothalamus entraîne une insomnie. La flèche montre la région située entre les deux sites comprenant l'hypothalamus postéro-latéral. aq : aqueduc de sylvius ; V4 : 4e ventricule.

d'abord le second : dormir, c'est n'être plus éveillé ! Le panneau de commande présente deux interrupteurs « flip-flop », l'un pour l'éveil, l'autre pour le sommeil, qui s'inhibent réciproquement.

Une façon de comprendre le fonctionnement de la machine est d'attendre que celle-ci tombe en panne et de la démonter pour chercher ce qu'elle a de cassé. On peut ainsi *aller de la lésion à la fonction*. Les premières données furent obtenues à Vienne par un collègue de Freud, le baron Constantin von Economo (Figure 10). Les observations de ce médecin neurologue et anatomiste montraient l'existence d'un centre de sommeil (*Schlafzentrum*) et d'un centre de l'éveil (*Wachzentrum*) situés respectivement à l'avant et à l'arrière de l'hypothalamus – une région que le visiteur du cerveau doit maintenant bien connaître.

Schlaf-Wach ou flip-flop

Comme presque toujours, l'histoire débute avec un « jeu de la nature ». Par jeu de la nature, je veux dire un événement totalement imprévu, par exemple la mutation du virus grippal à l'origine de la grippe espagnole qui tua environ quatre millions de personnes, après la guerre de 1914-1918.

Cette grippe espagnole (car elle commença en Espagne) était une encéphalite épidémique. Elle arriva à Vienne, en Autriche, vers 1920. Les malades étaient hospitalisés dans le service d'un neurologue d'origine grecque, Constantin von Economo, qui avait commencé la guerre dans l'aviation ; mais, son frère ayant été tué, ses parents avaient obtenu qu'il travaille dans son hôpital. Or il y avait deux types de malades : les agités, qui criaient tout le temps et ne dormaient pas, et ceux qui étaient dans le coma, c'est-à-dire qu'ils semblaient dormir profondément, et qu'il était impossible de réveiller. Beaucoup de ces patients moururent ; les survivants présentèrent plusieurs années, voire des dizaines d'années plus tard une maladie de Parkinson (avec rigidité et tremblements).

Constantin von Economo, qui était non seulement un excellent clinicien, mais de plus un bon neuropathologiste et neuroanatomiste, étudia donc les cerveaux des deux groupes et exposa ses résultats en 1928 dans un article historique. Il démontra que les malades qui ne dormaient pas présentaient une lésion (due au virus de l'encéphalite) dans la partie antérieure de l'hypothalamus et en conclut, fort logiquement, que cette lésion avait détruit un « centre du sommeil » (*Schlafzentrum*). Par contre, chez ceux qui restaient dans le coma, existait une lésion de l'hypothalamus postérieur. Von Economo émit l'hypothèse que cette lésion avait détruit un « centre de l'éveil » (*Wachzentrum*).

Michel Jouvet, *op. cit.*

La première nécessité pour un être vivant, c'est d'être éveillé. « La matière vivante est de la matière éveillée », disait Gersonide. Ce qui peut se traduire par *matière désirante*. L'être vivant est toujours en manque ; celui-ci crée le besoin qui s'exprime dans le désir. Le désir et l'éveil sont donc inséparables que ce dernier soit extérieur ou intérieur (le rêve).

Les premiers neurophysiologistes pensaient que l'éveil était provoqué et entretenu par les stimulations extérieures qui parvenaient au cerveau par les nerfs et les appareils sensoriels et par les stimulations internes provenant des viscères. Le monde et le corps conspiraient ainsi à maintenir le cerveau éveillé. Pendant les années 1950, deux physiologistes, l'Américain Horace William Magoun et l'Italien Giuseppe Moruzzi, qui travaillaient à Chicago, démontrèrent que ces influences convergeaient vers un ensemble de neurones qui ressemblait un peu à un banc de poissons au cœur du tronc cérébral *allant du pont à la pointe du mésencéphale*. Cette formation apparaissait comme un véritable fouillis de cellules, plus ou moins organisé en réticules et en noyaux d'où son nom de *substance réticulaire*. La stimulation électrique de cette région par la pointe d'un fil d'acier isolé enfoncé dans le tronc cérébral du chat entraînait l'éveil cortical de l'animal (c'est-à-dire l'activation électrique du cortex cérébral) et son éveil comportemental (le chat ouvrait les yeux). En revanche, la destruction par coagulation de la formation réticulée mésencéphalique était suivie d'un coma avec un EEG permanent d'ondes lentes sur le cortex. Ces expériences qui obéissaient à une stricte orthodoxie méthodologique (stimulation/destruction) permirent d'établir une théorie dite réticulaire qui proposait l'existence d'un système réticulaire activateur ascendant (SRAA). Celui-ci prenait son origine dans la substance réticulaire où l'ensemble des signaux provenant des sens et des viscères perdaient leur spécificité d'origine pour acquérir la qualité d'un signal éveillant. Il projetait ensuite par des voies ascendantes sur l'ensemble des structures cérébrales.

Le sommeil dans la théorie réticulaire devenait un phénomène passif, résultat d'une désafférentation en chaîne. Selon le scénario type, la nuit tombe, la lumière baisse, les sons se raréfient et l'activation du SRAA s'affaiblit, entraînant une diminution de l'éveil ; celle-ci atténue la présence du sujet au monde donc l'intensité des stimulations, de sorte que, peu à peu, le SRAA se désamorce, plongeant bientôt l'individu dans le sommeil dont il sera bien difficile de le sortir sans le secours d'un bruyant réveil qui réenclenche le SRAA. On voit toutes les faiblesses de cette belle théorie qui ne rend pas compte de la brusquerie habituelle de l'endormissement, du besoin de dormir et de

Le progrès des neurosciences avec ses moyens techniques qui font passer les physiologistes de ma génération pour des artisans du Moyen Âge n'a pas fait disparaître la valeur fondatrice et fécondante de la théorie réticulaire. Sans Magoun, il n'y aurait pas eu Jouvet et sans ses disciples du Brain Institute à Los Angeles, les caves du cerveau-vatican seraient restées inexplorées.
L'utilisation de toxines cellulaires spécifiques qui permet de détruire de façon circonscrite les corps cellulaires en respectant les voies de passage et les traçages des connexions qui relient les différents noyaux de ces régions balkaniques fournit une anatomie précise des circuits. Des marqueurs immunologiques indiquent la nature des neuromédiateurs mis en jeu. On peut connaître enfin l'activité des neurones directement lors des différentes phases de sommeil par des microélectrodes ou après sacrifice de l'animal, par la mesure d'activité de gènes précoces (c-fos).

son caractère impérieux, des réveils spontanés, des insomnies et du rythme circadien de l'alternance veille/sommeil.

Après ces quelques digressions historiques, il est temps de revenir à notre *Wachschlafmaschine*.

Les systèmes activateurs

Les recherches modernes ont clarifié l'anatomie du système activateur responsable de l'éveil. D'une façon très schématique (Figure 11A), il existe deux voies ascendantes qui activent le cerveau : la *première* utilise l'acétylcholine comme médiateur, elle prend sa source dans le tronc cérébral et fait relais dans le thalamus qui fonctionne comme une véritable gare de triage pour les informations sensorielles montant au cortex.
La *seconde* court-circuite le thalamus. Elle naît des amas des cellules monoaminergiques (noradrénaline, dopamine, sérotonine), dispersées dans la partie antérieure du tronc cérébral et dans l'hypothalamus latéral. Il s'y ajoute des neurones utilisant des peptides comme médiateurs (l'orexine et la *melanin-concentrating hormone*, MCH). Cette voie arrose principalement le cortex préfrontal et l'ensemble du cortex cérébral par l'intermédiaire du cortex limbique. Il existe également une voie descendante qui projette sur la moelle épinière et active le tonus musculaire caractéristique de l'éveil.

Le flip-flop qui va déclencher le sommeil est situé dans la région décrite par von Economo comme le *Schlafzentrum* dans l'hypothalamus antérieur (Figure 11B), plus précisément dans ce que les anatomistes modernes appellent le noyau ventro-latéral-préoptique (VLPO). Ce noyau contient des neurones à GABA et à galanine, médiateurs inhibi-

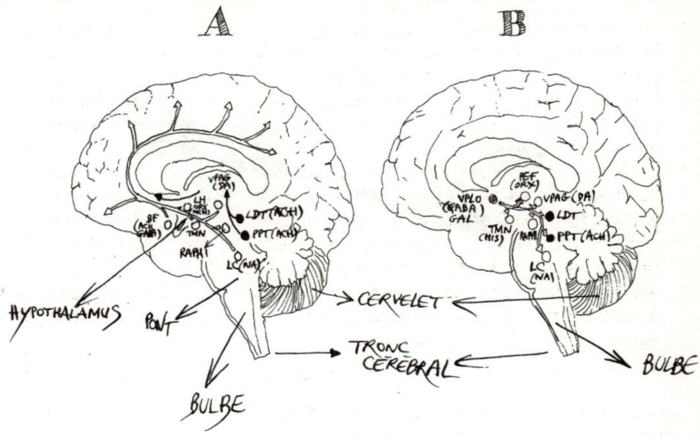

Figure 11. – A. Le système activateur ascendant – il est double : le système cholinergique (ACh) est originaire du tronc cérébral (PPT, tractus pédonculo-pontique) et LTD, tegmentum latéro-dorsal, il rejoint le thalamus où il facilite la transmission sensorielle ; le système ventral utilise les monoamines (dopamine (DA), noradrénaline (NA), sérotonine (5HT) et histamine (His)). Il est contrôlé par différents peptides (voir le texte).
B. Projections descendantes à partir du noyau ventrolatéral préoptique (VLPO) sur les structures modulant l'éveil (voir texte).

teurs qui bloquent le fonctionnement des systèmes d'éveil (encadré ci-dessus). Le VLPO reçoit en retour des afférences inhibitrices venant des neurones de l'éveil. J'ai déjà insisté sur le basculement qui permet le passage rapide d'un état à l'autre (Figure 12).

Un troisième partenaire vient encore compliquer l'organisation. Il s'agit d'un amas de neurones situés dans la partie postérieure de l'hypothalamus latéral qui contient un peptide appelé *orexine.* Ces neurones sont particulièrement actifs pendant l'éveil et l'activité exploratrice du sujet. Ils projettent sur le cortex cérébral et sur les noyaux cholinergiques du système d'éveil. Ces neurones semblent renforcer le système d'éveil sans inhiber le système de sommeil. On les compare à un doigt qui resterait appuyé sur le bouton « *on* » de l'éveil empêchant tout endormissement involontaire : le système flip-flop serait alors bloqué. En l'absence de récepteurs pour l'orexine (due à une anomalie génétique ou à une destruction de ces neurones par une affection auto-immune), on observe chez le sujet des attaques de narcolepsie : endormissement brutal en sommeil paradoxal sans transition dû à un dérèglement du système flip-flop.

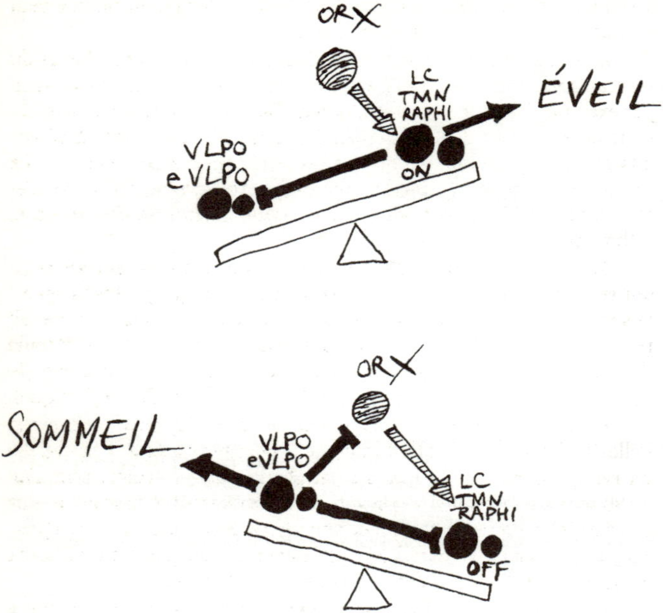

Figure 12. – DIAGRAMME SCHÉMATIQUE DU MODÈLE FLIP-FLOP (voir texte).

Comme le remarque Jouvet, l'éveil est tellement important pour la survie d'un animal que l'évolution a ajouté peu à peu des systèmes d'éveil qui sont enchevêtrés dans tout le cerveau. Il faut retenir que l'un des principaux neuromédiateurs de l'éveil est l'*histamine*. On comprend que la plupart des antihistaminiques que l'on utilise contre l'allergie aient l'inconvénient de provoquer de la somnolence. Les plus vieux d'entre nous se rappellent que l'on donnait du Phénergan (le plus ancien des antihistaminiques) aux nourrissons pour les calmer (inconscience des parents épuisés par l'insomnie ou ignorance des médecins ?). Après l'histamine, il y a l'*acétylcholine*, qui agit sur les récepteurs nicotiniques. C'est pour cela que les fumeurs trouvent qu'ils sont réveillés par le tabac, et surtout par la première cigarette du matin. Viennent également à la rescousse la *noradrénaline*, la *dopamine* et des *acides aminés* (aspartate, glutamate). La plupart de ces systèmes sont en interaction, par exemple le système à histamine peut exciter le système cholinergique et *vice versa*.

Ainsi, lorsque nous sommes éveillés, presque tous les systèmes du cerveau sont actifs, sauf ceux du sommeil et du rêve. Dans l'attention, par exemple, il y a une augmentation de l'activité électrique et métabolique de la plupart des aires corticales. Des rythmes rapides à 40 Hz, dits γ (gamma), sont les témoins de l'activité consciente du cerveau. La mémoire qui se loge dans l'hippocampe est également excitée. Cet éveil hippocampique se traduit par un rythme à 5-8 Hz sinusoïdal, le rythme thêta.

Mais il est un autre éveil dont nous n'avons pas parlé encore, celui qui survient au cœur du sommeil orthodoxe, cet éveil intérieur qu'est le sommeil paradoxal. Jouvet n'a pas seulement découvert le sommeil paradoxal, il en a exploré les mécanismes dont l'essentiel se déroule dans le tronc cérébral au niveau du pont ou rhombencéphale (le sommeil paradoxal fut un temps appelé sommeil rhombencéphalique).

Un *starter* situé dans le pont fait démarrer la machine à rêver. Celle-ci s'active toutes les 90 min chez l'homme – ce que l'on appelle un rythme ultradien. Kleitman avait observé un tel rythme ultradien de 90 min dans l'activation périodique de l'attention et passant le plus souvent inaperçu au cours de la journée (le *Basic Rest Activity Cycle, BRAC*). Le sommeil paradoxal est toutefois radicalement différent puisque tourné uniquement vers l'intériorité du sujet.

Une fois amorcée, l'activation porte sur trois systèmes. Je cite à nouveau Jouvet :

Le *premier système* est à l'origine d'une activation du cortex cérébral qui ressemble à celle de l'éveil (c'est pour cela qu'il est paradoxal d'enregistrer une activité identique à l'éveil pendant le « sommeil » profond du rêve). On sait cependant que la plupart des neurotransmetteurs qui sont libérés pendant l'éveil (la sérotonine, la noradrénaline, l'histamine, la dopamine, etc.) ne sont plus libérés pendant le sommeil paradoxal. On sait aussi que les mécanismes, les structures et les voies nerveuses qui sont impliqués dans l'activation corticale pendant le sommeil paradoxal sont différents de ceux de l'éveil. Enfin, il faut savoir qu'une structure comme l'hippocampe (qui joue un rôle dans la mémoire au cours de l'éveil) est plus excitée pendant le sommeil paradoxal que pendant l'éveil. On pense que ce sont l'hippocampe et les régions voisines qui seraient responsables des images du rêve et aussi peut-être de la programmation du cortex.

Le *deuxième sous-système* est situé, comme le précédent, au niveau du pont, et peut être comparé à un chef d'orchestre qui contrôlerait beaucoup de neurones corticaux. C'est lui qui est responsable des mouvements oculaires au cours du sommeil paradoxal. Mais ces mouvements ne sont pas en rapport avec l'imagerie du rêve. On pense également que ce système collabore avec le précédent pour programmer le cerveau.

Enfin, le *troisième mécanisme* joue un rôle capital. Situé aussi, à côté des deux précédents, dans le pont et le bulbe, il est capable de bloquer, au niveau de la moelle épinière, l'activité des nerfs qui innervent les muscles (sauf ceux de la respiration et des yeux). C'est pour cela que l'on observe une atonie généralisée au cours du sommeil paradoxal. Si l'on détruit ce système, le rêveur peut alors « vivre son rêve » et présenter des comportements oniriques comme chercher à tuer sa femme. J'y reviendrai plus loin à propos des troubles du sommeil.

Le mécanisme du sommeil paradoxal n'est toutefois pas totalement séparé de celui du sommeil orthodoxe. On sait que sauf dans le cas pathologique de la narcolepsie, le sommeil paradoxal est toujours précédé d'une phase de sommeil orthodoxe.

Des observations anatomiques ont montré récemment que le centre du sommeil (VLPO) projette une voie inhibitrice (GABA et galanine) sur le système « *off* » du sommeil paradoxal. Par ailleurs, les neurones à orexine situés dans l'hypothalamus latéral postérieur déjà mentionnés dans les mécanismes du sommeil ont un effet excitateur sur les neurones du VLPO. On conçoit donc que leur absence puisse indirectement bloquer le système « *off* » du sommeil paradoxal déstabilisant le flip-flop qui commande le sommeil paradoxal et provoquer ainsi des attaques de sommeil paradoxal en plein éveil tout en perturbant le sommeil orthodoxe, comme c'est le cas de la narcolepsie.

LES DÉCLENCHEURS

Devant cette belle machine à dormir et à veiller, la première question qui se pose est celle de l'agent qui la met en marche. Ma mère me disait à l'heure du coucher : « Il est temps d'aller au lit, le marchand de sable va passer. » Celui-ci savait ce qu'il faisait ; je m'étais tellement dépensé pendant la journée qu'il survenait toujours à point nommé pour me permettre de reconstituer mes réserves d'énergie épuisées par mon activité débordante. Longtemps, moi aussi, je me suis couché de bonne heure, jusqu'à ce que les désordres de ma vie rendent la tâche du marchand de sable impossible : tant de rendez-vous manqués avec celui-ci ont fini par le décourager. Je dois pour dormir utiliser du sable de contrebande, il n'est pas toujours de bonne qualité.

Ce sable, appelons-le facteur S, s'accumule pendant l'éveil. Il est le produit de la dépense énergétique. On pense qu'il s'agit de l'*adénosine* qui provient de la dégradation des molécules d'ATP (adénosine-triphosphate) liée à l'activité cellulaire. L'élévation du taux d'adénosine dans l'espace extracellulaire du cerveau traduit donc l'épuisement progressif de ses provisions et augmente la pression qui va finalement déclencher la machine à dormir et un sommeil lent réparateur. La caféine contenue dans le café est un puissant antagoniste des récepteurs de l'adénosine, il n'est donc pas étonnant qu'il nous empêche de dormir.

Le sommeil est aussi soumis à l'alternance du jour et de la nuit et à l'horloge biologique cérébrale dite circadienne (facteur C). L'homme est un animal diurne (il vit le jour). Il est mal équipé pour voir la nuit ; celle-ci est faite pour dormir. L'homme est aussi l'animal qui a inventé le feu et la lumière artificielle qui éclaire sa nuit. Notre vieux cerveau est parfois troublé par une vie de noctambule.

Le rythme veille-sommeil donné par l'horloge (le noyau suprachiasmatique) est relativement stable dans des conditions où n'interviennent pas trop de facteurs extérieurs. C'est ce que montrent clairement les expériences menées sur des sujets en isolement (grotte ou bunker) coupés de la lumière et des bruits du monde. Dans ces conditions, les sujets n'ont aucun repère temporel ; pas de montre, pas de radio, seulement la télévision avec des cassettes. Ils peuvent allumer ou éteindre la lumière quand ils veulent, mais n'ont aucun repère sur le cycle solaire. On s'aperçoit alors que l'horloge circadienne de l'homme est réglée sur 24 heures et 20 minutes. Les sujets vont se coucher le premier soir vers 22 heures, puis chaque soir 20 minutes plus tard, si bien qu'après environ 1 mois (30 × 20 min = 600 min = 10 heures), ils vont se coucher à 22 heures + 10 heures soit 8 heures du matin en croyant toujours qu'il est 22 heures Si l'expérience dure longtemps, leur séjour leur paraîtra plus court qu'il n'est réellement (Figure 13).

On sait aujourd'hui que le lien entre le noyau suprachiasmatique et l'interrupteur « *on* » du sommeil n'est pas direct. Il se fait par l'intermédiaire du noyau dorsomédial de l'hypothalamus et la zone ventrale du noyau paraventriculaire. Ce qui nous vaut de nous égarer dans ces territoires hypothalamiques vient du rôle de ces centres dans la régulation du comportement alimentaire, de la température et de toutes sortes de conduites adaptatives qui vont avec.

Ainsi, malgré la régulation homéostatique du besoin de sommeil et malgré les dictats de l'horloge interne, le sommeil reste l'expression de l'état central fluctuant. Notre sommeil, grâce à la complexité des systèmes régulateurs, fluctue ainsi au gré de nos passions, de nos désirs, des événements heureux et malheureux de notre existence. *L'hypothalamus est un peu à l'image de notre lit : on y naît, on s'y tient*

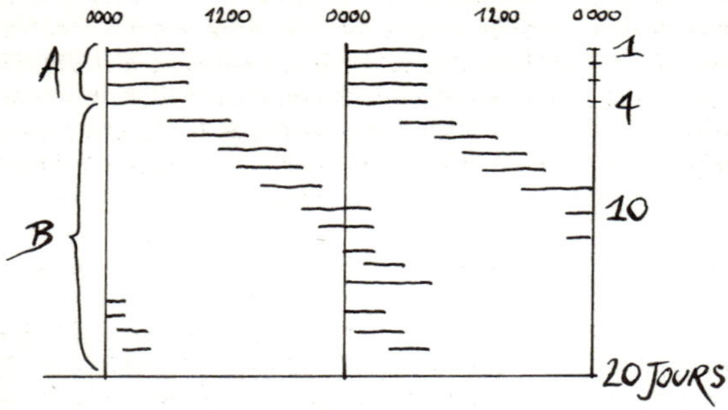

Figure 13. – EXPÉRIENCES D'ISOLEMENT (D'APRÈS MICHEL JOUVET), *POURQUOI DORMONS-NOUS ? POURQUOI RÊVONS-NOUS ?*, PARIS, ODILE JACOB, 2000.

au chaud, on y dort, on y fait l'amour et on y affronte la maladie avant, si les circonstances le veulent, de « mourir dans son lit ».

Que peut-on dire des déclencheurs du sommeil paradoxal ? Une horloge dont on ignore tout le provoque toutes les 90 min pendant le sommeil orthodoxe chez l'homme. Ces périodes ont une durée variable selon les espèces (20 min chez le chat). Il faut se souvenir que le sommeil paradoxal n'apparaît dans l'évolution que chez les animaux dits à sang chaud ou homéothermes (oiseaux et mammifères). Il est vraisemblable que le déclenchement du sommeil paradoxal est amorcé par le refroidissement du cerveau qui se produit pendant le sommeil lent. Lors des expériences d'isolement, le sommeil paradoxal reste lié au rythme circadien de la température cérébrale, alors que le sommeil lent se découple peu à peu de l'horloge interne. Je rappelle à titre anecdotique qu'Aristote attribuait pour seule fonction au cerveau celle de refroidir le corps. En forçant la note, un écrivain peu soucieux des convenances scientifiques pourrait écrire que « le sommeil se charge de refroidir les esprits pour permettre aux rêves de déployer librement leurs sortilèges ».

En résumé, une horloge d'une grande stabilité déclenche le sommeil paradoxal toutes les 90 min au cours du sommeil orthodoxe. Survient alors un éveil intérieur qui échappe à la conscience et qui est provoqué par l'activation de systèmes différents de ceux de l'éveil extérieur. Ce processus active les commandes motrices du cortex qui ne peuvent toutefois parvenir jusqu'aux muscles, car un autre système vient bloquer l'exécution des mouvements au niveau de la moelle épinière. En même temps, l'activation des structures limbiques mobilise les souvenirs et suscite les images du rêve. Répondant à son fils qui l'interroge sur le rêve, Jouvet lui dit : « Tous ces phénomènes se déroulent en dehors de ton attention et de ta conscience. Tu es rêvé par ton inconscient. La machine du rêve est la machine de ton inconscient, et ta volonté ne peut rien y faire. » Sommes-nous à Lyon ou à Vienne ?

LES FONCTIONS DU SOMMEIL

Tous les êtres animés ont droit au repos réparateur – les créatures comme le créateur –, il efface la *fatigue* des muscles et des nerfs – encore qu'on ne sache pas très bien ce qu'est la fatigue. Les métaphores abondent, en raison inverse des explications physiologiques : laisser refroidir le moteur qui a chauffé pendant l'effort ; récupérer des forces ; économiser l'énergie ; céder enfin à ce *besoin* de dormir qui devient irrépressible ; rembourser une dette qui s'est aggravée pendant un éveil trop prolongé, etc.

Les expériences de privation de sommeil montrent une élévation de la pression à dormir avec une priorité du sommeil orthodoxe profond lors de la phase de récupération exprimant un *rebond* qui ne concerne qu'indirectement le sommeil paradoxal. Le sommeil lent profond serait, selon Horne[3], dévolu à la maintenance cérébrale, tandis que le sommeil paradoxal constituerait l'inutile reliquat d'un sommeil fœtal – allusion au sommeil sismique du fœtus et du nouveau-né qui cède ensuite la place à un sommeil paradoxal authentique chez le jeune enfant.

Tout cela n'est pas dénué d'intérêt, mais n'explique pas vraiment à quoi bon dormir. Le besoin de sommeil est inégal d'un individu à l'autre : il y a les grands et les petits dormeurs sans que l'on puisse affirmer que les premiers soient plus intelligents que les seconds. Le besoin de sommeil diminue avec l'âge et lors de certaines périodes de la vie. Il varie aussi avec les espèces : le manchot empereur mâle reste debout à couver l'œuf sans dormir pendant un à deux mois, le temps pour la femelle de pratiquer la pêche au large et en grande profondeur, afin de ramener de la nourriture pour le poussin nouveau-né (voir le film *Happy Feet*). L'albatros n'est pas en reste d'héroïsme, puisqu'il peut faire des milliers de kilomètres en volant pendant plus de quinze jours sans se poser, pour chercher du poisson. Il est vrai qu'il existe peut-être chez ces espèces un sommeil localisé, l'albatros, comme le gendarme, ne dormant que d'un œil, ou plutôt alternativement avec son cerveau droit (œil gauche fermé) et son cerveau gauche (œil droit fermé) tout en respectant le rythme d'alternance jour/nuit.

Un autre cas exemplaire est le dauphin dont la respiration est volontaire. Il dort alternativement avec ses hémisphères droit et gauche, afin de pouvoir surveiller avec l'œil controlatéral à la fois ses proies et les vagues dans lesquelles il risquerait de se noyer en respirant.

Les fonctions du sommeil paradoxal font l'objet d'inépuisables discussions. À quoi servent cet éveil intérieur – ce troisième état de conscience – et les rêves qui l'accompagnent. Je laisserai de côté le rôle prémonitoire. C'est le phénomène de la cartomancienne ou de l'astrologue : on ne se souvient que des rêves ou des prévisions qui se réalisent. Toutefois, certaines hypothèses « médicales » conservent au rêve un rôle adaptatif qui tiendrait selon Robert Smith aux signaux d'alerte inclus dans son contenu. Ayant recueilli le contenu des rêves de sujets hospitalisés en cardiologie, il observe que la fréquence des références à la mort ou à la séparation est corrélée avec la sévérité de l'insuffisance cardiaque. Son interprétation en est que le contenu onirique est déterminé par l'état biologique du sujet. En révélant la gravité de l'état morbide, le rêve aurait ainsi une valeur d'avertisseur, et les cardiologues ne devraient sans doute plus négliger de s'enquérir des rêves de leurs patients[4].

Les travaux les plus sérieux portent sur le rôle du sommeil paradoxal dans la mémoire et notamment sur la consolidation des apprentissages. Il jouerait un rôle important dans la mémoire à long terme. Franck Crick a proposé une interprétation diamétralement opposée : si le sommeil paradoxal favorise la mémorisation des informations, c'est tout simplement que le rêve permettrait l'oubli et nettoierait le cerveau en vue de nouvelles acquisitions.

Le sommeil paradoxal interviendrait également dans l'ajustement de l'humeur. C'est dans le domaine de l'adaptation et de la dimension temporelle de l'état central fluctuant que se trouve probablement la fonction la plus importante de ce sommeil. Pour Jouvet, ces activations à la fois ségréguées et organisées seraient responsables de la reprogrammation du cerveau exposé aux aléas et désordres du monde. Il permettrait au sujet de maintenir la constance de son individuation. Son cerveau qui a perdu la capacité de se régénérer à l'identique (capacité qui persiste chez les vertébrés à sang froid – poissons, reptiles) utiliserait les activations du sommeil paradoxal pour se reprogrammer en s'adaptant au changement imposé par son histoire et par l'environnement. L'hypothèse est difficile à prouver, mais est-elle si éloignée des intuitions de Freud ? La psychanalyse (l'authentique) ne cherche-t-elle pas dans l'étude du travail du rêve les traces de cette individuation comme un passé toujours en devenir ?

Les rythmes du rêve

Le lapin fait les rêves incertains et furtifs qui conviennent à son destin de proie ; le chat, en revanche, rêve comme un seigneur en longues phases paradoxales qui interrompent à intervalles réguliers son sommeil souverain de prédateur. Le rat, toujours en maraude et en quête d'un festin, n'est pas animé par l'angoisse d'être mangé, mais par celle de ne pas manger. On observe chez tous ces animaux un rythme thêta hippocampique. Celui-ci se manifeste chez l'individu éveillé lorsqu'il exécute un acte essentiel à sa survie et plus précisément lorsqu'il réagit à une modification de son environnement. La prédation chez le chat, la fuite chez le lapin et l'exploration chez le rat sont des comportements essentiels à la survie respective de ces trois espèces. Par exemple, un rat affamé explore le terrain avant de manger, même si de la nourriture s'offre à lui ; son hippocampe et son cerveau olfactif sont alors soumis aux battements insistants du rythme thêta. J. O'Keefe a montré à l'aide d'électrodes permettant d'enregistrer pendant de longues périodes l'activité de neurones de l'hippocampe que certains d'entre eux déchargeaient lorsque le rat explorait une région particulière de son environnement ; ces mêmes cellules s'activant toujours pour les mêmes territoires expriment en quelque sorte une carte spatiale du monde du rat. C. Pavlides et J. Winson ont observé que les cellules spatiales activées pendant l'éveil étaient le siège d'une intense réactivation lors du sommeil paradoxal suivant : sorte de réactualisation du monde perçu durant l'éveil afin que les éléments pertinents pour la survie puissent être déposés et enregistrés dans les cartes cognitives de l'animal. Winson fait l'hypothèse que le rythme thêta survenant lors du rêve contribue de façon systématique à inscrire dans des ensembles de neurones les traces d'événements et les données retenues par le comparateur hippocampique. Chez le rat, ce sont surtout des informations spatiales, comme il convient à un explorateur, mais il pourra s'agir d'autre chose chez un chat, un singe ou un homme. Le rôle du rythme serait de faire courir plusieurs fois dans les circuits une information qui n'est produite qu'une seule fois, afin de bien en marquer le chemin.

De ces données, je retiendrai que le rêve (ou tout au moins son support biologique, le sommeil paradoxal) participe à la fixation des souvenirs et que le système limbique, déjà en charge pendant l'éveil de déterminer la valeur affective des choses bonnes ou mauvaises pour l'individu, a aussi pour mission d'en pérenniser la connaissance. Le rêve consolide et active le travail du « diable ». Un dernier argument en faveur de ce rôle de l'activité onirique réside dans sa particulière abondance chez le nourrisson (plus de 50 % du temps) à l'époque où celui-ci découvre, invente et apprend le monde et les valeurs qui s'y attachent.

J.-D. Vincent, *La Chair et le Diable*, *op. cit.*

LES TROUBLES DU SOMMEIL

Ceux-ci ont désormais pignon sur rue dans la médecine. Il existe dans la plupart des centres hospitalo-universitaires des services et des laboratoires consacrés aux anomalies du sommeil. Certains centres privés proposent également de vous soulager de vos insomnies et parfois aussi de votre argent.

Selon l'étude de Jean-Pierre Giordanella, directeur de la prévention à la Caisse d'assurance maladie de Paris, un Français sur trois serait atteint de troubles du sommeil dont 10 % d'insomnies sévères : endormissement difficile pouvant aller jusqu'à la nuit blanche, le plus souvent lié à une névrose d'angoisse ou réveil précoce vers 2 ou 3 heures du matin qui annonce parfois une dépression. L'insomnie s'accompagne de somnolences diurnes qui nuisent à la qualité du travail et à la conduite automobile : 20 à 30 % des accidents de la route sont attribués par la gendarmerie à des assoupissements. L'impact négatif d'un mauvais sommeil se traduit par le facteur aggravant de l'hypertension artérielle[5] et de troubles métaboliques comme le diabète. N'oublions pas que le comportement alimentaire et le sommeil ont partie liée dans l'hypothalamus.

Pendant toutes les années où j'avais une consultation de troubles du sommeil, il m'arrivait de dire qu'un insomniaque était quelqu'un qui prenait des somnifères. Ceux-ci n'ont jamais guéri l'insomnie. S'ils ne la créent pas, du moins la pérennisent-ils en remplaçant le manque de sommeil par une dépendance aux substances hypnogènes : les barbituriques, par exemple, sont une véritable drogue dure. Les somnifères modernes qui presque toujours agissent sur les récepteurs du GABA, le grand neuromédiateur inhibiteur du cerveau, ne sont pas non plus dépourvus de risque : ils créent une dépendance et diminuent les performances de la mémoire. Il en est de meilleurs que d'autres ; les médecins savent les prescrire. Dans tous les cas, leur prise ne devrait pas excéder un mois.

Il existe des pathologies associées au sommeil qui pour être sans gravité n'en sont pas moins gênantes. Le somnambulisme par exemple qui survient toujours en phase de sommeil lent (stade II ou III) et jamais en sommeil paradoxal. Le sujet est incomplètement éveillé, il fait des gestes coordonnés, comme la marche nocturne, fréquente chez l'enfant, et n'en garde aucun souvenir au réveil. Une variante du somnambulisme a été décrite récemment par des auteurs américains qui l'ont appelée *sexsomnie.* Le sujet endormi s'en prend à sa compagne de lit et la viole sans en garder le souvenir. On conçoit les problèmes de médecine légale posés par un tel comportement pathologique.

Il ne faut pas confondre ce somnambulisme sexuel avec les accès de sommeil paradoxal dissociés. On sait que celui-ci s'accompagne d'une paralysie des nerfs moteurs qui empêche les actes rêvés de devenir effectifs. Jouvet et ses collaborateurs ont montré qu'en détruisant les neurones d'une région du tronc cérébral associés au locus coeruleus (voir plus haut) chez un chat, on supprimait l'inhibition motrice pendant ses phases paradoxales : le chat mimait en quelque sorte ses rêves. Il s'immobilisait puis partait courir après une souris imaginaire, l'attrapait, jouait avec elle, la lâchait et la reprenait ; bref, le chat jouait en rêve au chat et à la souris. Il semblerait que cette anomalie existe également chez l'homme (après 60 ans). Ce sont très souvent des sujets masculins qui s'attaquent à leur femme pendant leur sommeil. Cela peut entraîner des fractures du poignet chez l'homme et un œil poché chez la femme. J'ai observé le cas d'un boucher des halles de Bordeaux qui à deux reprises a tenté d'étrangler sa femme. Celle-ci a obtenu le divorce, et il m'a été impossible de convaincre le tribunal de la réalité des troubles présentés par mon patient. Mais, après tout, quelqu'un qui rêve qu'il étrangle sa femme est-il tout à fait innocent ? D'un autre côté, qu'arriverait-il si l'on devait condamner tous les hommes pour le contenu de leurs rêves ?

Pour terminer le chapitre des insomnies, je signalerai l'existence très rare d'une perte totale du sommeil qualifiée d'*agrypnie* comme par exemple dans la chorée fibrillaire de Morvan. Ces sujets ne manifestent aucun besoin de dormir et supportent étonnamment bien l'absence de sommeil.

Il existe également des hypersomnies dont la plus connue a déjà été évoquée : la *narcolepsie*, qui réalise dans ses formes typiques des accès de sommeil paradoxal irrépressibles en plein éveil, associés parfois à des hallucinations qui ressemblent à du rêve éveillé, à des paralysies du réveil et surtout à des accès de *catalepsie*, perte brutale du tonus musculaire qui entraîne l'effondrement postural du sujet. Ces accès sont souvent déclenchés par une émotion forte ou du rire. On reconnaît là de façon dissociée, les composantes du sommeil paradoxal qui se manifestent ici sans leurs corollaires habituels. La narcolepsie est une affection grave et invalidante que l'on peut combattre avec des substances qui maintiennent l'éveil (amphétamines, certains antidépresseurs et la nifédipine).

Une autre forme d'accès hypersomniques est observée dans les apnées du sommeil. L'arrêt fréquent de la respiration d'origine nerveuse ou obstructive réveille fréquemment le sujet pendant son sommeil nocturne. Il récupère par des accès de somnolence diurne son déficit en sommeil nocturne.

Je n'ai fait ici qu'aborder sommairement les troubles du sommeil qui, dans tous les cas, nécessitent une consultation spécialisée. Mais qu'en est-il du bien dormir ?

Guide du bien dormir

La durée moyenne du sommeil d'un adolescent est de 8 heures. Elle est cependant très variable d'un sujet à l'autre : entre 4 et 10 heures. Le meilleur signe qu'on a bien dormi est de ne pas bâiller dans la journée. La dette de sommeil est bien perçue par le cerveau ; il en exigera le remboursement sous peine de sanctions (accident de voiture, impuissance, troubles de l'humeur, agressivité, etc.).

Il faut s'endormir en phase avec le cycle circadien, ce qui n'est pas toujours possible lors d'un changement de fuseau horaire. On peut essayer de remédier à ce dérèglement en prenant de la mélatonine une heure avant le coucher – une façon de remettre à l'heure la pendule du cerveau.

Lorsque apparaît le spectre de l'insomnie, il vaut mieux éviter de prendre un somnifère et respecter les commandements d'Espié (voir Jouvet, *op. cit.*)

1. Va au lit seulement lorsque tu as très sommeil et pas par habitude.
2. Éteins tout de suite après t'être couché.
3. Ne lis pas au lit ; ne regarde pas la télévision.
4. Si tu ne dors pas après 20 minutes, lève-toi et va dans une autre pièce jusqu'à ce que tu aies à nouveau sommeil.
5. Tu peux répéter le commandement n° 4 autant de fois que tu en as besoin.
6. Mets ton réveil toujours à la même heure.
7. Ne fais pas la sieste.
8. Ne dors pas plus longtemps pour récupérer une précédente nuit de mauvais sommeil.
9. Suis ces commandements pendant plusieurs semaines et tu dormiras.

Certains auteurs recommandent de faire l'amour, d'autres préfèrent un verre de lait. Le whisky est le somnifère préféré des Anglo-Saxons ; la bière *est en revanche à proscrire.*

Bien sûr, les rêves prémonitoires n'existent pas, surtout lorsqu'ils annoncent des événements malheureux. Quand un rêve vous plonge dans le bonheur, vous pouvez apprendre à le prolonger dans un autre rêve. Je n'ai guère évoqué les cauchemars qui surviennent généralement pendant le sommeil paradoxal de la seconde partie de la nuit, notamment dans les périodes de stress.

Et le ronflement ? Que d'amours brisées par le vacarme infernal d'un charmant partenaire de lit. Le plus souvent, il s'agit d'un mal bénin. La manœuvre la plus efficace consiste à retourner délicatement le dormeur qui présente une bouche ouverte vers le plafond au milieu d'un masque grotesque. La position de côté, la tête couchée vers la bonne narine, est un remède souverain. Il existe des cas plus graves avec des apnées du sommeil qui nécessitent le port d'un masque à ventilation ou une opération chirurgicale du voile du palais.

Cher visiteur du cerveau, je crains de te trouver déjà endormi, vaincu par l'ennui distillé par mon parler incontinent. Si par bonheur te voilà douillettement installé dans un lit de plume, je me retirerai, l'index appuyé sur mes lèvres, intimant au monde l'ordre de faire silence et je te dirai : « Dormez maintenant, je le veux. » Il sera temps demain de boire et de manger.

FOCUS 3

Les mystères du sommeil

MICHEL JOUVET
membre de l'Institut

Je suis convaincu que la physiologie comparative, la reine des disciplines biologiques, apportera la clé du mystère du sommeil. Dans ces quelques pages, je vous entraînerai dans un voyage de 500 millions d'années, guidé par le souvenir des quelques savants immenses qui ont éclairé notre compréhension des relations entre le monde physique et les êtres vivants.

La *première période* est dédiée à Newton et à deux savants oubliés, Vant'Hoff et Arrhenius. Newton, parce qu'il a découvert la gravitation qui explique la rotation de la Terre et l'alternance du jour et de la nuit. Pour les premiers vertébrés terrestres, les amphibiens et les reptiles, les nuits étaient froides et leurs corps aussi. Comme l'ont montré au début du XXe siècle Vant'Hoff et Arrhenius, une diminution de la température entraîne un ralentissement du métabolisme et de la motilité ; c'est la loi du Q10, une inconnue célèbre.

Deux sortes d'animaux terrestres étaient toutefois capables de conserver la chaleur de leur corps pendant les nuits froides. Les premiers étaient les dinosaures, ceux-ci étaient si gros qu'ils n'avaient pas le temps de se refroidir pendant la nuit. La nourriture était alors si abondante qu'ils pouvaient manger le jour et la nuit ; je suppose qu'ils ne dormaient jamais. Les seconds étaient les mammifères primitifs qui étaient de très petite taille. Ils pouvaient survivre pendant la froide nuit grâce à l'invention de l'*homéothermie*. Ils mangeaient peut-être les œufs des dinosaures dans l'obscurité de la nuit et dormaient à l'abri de ces derniers pendant le jour.

La *seconde période* est marquée par une catastrophe et par un fameux économiste : Malthus. La catastrophe survint, il y a exactement 65 millions, 500 milliers et 155 années, un 13 septembre (*cosmic time*). Un astéroïde de 30 km de diamètre heurta la terre à grande vitesse quelque part dans le Yucatan. Un vaste nuage de poussière voila le Soleil et ce fut la nuit perpétuelle de l'âge des ténèbres : plus de nourriture et plus de dinosaures.

Petit à petit, le Soleil réapparut. Mais, pendant l'âge des ténèbres, les oiseaux et les mammifères primitifs avaient appris à survivre et à obéir à la loi de Malthus qui dit que la nourriture croît de façon arithmétique, alors que la croissance de la population est géométrique (ou exponentielle). Pour éviter la compétition et survivre, quelques mutants adoptèrent l'*économie périodique de l'énergie.* Il leur suffisait de dormir pour moins manger et épargner de l'énergie. Dans des endroits très froids, ils inventèrent l'*hibernation* et dans des milieux chauds et secs, l'*estivation* (des semaines sans besoin de manger, en faisant baisser la température de leur corps). L'invention du sommeil télencéphalique par les oiseaux et les mammifères fut un prodigieux succès évolutif perfectionné par l'accrochage au sommeil des libérations hormonales et à l'établissement d'une véritable homéostasie prédictive sous la gouverne de l'horloge circadienne.

La *troisième période* est celle de la théorie de l'évolution marquée par Darwin et son continuateur Mayr (théorie synthétique de l'évolution). La variabilité, moteur de l'évolution concerne l'individu et non l'espèce. Mayr observe que « d'importantes différences interindividuelles ont été décrites pour la prédation et le soin aux petits chez les primates [...], celles-ci ne sont pas affectées par l'expérience et restent constantes tout au long de la vie de l'individu ».

Nos cerveaux sont soumis pendant la journée à des stimulations environnementales qui agissent sur la plasticité neuronale en créant de nouveaux circuits cependant que les traits individuels innés restent les mêmes, y compris chez les jumeaux homozygotes élevés séparément. Comment ce processus d'individuation programmé génétiquement est-il conservé ? Ce n'est pas un problème chez les animaux poïkilothermes dont la neurogenèse continue chez l'adulte, permettant un recâblage permanent de la circuiterie individuelle. En revanche, chez les mammifères homéothermes dont la neurogenèse s'arrête avec la maturité, ce recâblage permanent et à l'identique ne peut se faire. Quel est alors le mécanisme qui préserve l'individuation ?

Mon hypothèse est que le sommeil paradoxal en est le responsable, grâce à quelques neurones sensibles au froid recrutés à ces fins dans la partie du tronc cérébral appelée *pont* ou *rhombencéphale.* Le sommeil paradoxal serait alors une sorte de reprogrammateur effaçant (oubli) ou renforçant (mémoire) les acquisitions du jour en accord avec l'individuation génétique. En bref, nous ne rêverions pas mais « nous serions rêvés ». Pendant cette reprogrammation interne, le cerveau serait coupé de l'extérieur. Des entrées stochastiques seraient assurées par des activations générées au niveau du pont, sélectionnant les nouveaux récepteurs synaptiques synthétisés pendant le sommeil lent. Cette théorie est comparable aux théories sélectives rendant compte du système immunologique.

Une énorme quantité d'énergie est nécessaire pour que les 100 minutes de sommeil paradoxal soient capables de remanier la circuiterie synaptique initiée pendant les 600 minutes d'éveil. Le sommeil lent serait alors indispensable au sommeil paradoxal en assurant une réserve d'énergie sous forme de glycogène dans la glie. Cette énergie est particulière, elle nécessite de l'oxygène et de bonnes mitochondries. Apparemment, il faut une proportion de trois fois plus de sommeil lent pour initier un sommeil paradoxal.

Les oiseaux sont un peu différents des mammifères, ils utilisent la neurogenèse comme leurs ancêtres dinosaures pour assurer la constance de leur chant et le sommeil pour les autres programmations, ce qui expliquerait la brièveté du sommeil paradoxal chez les oiseaux.

En résumé, l'individuation génétique est assurée par la neurogenèse chez les vertébrés ectothermes et les mammifères nouveau-nés ; elle est assurée à la fois par la neurogenèse et par le sommeil paradoxal chez les oiseaux adultes et exclusivement par le sommeil paradoxal chez les mammifères adultes.

Pour terminer, j'évoquerai deux individus géniaux (de grands rêveurs sûrement). Shakespeare, dit : « *What's past is prologue.* » Et Montaigne : « Que l'esprit éveille et vivifie la pesanteur du corps, le corps arreste la légèreté de l'esprit et la fixe. »

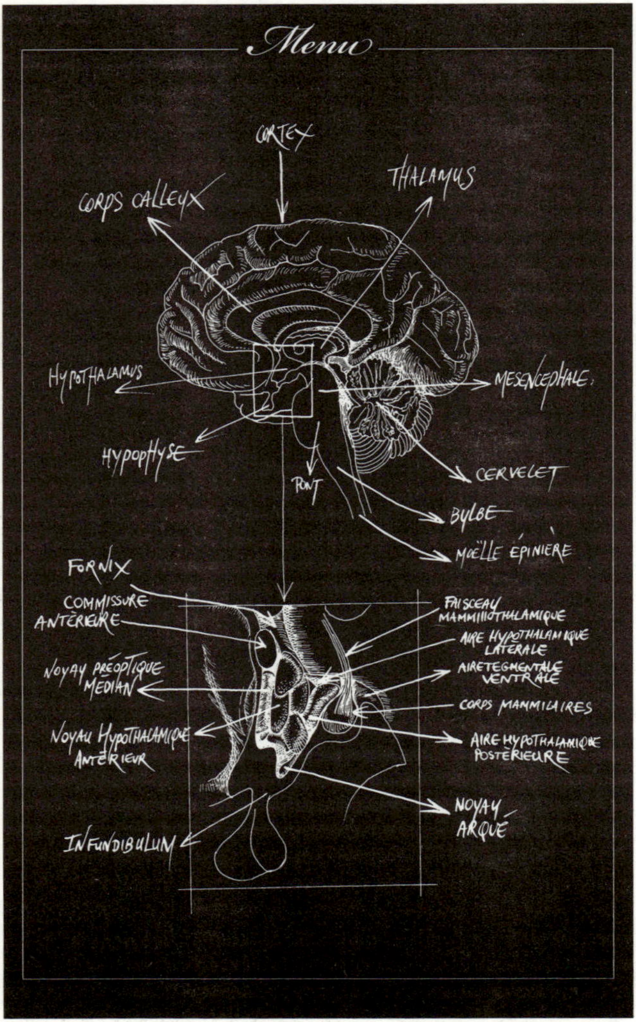
Menu
CORTEX
CORPS CALLEUX
THALAMUS
HYPOTHALAMUS
MESENCEPHALE
HYPOPHYSE
PONT
CERVELET
BULBE
MOËLLE ÉPINIÈRE
FORNIX
COMMISSURE ANTÉRIEURE
FAISCEAU MAMMILLOTHALAMIQUE
AIRE HYPOTHALAMIQUE LATÉRALE
NOYAU PRÉOPTIQUE MÉDIAN
AIRE TEGMENTALE VENTRALE
CORPS MAMMILAIRES
NOYAU HYPOTHALAMIQUE ANTÉRIEUR
AIRE HYPOTHALAMIQUE POSTÉRIEURE
NOYAU ARQUÉ
INFUNDIBULUM

CHAPITRE 5

Manger

« Ma bougie brûle des deux bouts ;
Elle ne fera pas la nuit ;
Mais, chers amis, chers ennemis –
Regardez comme elle luit ! »

Edna ST VINCENT MILLAY, *First Fig.*

Freud et Jouvet ont été nos guides dans l'étude du sommeil ; pour manger, je vous propose la tutelle du plus aimable des amphitryons, Jean-Anthelme Brillat-Savarin. Nous nous parons tous deux du titre de professeur ; le mien m'a été attribué par les universités, celui de Brillat-Savarin a été décerné à lui-même par l'auteur de la Physiologie du goût. *Nous bénéficions, cependant, de la même légitimité, celle de donneur de plaisir plutôt que de leçons.*

Avant de quitter la chambre à coucher pour la salle à manger, sachez que le passage ne sera pas trop difficile. Selon Brillat-Savarin, « celui qui a besoin de manger ne peut dormir [...] et celui qui au contraire a passé dans son repas les bornes de la discrétion tombe immédiatement dans le sommeil absolu ». Dans le manger comme dans le dormir, c'est d'abord de dépenses énergétiques qu'il s'agit – ce que l'on appelle le métabolisme. Pour comprendre ce qui se passe dans le cerveau du mangeur, il nous faudra donc faire un peu de chimie, celle du corps humain qui brûle sa vie comme la bougie de Lavoisier[1] – approximation, car même une faim dévorante ne permet pas de brûler la chandelle par les deux bouts.

Brillat-Savarin

Brillat compte plus d'admirateurs que de lecteurs. Un monument trop connu pour qu'on se donne encore la peine de le visiter. Les bourgeois du Champ-de-Mars se vantent volontiers de n'avoir jamais franchi le rez-de-chaussée de la tour Eiffel. Ils se défient avec la même candeur des grands machins qui ornent leur bibliothèque. La *Physiologie du goût,* dont ils possèdent une édition illustrée, appartient à cette catégorie. L'auteur passe pour bavard et superficiel. On tourne en dérision la fausse science de ce magistrat bon vivant qui ne plaçait rien au-dessus de l'art de distraire son prochain. Disgrâce suprême pour ce causeur infatigable, on le juge ennuyeux.

Il est vrai qu'il fait semblant : il joue l'austère pour amuser, le pédant de comédie pour cacher sa science et le familier pour traiter des choses profondes. Son style : surtout ne pas se prendre au sérieux. À la façon de ce mobilier du XVIIIe siècle d'apparence si légère, recouvert de placages précieux et futiles, chargé de bronzes chamarrés pour recouvrir une forme parfaite, un moment de grâce et d'équilibre enfermé dans quelques planches de chêne. Notre auteur appartient à une époque entre deux siècles : homme des Lumières, il écrit au cœur du romantisme. Cent ans plus tôt, un autre grand bavard génial, Saint-Simon, avait donné sous Louis XV son chef-d'œuvre au siècle de Louis XIV.
Le destin de l'Europe s'est joué pendant ces trente années (1790-1820) écrasées par des géants – Beethoven, Goethe, Napoléon et compagnie, trop de bruit, trop de vers, trop de sang –, le seul genre aimable en ces temps de tempêtes était le genre *bouffe* (sans mauvais jeu de mets), celui de Rossini et de Brillat.
N'imaginons pas que son époque a miraculeusement oublié le notable de Bugey. Il a été membre de l'Assemblée constituante, puis exilé en Suisse et aux États-Unis. L'illustre gastronome avait, lors des événements connus sous le nom de Révolution française, le même âge que le professeur en 1968. Pendant que les barricades échauffaient les esprits, ce dernier avait apprécié les rues désertées de la capitale ; la population s'étant pour moitié portée en masse dans le quartier Latin et pour moitié réfugiée dans ses foyers. Bonheur inespéré, il trouva une table libre dans un bistrot fameux de l'époque, Chez Allard, où il fallait d'ordinaire réserver à un mois, ce qui avait le pouvoir de le faire enrager, une faim ne pouvant se décider plus d'une heure à l'avance. Merveilleuse daube, dans une salle de restaurant maigrement remplie de quelques ventrus philosophes, pendant que dehors les mutins vociféraient et les tribuns se grisaient d'une liberté éventée aussitôt qu'exposée.

J.-M. Amat et J.-D. Vincent, *Pour une nouvelle physiologie du goût*, Paris, Odile Jacob, 2000. On trouvera à la p. 17 de cet ouvrage, la recette de la daube de Mai 68, « sous les pavés, la sauce ».

LA CHAIR ET LA CHÈRE

« L'univers n'est rien que par la vie
et tout ce qui vit se nourrit. »

BRILLAT-SAVARIN, *Aphorismes II*

L'acte de manger ne peut se comprendre que si l'on se réfère d'abord aux dépenses énergétiques du corps et aux « exigences de la chair » auxquelles celui-ci doit répondre. Il n'y a pas de vie sans échanges et transformations d'énergie. Tous les êtres vivants, animaux compris, sont des *systèmes ouverts*, c'est-à-dire qu'ils échangent avec leur environnement de la matière et de l'énergie, tout en respectant deux principes fondamentaux : 1) la *conservation de la masse*, tous les êtres vivants ne créent, ni ne détruisent de matière, les entrées sont égales aux sorties à l'exception de la période de croissance ou de la prise de poids ; 2) la *conservation de l'énergie*, comme pour la masse, les entrées sont égales aux sorties aux variations de réserves près. L'énergie animale étant essentiellement d'origine chimique, on peut considérer que le bilan d'énergie et le bilan de matière sont équivalents.

La comparaison de la vie avec un feu est totalement inadéquate ; je défie quiconque de trouver la moindre flamme dans un organisme vivant, sinon – mais la métaphore est usée – celle que l'on déclare à l'être aimé. La combustion des matériaux énergétiques dans la cellule animale ne peut pas se dérouler de façon explosive ; l'énergie qu'elle libère est trop importante. Pour être utilisable, cette libération d'énergie doit être fractionnée. Ce phénomène est réalisé par le transfert progressif de l'énergie chimique potentielle des substrats énergétiques initiaux (lipides, glucides et protides) à des molécules de moindre charge énergétique qui, à leur tour, pourront libérer localement cette énergie par petites quantités, selon les besoins cellulaires spécifiques (muscles, glandes, neurones, etc.). Notons enfin que les animaux utilisent comme sources d'énergie chimique des molécules organiques déjà élaborées par d'autres organismes vivants, végétaux ou animaux. On appelle cette propriété l'*hétérotrophie*, par opposition aux végétaux, capables d'*autotrophie* c'est-à-dire de fabriquer eux-mêmes leurs molécules organiques.

Les organismes animaux restituent ensuite cette énergie à leur milieu, principalement sous forme de chaleur ou sous forme de travail pour une moindre part.

Le rôle des transporteurs d'énergie intermédiaires est tenu par la molécule d'ATP (*adénosine trisphosphate*). Cette molécule est porteuse de liaisons chimiques à base de phosphore – liaisons riches en énergie – dont la rupture fournit à la cellule l'énergie dont elle a besoin. Matières énergétiques et oxygène sont prélevés respectivement dans le milieu par l'alimentation et la respiration. Manger et respirer sont les deux priorités communes à tout le règne animal. Les deux partenaires, alimentation et respiration, sont gérés différemment. Quand l'oxygène manque, la vie cesse, mais lorsque l'alimentation s'arrête, les cellules continuent d'être approvisionnées en matières énergétiques par des réserves internes dans lesquelles l'organisme puise continuellement pour couvrir ses dépenses et que l'alimentation reconstitue *périodiquement*. Cette périodicité conditionne deux phases dans l'utilisation du combustible : la *satiété* qui fait suite au repas et le *jeûne* – terme peu approprié : peut-on parler de jeûne quand un cassoulet pèse encore sur notre estomac ? Dans la phase postprandiale, les aliments transitent dans le tube digestif avant de pénétrer dans le sang sous forme de *nutriments* : glucose, triglycérides, acides gras, acides aminés, etc.[2].

En cette période d'absorption alimentaire, l'organisme utilise préférentiellement le glucose. Le taux de ce sucre reste stable dans le sang (*glycémie*) et ne subit que de faibles fluctuations journalières. Certaines cellules, comme les neurones, ne « carburent » qu'au glucose. On peut mesurer localement la consommation de ce sucre dans le cerveau et observer ses variations dans le cours des différentes fonctions, telle, par exemple, sa chute lors du sommeil (voir plus haut).

Les excédents sucriers sont soit stockés sous forme de glycogène[3] intracellulaire, surtout hépatique ou musculaire, soit transformés en triglycérides de réserve. Cette transformation de glucose en graisse s'effectue au niveau du foie ou des cellules adipeuses qui en assurent le stockage. Les acides aminés issus de l'hydrolyse des protéines[4] alimentaires sont utilisés pour le renouvellement permanent des structures cellulaires, notamment musculaires. L'excédent d'acides aminés participe lui aussi, après transformation hépatique, à la synthèse des triglycérides de réserve. Enfin, les triglycérides issus des graisses alimentaires sont stockés tels quels dans les cellules graisseuses. En résumé, dans la phase qui suit le repas, le sujet *consomme* et *fait* des réserves.

Une hormone sécrétée par le pancréas, l'*insuline*, gère cette période. L'insuline a pour effet principal d'ouvrir la porte d'entrée dans les cellules du glucose et des acides aminés. Elle permet ainsi les réactions intracellulaires faisant intervenir le glucose ou les acides aminés et favorise la synthèse des macromolécules glucidiques, lipidiques et protéiques.

Globalement, l'insuline entraîne l'utilisation du glucose et des petites molécules à des fins d'oxydation immédiate ou de stockage ; à l'inverse, elle inhibe leur formation à partir des macromolécules. On dit qu'elle est hypoglycémiante.

La sécrétion d'insuline par les cellules β du pancréas est déclenchée par tout accroissement de la glycémie, en particulier celui qui suit l'absorption alimentaire. L'insuline est donc l'hormone de la période postprandiale, l'hormone du stockage énergétique par excellence. Son absence se traduit par une hyperglycémie et, à défaut de son utilisation ou de son stockage, par la présence de sucre dans les urines. C'est la glycosurie qui apparaît quand la glycémie dépasse un certain seuil. Hyperglycémie et glycosurie sont les deux principaux signes biologiques du diabète sucré, maladie consécutive à un défaut de sécrétion d'insuline par le pancréas endocrine. Le terme de diabète signifie que cette affection s'accompagne aussi d'un accroissement du volume des urines (le sujet pisse de l'eau pour diluer son excès de sucre dans le sang).

En période de jeûne, la situation est inversée en vue de maintenir un flux énergétique compatible avec la vie, grâce à l'utilisation des réserves lipidiques, ce que l'on appelle communément la graisse (*lipolyse*) et par la synthèse de glucose à partir des acides aminés (*néoglucogenèse*). C'est l'excès de graisse qui conduit à ce que l'on appelle le surpoids et plus gravement à l'obésité. Bien sûr, il existe aussi des hormones du jeûne avec, pour chef de file, le *glucagon,* hormone qui fait tout le contraire de l'insuline, sa compagne pancréatique : elle permet la mobilisation des graisses et la remise du glucose sur le marché du travail.

Mais, visiteur, tu te lasses de toutes ces molécules, d'autant que je t'avais promis le cerveau et que te voilà perdu dans la chair et bien loin de la bonne chère. Je te propose de nous plonger maintenant dans la douceur des graisses, une douceur qui prélude parfois à bien des tragédies[5].

DE LA GRAISSE

> « La graisse y dessine des courbes moelleuses et séductrices que le corps de l'homme ne connaît pas. Elle fait saillir des bosselures propres au genou de la femme, incurve la cuisse, comble l'encoche du flanc, le losange des lombes donne au cou sa gracieuse rondeur [...]. L'accumulation normale de la graisse constitue l'"enveloppement" ou le "potelé" des formes. »
>
> A. BINET, *Les Formes de la femme.*

Admirable graisse qui dessine les rondeurs de la femme et attise le désir amoureux de l'homme ; douce graisse qui réchauffe nos corps engourdis par le froid ; succulente graisse des petits ortolans et des gros chapons de Noël qui enchante nos palais gourmands ; mais aussi graisse meurtrière qui conduit l'obèse au martyre et empoisonne nos cellules.

La graisse n'est pas seulement le saindoux, cette substance blanche comme l'albâtre dans laquelle des charcutiers artistes sculptent leurs « chefs-d'œuvre » ; elle n'est pas non plus ce surplus encombrant dont il convient de se débarrasser par des régimes aussi fastidieux qu'inefficaces ; elle est un véritable tissu, un organe, au même titre que le foie, les reins ou les poumons, dont les fonctions sont régulées par des mécanismes où le cerveau tient la place centrale, une glande endocrine enfin qui libère dans le sang une hormone, la *leptine* aux multiples actions dont la moindre n'est pas de freiner l'appétit (voir plus loin encadré).

Le tissu graisseux est composé de grosses cellules appelées *adipocytes*, gorgées de gouttelettes de graisse et disposées de façon jointive comme sur des rayons de miel. Il est présent dans différents endroits du corps. Sous la peau, il est le sculpteur des formes exquises de la femme, et il n'est pas exagéré de dire que la graisse est l'organe de Vénus : dessinant le pourtour des yeux, gonflant les seins et arrondissant les hanches. Il est aussi responsable du ventre, apanage indiscutable de l'homme. Le tissu graisseux permet à la femme d'assumer, grâce à ses dépôts cutanés, les suppléments de dépense énergétique occasionnés par la grossesse. Signalons à ce propos que les obèses sont parfois d'anciens fœtus malnutris. Chez l'homme, c'est surtout son ventre qui constitue une réserve mobilisable immédiatement. Cet ancien chasseur est capable de transporter avec lui ses réserves de vivres dans une panse bien rembourrée, la graisse du ventre peut en effet être utilisée et remplacée trois fois plus vite que la graisse cutanée.

À l'état adulte, toute surcharge graisseuse se traduit par une augmentation du volume des adipocytes. Ces cellules comme les neurones ont perdu à la naissance la possibilité de se diviser[6].

Comme pour le système nerveux, il existe dans le tissu adipeux un certain nombre de cellules souches qui auraient gardé la possibilité de se diviser et de remplacer les adipocytes manquants. Il n'en est pas moins vrai que les cellules graisseuses ne peuvent stocker la graisse au-delà d'un certain poids. Lorsque ce tissu graisseux déborde en quelque sorte, l'excès d'acides gras se reporte sur les cellules musculaires et sur les cellules hépatiques où ils exercent un effet délétère se traduisant par une résistance à l'insuline. Cette dernière est la véritable cause du diabète de type II. Ce diabète mortifère qui suit l'obésité comme son ombre (voir Focus 4).

Cette masse graisseuse représente 15 à 20 % du poids des sujets adultes et demeure extraordinairement stable chez le même individu, malgré les écarts incessants de l'apport alimentaire et de la dépense énergétique. Au bout du compte, ces deux termes restent égaux tout au long des jours et des mois. La graisse fonctionne comme un véritable réservoir d'énergie qui compense les pertes lorsque l'apport est absent (on ne peut passer son temps à manger) et stocke le surplus lors de l'afflux exagéré de nutriments ; un amortisseur en quelque sorte.

Pour bien comprendre la régulation du bilan d'énergie, il convient de faire la part entre le contrôle journalier et celui qui s'exerce sur le long terme. Le premier repose sur l'action de l'insuline. Celle-ci permet l'entrée, on l'a vu, du sucre dans la cellule et son utilisation ; elle favorise également la formation de réserves dans les adipocytes. Chez l'homme, animal diurne, l'insuline intervient surtout le jour. La sensibilité des récepteurs à l'hormone est alors accrue. L'importance du repas conditionne la durée de l'intervalle libre qui lui fait suite pendant lequel l'insuline amplifie sa double action : utilisation et mise en réserve des combustibles apportés par les mets. Pendant la nuit, en revanche, la sensibilité à l'insuline des cellules est faible, et la demande énergétique réduite, d'autant que l'organisme ne fait plus de réserve et libère les graisses accumulées pendant le jour.

En situation de « libre cours », c'est-à-dire à l'abri de tout repère temporel – dans une grotte souterraine pas exemple –, la séquence alimentaire s'organise spontanément en respectant la loi de proportionnalité entre le volume du repas et l'intervalle qui lui fait suite, et non l'inverse comme on aurait spontanément tendance à le penser.

Le respect de la séquence alimentaire est peut-être le secret du paradoxe français, qui veut que, malgré la gastronomie, la majorité des habitants de ce pays de bonne chère échappent encore au spectre de l'obésité grandissant dans les autres contrées. Un petit déjeuner peu abondant, malgré le jeûne de la nuit, est suivi de l'intervalle libre relativement court de la matinée. Le déjeuner du midi, généralement copieux, précède une plus longue période libre, et l'abondant dîner du soir vient en introduction au long intervalle libre de la nuit. Selon Le Magnen, « l'absence d'ajustement entre repas et période postprandiale est pour une part responsable des défaillances régulatrices de la prise de l'aliment chez l'homme[7] ». Une hormone sécrétée par des cellules de la paroi gastro-intestinale, la *cholécystokinine* déclenche par l'intermédiaire du nerf vague un réflexe vago-vagal qui se traduit par une inhibition périphérique puissante des signaux déclencheurs de la prise alimentaire.

La régulation à long terme de la masse graisseuse a été mieux comprise grâce à la découverte de la leptine dont la libération dans le sang par les adipocytes est proportionnelle à leur contenu en graisse. L'effet majeur de cette hormone est d'exercer une inhibition sur les centres hypothalamiques de l'appétit que nous allons visiter.

Bien d'autres facteurs interviennent dans la régulation de la masse graisseuse, soit directement, soit par l'intermédiaire de l'hypothalamus. Ils ont non seulement une action directe sur la prise alimentaire en stimulant l'appétit au niveau de l'hypothalamus, mais ont éga-

La leptine

La leptine est une protéine qui appartient à la famille des cytokines. Elle a été découverte en 1994 par l'équipe de J.-M. Friedman, grâce à l'étude génétique d'une souche de souris obèses (ob-/ob-). Principalement sécrétée par le tissu adipeux blanc, elle se lit à un récepteur OB-R présent dans l'hypothalamus et dans des organes appartenant à l'appareil reproducteur.
Elle agit comme une sorte d'*adipostat* (par analogie avec thermostat) : elle augmente avec la masse adipeuse afin de diminuer les entrées énergétiques et baisse lors de la diminution du contenu en graisse des adipocytes. Il n'est donc pas surprenant qu'elle soit élevée chez les obèses et abaissée chez les anorexiques. Il est en revanche paradoxal que la présence d'une quantité élevée de leptine chez les obèses reste associée à une consommation alimentaire élevée. Il pourrait s'agir d'un processus de résistance à la leptine.
La leptine intervient également dans la régulation sexuelle en agissant sur l'axe hypothalamo-gonadique. Une leptine élevée serait un signal d'un stock énergétique suffisant pour permettre une activation de l'axe reproducteur. La leptine est donc bénéfique pour le sexe, ce qui laisse entrevoir que celui-ci fait partie des avantages en nature que possède un homme de poids.
Nous allons retrouver la leptine dans l'hypothalamus après qu'un transporteur lui a fait franchir la barrière hémato-encéphalique.

lement une action sur la production de graisse (lipogenèse) en inhibant sa destruction (lipolyse).

La *ghréline* est un peptide nouvellement découvert : la seule hormone qui stimule l'appétit (effet dit orexigène) et provoque une augmentation de poids. Ce peptide de 28 acides aminés est sécrété par des cellules des parois gastriques et intestinales. Il agit sur la mobilité gastrique et sur la sensation de faim qui pousse à la recherche de nourriture et sonne dans le cerveau le moment de passer à table. Son action réelle sur la régulation à long terme du poids est encore mal connue ; elle s'oppose à l'effet anorexigène de l'insuline et de la leptine. Enfin, elle rend compte de l'efficacité des interventions chirurgicales de raccourcissement ou de court-circuitage de l'estomac dans le traitement de l'obésité. Celui-ci ne s'explique pas comme on le pensait d'abord par la mal-absorption des aliments, mais par une chute du taux de ghréline circulante. Au moins, le malheureux obèse sait-il aujourd'hui qu'après avoir dû subir le martyre alimentaire et vu s'éloigner ses rêves d'amaigrissement, la violence d'un acte chirurgical lui permettra enfin de soulager le poids qui pèse sur sa vie. Jusqu'au jour, sans doute prochain, où une pilule viendra enfin à bout de ce fléau.

DE L'OBÉSITÉ

L'obésité est une réalité physique et médicale, mais elle est aussi une apparence qui détermine le regard de l'autre, déterminé en retour par celui-ci. En ce sens, le corps de la femme et celui de l'homme ne subissent pas le même traitement social : il y a les gros et il y a les grosses ! Claude Fischler dans *L'Homnivore* a finement analysé ces différentes représentations[8]. Il distingue l'*obèse bénin* et l'*obèse malin*. Le premier est un gros sympathique, un « bon gros » ; le second peut seul prétendre au titre d'obèse avec les stigmates sociaux qui s'y attachent.

Notre gourmand préféré, Brillat-Savarin, avait déjà su discerner au début du XIXe siècle, celui de la bourgeoisie ventripotente, les implications sociales de l'obésité. Il est le premier a en avoir analysé les causes en montrant le rôle du plaisir et de la dépendance que crée celui-ci tout en soulignant l'origine génétique (le mot alors n'existait pas) de ce qu'il considère déjà comme une pathologie. Ce magistrat aussi sévère que jouisseur porte sur l'obésité un regard de médecin : « D'après les observations qui précèdent, et dont chacun peut vérifier l'exactitude, il est facile d'assigner les principales causes de l'obésité. La première est la disposition naturelle de l'individu. Presque tous les hommes naissent avec certaines prédispositions, dont leur physionomie porte l'empreinte. Sur cent personnes qui meurent de la poitrine, quatre-vingt-dix ont les cheveux bruns, le visage long et le nez pointu. Sur cent obèses, quatre-vingt-dix ont le visage court, les yeux ronds et le nez obtus. Il est donc vrai qu'il existe des personnes prédestinées en quelque sorte pour l'obésité, et dont, toutes choses égales, les puissances digestives élaborent une plus grande quantité de graisse[9]. »

Mourir d'être trop gros est devenu aujourd'hui une calamité qui frappe le monde entier et pas seulement dans sa partie industrialisée. L'homme du XXIe siècle a « mauvais appétit ». L'obésité n'est d'ailleurs pas la seule manifestation de ces *dysorexies* à côté de l'anorexie et de la boulimie nerveuses et de différents troubles alimentaires qui sont aujourd'hui considérés comme de véritables affections psychiatriques.

L'obésité est définie par une augmentation de l'indice de masse corporelle (IMC) calculé en faisant le rapport du poids sur le carré de la taille du sujet. L'obésité est souvent associée à des troubles cardiovasculaires et à un diabète de type II. On parle à ce propos de syndrome métabolique, condition qui comprend un surpoids, une résistance à l'insuline, une pression sanguine élevée et une prédisposition du patient à développer un diabète de type II et des accidents cardiaques coronariens (voir plus loin le Focus de G. Slama). La prédominance de cette maladie a atteint des proportions alarmantes aux États-Unis et en Europe. Aux États-Unis, durant l'année 1999-2000, 30 % de la population adulte étaient obèses (IMC supérieur à 30) et plus de 60 % avaient une « surcharge pondérale » (IMC supérieur à 25). L'Organisation mondiale de la santé (OMS) estime qu'il y a plus de 1 milliard d'adultes en surpoids dans le monde ; au moins 300 millions sont cliniquement obèses. Des études récentes ont démontré que l'obésité mène à une réduction significative de l'espérance de vie, ce risque apparaît dès que les sujets ont une surcharge pondérale et empire avec la croissance de l'IMC. Cette inquiétante situation épidémiologique fait de l'obésité un problème de santé publique majeur, affectant une population de jeunes adultes et allant même jusqu'à s'étendre auprès des adolescents.

J'anticipe sur notre visite de l'Hypothalamus' Restaurant en disant que le drame de l'obésité se joue dans le cerveau davantage que dans la graisse qui demeure cependant le principal exécutant, notamment en ce qui concerne les complications. Ce cerveau à l'écoute continue de l'espace corporel ne fait finalement qu'un avec le corps (graisse, foie, muscle) que subsume notre psyché. Je propose de parler d'un « cerveau gras » (comme il y a des marchés du gras dans mon pays du Sud-Ouest) qui gère notre être corporel comme l'autre cerveau est le gérant de notre être psychique.

L'hypothalamus est le « maître régulateur » du métabolisme énergétique, faisant en sorte que l'équilibre soit réalisé entre la prise calorifique fournie par l'alimentation et la dépense énergétique qui aboutit *in fine* à une production de chaleur. Pourquoi est-il si difficile de contrôler le comportement alimentaire ? Étant donné la complexité des systèmes centraux et périphériques, c'est le contraire qui serait étonnant et c'est un miracle que la majorité des humains conserve tout au long de la vie un poids dans les limites du raisonnable. L'évolution a prévu pour cela une multiplicité de signaux d'origine hormonale transmise par le sang ou nerveuse par l'intermédiaire du nerf vague qui informent l'hypothalamus de la présence des nutriments et de l'état des réserves lipidiques. On découvre aujourd'hui qu'il existe au niveau même du cerveau des signaux métaboliques qui intègrent à la fois le métabolisme des sucres et celui des acides gras, associant ainsi la notion de gluco-récepteurs et celle de récepteurs pour les acides gras.

Dans les circuits hypothalamiques de l'obésité, un rôle majeur est tenu par la *mélanocortine*. Une mutation dans le gène du récepteur de ce neuropeptide MC4R est la cause la plus fréquente de l'obésité d'origine génétique. Des remaniements synaptiques dans les circuits mélano-corticotropes liés à des phénomènes de plasticité neuronale pourraient être également en cause dans certaines formes d'obésité.

La leptine circulante en concentration trop élevée pourrait être responsable d'une résistance à la leptine, comme il existe une résistance à l'insuline dans le diabète de type II.

Les systèmes endocannabinoïdes centraux et périphériques font aujourd'hui l'objet d'études intensives de leurs rôles dans le contrôle de la prise alimentaire et de la dépense énergétique. L'utilisation à des fins thérapeutiques d'un antagoniste spécifique pour les récepteurs CB1R des cannibinoïdes montre une diminution rapide de la prise alimentaire et une réduction stable de la surcharge pondérale conduisant à une amélioration spectaculaire du syndrome métabolique. Cet antagoniste, le rimonabant (SR 141716) est actuellement disponible sur le marché sous le nom d'*Accomplia*.

On ne peut ignorer finalement que manger est une source de plaisir et un activateur en puissance des systèmes de récompense, ce qui veut dire que manger peut devenir une conduite addictive. Les rapports entre obésité et plaisir sont d'ailleurs loin d'être univoques. De manger trop et devenir obèse à mourir de plaisir, il y a un écart qu'il ne convient pas de franchir. Le « bon gros » gastronome et content de vivre est contre une représentation dont les médecins nous ont appris à nous méfier. Mais tous les médecins ne sont pas des terroristes brandissant la diète comme un coran. L'article de G. Slama vous démontrera le contraire (voir Focus 4).

Pour faire contrepoids, j'aurais dû vous montrer un malade atteint d'une lipodystrophie partielle ou totale. Ces patients sont plus que maigres, ils n'ont pas de graisse, autrement dit, ils n'ont que la peau et les os avec des muscles qui dessinent une silhouette monstrueuse. Paradoxalement, ces malades développent un diabète de type II avec insulino-résistance tout comme les obèses. Leur étude permet de comprendre comment chez les obèses, comme chez ces malades, les acides gras ne trouvant plus de réserves de graisse pour les accueillir (qu'elles soient saturées comme chez les obèses ou qu'elles n'existent pas comme chez les lipodystrophiques) s'accumulent dans les cellules musculaires et hépatiques qu'ils empoisonnent en les rendant insensibles à l'insuline.

Je vous quitte, visiteur du cerveau, le temps de passer à table. Je vous confie au professeur Slama, médecin humaniste et mangeur qui m'a fait l'amitié d'écrire des pages raisonnables et chargées d'expérience sur le diabète gras qui ne devraient pas, malgré tout, vous couper l'appétit.

FOCUS 4

Le diabète sucré : un exemple paradigmatique d'une impasse de l'évolution ?

GÉRARD SLAMA
professeur de médecine,
Hôtel-Dieu – Paris

Une nouvelle plaie semble menacer l'humanité, s'ajoutant aux autres catastrophes annoncées : une pandémie de diabète sucré. Cette maladie touche en effet, de façon prévisible, les sociétés industrialisées et les plus développées du fait de son origine nutritionnelle et de ses liens avec l'obésité. Il est plus surprenant, à première vue, de constater que cette maladie affecte, de façon certes moins pesante (en termes de pourcentage de la population touchée), les pays émergents ou même pauvres ; ces populations sont néanmoins les plus nombreuses sur notre globe et le nombre total de patients atteints est donc considérable. Le nombre total de sujets diabétiques dans le monde est actuellement évalué à 150 à 200 millions de personnes et serait de l'ordre de 300 à 320 millions vers 2025-2030. On sait les conséquences ravageuses que le diabète sucré a, à moyen terme (10-15 ans), sur l'individu, source de handicaps sévères (cécité, amputations, insuffisance rénale), et sur la mortalité précoce cardio-vasculaire (infarctus du myocarde, mort subite, accidents vasculaires cérébraux). Le diabète a donc un poids considérable sur l'individu et sa famille, sur la société et sur les coûts de santé.

Le diabète de type II (jadis appelé diabète de la maturité, diabète gras ou diabète non insulinodépendant), puisque c'est de lui dont il s'agit surtout, a des déterminants assez bien identifiés, même si les mécanismes physiopathologiques ne sont pas tous parfaitement élucidés :

— rôle majeur de l'hérédité qui conditionne le fonctionnement des cellules pancréatiques sécrétant l'insuline et peut-être une prédisposition à un certain type d'obésité dit androïde ;

— migration massive des populations rurales vers les villes, avec pour conséquences la sédentarisation qui l'accompagne et la diminution de la pénibilité physique du travail ;

— grande disponibilité alimentaire faite de produits souvent importés des pays producteurs occidentaux et de leurs surplus ;

— s'ajoutent enfin la progression constante de l'espérance de vie, le vieillissement des populations, qui sont des facteurs favorisants très importants.

Résultent de cet ensemble une surcharge pondérale qui peut conduire à l'obésité franche, voire morbide (hyperobésité), responsable d'un phénomène métabolique dit de résistance à l'insuline, et une élévation du taux de glucose sanguin liée exclusivement au déficit sécrétoire en insuline signalé plus haut : le diabète sucré est donc la conséquence d'une double anomalie, un déficit sécrétoire de l'hormone régulatrice de la glycémie, l'insuline, et la résistance de l'organisme à l'action de cette insuline, imposant à ses cellules un travail augmenté pour tenter de la surmonter, travail qu'elles ne sont qu'imparfaitement capables d'effectuer.

Le traitement du diabète sucré passe, toutes les associations nationales et internationales le recommandent, par la préconisation appuyée de modifications du style de vie, pour reprendre la traduction de la terminologie anglo-saxonne consacrée de *lifestyle*, appelée plus traditionnellement dans la littérature francophone ancienne « modification des règles hygiéno-diététiques ». On entend par là la mise en œuvre d'un ensemble de mesures destinées à corriger la surcharge pondérale par des privations plus ou moins drastiques, plus ou moins sélectives, mais en tous les cas à vie, des modes alimentaires et la transformation de l'être sédentaire en un actif qui « bouge pour sa santé ». (La lutte contre un éventuel tabagisme est une démarche essentielle à la prévention des maladies cardio-vasculaires et, peut-être, à la correction de l'insulino-résistance). Si ces préconisations sont insuffisantes, et c'est le plus souvent le cas, (nous en analyserons les raisons profondes plus loin) parce qu'intervenant trop tardivement, incomplètement ou qu'elles sont mal ou pas suivies, le recours à une panoplie médicamenteuse qui s'enrichit de jour en jour s'impose : antidiabétiques oraux, insuline sous-cutanée, hypolipidémiants, antihypertenseurs. Il est clair que la prévision d'une pandémie suscite des recherches passionnées et la mise au point par les firmes pharmaceutiques de molécules nouvelles, de plus en plus sophistiquées et coûteuses du fait des études nécessaires à leur développement et à leur enregistrement par les autorités de tutelle ; le marché, on en conviendra, est porteur, mais qui pourra bénéficier de tous ces progrès ?

Une impasse de l'évolution ?

Nous l'avons vu, le diabète de type II résulte d'une prédisposition génétique et d'un comportement socio-alimentaire inadapté à la situation.

• *La prédisposition au diabète serait le fruit d'une sélection génétique dans l'espèce humaine*

Le trait génétique du diabète serait présent dans une proportion très importante de la population, probablement de l'ordre de 30 %, sans que cette prédisposition s'exprime nécessairement au cours de la vie, selon les circonstances. En l'absence d'une caractérisation précise du substrat génétique (identification du ou des gènes responsables), il est difficile d'avoir une évaluation chiffrée exacte de sa prévalence ; le diabète de type II est d'ailleurs certainement une maladie polygénique. On veut pour preuve de ce qui vient d'être dit la constatation, dans certaines populations endogamiques, de minorité ethnique, confinées, vivant en autarcie dans des grands espaces ou sur des îles, d'une prévalence de la maladie de 25 à 30 % de la population totale et jusqu'à 60 à 70 % des sujets de plus de 60 ans. En Europe, le diabète touche, par exemple, 25 à 30 % des sujets de 65 ans ou plus. À partir de ces données, on a émis l'hypothèse que la prédisposition au diabète était favorable à la survie de l'espèce. Ce qui est aujourd'hui une maladie aurait été, en des temps reculés, une facilité à prendre du poids, une résistance à en perdre, ce qui aurait favorisé la survie dans les périodes de famine. On a émis l'hypothèse explicative d'un gène d'épargne (*thrifty gene*) jouant en ce sens : ce qui était une prédisposition génétique favorable durant les millions d'années de l'évolution humaine deviendrait aujourd'hui la prédisposition à une maladie redoutable.

• *Le vieillissement de la population comporte des revers*

Le diabète est donc, nous l'avons vu, une affection favorisée par l'âge. L'humanité a connu une augmentation progressive, continue de l'espérance de vie, qui n'a jamais été aussi haute que de nos jours : tout se passe comme si, de façon très relative et pour une courte période au regard de l'évolution, l'humanité échappait ainsi partiellement aux lois de la sélection naturelle des morts précoces par la maladie ou l'usure. Cette loi commencerait-elle à faire prévaloir son application si l'on confirme un infléchissement, qui semble se dessiner dans les pays occidentaux, des courbes d'espérance de vie ?

• *Pendant des millénaires, manger à sa faim ne faisait pas partie du quotidien ; ne pas bouder l'occasion était une règle de survie.*

Le traitement du diabète passe, cela a été souligné, par un changement profond des habitudes récemment acquises de se nourrir trop, mal, et de ne pas avoir d'activité physique adéquate ; les patients ont bien du mal à se conformer à ces prescriptions d'apparence simple, ce qui pourrait, là encore, s'expliquer par des prédispositions ontologiques.

Depuis la nuit des temps, l'homme a dû lutter, désespérément parfois, pour gagner sa pitance et tenter d'échapper aux menaces qui l'entouraient. Si le cueilleur et le chasseur vivaient certaines saisons d'abondance, ils devaient faire face à d'autres moments ou en d'autres lieux moins hospitaliers à des périodes de famine, parfois prolongées, mortelles. Les hommes ont imaginé des solutions plus stables en se sédentarisant et en devenant cultivateurs et pasteurs. Ce n'était qu'une solution partielle aux aléas d'une vie le plus souvent rude, suscitant néanmoins la convoitise et les guerres. Depuis toujours et jusqu'à, *grosso modo*, la Seconde Guerre mondiale, il était de l'intérêt de l'individu de manger autant que disponible, ce qui n'était pas le quotidien vu la rareté et le prix des aliments. Il convenait, par ailleurs, si le choix se présentait, de préférer la nourriture la plus dense en calories, la plus apte à être mise en réserve, c'est-à-dire la plus riche possible en matières grasses (en des temps où les graisses et huiles étaient des denrées précieuses car rares). La base de l'alimentation de l'homme préhistorique, telle que reconstituée d'après les foyers retrouvés, était constituée essentiellement de céréales, de graines et de fruits et, en temps d'abondance, de poissons et de gibiers ; la participation de matières grasses ne devait guère dépasser les 25 % de la ration calorique quotidienne (loin des 45 à 55 % actuels).

Depuis les années 1950, l'agriculture paysanne a été remplacée par une activité de type industriel, avec des rendements doublés, voire quadruplés, aboutissant à la production de surplus de blé et autres céréales, de viande et de lait, d'huiles végétales. Là où il fallait une ou deux heures dans les années 1900 à un ouvrier pour pouvoir acquérir une tranche de jambon, il suffit aujourd'hui de quelques minutes de travail. Une alimentation abondante et riche est disponible pour l'ensemble de l'humanité. Les famines ne touchent plus aujourd'hui que des populations vivant dans des régions manquant d'infrastructures, manipulées par des intérêts politiques, au minimum animées par les conduites d'enrichissement personnel de leurs dirigeants et, au pire, avec des intentions génocidaires. L'obésité affecte tous les pays, toutes les classes sociales et, de façon paradoxale, les populations les plus pauvres : il n'est qu'à se remémorer les personnages faméliques du pauvre décrits dans la littérature du XIXe siècle, de Dickens à Hugo ; il souffre aujourd'hui d'exclusion, de précarité, de misère culturelle et sociale mais est rarement tenaillé par la faim (ce qui ne veut pas dire qu'il mange selon ses besoins ou ses goûts). L'obésité frappe de plus en plus tôt, dès l'enfance, dans les pays industrialisés autant que dans beaucoup de pays d'Afrique, d'Asie, d'Amérique (ne parlons pas de l'Océanie !). La diffusion des multinationales de l'alimentation rapide, les publicités qui encombrent les médias, l'offre commerciale dans les supermarchés contribuent à cette tendance lourde mais très récente. Ce qui était une arme pour la survie, manger le plus et le plus dense possible, se retourne aujourd'hui en un comportement néfaste à la santé.

• *L'énergie physique était réservée, là encore, à la lutte pour la vie (déplacements, travail, autodéfense)*

Il n'est qu'à observer l'animal adulte, le cheval paisible dans sa prairie, le chat endormi sur son coussin, le lion repu sommeillant sous un arbre pendant de longues heures, pour émettre l'hypothèse que l'être humain, durant des millions d'années, devait réserver ses forces au strict nécessaire – et la nécessité était très grande ! –, à savoir marcher de longues heures pour traquer le gibier ou fouir un sol pauvre, fuir le danger de l'incendie, du fauve, du guerrier. Hormis le péril ou le besoin, l'économie de l'effort devait s'imposer « pour ménager sa monture ». La mécanisation de toutes les tâches pénibles, la motorisation généralisée des populations, les ascenseurs et les différents moyens d'élévation ont diminué de façon drastique la nécessité de l'effort physique, donc le besoin d'absorption alimentaire qui en était le corollaire. Ne reste plus que la tendance naturelle à la sédentarité quiète : il s'agit là d'une situation absolument nouvelle pour l'humanité chez qui les mécanismes d'épargne reviennent en boomerang. Il faudrait bouger maintenant non par nécessité vitale, mais par une décision délibérée, vide d'utilité impérieuse imposée par le monde extérieur.

• *Il est des pays de l'hémisphère Nord où l'on souffre du froid... en été, et de la chaleur... en hiver !*

Les plus de cinquante ans ont pu connaître les rudes hivers où seul le bassinage des draps rendait possible de s'y glisser sans trop de souffrance et où la buée de la respiration nocturne se prenait en masse de glace le long des vitres à l'intérieur des maisons : de tout temps, l'homme a eu à lutter contre le froid par une dépense énergétique, et donc une absorption alimentaire, accrues. Cela n'est plus le cas aujourd'hui où les appartements sont souvent surchauffés. Ne reste plus qu'à lutter contre le froid ressenti dans les foyers et les surfaces commerciales surclimatisées ! Là encore, un besoin a disparu, celui de combattre le froid sans qu'il soit compensé par une adaptation totalement adéquate de l'alimentation.

• *Manger moins : un objectif peut-être insurmontable ou un cerveau maintenant inadapté*

L'ensemble des mécanismes propres à l'équilibre du *milieu intérieur* est finement contrôlé par des boucles de régulation souvent multiples et redondantes. Il en va ainsi des phénomènes complexes régulant les taux de calcium, de sodium, de glucose, de protéines, d'hormones de l'organisme. La régulation du poids, du niveau de réplétion des réserves énergétiques, du comportement alimentaire est probablement l'une des plus complexes, dont certains aspects commencent seulement à être élucidés ces dernières décennies. Le cerveau y joue un rôle central, informé par de multiples afférences hormonales et nerveuses et réagissant par des voies similaires correctrices. Une dérégulation modeste en apparence peut avoir sur le moyen ou long terme des conséquences notables. En théorie, la consommation quotidienne de deux tranches de pain (15 grammes de glucides), en plus des stricts besoins d'un sujet, entraînerait une surconsommation de 25 000 calories par an, soit 2 à 2,5 kilos de graisses accumulées. L'expérience montre bien que le poids d'un individu n'augmente habituellement pas de façon aussi sensible et rapide chez la plupart : l'organisme est donc capable de réguler sur le long terme l'absorption énergétique avec une précision de 24 calories/2 500, soit de 1 % (chiffrage avancé pour la démonstration). Ce que l'on demande à un patient qui doit maigrir est donc de compenser cette « modeste » dérive d'une régulation involontaire par une action consciente et surtout soutenue, jour après jour, année après année. Cela est-il réalisable ? (sûrement oui). Cela est-il tenable ? L'expérience quotidienne montre que non pour beaucoup.

Serait-il envisageable de demander à un patient dont une affection virale, par exemple, aurait détruit les centres régulateurs du rythme respiratoire, de remplacer cet automatisme par une régulation volontaire : « Vous n'avez qu'à avoir une montre munie d'une trotteuse et respirer régulièrement, à une cadence de 16/minute au repos ; nous vous donnerons plus tard les algorithmes correspondant à la cadence à observer en fonction des efforts, de la température ambiante ou de la survenue d'une fièvre. » C'est pourtant ce que l'on demande à l'obèse, au sujet atteint de syndrome métabolique, au patient diabétique, de faire avec sa prise alimentaire. Là encore, les mécanismes de l'évolution ont largement pourvu la machine humaine pour lutter contre la rareté énergétique mais sont moins performants pour prévenir les conséquences de la surabondance.

Quelles solutions pour sortir de l'impasse ?

Nous avons vu que les solutions proposées pour corriger les facteurs de risque vasculaire liés à l'existence d'un syndrome métabolique ou d'un diabète passent par des prescriptions, dont le moins que l'on puisse dire est qu'elles vont à l'encontre des mécanismes mis en place par l'évolution des êtres vivants, et en particulier de l'homme. Nous disons à nos patients : « Mangez moins, mangez mieux, bougez et, si cela n'est pas suffisant, nous vous donnerons des médicaments. »

• *Manger moins*

C'est, nous l'avons vu, un cap difficile à tenir et un objectif quasi impossible à atteindre sur le très long terme : il est facile de retenir sa respiration pendant quelques dizaines de secondes, quelques minutes pour les plus doués, mais pas de réguler volontairement une cadence à jamais et pour toujours. Il est parfois aisé de se soumettre à un régime draconien, avec cette image fallacieuse, souvent d'ailleurs véhiculée par les médecins, d'une « cure » de réduction pondérale, alors que l'objectif serait de rétablir cette fameuse régulation « au centième ». Peu nombreux sont ceux qui y arrivent ; ils ne peuvent être condamnés ni même jugés. La prise de poids excessive est le résultat d'un déséquilibre récemment apparu dans l'histoire de l'homme entre les besoins, qui diminuent, et les apports, qui, au pire, restent stables et sont déséquilibrés au lieu d'évoluer, en conséquence, à la baisse : résoudre ce problème crucial passe sûrement par l'éducation (par l'exemple) des enfants dès leur plus jeune âge, à la maison et à l'école et par la promotion de catégories alimentaires plus favorables que celles des « néfastes foods » et autres gâteries tellement denses en calories, grasses (crèmes glacées, barres de confiseries, etc.). Là encore, le principe hippocratique de la prévention sur la guérison doit prévaloir. Il sera néanmoins difficile d'expliquer aux populations des pays émergents, qui ont vécu jusqu'à un passé extrêmement récent les privations les plus dures, qu'il faudra résister aux tentations que des multinationales, avides de gains mondialisés, leur présentent.

Pour ceux que l'obésité ou la maladie affectent déjà, on peut espérer que la pharmacopée mettra à leur disposition des molécules efficaces, sans danger et peu coûteuses (autant dire qu'il s'agit d'un problème sans solution). Une seule planche de salut donc : l'éducation dans l'enfance.

• *Manger mieux*

Manger mieux, c'est-à-dire manger plus de céréales, si possible complètes, riches en fibres, à index glycémique bas, manger régulièrement, plusieurs fois par jour, des fruits, consommer des quantités raisonnables de protéines animales, surtout de poisson (mais on sait l'épuisement actuel des réserves halieutiques), de protéines végétales, d'origines variées, manger moins de graisses, surtout de graisses animales hormis, là encore, celles du poisson, moins de fromages (à pâte dense ou crémeuse) dans notre pays, est un conseil plus facile à observer dans les couches les plus aisées de la population. Cette préconisation est plus difficile à suivre dans les couches moins favorisées, attirées par les aliments prêts à l'emploi ou diffusés par les grandes chaînes, et dans les pays pauvres dont l'agriculture est souvent tournée vers l'exportation de luxe. Le développement durable, l'économie équitable resteront-ils seulement des mots à la mode ? L'éducation, l'éducation.

• *Bouger*

On peut d'ores et déjà voir dans les villes des personnes s'époumonant dans un air vicié ou courant dans tous les sens, habituellement autour d'un pâté de maisons, on en a l'impression de façon inlassable, et parfois à des âges où cela semble déraisonnable et qui, à tout le moins, ne donnent pas envie aux sédentaires endurcis ; cela existe pourtant ! Peut-être la solution s'imposera-t-elle du fait de la pénurie de carburant fossile, peut-être viendra-t-elle aussi et mieux encore des changements de rythme scolaire, de la mise à disposition d'aires de pratiques sportives avec une offre abondante et variée pour faire de l'activité physique autre chose qu'une activité solitaire, à des heures indues et surtout sans charme. L'activité sportive doit être une solution de plaisir et non une contrainte comparable à une prise de clystère. La pratique d'un sport dans un but de plaisir et de développement harmonieux physique et psychique doit commencer, là encore, très tôt dans la vie et se poursuivre sans discontinuer, sans l'interruption mortelle pour elle, des préparations aux différents concours dont nous sommes friands.

Reprendre une activité physique passé la cinquantaine, lorsque l'on s'est habitué à la sédentarité et aux nourritures abondantes, est néanmoins possible et souhaitable, sous forme de marche à pied, idéalement de trente à quarante-cinq minutes tous les jours, éventuellement de façon fractionnée, avec des phases très rapides, de dix minutes (« comme si on allait rater son train ») et des phases seulement rapides. On peut conseiller, de façon insistante, de préférer un ou deux étages à pied plusieurs fois par jour à l'utilisation d'un escalator ou d'un ascenseur. Une action urgente à promouvoir serait la lutte contre cette addiction moderne que sont télévision, ordinateurs et jeux vidéo. Le temps passé devant un écran est directement corrélé au degré de sédentarité et à l'obésité des populations. Cette lutte doit commencer très tôt, dans l'enfance. Le nombre de minutes (heures) passées devant un écran doit être strictement contingenté.

• *Enfin, les médicaments*

Les médicaments sont utiles et même nécessaires dès lors que se sont révélés des facteurs de risque vasculaire marquant déjà certains vaisseaux des stigmates de l'athérome, ou que s'est installée une élévation durable de la glycémie, un diabète sucré. On sera par ailleurs incité, de toutes les façons possibles, à arrêter l'intoxication par le tabac. Les médicaments dont nous disposons actuellement pour corriger les anomalies lipidiques sanguines (statines et fibrates) sont puissants et efficaces ; ceux pour corriger une hypertension artérielle sont également efficaces et bien tolérés. Il existe six classes d'antidiabétiques dont certains sont de prise orale, d'autres injectables, dont aucun, sauf l'insuline, n'est totalement efficace isolément sur toute la durée de vie d'un sujet diabétique, mais dont l'usage conjugué est, là encore, très efficace. Commencent à apparaître des médicaments corrigeant l'obésité par des mécanismes spécifiques et même, semble-t-il, des molécules facilitant le sevrage tabagique. Toutes ces molécules sont, par définition (sinon elles ne seraient pas agréées !), efficaces... à condition d'être prises ; elles sont souvent prescrites par poignées ; leur poids sur les coûts de santé est élevé (3 % de la population, les diabétiques, consomment 10 % au moins des ressources du système de santé). Ces médicaments sont peut-être un pis-aller, pour l'instant à notre disposition, que nous envient beaucoup de pays moins favorisés : ne boudons pas notre privilège tant que les bénéfices d'une éducation sanitaire attrayante et efficace n'auront pas porté leurs fruits. À moins que la nature ne nous impose des régulations où l'homme a de fortes chances d'être impliqué collectivement.

hypothalamus
Restaurant

CHAPITRE 6

L'Hypothalamus' Restaurant

> « La salle du sous-sol où était "le restaurant" était une grande longue pièce encombrée de tabourets, d'escabeaux, de chaises et de tables. »
>
> V. HUGO, *Les Misérables*

Ce soir, mon appétit est sans partage. Je mangerai pour deux, je mangerai pour trois, mais je mangerai seul. On ne sait plus dîner en compagnie de soi. Ah ! la condescendance du garçon qui vous place, le regard compatissant des autres dîneurs, le restaurant devient un exil qui n'a rien de pire que la tristesse de la portion du traiteur réchauffée au micro-ondes ou la conserve ouverte à la sauvette, le repas sur une table de cuisine honteux comme le plaisir solitaire et plus tragique encore le dîner sans un mot échangé où les bruits de gosiers se mêlent aux gargouillis du tube digestif. La solitude volontaire est un luxe de prince, l'homme vulgaire n'en connaît pas le prix.

Voyageur du cerveau, ce soir, je mangerai pour toi. Je t'emmène dans mon bistrot préféré. Il a pour nom : l'Hypothalamus' Restaurant, le « bon coin » de l'encéphale. Tu es autorisé à me regarder manger et me suivre dans mes déambulations dînatoires. À une condition : sois discret, mon plaisir alors sera le tien.

LA FAÇADE

La façade d'un restaurant ne saurait tromper un mangeur averti : elle annonce ce que l'on trouvera à l'intérieur. Les yeux où sont dépeints les plats promis à ma salive annoncent déjà par leur éclat mon plaisir. Le nez faisant enseigne vibre aux frémissements de l'air odorifère. Et la bouche bien sûr, cette merveille ! Aucune gueule d'animal ne la vaut : ni celle de la vache infatigable mastiqueuse, du fauve déchireur de viande ou du chien sans égal pour nettoyer un os. Cette bouche qui sait sourire, mâche, mastique, broie, triture, malaxe, touille, étale grâce à la mobilité des nombreux muscles qui entourent les lèvres avec la complicité de la langue qui fait office de portier. Cette étonnante mobilité de la face est due à la quarantaine de paires de muscles – auprès desquels les sept paires du chimpanzé pourtant un fameux grimacier, font pâle figure –, elle répond à un trait fondamental de l'espèce humaine : sa nature *omnivore*.

Comme le dit Brillat-Savarin, « tout ce qui est mangeable est soumis à son vaste appétit ». Ce qui a, pour conséquence immédiate des pouvoirs dégustateurs proportionnés à l'usage général qu'il doit en faire. Grâce à ses muscles faciaux, notre bipède omnivore est aussi l'admirable comédien que l'on connaît dont la richesse expressive lui permet de passer de la joie à la tristesse, de la surprise au dépit, de l'admiration au dégoût et de la peur à la colère. On voit ainsi que l'alliance de la nourriture et des sentiments s'affiche dès l'entrée du restaurant. Comme le dit un philosophe dont j'ai perdu le nom, « en dormant, notre ancêtre *Homo sapiens* a rêvé la réalité du monde ; c'est en mangeant qu'il l'a pensée ». On ne s'étonnera pas que l'orifice qui permet à l'animal de se nourrir soit devenu chez l'homme à la fois l'organe du langage et celui du repas, cérémonie autour de laquelle se construisent les sociétés humaines. Je signalerai pour finir cette description de la façade, que les yeux, la bouche, les tendons, les os de la face et du front partagent avec le cerveau une origine évolutive et embryologique commune de telle sorte que l'homme n'a pas seulement une tête bien pleine, mais une belle façade[1]. Des yeux et du nez, il sera question plus loin, lorsque je vous parlerai de la beauté d'une terrine ou du fumet d'un lièvre à la royale, avec l'espoir que l'eau vous vienne à la bouche en attendant la suite de la visite.

LA SALLE À MANGER

Dans mon restaurant, vous rencontrerez des convives peu fréquentables. Ils ont le plaisir bruyant, des obscénités à la bouche ; la saleté leur fait un nuage que la chaleur change en sueur ; le chef s'essuie les mains sur son tablier quand passe la sublime image d'une beauté sans défaut. L'Hypothalamus' Restaurant est fréquenté par toutes les passions. La salle à manger sent le renfermé et le grand vent du large. Les contraires s'y retrouvent. Tout se mélange, tout se confronte, s'affronte, s'allie : sexe, température, violence, faim et soif, plaisir et souffrance, logés dans cet étroit coin du cerveau pas plus gros que la taille d'un ongle. Souvenez-vous, nous avons déjà traversé l'hypothalamus pour y repérer les boutons qui déclenchent le sommeil, l'éveil et le rêve. Des annexes viennent compléter l'architecture de ce temple de l'appétit, la salle à manger du bistrot. Ce sont l'amygdale et l'ensemble des structures cortico-limbiques (voir chapitre 1).

Il y a seulement vingt ans, la régulation cérébrale de la prise alimentaire était relativement simple et pouvait se résumer à une balance entre un centre de l'appétit[2] localisé dans l'hypothalamus latéral (autour du fornix) et un centre de la satiété occupant la région ventro-médiane, le plancher de l'hypothalamus. Déjà, on soulignait le rôle clé de la dopamine : l'empoisonnement sélectif des fibres dopaminergiques qui courent dans l'hypothalamus latéral reproduisait le syndrome d'aphagie-adipsie provoqué par la destruction chirurgicale de cette structure. On pouvait penser qu'il s'agissait d'une atteinte massive non spécifique des systèmes désirants (voir plus haut). On notait par ailleurs l'intervention de l'amygdale dans le comportement alimentaire avec sa partie latérale dont la destruction entraînait une hyperphagie/obésité chez le rongeur et la partie médiane, une aphagie. Déjà l'accent était mis sur le rôle des émotions et sur l'intervention des structures cortico-limbiques.

Mais, dès cette période très centralisatrice, on constatait l'intervention du corps dans la régulation centrale du comportement alimentaire. On s'était rendu compte que la destruction de l'hypothalamus ventro-médian augmentait la libération d'insuline par le pancréas et qu'à l'inverse sa stimulation en inhibait la sécrétion. L'action sur la faim était donc considérée au moins partiellement comme indirecte et secondaire à des effets métaboliques. Lorsqu'on sectionnait les nerfs vagues qui relient le cerveau au pancréas, la destruction de l'hypothalamus ventro-médian ne produisait plus d'obésité. Je reviendrai sur cette région ventro-médiane de l'hypothalamus qui est reconnue actuellement pour jouer son rôle clé dans le contrôle à la fois du comportement alimentaire et métabolique. Les mêmes remarques s'appliquent à l'hypothalamus latéral et à son rôle de « centre » de l'appétit : la stimulation électrique de l'aire latérale provoquait une sécrétion d'insuline qui pouvait être tenue pour responsable de la faim.

La découverte dans les années 1990 d'une pléiade de neuropeptides a singulièrement compliqué le drame qui se déroule dans l'hypothalamus dont l'intrigue (comportement alimentaire et obésité) est devenue d'une criante actualité. Le système endocannabinoïde (ECB) est venu ajouter sa part de complexité tout en contribuant à l'affirmation du caractère indissociable des régulations centrales et périphériques de la masse graisseuse à la fois comportementales et métaboliques. Le blocage du système ECB par le rimonabant modifie en effet la valence appétitive des aliments en agissant sur leur perception sensorielle et affective qui détermine leur caractère désirable. J'ai déjà signalé que, dans le même temps qu'il réduit la prise alimentaire, le rimonabant agit au niveau métabolique périphérique et cela de façon durable et persistante au-delà de l'effet comportemental qui tend à disparaître.

Une observation ancienne montre bien la complexité des niveaux d'intégration. Deux drogues psychoactives, la nicotine et le principe actif du cannabis (THC), ont des effets opposés sur le comportement alimentaire, le premier diminue la prise, le second l'augmente. Or le rimonabant paraît avoir le même effet antagoniste sur la compulsivité pour les deux drogues.

Je partirai du postulat un peu réducteur que les variations du poids corporel jouent principalement sur la masse graisseuse : être obèse, c'est être trop gras. Cela ne tient pas compte évidemment de la masse musculaire qui, en première approximation, n'intervient pas dans l'indice de masse corporelle. À nouveau, la prise de poids résulte des effets combinés d'une augmentation de la prise alimentaire et d'une diminution de la dépense énergétique. On ne le dira jamais assez, les deux mécanismes sont étroitement associés, mais peuvent faire l'objet de régulations plus ou moins indépendantes.

Je vous invite maintenant à observer les principaux centres d'attraction dans la salle à manger. Attention, il y a risque de bousculade (Figure 14) !

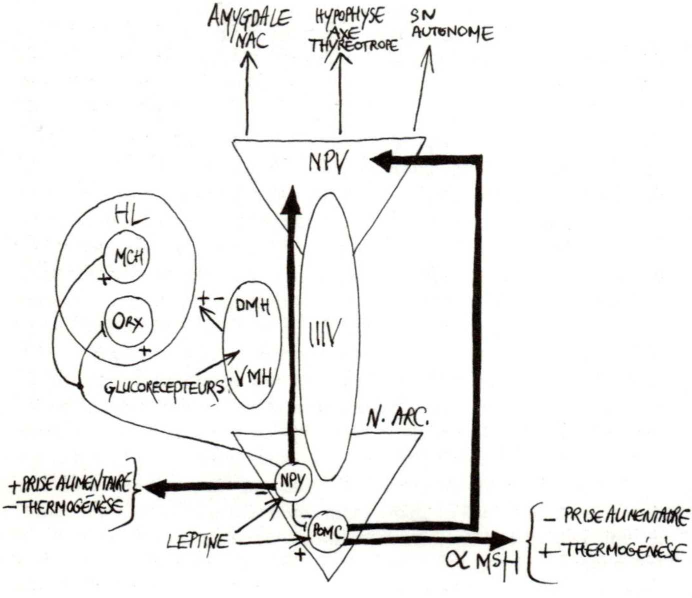

Figure 14. – SCHÉMA DES CENTRES RÉGULATEURS DE LA FONCTION ALIMENTAIRE : La signification des abréviations est indiquée dans le texte.

L'HYPOTHALAMUS LATÉRAL

L'hypothalamus latéral (HL) qui entoure le fornix compte quelques milliers de neurones qui sécrètent un peptide appelé *orexine* (Orx) ou *hypocretine*, déjà rencontrée à propos du sommeil. Les neurones a orexine sont en quelque sorte doublés par des neurones exprimant un peptide la *melanin-concentrating-hormone* (MCH) dont les fonctions et la régulation sont semblables à Orx.

Ces neurones sont innervés, d'une part, par des afférences en provenance du noyau arqué et libérant le *neuropeptide Y* (NPY) et, d'autre part, par des neurones localisés dans les noyaux médians dorsal et ventral (DVH et VMH). Ces neurones peuvent être considérés comme des métabo-récepteurs dont les uns sont sensibles à la baisse du substrat énergétique et les autres stimulés par son élévation (comparable en cela aux thermorécepteurs hypothalamiques).

Les neurones du HL sont inhibés par des neurones GABAergiques qui exercent une inhibition tonique sur les neurones Orx et MCH. Il existe une forte densité de récepteurs CB1 sur les terminaisons GABAergiques. La libération d'endocannabinoïdes par les neurones Orx et MCH induit par voie rétrograde une suppression de la libération de GABA avec par voie de conséquence une excitation des neurones du HL qui entraînent une augmentation de la prise alimentaire. (Cet effet contraste avec l'augmentation de la transmission GABAergique provoquée par l'activation des récepteurs nicotiniques qui se traduit par une diminution de la prise alimentaire) (Figure 15).

Les neurones Orx projettent sur les neurones NPY du noyau arqué (voir plus loin), mais reçoivent en retour des afférences excitatrices de ces mêmes neurones.

Les neurones Orx innervent le noyau du tractus solitaire, un important relais bulbaire pour les signaux sensoriels d'origine viscérale qui interviennent dans l'appétit. L'orexine joue un rôle crucial dans les mécanismes du sommeil grâce aux projections des neurones Orx sur le locus coeruleus et le raphé dorsal. Je rappelle que l'inactivation du gène ORX chez l'animal induit une narcolepsie et que cette affection chez l'homme s'accompagne d'un taux très bas d'orexine dans le LCR. Les neurones Orx et MCH projettent de façon monosynaptique sur un grand nombre de sites dans le cerveau, notamment dans le cortex préfrontal, l'amygdale et les structures aminergiques du tronc cérébral responsables de l'activation motrice. Ils pourraient ainsi participer à la fois à la sensation de faim et à la recherche active de nourriture.

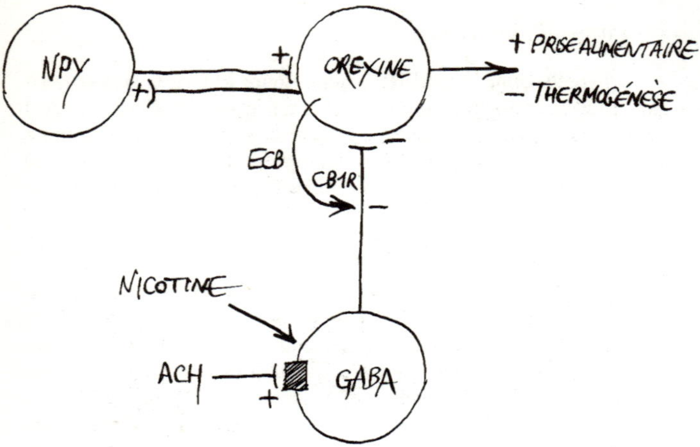

Figure 15. – LES BOUCLES DE RÉGULATION DU CONTRÔLE ALIMENTAIRE.

LE NOYAU ARQUÉ

Le noyau arqué qui occupe le plancher de l'hypothalamus joue un rôle central dans le contrôle de la prise alimentaire et de la défense énergétique. Ce noyau est dans une région privilégiée par sa proximité avec la cavité ventriculaire et l'éminence médiane parcourue par un système capillaire porte qui met directement en communication vasculaire l'hypothalamus et l'hypophyse antérieure. Il n'existe pratiquement pas de barrière hématoencéphalique au niveau du noyau arqué dont les neurones sont en contact avec les hormones circulantes d'origine adipocytaire comme la leptine et la ghréline, ce qui explique que ce centre soit en première ligne dans la régulation métabolique. L'action se déroule entre deux populations de neurones : (1) les neurones contenant le peptide NPY et accessoirement le peptide AgRP (*agouti gene related peptide*) et (2) les neurones produisant de la POMC dont un produit de clivage αMSH est libéré au niveau des terminaisons axonales (Figure 16).

Le NPY est un puissant inducteur de la prise alimentaire la plus active des molécules orexigènes du cerveau, comparable en cela au rôle de l'angiotensine II dans la soif et la prise hydrique. Le neurone NPY est activé par les déficits dans la balance énergétique et surtout par la ghré-

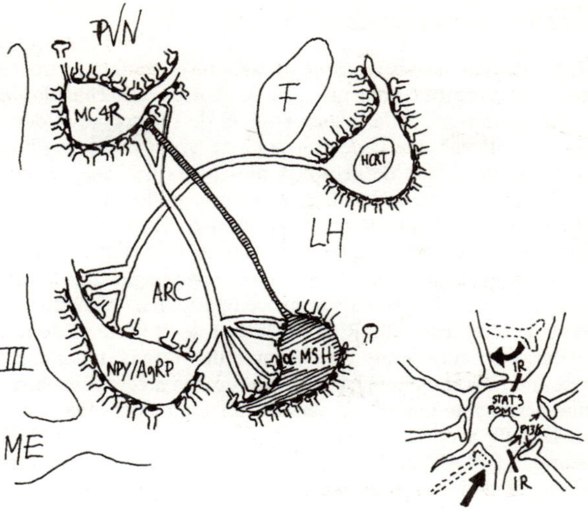

Figure 16. – Illustrations schématiques du système mélano-cortinergique : ARC : noyau arqué ; PVN : noyau paraventriculaire ; LH : hypothalamus latéral ; AgRP : *agouti gene related peptide* (voir texte).

line, puissante hormone orexigène ; il est inhibé par la leptine libérée par les adypocites. Cette hormone active en revanche les neurones POMC puissants inhibiteurs par l'intermédiaire de l'αMSH libérée à leur terminaison de la prise alimentaire et augmentant la dépense énergétique, notamment par l'intermédiaire de l'innervation sympathique du tissu adipeux brun[3]. Par ailleurs, le neurone NPY qui exprime également du GABA projette des terminaisons inhibitrices sur le neurone POMC.

Étant donné que les zones de projection des neurones NPY et POMC sont superposables notamment au niveau du noyau paraventriculaire, Horvath (2005) a insisté sur les phénomènes de plasticité synaptique à court terme intervenant au niveau du noyau arqué sous l'action de la leptine. Ils pourraient rendre compte des variations dans l'équilibre entre facteurs orexigènes et facteur anorexigènes, d'une part, entre actions anaboliques et cataboliques, d'autre part. Une des explications de la persistance de l'effet métabolique du rimonabant après disparition de son effet comportemental est probablement à rechercher du côté de cette plasticité et des phénomènes adaptatifs qui en résultent.

LE NOYAU PARAVENTRICULAIRE (NPV)

Cet ensemble de neurones qui entourent et coiffent le troisième ventricule est constitué pour une part de grosses cellules neurosécrétrices qui produisent de la vasopressine et de l'ocytocine et dont les axones se terminent dans la neurohypophyse (*système magnocellulaire*) et pour une autre part de neurones plus petits (*système parvocellulaire*), véritable collection de différents neuropeptides, dont les axones projettent sur de multiples structures cérébrales. Il constitue une sorte de minicerveau végétatif à l'intérieur de l'encéphale (Figure 14).

Les lésions du NPV provoquent une hyperphagie chez le rat qui témoigne de son rôle régulateur du comportement alimentaire. La présence de récepteurs MC4R de l'αMSH et de projections de neurones POMC du noyau arqué rend compte du versant inhibiteur. Les neurones du NPV projetteraient sur les neurones préganglionnaires du système nerveux autonome qui seraient à l'origine des effets métaboliques. Le NPV servirait également de relais à une action inhibitrice des neurones à POMC sur l'axe thyréotrope dont le rôle est déterminant dans la régulation du métabolisme énergétique.

Parallèlement, le NPV reçoit des afférences du noyau arqué et de l'hypothalamus latéral respectivement des neurones à NPY et à orexine. Le NPV par l'intermédiaire de l'amygdale est connecté avec le striatum basal (Nac) et le système dopaminergique méso-limbique. D'autres liaisons se font avec le cortex préfrontal qui intervient sur la valence hédonique des aliments et sur leur caractère désirable.

Ces derniers circuits nous ramènent au couple du désir et du plaisir, l'alpha et l'oméga de la régulation alimentaire.

À se limiter au seul espace de l'Hypothalamus' Restaurant, force nous est de reconnaître que le lieu est bien encombré. Allées et venues incessantes dans l'hypothalamus latéral avec le sommeil et la régulation thermique à l'avant, l'éveil, l'appétit et la soif à l'arrière. Bousculade autour du ventricule où se mêlent dans le même noyau l'appétit et le sexe (noyau ventro-médian), le contrôle de la température et la satiété (noyau dorso-médian). Dans le plancher du ventricule (noyau arqué), on trouve les neurones qui sécrètent la *lulibérine* (GnRH), l'hormone qui commande l'*axe reproducteur hypothalamo-hypophyso-gonadique,* ainsi que les neurones à *NPY* et *POMC* qui interviennent dans la régulation de la balance énergétique. La *ghréline,* puissant stimulant de l'appétit, agit sur ces neurones et inhibe la fonction reproductrice ; la *leptine* a des effets symétriquement opposés. Un nouvel acteur hormonal récemment repéré, la *kisspeptine* stimule la fonction reproductrice et donne le signal de déclenchement de la puberté, sûrement à la suite d'une incitation donnée par le poids corporel. C'est donc cette minuscule région du cerveau qui fait éclore les filles et jette les garçons sur les chemins de l'amour ; c'est elle qui fait grossir leurs jeunes maîtresses[4], les fait maigrir et les fait parfois mourir de chagrin – hypothalamus, domaine du diable où Faust pousse sa chanson : « *À moi les plaisirs / Les jeunes maîtresses ! / À moi leurs caresses, / À moi leurs désirs ! / À moi l'énergie / Des instants puissants, / Et la folle orgie / Du cœur et des sens ! / Ardente jeunesse, / À moi tes désirs, / À moi ton ivresse / À moi tes plaisirs.* » À nous les délices ! Dans l'hypothalamus, on consomme.

Dans la bouche et dans le nez, on traite les objets de désir qui seront servis à nos appétits : la cuisine des anges au service du diable !

LE SENS ORAL

> « Pour moi, je suis non seulement persuadé que, sans la participation de l'odorat, il n'y a point de dégustation complète, mais encore je suis tenté de croire que l'odorat et le goût ne forment qu'un seul sens, dont la bouche est le laboratoire, et le nez la cheminée ; ou, pour parler plus exactement, dont l'un sert à la dégustation des corps tactiles, et l'autre à la dégustation des gaz. »
>
> BRILLAT-SAVARIN

Le grand anatomiste allemand Edinger[5] désigne sous le terme de « sens oral » l'ensemble fonctionnel que constituent le sens de l'odorat et celui du goût réunis dans la bouche de manière fusionnelle. La bouche est aussi le premier instrument du corps pour appréhender le monde chez un nouveau-né – un monde qui se mange – avant que les mains s'en saisissent. Les représentations de ce sens oral dans le cerveau *affectent* donc profondément le sujet.

Ce sens oral est, en somme, ce qu'on appelle ordinairement le goût, c'est-à-dire ce que l'on éprouve lorsque l'on prend en bouche un aliment ou une boisson. Ce sens est le moins égoïste des sens. En plus du goût qui perçoit les saveurs (celles-ci sont au nombre de cinq), il sollicite à part égale l'odorat qui perçoit les odeurs (elles se comptent par milliers)[6], le toucher (tact, douleur, température), la vue et l'ouïe – encore que, pour cette dernière, je me passerais volontiers de la musique qu'on nous inflige dans certaines mangeoires : Pavarotti sur la tête de veau, quel massacre ! Qui en souffre le plus du mangeur ou du mélomane ?

LES ALIMENTS

Ce n'est pas dans la bouche ou dans le nez que nous trouverons le secret de ce qui est bon à manger ou à boire. La décision du choix revient au cerveau. Mais c'est dans la sphère orale que la qualité de l'aliment est attribuée, étiquetée en quelque sorte. « Le gosier propose, le cerveau dispose. »

En disposant de la viande sur un feu, le bipède omnivore accomplit un acte qui fonde l'humanité et invente par la même occasion la « cuisine moléculaire ». Les arômes rôtis et grillés sont dus en effet à des molécules azotées appartenant à la famille des *pyrazines*. Celles-ci résultent de la *réaction de Maillard* dans laquelle les acides aminés contenus dans le jus de viande réagissent avec les sucres. Notre rôtisseur se fait parfois sacrificateur et partage le corps de la victime en deux parts, l'une destinée aux convives, l'autre réservée à la divinité qui se repaît de son fumet. La nourriture et le sacré vont ainsi de pair.

Puisque nous sommes dans une visite du cerveau, je propose à votre appétit un plat de cervelles d'agneau dont je dois la recette à mon ami Jean-Marie Amat (voir encadré ci-contre).

LES SAVEURS

Elles sont cinq : le salé, le sucré, l'amer, l'acide et l'umami. C'est bien peu, comparé à l'immensité du monde des odeurs. Ce qu'elles perdent en finesse et en subtilité, les saveurs le gagnent en force et en pouvoir émotionnel. Le *sucré* est tellement synonyme de douceur et de plaisir qu'on peut en devenir dépendant. L'*amer* fait grimacer et dégoûte de façon innée. Il faut toute la perversité acquise d'un Italien pour apprécier un amaro ou un Fernet-Branca. Le *salé* répond à un besoin naturel (l'appétit pour le sel) ; l'*umami* est associé à un acide aminé indispensable, le glutamate ; l'*acide,* enfin, comme le salé fait partie des éléments d'ajustement de l'équilibre hydrominéral dans le milieu intérieur. Ces saveurs constituent le socle solide sur lequel se construit l'édifice délicat et aérien des odeurs. La cavité buccale est semblable à l'intérieur d'un « palais des merveilles » dont les parois sont semées des quelques millions de *papilles* qui ont la forme de calices, de champignons et de feuilles. Celles-ci disent tantôt au visiteur « crache-moi, je suis amer, car je cache un poison », tantôt « mange-moi, car je suis sucré et délicieux ».

La bouche déroule sa langue comme un tapis de prière où se dessine la géométrie des saveurs : le sucré à la pointe, le salé, puis

J.-M. Amat

Pour six personnes, prendre trois poivrons rouges et trois poivrons verts. L'association du rouge et du vert, couleurs complémentaires, est un attractant puissant du regard qui donne à la vue la tonalité affective de l'aliment. *On prépare les poivrons selon la méthode traditionnelle : 30 minutes à four chaud en les laissant ensuite refroidir enveloppés de papier.* La texture à la fois tendre et serrée du poivron fera écho dans la bouche à la consistance plus molle des cervelles. *Émonder les tomates et les couper en dés :* encore une note de rouge que souligne le blanc des oignons coupés en petits cubes. La tomate et l'oignon participent au concert aromatique avec leurs *thiazoles* et leurs *polysulfures. Faire compoter séparément dans l'huile d'olive les piments, les tomates et les oignons.* Compoter, c'est rompre les liaisons fibreuses, assouplir la chair des légumes et en oxyder les sucres sans les brûler. *Rajouter les épices : 1 petite cuillère à café de curcuma* (un concentré d'odeurs complexes), *2 pincées généreuses de poivre* (qui s'en prend directement aux terminaisons du nerf trijumeau), *le jus d'un citron,* stimulus spécifique des récepteurs pour l'acide sur la langue, *3 gousses d'ail haché finement,* flaveur typique qui mélange la saveur amère et l'odeur forte de l'*allicine* et *pour finir la coriandre ciselée* qui apporte sa note d'astringence. *Laisser mijoter en ayant soin d'apporter un demi-verre d'eau dans la casserole à moitié couverte. Ajouter les cervelles qui ont été préalablement rincées sous un jet d'eau fraîche et débarrassées de leurs vaisseaux et méninges. Faire mijoter de façon à obtenir une cuisson homogène des cervelles.* Le goût un peu fade des cervelles, leur couleur blanche rosée, leur consistance tendre et homogène ont un effet saisissant de douceur dans la violence contrastée de couleurs, de saveurs et d'odeurs qui règnent dans la sauce.

Notre appétit satisfait, au moins en imagination, nous pouvons accepter une dose de science.

l'acide sur les bords et l'amer à la base. Les contrastes sont toutefois peu marqués d'une région à l'autre.

La complexité du système gustatif ne s'arrête pas à la papille. Celle-ci rassemble plusieurs millions de bourgeons qui sont en forme d'oignon et sont en contact par un pore avec le contenu liquide de la bouche. Chaque bourgeon, enfin, contient une centaine des cellules sensorielles. Attention, ces cellules ne sont pas des neurones comme les cellules olfactives. Elles ont comme les cellules de la peau une durée de vie très courte (10 jours) en raison des agressions qu'elles subissent et doivent donc être renouvelées continuellement. Elles forment du côté de la cavité buccale des villosités qui hébergent dans leur membrane des molécules réceptrices aux cinq saveurs. Elles reçoivent à leur base une innervation sensitive qui ajoute une complication.

Les fibres nerveuses reliées aux cellules gustatives appartiennent à trois nerfs. L'un d'eux est la corde du tympan, branche du nerf crânien n° VII ou nerf facial. C'est ce rameau nerveux que l'on désigne le plus souvent comme le nerf gustatif. Deux autres nerfs, le nerf glosso-pharyngien ou nerf crânien n° IX et le nerf vague ou nerf n° X, sont aussi conducteurs des informations gustatives. Les trois nerfs rejoignent le *noyau du tractus solitaire,* dans la partie postérieure du cerveau, où le nerf vague adresse des messages issus des viscères. Une fibre nerveuse reçoit des rameaux provenant de plusieurs cellules sensorielles et une même cellule peut contacter plusieurs fibres. Dernière difficulté qui n'est pas la moindre, la membrane apicale ne contient pas qu'un seul type de récepteur par cellule.

On est en droit de s'interroger sur la finalité d'une telle complexité. J'avoue n'avoir pas de réponse, ni sur le pourquoi, ni sur le comment. Plusieurs théories ont été proposées pour rendre compte du codage[7] : lignes dédiées (une ligne par saveur) ou codage combinatoire. Tout le monde est d'accord pour dire que le cerveau fait le gros du travail : il reconnaît, il classe, il ordonne, il quantifie. Certes ! Mais l'amer est amer, le sucré, sucré. Quand je vous dis amer, vous savez ce que je veux dire, mais jamais mon amer ne sera votre amer. Il y a quelque chose d'ineffable dans les saveurs et jamais la gastronomie ne sera une science exacte. Elle se fait parfois philosophie, la *gastrosophie,* pour se mettre au service d'un art, la *cuisine.*

Avant d'en arriver à ces débauches esthétiques auxquelles nous conduisent quelques génies des fourneaux, les molécules sapides (celles qui ont du goût) se livrent dans la cavité buccale au « grand jeu des reconnaissances ». La molécule réceptrice reconnaît par affinité une molécule sapide lorsque celle-ci parvient à sa proximité. Plus l'affinité est grande, plus la rencontre a des chances de se faire. En cas d'affinité faible, il faut davantage de molécules sapides pour que la liaison ait lieu. En l'absence d'affinité, pas de rencontre. Pour qu'une substance ait du goût, il faut donc qu'elle soit en concentration suffisante et assez brassée dans les liquides de la bouche pour parvenir au contact d'un récepteur qui la reconnaît et sur lequel elle se fixe. Mon oncle Trochu qui aimait faire des phrases disait que « la vie c'est quand l'amour vient à la matière », quand les molécules organiques se rencontrent, se lient « et plus si affinité ». La fixation de la molécule sapide sur le récepteur entraîne l'activation de ce dernier, déclenchant une cascade d'effets dans la cellule, ce qui aboutit à une modification du potentiel de sa membrane et à la naissance d'un influx. Celui-ci se transmet par l'intermédiaire des synapses aux fibres nerveuses en contact avec la cellule sensorielle. Sur une seule cellule sensorielle, des milliers de récepteurs sont à l'affût. Aucun type n'a l'exclusivité dans une cellule ; 90 % des cellules répondent à deux saveurs au moins.

La *première des cinq saveurs est l'amer,* la saveur des larmes ; celle de la ciguë qui emporta Socrate dans la mort ; la saveur aussi des regrets et des ressentiments. Le mot amer en réfère à un poison qui s'adresse au corps et à l'âme.

On connaît aujourd'hui non pas un récepteur de l'amer, mais plusieurs dizaines qui sont l'expression d'autant de gènes. Ces récepteurs répondant à l'appellation génétique de T2R appartiennent à la superfamille des récepteurs à sept domaines transmembranaires, couplés à des protéines G. On a trouvé que la plupart des cellules qui expriment un récepteur de la famille T2R expriment aussi un type particulier de protéine G, la *gustducine.*

On est en droit de se poser la question : pourquoi autant de récepteurs pour une seule saveur ? Je le répète, l'amertume est souvent associée au caractère nocif de la substance. Pour un organisme, elle signifie danger. Elle est ressentie de façon innée et très précoce par l'enfant et l'animal. Une goutte de quinine sur les lèvres d'un nouveau-né provoque une grimace qui ne lui a pas été apprise. Il est possible que l'évolution ait retenu un grand nombre de molécules réceptrices permettant de couvrir la pluricité et l'extraordinaire diversité structurale des substances nocives pour l'organisme. Ce qui est en jeu, ce n'est pas la sélectivité de l'identification, mais surtout de ne rien laisser passer dans l'organisme qui puisse lui nuire.

Le *sucré,* à la différence de l'amer, est associé au plaisir ; il traduit la valeur énergétique de l'aliment. Mais, comme tout fauteur de plaisir, il porte sa part d'ombre, la dépendance qui conduit à l'abus, à l'horizon la surcharge pondérale et sa conséquence grave sur la santé, notamment celle de l'enfant et de l'adulte vieillissant. Cette double nature n'a pas échappé à notre gastrosophe préféré qui en bon hédoniste conclut le débat par un apophtegme qui reste encore aujourd'hui la réplique favorite de nos concitoyens opposés à la cohorte grise des senseurs de tout poil qui au nom de la santé de tous s'opposent au plaisir de quelques-uns – fumeurs, buveurs et baiseurs sans vergogne. Voici revenu le temps des vices cachés. Est-ce plus mal ? La liberté aussi est une drogue dont il ne faut pas abuser.

« Le sucre est entré dans le monde par l'officine des apothicaires. Il devait y jouer un grand rôle ; car, pour désigner quelqu'un à qui il aurait manqué quelque chose essentielle, on disait : « C'est comme un apothicaire sans sucre. Il suffisait qu'il vînt de là pour qu'on le reçût avec défaveur : les uns disaient qu'il était échauffant, d'autres, qu'il attaquait la poitrine ; quelques-uns, qu'il disposait à l'apoplexie : mais

Les récepteurs couplés à une protéine G (RCPG)

On les appelle encore *récepteurs à sept domaines membranaires*. Ils appartiennent à une famille de protéines enchâssées dans la membrane cellulaire qui convertissent un signal extracellulaire (ligand) en signal intracellulaire (activation d'une protéine G). Les RCPG constituent la plus grande famille connue de protéines ; elles interviennent dans de multiples fonctions allant de la communication intercellulaire à la transmission des signaux sensoriels. La diversité de ces fonctions n'a d'égale que l'immensité du champ des ligands reconnus par les membres de la famille depuis le simple photon par la *rhodopsine* (l'archétype des RCPG), les petites molécules comme l'*histamine* jusqu'à des protéines, telles les *chémokines*. La multiplicité de leurs rôles biologiques a pour conséquence leur intervention dans de nombreuses pathologies et permet de comprendre qu'elles puissent être la cible de la moitié des médicaments actuellement proposés sur le marché.

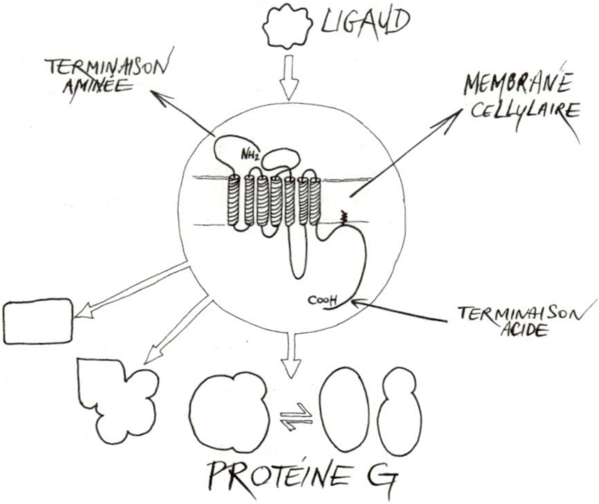

Figure 17. – SCHÉMA D'UNE PROTÉINE G.

la calomnie fut obligée de s'enfuir devant la vérité, et il y a plus de quatre-vingts ans que fut proféré ce mémorable apophtegme : le sucre ne fait mal qu'à la bourse » (Brillat-Savarin).

Il existe probablement trois types seulement de récepteurs au sucré T1R1, 2 et 3 d'une structure comparable à celle des récepteurs à l'amer et aux récepteurs olfactifs. Leur sensibilité varie d'un individu à l'autre (les *goûteurs* et les *non-goûteurs*).

La saveur sucrée n'est pas très nuancée sur le plan qualitatif, mais elle varie en intensité selon la nature du sucre. Le pouvoir sucrant de celui-ci est associé à sa valeur biologique et curieusement à sa plus ou moins grande abondance dans la nature. Ainsi, l'affinité des récepteurs pour le saccharose (notre sucre de table) témoigne de son abondance dans les végétaux et notamment – ce n'est pas un hasard – ceux que l'homme a appris à cultiver (la cane et la betterave). Ce sont peut-être la distribution quantitative dans les cellules sensorielles et l'association des deux récepteurs D1R2 et D1R3 (dimère) qui sont responsables des différentes sensibilités. Il n'est pas non plus indifférent de savoir qu'au-delà d'une forte concentration, la réponse enregistrée à un stimulus sucré diminue et peut même devenir aversive (voir la courbe de Wund) (Figure 18). Cela constitue un effet de saturation probablement lié à la désensibilisation des récepteurs.

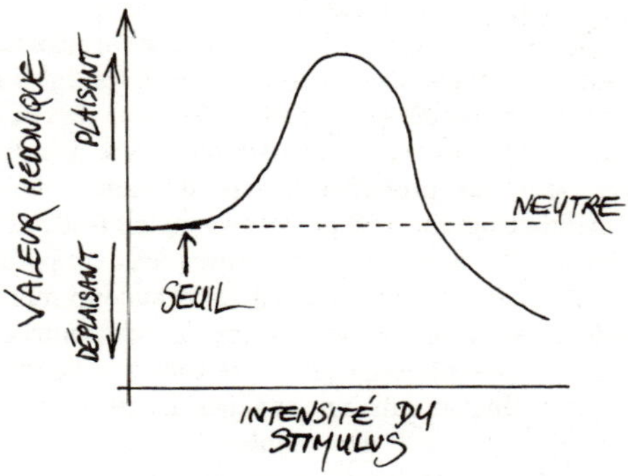

Figure 18. – COURBE DE WUND.

Curieusement, le sucré n'est pas une saveur qui donne faim. Il répond à un besoin primaire. On peut s'en gaver sans véritable appétit, comme l'alcool qu'on boit sans soif. Son pouvoir d'appel naît de la dépendance qui se crée très vite. L'attractivité du sucre n'est pas très différente du *craving*, ce besoin insatiable qui pousse le toxicomane dans la recherche éperdue de sa drogue. Les meilleurs médecins contre cette habitude consommatoire fâcheuse sont les cuisiniers et les pâtissiers qui donnent aux desserts une élégance et un équilibre mélodique qui protègent le gourmand de l'excès. Je n'en dirai pas autant des industriels de la « barre » qui associent la vulgarité du proxénète à la grossièreté du profiteur.

Une saveur nouvelle est venue s'ajouter aux quatre saveurs de la tradition, l'*umami*, un mot japonais qui signifie délicieux et désigne le goût pour le glutamate, sel des Orientaux, utilisé dans la cuisine. Notons d'ailleurs qu'une saveur n'existe que lorsque nous possédons un mot pour la nommer. L'umami n'est qu'une sensibilité spécifique à un acide aminé parmi la vingtaine dont la nature dispose, afin de les assembler en protéines. La dimérisation de deux récepteurs au sucre D1R1 et D1R3 donne un récepteur composite ayant perdu sa sensibilité au sucre, mais répondant en revanche à la plupart des acides aminés.

Le glutamate bénéficie d'un statut spécial avec un récepteur spécifique qui tient probablement au caractère indispensable de cet acide aminé pour le fonctionnement du cerveau. Le glutamate (sel de l'acide glutamique) n'est pas seulement un constituant des protéines, c'est aussi avec l'aspartate le principal neuromédiateur excitateur dans les synapses du système nerveux central. Les neurones communiquent entre eux en libérant des neuromédiateurs. L'un d'eux, le glutamate, active des récepteurs sensibles à des concentrations infinitésimales de cet acide aminé. Certains de ces récepteurs sont des canaux ioniques que le glutamate ouvre à la façon d'une clé, d'autres sont des protéines à sept domaines membranaires (récepteur métabotropique). Un de ces récepteurs (mGlu R4) est présent dans les cellules sensorielles gustatives avec amputation d'une partie de sa molécule, ce qui rend celle-ci beaucoup moins sensible au glutamate et activable seulement par les concentrations qu'on rencontre dans l'alimentation, c'est-à-dire cent à mille fois supérieures à celles qu'on observe dans une synapse. L'activation de ce récepteur à l'umami dans 60 % des cellules gustatives, provoque (par l'intermédiaire d'une protéine G) la polarisation accrue de la membrane et donc une diminution des influx – c'est-à-dire l'inverse de ce qu'on observe pour les récepteurs au sucré et à l'amer. Je laisse le visiteur imaginer la petite cuisine intime à laquelle se livrent les saveurs mélangées avec tous ces récepteurs, qui voisinent dans une même cellule sensorielle.

Le *salé* et l'*acide* sont les deux dernières saveurs fondamentales dont je parlerai. Le goût salé est induit par beaucoup d'espèces ioniques dont le sodium (Na^+) est la plus importante. Il existe en effet un appétit pour ce que l'on nomme communément le sel (le chlorure de sodium) qui témoigne d'un besoin de l'organisme que comble l'alimentation à laquelle il est parfois nécessaire d'ajouter une supplémentation en sel. La saveur du sel est due à un canal membranaire sélectif pour les ions Na^+, canal défini par sa propriété d'être bloqué par une substance l'*amiloride*. Ce récepteur est composé de plusieurs unités protéiques qui forment un édifice délimitant un pore par lequel les ions Na^+ présents en abondance dans le milieu pénètrent dans la cellule. Le courant électrique qui résulte du mouvement des ions, particules électriquement chargées, déclenche des potentiels d'action qui activent la synapse entre la cellule réceptrice et la fibre gustative[8].

Quant au goût acide, plusieurs mécanismes sont mis en jeu pour la réception de cette saveur, l'un d'eux fait appel à un canal ionique analogue au récepteur du goût salé, mais les ions concernés sont les ions H fournis par l'acidité de l'aliment. Selon un autre mécanisme, les ions H^+ agissent non plus en circulant dans un canal, mais en contrôlant la perméabilité d'un canal emprunté par un autre type d'ions, les ions potassium (K^+) notamment.

Les *lipides* enfin ne semblent pas intéresser des récepteurs spécifiques, même si les chercheurs n'ont pas dit leur dernier mot. Leurs flaveurs ont une autre origine dans la bouche ; d'autres sens que le goût *stricto sensu* sont sollicités et surtout l'odorat retrouve avec eux toute sa puissance de séduction.

LA BOUCHE EN ACTION

La langue ne sert pas seulement de support principal aux cellules sensorielles de la gustation, elle est aussi un muscle.

La langue préside le repas, mais tous les sens sont invités à la cuisine. La langue la première *touche* la nourriture comme une reine aveugle qui se dirige à tâtons dans son palais obscur. Grâce aux terminaisons tactiles de la paire de nerfs crâniens n° 5, le nerf trijumeau, elle apprécie la texture de l'aliment, distingue le solide et le liquide, l'onctueux, le visqueux, le fibreux et en collaboration avec les dents, le sablonneux et le granuleux. Il existe des aliments qui tirent leur vertu de ces deux dernières qualités *a priori* désagréables – Ah ! le sable dans la salade et les cailloux dans les lentilles – quelle plus grande douceur au palais que la suavité sableuse d'un velouté de parmesan ou cette merveille aux grains tendre qu'est un risotto réussi. Et pour finir, le gélatineux qui échappe au tact tout en révélant sa présence. De tout cela, le trijumeau tient le cerveau instruit.

La température est aussi un déterminant du goût. Des terminaisons nerveuses situées dans la muqueuse buccale fonctionnent respectivement comme des récepteurs du chaud et du froid. Elles répondent

Éloge de la langue
Dialogue entre un chef cuisinier et un professeur

Le professeur – Ah, la langue, admirable instrument ! Mieux que le pénis, apanage d'une seule moitié de l'humanité, elle est l'organe universel, le symbole actif de l'être humain.
Le chef – Elle sert aussi au langage et n'est pas inactive dans la relation sexuelle.
Le professeur – Bien vu, chef, tu t'exprimes comme un psychanalyste : la nourriture, le verbe et le sexe confondus dans la langue, symbole charnu du concept d'oralité.
Le chef – La langue des bavards a besoin d'être arrosée. Bois un peu de vin.
Le professeur – Quelle ampleur en bouche, ma langue s'en réjouit et, d'un claquement, elle annonce ma péroraison : ô langue, merveilleux muscle comme le pénis, mais autrement habile, capable de balayer, de triturer, de presser, de broyer, de vibrer, de se retourner, de se creuser, de s'étirer, de s'écarter ; la langue qui, comme l'affirme Brillat « par la délicatesse de sa contexture annonce la sublimité des opérations auxquelles elle est destinée ».
Le chef – Tu parles trop, professeur, et tu vas fatiguer ta langue.
Le professeur – Parler la bouche pleine est un art dont la langue est l'instrument privilégié. Brillat n'est pas seulement un physiologiste génial, il est aussi un anatomiste inventif lorsqu'il décrit les trois mouvements inconnus d'une langue humaine[1].

J.-M. Amat et J.-D. Vincent, *op. cit.*

1. J'y ai, en outre, découvert au moins trois mouvements inconnus aux animaux, et que je nomme mouvements de *spication*, de *rotation* et de *verrition* (*verro*, latin, je balaie). Le premier a lieu quand la langue sort en forme d'épi d'entre les lèvres qui la compriment ; le second, quand la langue se meut circulairement dans l'espace compris entre l'intérieur des joues et le palais ; le troisième, quand la langue, se recourbant en dessus ou en dessous, ramasse les portions qui peuvent rester dans le canal demi-circulaire formé par les lèvres et les gencives.

Brillat-Savarin, *op. cit.*

à des gammes déterminées de température au-delà ou en deçà desquelles la sensation thermique devient douleur.

Les terminaisons du nerf trijumeau qui parsèment la bouche sont sensibles à de multiples stimuli chimiques. Certains sont simplement irritants, d'autres douloureux, allant de la sensation de picotements, de chaleur, de froid à celle de brûlure. Cette dernière est provoquée par les piments et le poivre qui contiennent de la *capsaïcine*, analogue du stimulus naturel des racines nerveuses de la douleur, un peptide appelé substance P. Au registre de la fraîcheur agressive, on trouve le *menthol* utilisé dans les bonbons et les pâtes dentifrice. Beaucoup de ces substances sont à la fois gustatives et odorifères. Un cas particulier de sensation est celle d'astringence. Celle-ci est due à une dénaturation des protéines de la salive par les tannins contenus notamment dans le vin. Notons à ce propos que le vin n'est pas seulement une boisson, mais un aliment à forte valeur énergétique et riche en éléments organiques dont certains, disent les vignerons, sont bons pour la santé. Ce sont ces tannins qui avec le vieillissement perdent leur agressivité et donnent du moelleux et du charnu au vin, ce velours sur la langue.

Je pourrais vous parler de la vue : ces yeux du ventre. Bien souvent, le regard intervient de façon précoce dans le développement du cerveau pour fixer nos préférences alimentaires. C'est dans les saveurs d'enfance que se construit notre imaginaire visuel : regard émerveillé de l'enfant devant les plats de Noël et ces repas d'amants où l'image de l'amante s'orne des diamants noirs du caviar et des reflets du champagne dans ses yeux myrtilles. Moments de grâce où les désirs se confondent et où l'âme se fait complice de la chair.

Couleurs et saveurs ne font pas toujours bon ménage. L'usage des colorants artificiels réservés aux sucettes et aux friandises s'est répandu chez les fabricants d'aliments pour adultes, non seulement pour imiter la nature, mais aussi pour exploiter la valence gustative des couleurs : fraîcheur acide du vert, douceur sucrée du bleu et astringence du rouge.

Je vous offre avant de passer à l'étage des odeurs, ce poème des saveurs à l'imitation de Rimbaud « Cinq voyelles, cinq couleurs, cinq saveurs : A, noir golfe d'ombre et d'amertume ; E, blanc salé de l'écume de mer ; I, pourpre sang craché de l'umami ; U, vert vibrant de stridences acides et O, bleu suprême clairon du sucré[9]. »

LES ODEURS

> « L'ordre que je me suis prescrit m'a insensiblement amené au moment de rendre à l'odorat les droits qui lui appartiennent et de reconnaître les services importants qu'il nous rend dans l'appréciation des saveurs. »
>
> BRILLAT-SAVARIN

Dire que l'odorat commence avec la vie n'est pas une figure de style. Dans ses formes d'expression les plus simples et les plus anciennes, l'être vivant réduit à une seule cellule est capable de distinguer les molécules qui l'environnent grâce à des capteurs qui lui permettent de s'en approcher si « elles les aiment » ou de les fuir si « elles les craignent ». Il s'agit alors d'une sensibilité chimique qui ne devient véritablement un odorat que lorsque les animaux vivent au contact de l'air sur la terre comme au ciel. Dans une branche très fournie de l'arbre de l'évolution celle des primates, le passage de la truffe au nez, signe l'apparition des singes.

Bien sûr, le singe brille par son cerveau et l'intelligence qui va avec, mais il est aussi remarquable par son nez, « ce cap, cette péninsule » qui contient l'avant-garde de la sensibilité. L'odorat est le premier des sens, non seulement parce que la paire de nerfs crâniens qui lui est dévolue porte le n° 1, mais encore parce qu'il a une véritable fonction ontologique – un gros mot qui se réfère à l'être en tant que tel – qui se reflète assez bien dans la polysémie du verbe *sentir*. Je soulignerai d'abord le caractère à la fois transitif et intransitif de ce verbe. L'homme sent, grâce au caractère réceptif (transitif) de l'olfaction, mais il lui arrive aussi de sentir bon ou mauvais au sens émanatif (intransitif). L'olfaction intervient donc doublement dans la présence de l'individu au monde. Selon qu'il pue ou que de lui émanent des effluves plaisants, il est tenu à l'écart des autres ou recherché pour sa compagnie. Sentir se manifeste avec les premiers mouvements respiratoires du nouveau-né, il est confondu avec le premier acte biologique : – goûter – prise de connaissance du monde qui passe d'abord par la bouche et les narines. Le regard ne vient qu'ensuite et à la traîne du sens oral[10]. « Prendre connaissance, c'est manger des yeux », dit Sartre dans *L'Être et le Néant*[11].

Ce sujet olfactant et goûtant inaugure son jugement, et ce, de façon beaucoup plus pressante que lorsqu'il voit ou entend. Car de ce jugement dépend l'acceptation ou le rejet, le sourire de l'attente satisfaite ou la grimace de dégoût. Étant donné sa précocité et la part importante de l'inné dans les premiers goûts exprimés par le très jeune enfant, il serait d'ailleurs préférable de parler de préjugement. C'est surtout valable pour la gustation. L'olfaction, moins soumise dans ses liaisons à l'emprise de l'inné que le goût et grâce à sa présence massive et précoce dans le cortex (ce sont les voies les plus précocement ouvertes), offre en quelque sorte les premiers jugements que nous portons sur le monde. Le gourmet est déjà là et il juge selon des catégories esthétiques.

La science permet aujourd'hui une analyse fine des molécules chimiques qui constituent ce que l'on appelle parfois des arômes.

Ces émanations volatiles que l'on qualifie d'odeurs ou d'arômes ont la propriété d'interagir avec le système nerveux pour y produire une *forme*. Il s'agit parfois, mais c'est l'exception, d'un corps pur dont la molécule se répand à des concentrations plus ou moins importantes dans l'atmosphère ambiante. Le plus souvent, le terme d'odeur désigne une structure formelle complexe dont les éléments ne peuvent être séparés sans compromettre l'identité de l'ensemble. Ainsi, l'odeur

À la recherche des arômes : le mariage du nez et du chromatographe

Placez le produit dans un récipient clos. Laissez les molécules volatiles quitter le produit et remplir l'espace du récipient en suivant les lois physiques de la volatilité. Au bout d'un certain temps, un équilibre s'établit entre les molécules qui quittent la substance et celles qui y retournent. Quand cet équilibre est atteint, le volume d'air chargé de ces molécules et que l'on appelle « espace de tête » ou *headspace* contient les constituants volatils recherchés.

L'analyse proprement dite commence par la séparation des molécules, ce qui est fait à l'aide d'un *chromatographe.* Pour l'essentiel, cet appareil est formé d'un long tube capillaire, la *colonne,* à l'entrée duquel on injecte un échantillon de l'espace de tête, entraîné par un courant gazeux. La colonne retient plus ou moins longtemps les molécules selon leurs propriétés physiques d'absorption sur ses parois, de sorte qu'en sortie de colonne, les composés volatils sont séparés les uns des autres et sortent un à un – dans le meilleur des cas – ou en petits groupes. Un détecteur signale leur arrivée sous la forme d'un *pic chromatographique.* Les pics se succèdent au fil du temps, plus ou moins grands. Il reste alors à identifier les molécules ainsi séparées, ce qui est fait en mesurant leur temps de rétention dans la colonne ou, plus sûrement, en associant la sortie du chromatographe à un autre appareil d'analyse, le *spectrographe de masse.*

Il n'est pas sans intérêt de remarquer que le principe de fonctionnement de la colonne chromatographique est aussi à l'œuvre dans la bouche et le nez. C'est le même phénomène d'interaction physique, l'adsorption, qui ralentit le cheminement des molécules dans la colonne et, dans la bouche et le nez, retient les arômes ou freine leurs déplacements dans la substance de l'aliment et enfin participe à la réception de ces molécules par les récepteurs sensoriels.

C'est déjà une tâche difficile que d'identifier toutes les substances qui portent les arômes, mais ce n'est pas suffisant. Il faut encore faire le lien entre la nature chimique des molécules et la sensation qu'elles engendrent : attribuer au *méthane thiol* l'odeur de choux cuit d'un fromage, à tel *sulfure* sa note aillée ou à l'*octanone* sa note champignon. Une habile procédure a été mise au point. Elle consiste à faire fonctionner en parallèle, à la sortie de la colonne chromatographique, le détecteur physico-chimique et le nez humain. L'un détecte physiquement, l'autre sensoriellement. Quand arrive une bouffée de molécules, le détecteur annonce un pic et le « nez » de service s'efforce de nommer la sensation qui lui parvient au même moment.

Bien sûr, les choses ne sont pas aussi simples qu'elles le paraissent. Parfois, les grands pics signalant une arrivée massive de molécules n'ont pas d'odeur détectable et des pics de taille minuscule se révèlent très odorants. Le paradoxe n'est qu'apparent. C'est qu'à concentration égale les molécules volatiles ont des activités stimulantes très inégales sur les cellules olfactives. Des substances qui n'existent dans l'aliment que sous la forme de traces à peine

mesurables par les instruments d'analyse chimique peuvent se manifester puissamment à l'odorat alors que d'autres, abondantes, sont très peu efficaces. Autre source de difficultés : identifier une sensation olfactive fugace avec assez de précision pour pouvoir la nommer exige une forte concentration mentale, laquelle se maintient avec peine pendant toute l'analyse. La procédure d'évaluation sensorielle dont nous reparlerons plus loin rencontre continuellement ce problème.
Lors de la mastication des aliments, un espace analogue à l'espace de tête se trouve reproduit dans le nez et dans la bouche, « espace de nez », « espace de bouche » (*nose space, mouth space*) dont les chercheurs ont appris à prélever et analyser le contenu avec les méthodes utilisées pour analyser l'espace de tête[1].

1. A. Holley, *op. cit.*

incomparable du freesia est produite par un mélange d'une vingtaine de molécules odorantes banales (linalol, anthranylate de méthyle, β-ionone, etc.) dont un dosage précis est responsable de la forme. Qu'un seul de ces composants soit, même légèrement, en excès ou en défaut, et le parfum de freesia devient méconnaissable. Autre exemple, le parfum du jasmin, la plus populaire des senteurs peut-être, se compose des deux cents molécules dont aucune ne doit manquer à l'appel. Le vin dont il sera question lorsque nous ouvrirons le symposium[12] offre un catalogue de plusieurs centaines d'arômes qui diffèrent d'un cépage à l'autre[13].

Pour en revenir aux aliments, il en est peu sans odeur. Chacun est enveloppé d'une aura d'odeurs complexes qui sont souvent annonciatrices de sa saveur. La cuisine n'est pas étrangère à ces flaveurs. La fameuse réaction de Maillard dont j'ai déjà parlé fait éclore toutes sortes de molécules cycliques aromatiques. Elles contiennent dans leur structure un polygone fait de cinq ou six atomes dont un au moins est différent du carbone. Je propose que l'on place dans toutes les cuisines des grands restaurants un portrait de Louis Camille Maillard (1878-1936), professeur de chimie à la faculté de médecine d'Alger, décédé à Paris des suites d'une intoxication expérimentale. Ce grand savant est sans doute, à côté de l'inventeur anonyme du fil à couper le beurre, un des plus grands pionniers de la cuisine moderne, moléculaire et scientifique. Le cru a l'odeur des choses, mais subit souvent l'intervention du temps et de son cortège de bactéries. L'action des bactéries lactiques donne au camembert son arôme si reconnaissable qui doit beaucoup à l'acide isovalérique, alors que le pont-l'évêque emprunte son fumet à des composés soufrés et que l'odeur du roquefort est imposée par deux cétones à sept et neuf atomes de carbone[14].

Cuistres, mes amis, en avez-vous assez ? La suite risque d'être d'un abord aussi difficile. Je vous conseille d'accompagner votre lecture du grignotage des quelques madeleines. Je n'ai pas encore lu de livre sur le goût et l'odorat où ne soit citée la fameuse madeleine de Proust. Je vous dois donc une recette de madeleine.

La madeleine au miel et au citron vert[1]

- 8 œufs entiers et 2 blancs
- 350 g de sucre semoule
- 150 g de miel
- 450 g de farine
- 450 g de beurre
- 2 sachets de levure chimique
- le jus et le zeste de 2 citrons verts

Blanchir les œufs avec le sucre.
Incorporer la farine et la levure tamisées, ainsi que le beurre que vous aurez fait fondre au préalable et le miel.
Blanchir les zestes de citron vert dans de l'eau pendant 5 minutes, égoutter, rafraîchir et les mettre dans l'appareil accompagnés du jus de citron vert.
Laisser reposer 24 heures.
Beurrer les moules. Les remplir à un quart du bord.
Cuire au four à 160 °C pendant 10 minutes (four ventilé – tirage ouvert).
Démouler et laisser refroidir à température ambiante.

1. J.-M. Amat et J.-D. Vincent, *op. cit.*

PETITE PHYSIOLOGIE DE L'ODORAT

J'insisterai sur trois aspects de cette physiologie longtemps ignorée des chercheurs, qui a bénéficié de progrès récents dus aux efforts conjugués des biologistes moléculaires, des électrophysiologistes et des imagiers fonctionnels. Le premier point critique portera sur la manière dont les odeurs sont représentées sous la forme d'« images » qui forme le substrat neural de la perception olfactive. Le deuxième point portera sur l'importance de la rétro-olfaction (l'odorat rétronasal) qui est propre à l'humain et à l'origine de la fusion entre saveurs et odeurs. Le dernier point abordera le caractère polymodal de la perception des flaveurs et ses liens avec l'affect, le plaisir et la dépendance[15].

LES MOLÉCULES ODORIFÈRES SONT REPRÉSENTÉES PAR DES IMAGES OLFACTIVES

La *scène olfactive* n'a pas, on vient de le voir, les caractères définis d'une scène visuelle constituée d'objets avec leurs bords, leur orientation spatiale, leurs faces, leur épaisseur, leur texture, leur couleur, ou de ceux de la perception sonore, avec leur timbre, leur hauteur, leur rythme. Ce sont des assemblages de substances solides et liquides dont les limites sont indécises, et la source parfois ignorée. En même temps, il y a une sorte d'adhésion à l'objet qui est directe, presque primaire. Les molécules olfactives qui entourent ces objets, qu'ils sentent bon ou mauvais, sont de la même substance que ces objets eux-mêmes. Ils ne sont pas transmis comme dans l'audition ou la vision par des ondes de longueurs variées : ce que je renifle et ce que je sens affrontent mon corps sans médiation. L'odorat est le plus direct, avec le tact, de tous mes sens et le plus sensible (il est accessible à des dilutions d'un pour un million et plus), mais aussi le plus imprécis et le plus facile à tromper.

L'odorat est le plus intime des sens. Son domaine reste confiné au cerveau du sujet qui sent, même si une scène olfactive peut être décrite à un étranger grâce à des métaphores. Rien ne vient attester de ce que l'autre sent au bout de son nez. Aucun critère objectif partageable, comme il en existe pour la vision, l'audition ou le toucher, n'est à notre disposition. Un individu peut très bien être privé d'olfaction – on parle alors d'*anosmie* – sans que l'autre s'en rende compte : un sourd est pitoyable ; un aveugle, on lui cède sa place dans le train. Mais un anosmique ? Je ne crois pas même qu'il ait droit à une carte d'invalide et, cependant, cette infirmité privée lui ferme un monde, celui des odeurs.

Comme l'a remarqué Brillat-Savarin, le nez est un merveilleux instrument de chimie. Les fosses nasales forment en effet une sorte de chromatographe, grâce auquel les molécules volatiles sont chargées entre phases gazeuse et liquide. Cela implique un régime de l'air sur la surface sensorielle de type laminaire, mais il est impossible d'affirmer si tel est bien le cas ou s'il existe un brassage de l'air par les tourbillons formés par les cornets. Chez les mammifères, l'organe récepteur de l'olfaction est la muqueuse olfactive située dans la région dorsale postérieure des fosses nasales. Cette muqueuse occupe chez l'homme une surface de deux à trois centimètres carrés sur les parois latérale et médiane du toit de la cavité nasale. Si l'accès à cette région des molécules odorantes contenues dans l'air inspiré est optimal lors du flairage, il peut se faire aussi par voie rétronasale, sous l'impulsion d'un mouvement de déglutition suivi d'une expiration.

Rappelons que la molécule odorante traverse d'abord la couche de mucus, d'une épaisseur de quelques dizaines de micromètres, avant de rencontrer les récepteurs situés dans la muqueuse olfactive. Ce mucus capte et concentre les molécules odorantes dans la partie de l'air inspiré qui passe au voisinage de la muqueuse, puis il les transporte, leur permettant ainsi d'avoir accès à un grand nombre de récepteurs. Il remplit aussi un rôle de protection des cellules et de nettoyage de la surface de la muqueuse après interaction des molécules odorantes avec leurs récepteurs. Le mucus se présente comme un milieu aqueux hétérogène visqueux, de composition mal connue. On y trouve, entre autres, des ions sodium et potassium, des protéines et des sucres. Des protéines de liaison des odeurs sécrétées par des glandes nasales sont capables de se lier à un certain nombre de molécules odorantes et pourraient faciliter le transport des moins solubles d'entre elles. Leur absence compromet l'olfaction sans que l'on puisse avec précision déterminer leurs principales fonctions : transport, filtrage, inactivation ou protection.

Une molécule ne sent que parce qu'un récepteur existe pour la sentir. Le stimulus n'est pas un paramètre physique variant de façon continue comme les longueurs d'onde pour la vision ou l'audition, mais une combinaison stérique[16] particulière de groupements atomiques qualifiée d'*odotope* par analogie avec un épitope, déterminant immunologique. Il est très difficile d'associer la chimie et les arômes. Tantôt, par exemple, une même molécule sent différemment selon sa concentration ; tantôt les deux isomères optiques d'une même molécule offrent chacun une odeur différente : la D-carvone sent la menthe et la L-carvone, le cumin.

Les paramètres liés à la forme de la molécule, au contraire, jouent un rôle important, même si cette association ne correspond plus à l'hypothèse formulée par les « atomistes » antiques qui, comme Épicure, proposaient que les odeurs piquantes correspondissent à une forme pointue de la molécule (appelée alors « atome ») et les odeurs douces et agréables à des formes arrondies.

En l'absence de champs olfactifs définis spatialement et de paramètres physiques quantifiables, la spécificité de reconnaissance des milliers de molécules odorantes repose donc sur l'existence d'un grand nombre de récepteurs. On connaît aujourd'hui la nature de ces derniers.

La découverte des récepteurs est une belle histoire scientifique. Au début des années 1980, on savait que la conversion du contact de l'odorant avec la membrane apicale de la cellule sensorielle olfactive en signal électrique se faisait par l'intermédiaire d'un second messager l'AMP cyclique. Vint ensuite la découverte de la participation d'un processus de transduction faisant intervenir une protéine liée au GTP, qui fournit à Buck et Axel[17] le fil conducteur de l'élégante stratégie qui allait les conduire à découvrir les récepteurs aux molécules odorantes, puis à l'obtention du prix Nobel en 2004. Grâce à leurs travaux, nous sommes aujourd'hui assurés qu'il s'agit de protéines, et nous avons accumulé un certain nombre de connaissances précises sur leur constitution et leur fonctionnement. Les récepteurs olfactifs sont des protéines transmembranaires dont le nombre avoisine le millier chez les rongeurs et 330 chez l'homme. Leur activation concourt à la formation d'AMP cyclique (AMPc) qui contrôle des canaux ioniques responsables de la dépolarisation du neurone sensoriel. C'est donc à partir de l'activation spécifique de récepteurs protéiques par les molécules odorantes que l'odeur prend forme. Il s'agit de récepteurs à sept domaines membranaires couplés à une protéine G voir encadré p. 134).

Après cette découverte, une situation paradoxale s'est installée. On dispose en effet chez le rat d'un millier de récepteurs différents sans pratiquement connaître aucune des molécules odorantes respectives qui s'y fixent (on appelle « ligands » les molécules qui se lient spécifiquement à un récepteur). La situation est comparable chez l'homme, même si le nombre des gènes est moindre (de l'ordre de 350).

Pour permettre au visiteur de se détendre, je lui propose la lecture d'un dialogue à la manière de Brillat-Savarin entre le professeur et le chef. On pardonnera, je l'espère, au professeur de ne pas se départir d'un pédantisme inhérent à sa qualité d'académicien.

Dialogue entre le chef et le professeur « Des rats et des hommes »

Le chef – L'homme est donc moins bien outillé que le rat pour l'olfaction. Tu me permettras cependant de ne pas accepter ce dernier parmi les habitués de mon restaurant.

Le professeur – Moins de récepteurs que chez le rat – animal qui se déplace dans le monde avec ses narines –, mais malgré tout un nombre considérable : 1 à 2 % de l'ensemble des gènes exprimés dans le cerveau. Cette disposition correspond à une stratégie différente de celle suivie par les autres systèmes sensoriels. Pour analyser les informations visuelles, auditives ou tactiles, les systèmes correspondants utilisent un nombre limité de récepteurs qui sont répartis sur la surface sensible de façon qu'une partie du codage de l'information afférente repose sur la localisation des récepteurs activés par le stimulus (codage spatial). Le système olfactif opère différemment, car non seulement le stimulus olfactif n'a pas de dimension spatiale, mais ses paramètres sont trop nombreux pour être correctement transposés, ou codés, dans les deux

dimensions d'une surface sensorielle. La grande diversité moléculaire des récepteurs conduit à l'hypothèse selon laquelle un odorant serait reconnu par un type particulier ou prédominant de récepteurs.
Le chef – Quelque chose ne va pas dans ton raisonnement. D'une part, tu me dis qu'il existe plusieurs centaines de milliers d'odeurs auxquelles nous sommes sensibles et, d'autre part, tu t'émerveilles du nombre de récepteurs qui cependant ne dépasse pas cinq cents.
Le professeur – Tu as raison. Il faut donc admettre qu'un seul récepteur puisse être sensible à plusieurs substances odorantes plus ou moins apparentées chimiquement, mais partageant une certaine affinité pour lui.
Le chef – Toujours ces affinités électives au cœur de nos passions, pour reconnaître le parfum d'une fleur ou le cœur de celle qu'on aime.
Le professeur – Méfie-toi quand même de ces affinités qui s'épuisent dans l'excès. Un récepteur se désensibilise lors d'une exposition trop prolongée à son ligand. Les récepteurs olfactifs n'échappent pas à la règle. Les odeurs violentes finissent par n'être plus senties.
Le chef – Un amour violent...
Le professeur – Gare aux analogies faciles. Elles nous font du mal auprès des femmes qui refusent de reconnaître que leurs « récepteurs » se désensibilisent tout autant que les nôtres. Pour revenir aux odeurs, on peut, par extension de sens et par comparaison avec les autres systèmes sensoriels, appeler « champs récepteurs » l'ensemble des molécules apparentées reconnues par un même récepteur. L'hypothèse d'un type unique des récepteurs par un neurone sensoriel implique que les champs récepteurs soient identiques ou très semblables pour les récepteurs et la cellule qui les exprime. Un faisceau de preuves reposant sur la caractérisation de gènes des récepteurs olfactifs et sur l'identification de leur produit d'expression confirme que chaque neurone sensoriel n'exprime qu'un seul de ces gènes. J'insiste là-dessus.

J.-M. Amat et J.-D. Vincent, *op. cit.*

Je voudrais revenir sur ce nombre restreint de récepteurs olfactifs diminué de moitié chez l'homme comparé aux autres animaux réputés pour être de fameux renifleurs comme le rat ou le chien. Le déclin chez l'homme du sens le mieux conservé dans l'évolution des espèces serait dû à l'importance prise par la vision et par la bipédie, qui écarte l'homme du sol, d'où émerge la plus grande partie de l'univers olfactif, qu'il soit d'origine animale ou végétale. Gordon Shepherd[18] a fortement contesté ce mépris pour l'odorat conforme à l'opinion de Kant qui voyait dans l'odorat « la lie de la faculté inférieure de connaissance ». Il semble tout au contraire que le déficit en récepteurs chez l'homme soit avantageusement remplacé par la double olfaction rétro- et orthodromique des arômes que l'on peut rapprocher de l'extraordinaire diversité des régimes alimentaires de notre mammifère omnivore. C'est en relation avec ce phénomène qu'il faut considérer l'importance des structures corticales qui interviennent dans le traitement des flaveurs : le cerveau humain est en quelque sorte cerné par le sens oral. Il est envahi par-devant grâce au nerf olfactif (nerf crânien I) qui apporte les arômes de la rétro-olfaction et par-derrière par les nerfs crâniens associés à la gustation (IX, X et XI) qui abordent le cerveau au niveau du tronc cérébral. L'affrontement s'achève dans le cerveau antérieur notamment dans le cortex préfrontal et se poursuit dans les structures de la mémoire où s'inscrivent pour longtemps « les souvenirs émus de nos festins privés ».

Le visiteur pressé de passer à table ou d'aller dormir devra encore patienter s'il veut connaître la structure de l'organe olfactif. Comme toutes les structures cérébrales, il comporte plusieurs étages (Figure 19).

Le premier étage de cet organe est constitué par une seule catégorie de cellules sensorielles qui cumulent les fonctions de réception du stimulus, de transformation et de transmission du message sensoriel périphérique. Ce sont des neurones dont le corps cellulaire est contenu dans l'épithélium olfactif. Ces neurones possèdent des dispositions anatomiques très particulières. Leur unique dendrite encastrée dans les cellules de soutien se termine par un renflement qui porte des cils d'une longueur de 150 à 200 millièmes de millimètre baignant dans le mucus et augmentant ainsi la surface utile de la cellule (Figure 19). C'est au niveau de leur membrane plasmique que se trouvent les récepteurs. La concentration locale du complexe électrosensoriel (récepteurs et canaux) permet d'importantes variations de courant pour une faible concentration moléculaire du ligand. Mais ce qui fait l'originalité majeure de ces neurones est leur durée de vie limitée à quelques semaines et l'existence d'une neurogenèse permanente à partir de cellules souches qui permettent le remplacement des neurones dégénérés. On a récemment proposé d'utiliser ces cellules souches comme matériel de réparations du système nerveux lésé.

Ce renouvellement continu pose le problème de la manière dont l'information sensorielle est maintenue ainsi que sa mémorisation. Pour essayer de comprendre le fonctionnement complexe et encore assez mystérieux du système olfactif, il est utile de distinguer deux niveaux d'organisation. Le premier se situe à la périphérie du système olfactif dans l'épithélium et comprend l'arrivée de la molécule odorante au voisinage du mucus jusqu'à l'émission du signal correspondant par le neurone sensoriel. Le second se déroule au niveau du bulbe olfactif, petite extension antéroventrale du cerveau, puis dans les aires corticales. Il comprend le traitement du signal qui conduit à la perception et à la reconnaissance des odeurs.

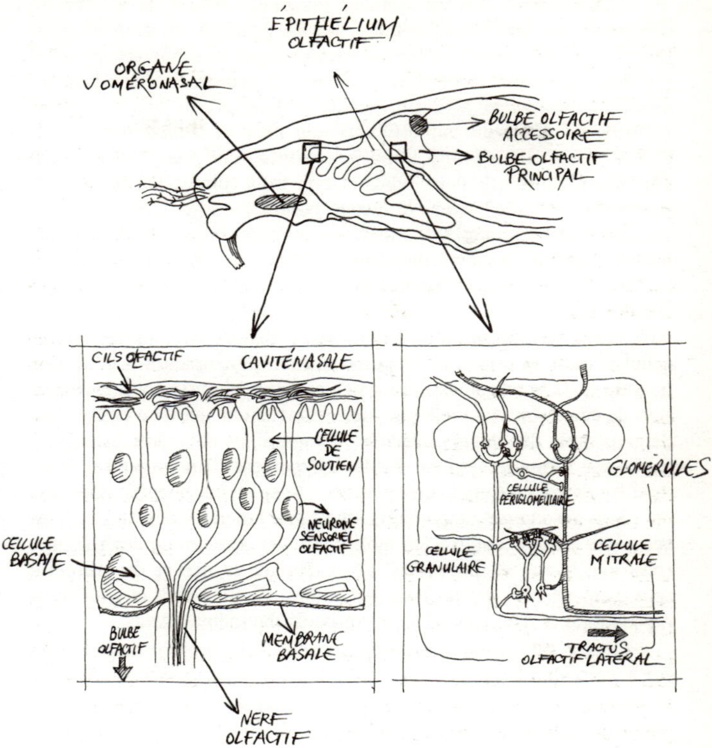

Figure 19. – ORGANISATION ANATOMIQUE DU SYSTÈME OLFACTIF D'UN RAT (VOIR TEXTE) : Il est assez semblable à celui de l'humain.

Alors qu'il n'existe aucune disposition spatiale évidente pour les récepteurs, les projections épithélio-bulbaires se font selon une organisation précise. Les prolongements (axones) des cellules sensorielles se regroupent en faisceaux (nerf n° I) pour traverser la lame criblée de l'ethmoïde. Ils forment la couche la plus externe du bulbe olfactif et se terminent dans des sphérules d'un diamètre de 100 µm, les glomérules, qui forment la deuxième couche du bulbe olfactif. La convergence des informations olfactives, au niveau des glomérules, est importante (environ 25 000 neurones sensoriels pour 1 glomérule).

Chaque bulbe olfactif contient quelques milliers de glomérules disposés ventralement et latéralement. En principe, un glomérule est innervé par des neurones sensoriels possédant le même récepteur. Il y a donc là un phénomène de convergence massif. Les terminaisons axonales s'articulent avec un deuxième neurone, la cellule mitrale, neurone de sortie du bulbe olfactif qui projette directement sur le cortex olfactif. Deux points importants sont à souligner ; l'information olfactive n'utilise que deux relais et non trois comme les autres sens pour entrer dans le cortex ; le second point concerne l'existence d'une organisation horizontale. Il existe des interneurones locaux qui mettent en relation les glomérules voisins en exerçant sur eux des actions réciproques. Des interneurones autour des cellules mitrales appelés cellules granulaires[19] sont organisés sous forme de microcircuits branchés sur les prolongements horizontaux (dendrites secondaires) des cellules mitrales. Ils sont responsables de phénomènes d'inhibition latérale et de synchronisation locale des influx aboutissant à la formation de cartes fonctionnelles en deux dimensions que l'on peut considérer comme des *images olfactives* comparables dans leur principe à celles que forme le système visuel. L'hypothèse d'une organisation en module est renforcée par l'observation, à l'aide de marqueurs radioactifs ou de la résonance magnétique nucléaire fonctionnelle (RMNf), de véritables motifs (comme les motifs visuels) dont les caractéristiques (position, forme et dimension) dépendent de la nature du stimulus, sensiblement symétriques dans les bulbes olfactifs droit et gauche, et reproductibles d'un animal à l'autre pour une même odeur.

Cette organisation se retrouve au niveau des projections bulbaires sur le cortex cérébral, dans la région appelée *cortex pyriforme*. Ainsi se forme une carte de distribution des neurones du bulbe activé par une odeur : une sorte de patron représentatif de l'odeur.

Nous retiendrons l'existence d'images olfactives au niveau du bulbe olfactif. Mais tout le travail reste à faire, il revient au cerveau.

QUAND LES FLAVEURS MONTENT À LA TÊTE

Lorsqu'on s'en tient à l'odeur que l'on renifle, les anatomistes n'y vont pas par quatre chemins. L'axone de sortie du bulbe olfactif s'achève après une course brève dans le cortex piriforme. Il s'agit probablement d'une perception inconsciente avant qu'elle pénètre dans la machine à souvenirs, c'est-à-dire l'hippocampe par l'intermédiaire du cortex entorhinal qui appartient lui-même au cortex limbique. L'odeur rejoint, ainsi ses deux compagnons de route dans le cerveau : la mémoire et les émotions[20]. Finalement, une odeur n'existe que si elle est reconnue, et elle ne l'est qu'en faisant appel, de façon plus ou moins consciente, à des souvenirs. Quant à ces derniers, ils ne sont présents que grâce à leur potentiel affectif. Sentir est plus qu'un sens, c'est un sentiment !

Les chemins qu'empruntent les odeurs dans le cerveau sont ceux où dorment, en attendant d'être éveillés par le prince charmant ou le monstre puant, les souvenirs d'odeurs anciennes associés aux événements heureux ou misérables de la vie.

Les activités électriques des neurones du cortex supra-orbitaire en réponse à des odeurs varient avec la charge de plaisir qu'elles transportent ou en fonction de la bonne nourriture qu'elles annoncent[21] Malgré ces précisions, les stimuli demeurent sans contours, des spectres en quelque sorte, comme le spectre de la Rose. « Quoi de plus mortel à exhaler pour un être périssable que l'éternelle essence et pour une seconde, l'inépuisable odeur de la rose ? Plus une chose meurt, plus elle arrive au bout d'elle-même, plus elle expire de ce mot et de ce secret qui la tire[22] ! »

Mais est-ce bien vrai ? Comment reconnaître une forme sans forme ? Comment puis-je dire que c'est un Petrus en humant un verre de vin rouge ? Comment puis-je identifier entre mille et trois parfums Arpège de Lanvin celui de ma mère ? Cette reconnaissance évoque la capacité du cerveau humain de reconnaître le visage d'un familier, faculté qui disparaît lors de la destruction d'une aire spécialisée du cerveau – infirmité appelée par les médecins prosopagnosie – dont l'activité n'est pas sans évoquer celle d'un ordinateur programmé pour la lecture de formes complexes.

LE CERVEAU DES ALIMENTS

Une fois franchie la porte des lèvres, nous quittons le domaine abstrait des senteurs pour celui bien matériel des ingrédients de la bouche déjà cuisinés ou dans le simple appareil que la nature leur a donné. Les arômes ont abandonné le support de la vue – vision d'un beau plat d'où s'élève la fumée d'un gibier ou de la rose qui a « la couleur de tes joues ».

Les arômes cuisinés par la bouche montent dans le nez poussés par l'air chaud des poumons ; ces odeurs venues de l'intérieur de la bouche ont une origine matérielle qui s'affirme avec l'évidence d'une présence intime. La sensibilité de bouche offre au cerveau une prise de contact complexe, mais non ambiguë avec le monde qui se mange.

J'ai laissé le visiteur de la bouche à l'entrée du cerveau, au niveau du tronc cérébral dans le noyau du tractus solitaire (NTS). Ici converge l'ensemble des données fournies par la sensibilité buccale avec ses composantes multiples. Avant d'être le lieu de départ vers le cerveau, ce NTS est un premier étage de rencontre et d'intégration d'informations venues du tube digestif (estomac et intestins) qui suivent le destin digestif du bol alimentaire : l'après-bouche qui joue un rôle majeur dans l'appétit et la satiété.

Comme pour les autres sens (à l'exception de l'odorat), on note un deuxième relais au niveau du *thalamus ventro-postéro-latéral* avant la projection finale sur le néocortex par l'entremise du troisième neurone de la voie gustative. L'aire corticale est relativement étendue chez l'homme. Il recouvre l'*opercule frontal* et l'*insula voisine* ; une telle surface est à mettre en rapport avec l'importance du goût chez cet esthète de la nourriture.

À partir de l'aire primaire, le trajet du goût nous conduit à l'aire préfrontale sus-orbitaire où il retrouve l'odorat qu'il avait quitté au sortir de la bouche. Il faut considérer cette région carrefour comme un centre d'analyse, d'évaluation (c'est bon, c'est mauvais), d'initiative à l'action (c'est à prendre ou à laisser) et de recherche qui peut tourner à la quête maladive dans la dépendance. Les neurones de cette région ont aussi une fonction intégrative que les neurophysiologistes peuvent apprécier en enregistrant l'activité des neurones associés les uns à la texture de l'aliment, à sa température, à son apparence plus ou moins attirante ; mais aussi à la contenance en graisse et surtout à l'état d'appétit ou de satiété du mangeur. Le même neurone qui décharge au début du repas, s'éteint lorsque le mangeur n'a plus faim. Le visiteur aura intérêt à consulter les deux diagrammes simples qui résument la situation.

J'ai gardé pour la fin de cette visite, la voie principale qui relie le cortex préfrontal, « chef » de la cuisine des sens, et la salle à manger de l'hypothalamus où l'on consomme. C'est la fameuse allée des plaisirs, le corridor des passions, pour la traversée duquel je recommande la discrétion au visiteur. Il y croisera certes d'aimables hédonistes, des jouisseurs au teint clair, d'autres aux traits plombés par une nuit d'excès ; il fera mine de ne pas voir des amants qui s'embrassent et se réjouira au spectacle des sourires échangés d'une mère et de son enfant ; mais il croisera aussi des piliers de bar et des dealers minables ; il fera semblant de ne pas voir les misérables toxicomanes en quête de leur drogue. Je le dis une fois encore, le plaisir est le noyau dur, comme le disent les boursiers, de notre présence au monde.

Cher visiteur, cette allée des plaisirs te rappellera sans trêve que la mort est à l'horizon du vivant. Mais, cesseras-tu de manger et de jouir au prétexte de la satiété ? L'infini est pour les sots et l'éternité pour les paresseux. Il faut vivre et se laisser prendre au rythme des repas.

La visite continue...

FOCUS 5

L'odorat : un sens resté toujours jeune

PIERRE-MARIE LLEDO
directeur de recherches au CNRS,
directeur de l'unité « Perception et Mémoire »
à l'Institut Pasteur

En 1969, le biologiste américain Joseph Altman décrivait pour la première fois l'existence d'une prolifération de neurones dans le cerveau de rats adultes. À l'époque, ces résultats contredisaient trop le dogme central de la neurobiologie pour être acceptés : le cerveau adulte ne pouvait que perdre des neurones, pas en gagner. Il fallut attendre les années 1980 pour que la notion de production neuronale dans le cerveau adulte soit réhabilitée. Le canari, chez qui ces premiers résultats furent obtenus, et un autre oiseau chanteur, le diamant mandarin, sont depuis les deux modèles de référence dans ce domaine. Car si l'existence d'une neurogenèse adulte a ensuite été décrite chez les rongeurs et les primates, c'est dans l'apprentissage du chant d'oiseau que ses conséquences fonctionnelles ont été le plus clairement démontrées.

Des neurones naissent dans le cerveau adulte et viennent s'ajouter aux neurones préexistants, ou les remplacent. Aujourd'hui largement reconnu par les neurobiologistes, ce phénomène était inimaginable il y a seulement quinze ans. La population neuronale était décrétée maximale à la naissance, et tout changement ultérieur ne pouvait consister qu'en une diminution de ce stock. Le cerveau adulte n'était pas pour autant considéré comme figé. Certes, une fois sa maturation achevée, le cerveau devenait de plus en plus réfractaire aux leçons de l'expérience. Mais chez nombre d'espèces, des réseaux de neurones restaient suffisamment malléables pour que l'expérience imprime sa marque quel que soit l'âge de l'animal. Cette « plasticité » découlait uniquement – du moins le croyait-on – du changement de certaines connexions synaptiques entre neurones. La découverte d'une prolifération de neurones dans le cerveau adulte est venue bouleverser ce point de vue. Qualifié de neurogenèse secondaire, par opposition à la neurogenèse primaire à l'œuvre durant le développement embryonnaire, le processus adulte permet le renouvellement de certains réseaux neuronaux. Mais à quoi sert-il d'un point de vue fonctionnel ?

C'est l'étude neurophysiologique des systèmes impliqués dans l'apprentissage et la production du chant des oiseaux qui a largement ouvert la voie dans ce domaine. Le chant des oiseaux est l'un des signes avant-coureurs de l'arrivée du printemps. Pour l'éthologiste, il représente essentiellement une adaptation comportementale aux fonctions de reproduction. Généralement développé par le mâle, le chant de cour a pour but d'attirer la partenaire sexuelle, de la retenir sur son territoire et d'éloigner les rivaux. Produit d'un apprentissage vocal similaire à l'apprentissage du langage parlé chez l'homme, il débute par une phase au cours de laquelle le jeune mâle écoute et mémorise le chant d'un adulte de son espèce. Une fois ce chant assimilé, l'oiseau apprend à l'exécuter de façon identique à son modèle ; il est capable de l'exécuter avec précision. Ce type d'apprentissage, relativement classique pour de nombreuses acquisitions sensorielles ou motrices (comme la vision binoculaire ou le langage parlé chez l'homme), s'accompagne de changements morphologiques importants des réseaux neuronaux. Or, chez certaines espèces comme le canari, l'oiseau doit réapprendre un nouveau chant chaque année. Ces réapprentissages annuels chez l'adulte correspondent à des changements d'organisation cérébrale.

Quand il lança, dans les années 1970, un ambitieux programme visant à identifier les mécanismes neurophysiologiques de l'apprentissage du chant chez l'oiseau, Fernando Nottebohm, chercheur à l'Université Rockefeller (New York), était alors loin d'imaginer l'ampleur des remaniements morphologiques qu'il allait finalement découvrir. La première étape de ses travaux consista à identifier les groupes de neurones impliqués dans l'apprentissage moteur et l'exécution du chant, puis à caractériser en détail leur organisation morphologique et fonctionnelle. Il démontra alors que le système du chant comporte deux circuits placés sous le contrôle d'un noyau de neurones appelé « centre vocal supérieur » avec, d'un côté, une voie motrice qui contrôle l'exécution du chant, de l'autre, une boucle régulatrice qui intègre les informations auditives et permet à l'oiseau de comparer le chant qu'il exécute au chant mémorisé.

L'ensemble des travaux résumés ci-dessus suggère que le renouvellement neuronal dans le centre vocal supérieur est impliqué dans une formule d'apprentissage, conférant à l'animal la possibilité d'apprendre de nouveaux chants. Toutefois, cette conclusion se heurte à un paradoxe : un renouvellement faible et régulier des neurones existe aussi chez des espèces dont le chant reste inchangé tout au long de la vie (c'est le cas, par exemple, du diamant mandarin). Plus surprenant encore : l'existence d'une neurogenèse secondaire observée chez les femelles canaris qui n'exécutent pourtant aucun chant de cour. Le renouvellement neuronal serait-il, dans ces deux cas, inutile ?

C'est en 1999 que l'énigme du diamant mandarin a été en partie résolue. L'équipe menée par Masakazu Konishi, au California Institute of Technology, a mis en évidence la capacité de ces oiseaux à modifier leur chant dans certaines circonstances bien particulières : lorsque l'on « fait croire » à un diamant mandarin que son chant est incorrect (par exemple en diffusant de courtes syllabes pendant qu'il chante), il modifie son exécution de façon à corriger les anomalies perçues. Cela montre que l'oiseau entend les sons qu'il produit et les compare constamment au chant de référence inscrit dans sa mémoire. La « tromperie » auditive infligée par les expérimentateurs aboutit *in fine* à une dérive progressive du chant produit.

Toutefois, cette dérive est réversible : si on lui permet à nouveau de s'écouter chanter normalement, l'oiseau récupère son chant initial après quelques mois. À condition toutefois que les noyaux cérébraux du système régulateur soient intacts. En plus de son rôle crucial pendant les phases juvéniles d'apprentissage vocal, le rétrocontrôle auditif du système régulateur sert donc, chez l'adulte, à empêcher le chant acquis de dériver. D'une façon ou d'une autre, il faut donc que ce système interagisse avec les neurones du chant. Mais comment ? L'équipe californienne a montré que sa destruction entraîne une diminution du renouvellement des neurones chanteurs dans le centre vocal supérieur. Il est donc probable que le système régulateur oriente la différenciation des neurones nouvellement produits.

La démonstration des potentialités de renouvellement neuronal des oiseaux adultes et de ses conséquences fonctionnelles resta, au cours des années 1980, une curiosité, voire une exception zoologique parmi les vertébrés. Certes, les travaux pionniers de Joseph Altman plaidaient, dès les années 1960, en faveur d'une neurogenèse adulte dans certaines structures cérébrales des mammifères – en particulier le bulbe olfactif, l'hippocampe et le cortex. Cependant, les réticences à considérer notre cerveau comme organe capable de se régénérer demeurèrent très fortes. Les dilemmes ne manquaient pas. Comment conserver si précisément des traces mnésiques si le support neurobiologique qui contribue au stockage de l'information est appelé à être renouvelé ? Les limites étaient aussi techniques : l'absence de critères morphologiques tangibles attestant de la nature neuronale des cellules empêcha longtemps toute démonstration définitive d'une véritable production neuronale. Pour toutes ces raisons, les découvertes d'Altman restèrent très longtemps controversées. Au cours des années 1990, toutefois, plusieurs avancées technologiques majeures bousculèrent les idées reçues en matière de production neuronale chez les mammifères.

C'est en 1993 que fut démontrée, de façon formelle, l'existence d'une neurogenèse secondaire dans le système olfactif de rongeurs adultes, sans que ses conséquences fonctionnelles soient alors pressenties. Mais les recherches menées dans mon laboratoire ont récemment montré qu'un changement du nombre des nouveaux neurones modifiait de façon importante les performances olfactives des souris. En cas de baisse, les souris, en l'occurrence des mutantes chez lesquelles les précurseurs neuronaux migrent moins efficacement vers le bulbe olfactif, ont des difficultés à distinguer deux odeurs différentes. Inversement, les performances olfactives augmentent lorsque l'incorporation des nouveaux neurones dans le bulbe est élevée. En témoignent des souris adultes normales, élevées dans un environnement riche en stimuli olfactifs (des odeurs naturelles changées quotidiennement durant quarante jours) : à l'issue de cette période, le nombre de neurones nouvellement générés et incorporés dans le bulbe olfactif est multiplié par deux par rapport à celui des animaux élevés dans un environnement normal, et leur mémoire olfactive est bien meilleure. L'ensemble de ces résultats indique l'existence d'une relation possible entre la production de nouveaux neurones et l'accroissement de certaines performances cognitives.

Cette hypothèse est compatible avec d'autres résultats concernant une région cérébrale fortement impliquée dans la constitution de nouveaux souvenirs : l'hippocampe. La démonstration d'une neurogenèse secondaire dans l'hippocampe des primates (homme compris) ne date que de 1998. Ce phénomène est à présent au centre de recherches très actives. Un aspect fascinant de cette neurogenèse est sa modulation par l'expérience et l'activité du sujet. Par exemple, elle diminue chez un rat lorsque l'animal est exposé à un stress tel que l'odeur d'un prédateur. Inversement, elle augmente en cas d'accroissement de l'activité physique. Mais quel rôle joue-t-elle ? Alors que, chez les oiseaux, un lien de cause à effet a été clairement établi entre la neurogenèse du centre vocal et le contrôle du chant, la fonction de la neurogenèse hippocampique des mammifères demeure hypothétique. Certes, les capacités d'apprentissage d'une souris se dégradent lorsqu'on empêche la prolifération neuronale. Mais si les corrélations entre neurogenèse et amélioration des performances mnésiques sont nombreuses, aucun lien de cause à effet n'a, pour l'instant, été formellement établi.

En fait, l'hypothèse d'une telle relation laissait d'autant plus perplexe la communauté scientifique que le nombre de neurones nouvellement générés semblait relativement faible par rapport à la population déjà existante. Cependant, des travaux publiés en 2001 par Heather Cameron et Ron McKay, du NIH de Bethesda, indiquent que ce nombre serait beaucoup plus élevé qu'on ne le pensait initialement : plus de 250 000 neurones s'insèreraient chaque mois dans l'hippocampe d'un rat adulte, soit 6 % de la population neuronale concernée. Ces 9 000 nouveaux neurones journaliers peuvent-ils rendre compte des multiples acquisitions mnésiques réalisées quotidiennement ? Cette hypothèse, bien qu'attrayante, n'est pas la seule en lice. Sachant que les traces mnésiques résident dans l'activité des réseaux de neurones bien plus que dans chaque neurone pris individuellement, on ne peut en effet pas exclure que ces nouveaux neurones servent à tout autre chose que prendre en charge des souvenirs supplémentaires.

Depuis les travaux fondateurs effectués dans les années 1960 par les neurobiologistes David Hubel et Torsten Wiesel, prix Nobel de physiologie-médecine en 1981, nous ne cessons de voir combien l'expérience et l'environnement jouent un rôle essentiel dans la maturation du cerveau au cours du développement postnatal, et dans l'émergence de certaines fonctions cognitives et comportementales. Les remaniements des connexions neuronales qui se déroulent alors, inscrivent dans nos réseaux de neurones des marques propres à chacun. Mais, à la lumière des observations de neurogenèse secondaire, il apparaît nettement que les capacités d'adaptation du système nerveux des oiseaux et des mammifères adultes ne résultent pas uniquement de variations des connexions synaptiques. Elles reposent aussi sur la production ou le renouvellement de certaines populations de neurones dans quelques régions bien précises – régions qui ont pour caractéristique commune d'avoir des fonctions liées à l'apprentissage et/ou à la mémoire. Dans ce contexte, la neurogenèse secondaire semble elle aussi permettre que l'expérience personnelle d'un sujet imprime régulièrement sa marque au sein des réseaux neuronaux, sous la forme de remaniements morphologiques et fonctionnels réguliers. La neurogenèse adulte, en tant que mécanisme extrême de plasticité fortement contrôlée par l'expérience personnelle d'un sujet et ses interactions avec l'environnement, constitue donc très probablement un mécanisme additionnel d'individuation. Avec cette différence majeure qu'il serait, lui, opérationnel durant toute la vie.

CHAPITRE 7

Boire

« Et le financier se plaignait
Que les soins de la Providence
N'eussent pas au marché fait le dormir
Comme le manger et le boire. »

LA FONTAINE, *Le Savetier et le Financier.*

Boire est un des actes les plus essentiels qu'un animal puisse accomplir. Je ne parle pas seulement du besoin d'eau appelé soif que l'on étanche pour restaurer un corps composé aux deux tiers du liquide vital, je parle de cette communion intime qui s'établit entre l'être et l'élément, l'alchimie secrète qui change l'onde pure d'une source en matière vivante. Le temps du boire, moment de paix et de recueillement où, sa tête inclinée vers la terre, l'animal plonge ses babines dans le point d'eau ; moment de convivialité où femelles et mâles, proies et prédateurs se partagent un courant d'eau claire. Boire, geste sacré de l'humain qui assemble ses mains tournées vers le ciel, pour puiser l'eau qu'il porte à sa bouche. De l'argile et des mains naissent la cruche et la coupe. Eau et feu, éléments asservis par l'homme qui creuse des puits et allume des foyers sous l'invocation d'Apollon. Mais boire, c'est aussi le temps de l'ivresse et de ce présent divin de Dionysos aux hommes, le vin. Boire, moment délictueux où l'homme franchissant les bornes de la raison découvre les pouvoirs de l'extase.

LA SOIF

Je ne sais rien qui enflamme autant le désir que la sécheresse du corps qui tient au manque d'eau telle une plante en sol privée des bienfaits de la pluie. La soif exprime une sorte d'état d'addiction naturelle, une dépendance vis-à-vis de l'eau dont la violence n'a d'égale parfois que celle que peut éprouver un toxicomane privé de sa drogue. Il ne s'agit pas ici de la soif de l'alcoolique qui entre dans le cadre des toxicomanies ordinaires et que l'on qualifie souvent de « boit-sans-soif » ; mais d'une situation de danger pour l'organisme qui mobilise les forces du désir pour rétablir l'équilibre hydrominéral appelé encore *balance hydrique.* Celle-ci est une composante majeure de ce que Claude Bernard appelait la *constance du milieu intérieur.* En général, le boire accompagne le manger ; ils font désir commun et, dans notre

Hypothalamus' Restaurant, l'eau est comprise dans le menu. Un rat dont l'hypothalamus latéral a été détruit cesse à la fois de boire et de manger. S'il est alimenté artificiellement pendant un temps suffisant, il récupère un comportement alimentaire. Il boit en mangeant, mais a perdu la capacité de boire spontanément : boire ne répond plus à un désir autonome, mais est devenu la conséquence mécanique de l'acte manducatoire. Il y a donc bien une spécificité de la soif au sein des systèmes désirants qui occupent l'hypothalamus latéral. Ils sont moins bien connus que ceux de la faim. On connaît bien en revanche les mécanismes physiologiques de la soif. Ils permettent de distinguer deux soifs : l'*intra* et l'*extracellulaire.*

On sait que l'eau représente 70 % du poids du corps. Celui-ci, une fois ôtés les os et les membranes, aurait à peu près la consistance d'une pâte à crêpes. Notre organisme perd de l'eau en permanence par la peau, les poumons et les reins. L'eau contenue dans les aliments et dans les boissons compense les pertes. Une hormone fabriquée par les neurones magnocellulaires de l'hypothalamus et libérée dans le sang au niveau de la neurohypophyse règle les sorties d'eau en fermant plus ou moins le robinet urinaire : c'est la *vasopressine* ou *hormone anti-diurétique,* la première hormone connue, sécrétée par le cerveau, c'est un neuropeptide comme sa sœur jumelle, l'*ocytocine.* Un comportement régule les entrées : la boisson. Pisser et boire sont indissociables ; la régulation de l'un affecte celle de l'autre. Il existe une maladie dans laquelle les cellules nerveuses qui sécrètent la vasopressine sont détruites. L'eau n'étant plus retenue au niveau du rein, le sujet urine plus de deux litres d'eau par jour. Cette fuite d'eau ne s'accompagne pas de sucre dans les urines comme dans le cas du diabète sucré d'où son nom de *diabète insipide* facilement diagnosticable en goûtant les urines, seul moyen de dosage dont disposaient les médecins du XVIIe siècle.

L'eau est inégalement répartie entre l'intérieur et l'extérieur des cellules. Les deux compartiments liquidiens extra- et intracellulaire sont séparés par la membrane cellulaire. Lorsque la pression osmotique du milieu extracellulaire s'élève, c'est-à-dire lorsque la concentration en substances dissoutes augmente, soit par addition de solutés (repas salé), soit par perte d'eau (évaporation comme dans un marais salant ou fuite urinaire), l'eau contenue dans les cellules traverse la membrane afin de maintenir la balance entre les deux compartiments ; il en résulte une déshydratation cellulaire. Plus s'élève la pression osmotique du milieu extracellulaire (osmolalité), plus s'aggrave la déshydratation intracellulaire. Celle-ci se signale à nous par une sensation de soif – *soif dite intracellulaire* en référence à son origine osmotique. Lorsque le milieu extracellulaire diminue de volume, à la suite d'une hémorragie par exemple, la pression osmotique, c'est-à-dire la proportion relative d'eau et de substances dissoutes, ne varie pas. La diminution du volume extracellulaire se signale alors par une sensation de soif – la *soif dite extracellulaire.*

Un homme assoiffé sera bien incapable de dire sur la seule analyse de sa sensation si sa soif est intracellulaire ou extracellulaire. Les bouleversements du milieu intérieur et les régulations mises en jeu sont pourtant totalement différents dans l'un et l'autre cas. La soif ne saurait donc se réduire aux seules données sensorielles, mais se rapporte à l'ensemble de l'espace corporel.

L'élévation de la pression osmotique du plasma se manifeste par un comportement de boisson et par la sécrétion d'hormone antidiurétique, la vasopressine qui retient l'eau au niveau du rein.

Pour assortir la réponse comportementale et la réponse hormone, il faut un fédérateur ; ce rôle est assuré par le cerveau. Celui-ci connaît le degré d'hydratation cellulaire grâce à la présence d'*osmorécepteurs* dans l'organisme. Le concept de biorécepteurs à l'intérieur du cerveau est un concept majeur à la neurophysiologie.

Les osmorécepteurs

C'est une de ces histoires de science qui font ressembler la recherche à une aventure. À la fin des années 1930, le système nerveux était réduit à la moelle épinière et aux nerfs où se déroulaient les réflexes, délices des malicieux « chats oxfordiens » Sherrington, Adrian, Dale et les autres. Le cortex cérébral, coupole métaphysique déployait ses facultés. Avec Verney, le corps fit une entrée remarquée dans la noble chapelle où somnolaient nos passions. Le cerveau devint le maître organisateur des fonctions organiques. Celui-ci connaît le degré d'hydratation cellulaire grâce à la présence d'osmorécepteurs dans l'hypothalamus. L'existence de cellules nerveuses sensibles électivement aux variations de l'osmolalité sanguine a été pressentie par Verney dès 1937. Pour la première fois, on avait montré que le cerveau est sensible aux variations de paramètres physiques du milieu intérieur. L'injection, dans la circulation cérébrale d'un chien, de sérum plus salé que le sang entraînait chez l'animal une chute de la diurèse (par la sécrétion d'une hormone antidiurétique et un comportement de boisson). En ligaturant les différentes branches de l'artère carotide, Verney montrait que seule une étroite région du cerveau, située à l'avant de l'hypothalamus, était sensible à l'élévation de l'osmolalité sanguine. Il concluait que se trouvaient dans cette aire des cellules nerveuses capables de « mesurer » la pression osmotique du plasma. Peu de temps après, Ernest et Bertha Scharrer découvraient la *neurosécrétion*, c'est-à-dire la sécrétion d'une hormone par des neurones qui déversaient leur produit dans le sang au niveau d'un organe spécialisé, en l'occurrence la

neurohypophyse. Les découvertes s'accélérèrent pendant les années 1950 avec l'isolement et la synthèse par Duvignaud des deux premières neurohormones connues, l'*hormone antidiurétique* ou *vasopressine* et l'*ocytocine*, deux petites protéines (peptides) formées de neuf aminoacides. Le cerveau acquérait le statut d'une glande que confirmait la découverte par Guillemin des hormones hypothalamiques grâce auxquelles le cerveau gouvernait l'ensemble des activités glandulaires de l'organisme.
L'hormone antidiurétique était connue ainsi que son site de fabrication, les noyaux magnocellulaires (supraoptiques et paraventriculaires) de l'hypothalamus ; il restait à déterminer si les osmorécepteurs à l'origine de la réponse antidiurale se trouvaient dans les cellules neurosécrétrices elles-mêmes ou ailleurs dans l'hypothalamus. À l'encontre de l'hypothèse dominante, Hayward et Vincent démontrèrent que les neurones osmorécepteurs étaient différents des neurones neurosécréteurs et étaient localisés dans la partie antérieure de l'hypothalamus. Des travaux ultérieurs montrèrent que la région osmoréceptrice occupait la lame terminale ou paroi antérieure du IIIe ventricule, partie du cerveau qui met directement en relation la circulation cérébrale et la circulation générale.
Quelques années plus tard, nous démontrions grâce à l'enregistrement de l'activité électrique de neurones de l'hypothalamus latéral chez le singe libre de comportement que certains d'entre eux répondaient sélectivement à l'augmentation de la pression osmotique dans le sang. Inversement, la présence d'eau de boisson dans la bouche de l'animal inhibait l'activité de ces neurones « osmorécepteurs », bien que la pression osmotique du sang n'ait pas eu encore le temps de varier. Il s'agit donc d'un mécanisme anticipateur qui intervient dans la satiété avant même que le déséquilibre qui a entraîné la soif n'ait été corrigé.
De cette petite histoire qui a pu paraître bien obscure et pour le moins exotique à nos visiteurs du cerveau, je tirerai deux leçons. La première est que le cerveau est truffé de récepteurs (osmorécepteurs, glucorécepteurs, thermorécepteurs, hormonorécepteurs, etc.), qui lui permettent d'être en permanence à l'écoute du corps. La seconde est la capacité d'anticipation du cerveau qui lui permet d'ordonner au corps sans être soumis aveuglément à la réalisation de ses ordres. *Vini, vidi, vici* n'est pas une devise usurpée chez le César qui gouverne nos passions.

Le cerveau n'est pas seul, d'ailleurs, à être sensible aux fluctuations de l'osmolalité sanguine. Il existe des osmorécepteurs tout au long du tube digestif, dans la bouche, l'estomac, l'intestin et, surtout, dans les parois de la veine porte qui amène le sang de l'intestin au foie. Tout l'organisme, finalement, est un réseau d'informations concourant à l'unité de l'état central fluctuant.

La soif extracellulaire est un autre exemple de cette unité. Le cerveau déclenche après avoir intégré l'expérience du corps ; comportements, sécrétions hormonales et mécanismes viscéraux s'y trouvent intimement mêlés. Un voyageur qui traverse la lande de Mi-Voie entre Josselin et Ploërmel rencontrera une colonne de granit qui commémore le combat des Trente. Un épisode en est resté célèbre : le capitaine Jean de Beaumanoir, blessé aux membres et à la face, demande à boire tout en continuant de combattre. « Bois ton sang, Beaumanoir, la soif te passera ! », lui réplique un de ses rudes compagnons. Une hémorragie, même interne et inapparente, se manifeste par une soif intense. Celle-ci traduit l'*hypovolémie* – diminution du volume liquidien extracellulaire sans modification de l'osmolalité. Une hormone, l'angiotensine II, libérée dans le sang de Beaumanoir en réponse à l'hémorragie était directement responsable de sa soif.

Résumons les péripéties de ce drame homéostatique. La perte de sang entraîne une diminution du volume liquidien circulant. L'hypovolémie stimule la sécrétion par le rein de *rénine*, enzyme qui transforme une protéine d'origine hépatique, l'*angiotensinogène*, en *angiotensine*. Cette hormone agit sur les vaisseaux sanguins qu'elle fait se contracter adaptant le lit vasculaire au volume réduit du sang en restaurant ainsi la pression artérielle. Elle stimule également la production d'une hormone par la glande corticosurrénale, l'*aldostérone*, qui induit une rétention d'eau et de sel et contribue au rétablissement de la masse sanguine. Mais l'angiotensine sanguine agit aussi sur le cerveau. Elle déclenche la soif et la boisson en stimulant les récepteurs nerveux situés aux confins de l'encéphale[1]. Les réponses comportementales et viscérales concourent donc à la restauration du même équilibre. Le cerveau n'est pas seulement le témoin passif de désordres périphériques. Il reproduit le drame systémique à l'intérieur de sa barrière protectrice. Sous l'influence de l'hypovomélie, le cerveau, informé par des volorécepteurs cardiaques et vasculaires, sécrète sa propre angiotensine. Celle-ci appliquée en des territoires précis de l'encéphale, provoque un comportement de boisson, une hypertension artérielle et la sécrétion de vasopressine. Cette dernière ajoute son action à celle de l'angiotensine sanguine pour restaurer la pression artérielle. La soif, dans cette affaire compliquée, n'est qu'un des éléments multiples et redondants qui agitent l'état central lorsque celui-ci, cessant de fluctuer, menace de sombrer.

Mais qu'en est-il dans les circonstances ordinaires de la vie ? La sensibilité de l'organisme aux variations de la pression osmotique et du volume sanguin lui permet de réagir avant même que l'équilibre soit compromis. Dans les conditions normales, la déshydratation intracellulaire et l'hypovolémie vont de pair et offrent des signaux internes imperceptibles qui s'associent aux signaux externes et aux facteurs temporels pour moduler le désir de boire. « Buvons avant que d'avoir soif », semble dire l'organisme. Mais quel plaisir procure la soif lorsqu'on dispose d'eau pour étancher celle-ci ! Il n'est de passion douloureuse que celle qui ne peut être satisfaite. Mais, à trop la combler, celle-ci risque de s'éteindre. Toute l'économie du plaisir tient à cette contradiction.

UN REPAS BIEN ARROSÉ

Boire et manger vont bien ensemble. Il faut être grec pour boire après manger. Ce n'est pas cependant l'apanage des Grecs. Boire sans manger est au contraire une des conduites les plus répandues chez l'animal et chez l'homme. Boire est la manifestation primaire de l'oralité – téter-boire –, le comportement qui vient à la tête en réponse à une activation de notre état central fluctuant. Lorsqu'on donne à un animal affamé une trop petite quantité de nourriture toutes les une ou deux minutes, celui-ci développe entre chaque distribution un comportement de boisson qui s'amplifie à chaque intervalle. La boisson intervient à l'arrêt des repas comme une réponse à la frustration d'un plaisir interrompu trop tôt. Il s'agit de ce que les éthologistes appellent une *activité de déplacement* ou de ce que Falk a décrit comme un *comportement surajouté*. Le comportement inadapté et sans relation avec la situation régulatrice présente (l'animal a faim, il n'a pas soif) est l'expression de l'état adversif opposant qui se développe à l'interruption brusque d'une situation gratifiante. Selon Robert Dantzer, ces activités de déplacement offriraient un débouché à l'activation centrale permettant à l'individu qui vit un conflit de contrôler son niveau de tension[2]. Boire est le plus commun des comportements surajoutés. Dans certaines situations expérimentales, on peut aboutir chez l'animal à une « polydipsie psychogène », dénomination savante qui désigne chez l'homme l'innombrable cohorte des « boit-sans-soif ».

Les boissons inventées par l'homme augmentent la confusion entre boire et manger. La bière et le vin, par exemple, sont autant aliment que boisson, et leur valeur énergétique n'est pas étrangère à certains engraissements ; bedaines bavaroises et doubles mentons bourguignons en témoignent. Ce qui a été dit du goût et de l'odorat à propos de la faim s'applique à la soif. La palatabilité d'une boisson dépend de ses qualités et de sa signification pour l'organisme au moment de sa présentation. La bouche joue pour les fluides les mêmes rôles de comptable et de proviseur que pour les matières énergétiques, anticipant à la fois des besoins futurs et leur satisfaction. Nous avons vu pour le manger et le boire quelle comptabilité précise tenait le cerveau des besoins du corps en ressources énergétiques et en eau. Mais cette *sagesse du corps* a un auxiliaire précieux, le plaisir, qui parfois la trahit à son seul profit. Et voici que le plaisir sain de manger devient gourmandise (un péché !) et gloutonnerie (une addiction), le plaisir de boire, une extase (l'ivresse) et, répétée, l'ivrognerie (une addiction). Misérables humains, mes frères, ne peut-on se plonger dans le plaisir sans risquer de s'y perdre et d'y succomber ?

Allons, n'ayez pas peur visiteur de me suivre maintenant au cellier, car pour peu qu'on sache en user, l'ivresse peut être douce. Savoir refuser le verre de trop est une vertu qui s'apprend. Plutôt que de fuir les plaisirs, apprenez donc à en user avec modération. Veuillez baisser la tête, la porte est un peu basse.

LE VIN

> « Le vin, bien que la sainte loi l'insulte, est délicieux ;
> Versé par une jolie, il est tout à fait délicieux
> Même amer, même interdit, je l'aime beaucoup ;
> Puis, c'est une vieille loi, ce qui est interdit est délicieux. »
>
> Omar KHAYAM, *Rubayat*, trad. Armand Robin.

Sur les sentiers du plaisir poussent les plus belles roses. Ce sont celles qui ont les épines les plus dangereuses. Mais il suffit de faire attention en les cueillant. Je parlerai plus tard de l'alcoolisme, un fléau qui détruit plus sûrement le cerveau que les termites le font d'un bois vigoureux. Auparavant, abordons sans crainte notre dégustation. Je vais verser dans nos verres une quantité de vin qui correspond à un peu moins du tiers de leur contenance. On a démontré que le récipient utilisé pour percevoir l'odeur pouvait avoir une influence très importante sur la qualité de celle-ci. Le verre de type cristallin comporte un gobelet en forme d'œuf allongé porté par une jambe reposant sur un pied. Il est impératif de tenir le verre par ce dernier ce qui va nous permettre de jouer avec la lumière et de faire tourner le liquide contre la paroi, favorisant ainsi l'oxygénation nécessaire à la révélation des arômes. L'examen du vin se déroule selon un processus où interviennent successivement ou simultanément différentes modalités sensorielles. Ce processus correspond à quatre périodes successives : examen à l'œil, examen au nez, examen à la bouche et enfin perception des sensations postopératoires.

L'*examen visuel* permet de juger les qualités de fluidité et de viscosité (le gras), de la couleur, de la limpidité et s'il y a lieu de l'effervescence.

L'*examen de l'odeur* se fait par le nez en flairant le vin par une série de petites aspirations qui provoquent une turbulence dans les narines. N'hésitez pas à répéter l'examen et à le prolonger de façon qu'une fatigue sensorielle se produise vis-à-vis des caractères les plus intenses conduisant ainsi à percevoir ensuite les nuances les plus fines.

L'*examen de la bouche* se fait sur une prise de 20 millilitres environ. Puis, par une légère aspiration, il provoque un barbotage d'air dans le liquide, afin de favoriser d'une part sa dispersion sur toutes les muqueuses de la bouche, d'autre part l'émission de vapeurs odorantes qui, passant dans les fosses nasales seront perçues par l'odorat. Le temps normal de cet examen est de l'ordre de 10 à 15 secondes. Si cette durée est insuffisante dans certains cas pour percevoir ou confirmer certains caractères subtils à peine devinés ou soupçonnés, il paraît préférable de renouveler la prise après une dizaine de secondes de repos plutôt que de prolonger le premier examen. Le dégustateur professionnel crache généralement entre chaque prise. Je ne partage pas ce point de vue qui ressemble trop à un *coïtus interruptus*. Comme dans l'acte sexuel, on doit rechercher la totalité des sensations et si l'acte est interrompu, comment peut-on juger de l'après ? Les sensations perçues dans la bouche sont très complexes et, s'il est aisé d'en analyser certaines, d'autres sont très difficiles à apprécier avec la précision souhaitable : les arômes relèvent des principes exposés à propos des odeurs. Les saveurs, considérées isolément, peuvent faire l'objet d'un apprentissage assez facile à partir de solutions témoins. Il peut en être de même pour la plupart des sensations chimiques communes (astringence, pseudo-thermie, etc.).

Après avoir avalé, le dégustateur doit apprécier les *sensations d'après coup* : persistance en général, éventuellement arrière-goût, fin de bouche forment souvent, surtout pour les vins de qualité élevée, un ensemble complexe dans lequel participent toutes les modalités sensorielles déjà concernées dans le stade précédent de l'analyse. La persistance aromatique, après sa période intense, continue en général à se manifester, mais plus faiblement, quelquefois pendant des dizaines de secondes. Il peut se révéler également de nouvelles sensations olfactives qualifiées d'arrière-goût, qui résultent vraisemblablement d'une réaction à terme entre certains composants du vin et la salive. Il paraît en être ainsi pour le caractère dit « de souris » qui, quand il est faible, ne se manifeste pas quelques secondes après l'expulsion du vin de la bouche.

Entre les différents groupes de caractères, il existe et il est recherché des relations d'intensité et de qualité qui constituent ce qui est qualifié d'harmonie. En dehors des notions de supériorité ou d'infériorité qualitative, des caractères d'une part, des notions d'équilibre d'autre part, il se présente les rapports qualitatifs et quantitatifs entre les différents caractères examinés simultanément et successivement.

Cet équilibre est, dans la dégustation, la notion la plus difficile à préciser car elle est, sauf cas extrêmes, purement subjective et peut être rapportée entièrement à l'affectivité si le dégustateur n'y prend garde.

Quand nous parlons des odeurs et plus largement de tout ce qui touche au sensoriel, nous échangeons du *vécu esthétique*, non des informations sur des caractères physiques précis. Nous sommes confrontés à une nature non figurable.

De là vient, cher visiteur du cerveau, la difficulté que vous éprouvez à nommer les odeurs. En présence de ce vin que je vous offre, je dirai à la première fragrance : des fruits noirs qui s'estompent peu à peu sous une cascade d'odeurs plus charnelles de vieux cuir et de tabac blond où se mêlent des épices, poivre et cannelle, et enfin, la truffe dans une note élégante et discrète. Considérez comme sont assorties les odeurs de fruits noirs et la robe pourpre aux reflets d'un bleu sombre comme celle d'un juge aux enfers. Surtout, ne crachez pas ! Encore une gorgée : par une légère aspiration, vous provoquez un barbotage d'air dans le liquide et inondez vos muqueuses buccales, provoquant un retour des vapeurs odorantes qui envahissent à nouveau vos fosses nasales. N'ayez pas honte ; vous ressemblez à un groupe de canards qui nagent sur un étang, avec leurs étranges mouvements de déglutition. Appréciez la richesse en bouche ; un gras qui évoque une crème d'une fluidité et d'une légèreté presque paradoxales, avec le retour du bouquet où triomphe maintenant une note charnelle. Vous venez de déguster un château-pétrus 1989.

Comme nous l'avons vu, on dispose pour les autres sens de dizaines de mots spécifiques, mais pour les odeurs et particulièrement celles du vin, il n'en existe pas.

On parle de facettes ou de notes. Pour le vin, on parle de note boisée, animale, épicée, végétale. Ou bien on désigne l'odeur par une de ses sources. Ainsi, l'odeur de banane, caractéristique du beaujolais nouveau qui, malgré l'étrangeté des liquides qu'on nous sert souvent sous ce vocable, n'a jamais contenu la moindre trace de jus de banane, mais plus banalement de l'acétate d'iso-amyle. Il reste bien sûr aux plus savants d'entre nous à désigner les odeurs par les corps purs qui y contribuent : acides, alcools, esters, aldéhydes et *tutti quanti*. Ce qui est impossible en pratique, car, par exemple, toujours pour la fameuse banane, une quarantaine de molécules partagent son odeur. Je ne parle pas de ce que recouvrent les arômes de fruits frais, de fruits rouges, les odeurs animales, le musc, la civette, le cuir, le gibier ou le chien mouillé.

Sans revenir sur les structures olfactives liées à l'olfaction, je dirai que le caractère déterminant de l'olfaction porte sur sa consommabilité hédonique. On revient encore sur des contraintes neurologiques : les aires corticales de l'olfaction qui appartiennent aux structures anciennes du cerveau ne sont pas connectées aux aires néocorticales responsables du langage et de la sémantisation des perceptions. Avec les odeurs, on reste du côté du ressentir et comme englué dans l'affect. La seule façon de catégoriser les odeurs, c'est *in fine* de dire si elles sont bonnes ou mauvaises.

Avant de quitter le cellier, je voudrais rendre un hommage aux faiseurs de vin, ces créateurs qui sont des créatures du terroir qu'ils cultivent. Je vous livre le récit d'une belle vigneronne de Saint-Émilion qui raconte la naissance du troplong-mondot 1990.

Troplong-mondot 1990

Ce fut le produit d'un climat idéal – hiver très doux, printemps chaud et ensoleillé, été caniculaire et sec – et d'une volonté sauvage de réussir un chef-d'œuvre : taille sévère, effeuillage poussé à son maximum, rendement minimal. Écoutons parler la vigneronne qui, dix-huit ans plus tard, est encore possédée de sa passion de démiurge : « Le résultat d'un vin "monstrueux" en quelques chiffres : 14,5° de degré alcoolique, acidité de 3 et indice des tannins 80. Chiffres peu parlants : impossible de traduire un vin d'anthologie. En revanche, il est possible d'écrire que l'air au moment des vendanges était lourd de ce raisin, que les odeurs de fermentation si riches tournaient la tête de tous et que chacun au pied de la cuve devinait l'extraordinaire troplong-mondot 1990, extraordinaire ou excessif ? Charnu, velouté, soyeux, moelleux, suave, voluptueux ; arômes trop riches, trop épicés, trop changeants, trop complexes. Ce vin ne peut que s'accompagner d'une nourriture forte, aux parfums de terre, aux parfums de gibier, aux parfums de truffe, lourds, sensuels, entêtants. Mais l'excès n'appelle finalement que le silence : l'amateur, le connaisseur, le passionné et même le loquace professeur ouvrent cette bouteille et se taisent : pas de mot pour ce qui s'impose. Une grande bouteille se reconnaît avant la science, avant la connaissance, c'est l'évidence des sens. Mais le vigneron rêve chaque nuit, se lève chaque matin en espérant faire un nouveau 90 ».

Christine Valette

Mystères de Saint-Émilion : une terre rayée de vignes, des cailloux, de l'argile, parfois un peu de sable, de la pierre qui affleure, des silices anciennes, du graveleux et du ferrugineux et puis l'alios caché, des terrasses entrecoupées et croupes de côtes percées : *un terroir.* Malgré toute leur science, les chimistes et les microbiologistes n'ont pas totalement compris comment se fait le passage du mariage secret de la terre et du ciel à l'enfant glorieux qui tel Icare vient achever son vol dans notre cerveau : des neurones et des synapses, le cortex préfrontal sus-orbitaire, bien sûr ! C'est peut-être cela, l'esprit du vin !

Charles contre Anthelme

Je dois à la vérité de dire que la voluptueuse faconde de Brillat-Savarin ne suscita pas dans son siècle alcoolique une admiration partagée par tous. Au premier rang de ses détracteurs, Baudelaire qui reproche à notre gastrosophe son mépris pour la boisson. Il n'en parle qu'en traitant de la soif, sujet sur lequel sa manière pédante ne se pare pas de son amabilité habituelle. Quant au vin, il l'ignore totalement. Le poète n'y va pas par quatre chemins : « Un homme très célèbre, qui était en même temps un grand sot, choses qui vont très bien ensemble, à ce qu'il paraît, ainsi que j'aurai plus d'une fois sans doute le douloureux plaisir de le démontrer, a osé, dans un livre sur la table, composé au double point de vue de l'hygiène et du plaisir, écrire ce qui suit à l'article Vin : Le Patriarche Noé passe pour être l'inventeur du vin ; c'est une liqueur qui se fait avec le fruit de la vigne. » C'est un peu court en effet.

Pour défendre Brillat, je plaiderai l'hypocrisie qui est la forme habituelle des magistrats, corporation vertueuse à laquelle appartenait notre auteur. La fréquentation des prétoires avec les turpitudes d'origine alcoolique qui s'y étalent ne prête guère à l'indulgence. Les juges n'en ont en général que pour eux-mêmes. Je crois pouvoir affirmer que Brillat-Savarin n'était pas un buveur d'eau, même s'il croit bon dans ses aphorismes d'affirmer que « ceux qui s'indigèrent ou qui s'enivrent ne savent ni boire ni manger ».

Il sera temps plus loin de stigmatiser l'ivrognerie. Allons donc faire un tour du côté des « paradis artificiels » pendant que le loup n'y est pas.

« Entends-tu s'agiter en moi et résonner les puissants refrains des temps anciens, les chants de l'amour et de la gloire ? Je suis l'âme de la patrie, je suis moitié galant, moitié militaire. Je suis l'espoir des dimanches. *Le travail fait les jours prospères*, le vin fait les dimanches heureux. Les coudes sur la table de famille et les manches retroussées, tu me glorifieras fièrement, et tu seras vraiment content.

« J'allumerai les yeux de ta vieille femme, la vieille compagne de tes chagrins journaliers et de tes plus vieilles espérances. J'attendrirai son regard et je mettrai au fond de sa prunelle l'éclair de sa jeunesse. Et ton cher petit, tout pâlot, ce pauvre petit ânon attelé à la même fatigue que le limonier, je lui rendrai les belles couleurs de son berceau, et je serai pour ce nouvel athlète de la vie l'huile qui raffermissait les muscles des anciens lutteurs.

« Je tomberai au fond de ta poitrine comme une ambroisie végétale. Je serai le grain qui fertilise le sillon douloureusement creusé. Notre intime réunion créera la poésie. À nous deux nous ferons un Dieu, et nous voltigerons vers l'infini, comme les oiseaux, les papillons, les fils de la Vierge, les parfums et toutes les choses ailées. » (*Les Paradis artificiels*).

Voilà ce que chante le vin dans son langage mystérieux. Malheur à celui dont le cœur égoïste et fermé aux douleurs de ses frères n'a jamais entendu cette chanson !

Le verbe boire a deux sens : l'un désigne le comportement de boisson, l'autre la consommation excessive d'alcool. On dit généralement d'un individu qu'« il boit » pour signifier qu'il est un « buveur excessif ». Est-il le même, celui qui boit à la santé de ses amis ou celui qui ruine sa santé en buvant ? Pour le savoir, je vous invite à une tournée des bars. Ne vous réjouissez pas trop, certains n'en reviennent jamais.

CHAPITRE 8

Mourir de soif

NEW YORK PARADISE

« Lasciate ogne speranza, voi ch'intrade. »

DANTE, *Inferno,* canto III.

« Vous qui entrez, laissez toute espérance. » Je vis un soir cette inscription sur la porte d'un bar dans un quartier pourri de New York. Était-ce un trait d'humour noir ou une revendication identitaire du patron du Dante's qui me dit s'appeler Virgilio lorsque je l'interrogeai ? Autour du comptoir, quelques poivrots silencieux et une vieille femme attablée à côté du juke-box m'offraient leur compagnie pour une descente aux enfers. Oh ! une petite descente : il n'est pas de voyage qui n'ait la sienne. Les guides n'en font pas mention. Ils ne parlent jamais de ces touristes hallucinés de sexe et de mauvais breuvages, traînards de bars où la bière à goût de vomissure, amateurs d'exotisme aux couleurs criardes gâché par les jonchées d'épaves saoules, vieilles barcasses humaines échouées sur les trottoirs des villes.

Deux bourbons, un œuf dur, un bout de conversation avec Virgilio, et je ressortais une heure plus tard sous le regard terrible de la femme pour me retrouver dans la forêt obscure de Manhattan-Sud, sur la Première Avenue. « La nuit tombait, pleine de vibrations. Cette terrible vieille femme qu'il avait vue postant une lettre, était-ce bien celle qui se tenait auprès de lui, tout au fond d'une mine ? Il retourna dans le bar où il choisit une place et, là, on lui apporta son whisky. Mais il se sentait observé, même ici. Plus tard, il se leva, verre en main, et gagna le recoin le plus obscur du bar où il se tint recroquevillé comme un embryon, soustrait aux yeux de tous[1]. » Ce n'était pas du hasard, et je n'étais pas ivre quand je vis la masse monstrueuse du Bellevue Hospital, où m'attendait le fantôme de Malcolm Lowry, saoul pour l'éternité. Une barge noire, tous feux de position allumés remontait silencieusement East River.

Ce que je vais vous montrer visiteur, c'est la région la plus profonde de notre cerveau, profonde comme la tombe où repose mon père, profonde comme la matrice qui m'a enfanté. C'est à une visite privée que chacun est convié : l'enfer de l'alcool n'appelle guère la compagnie. L'alcool n'est pas un remède contre la solitude, il est la solitude même. Lowry a écrit *Lunar caustic* à la suite de son internement volontaire à Bellevue Hospital, alors que dans un taudis newyorkais, sans voir personne, il s'occupait à boire et à écrire. Sa tentative de désintoxication n'est pas un échec, celui-ci était programmé, comme la mort. Après avoir jeté la bouteille de whisky qui lui avait été restituée à sa sortie par le concierge, puisque c'était son bien, avec ce commentaire : « Vous n'allez plus en avoir besoin, vieux pote », il la repêcha dans la poubelle et la but dans l'exaltation d'un feu qui courait en lui. Il la finit dans un bar à matelots : « Ennobli, il se rendit aux toilettes où il finit sa bouteille. Il chercha tout autour de lui un endroit où la déposer et son regard rencontra un croquis obscène, à la craie, représentant une fille, sur le mur. Pris d'une rage inexplicable, il lança la bouteille contre le dessin et, tout de suite après, il s'écarta afin d'éviter les débris de verre. Il lui parut qu'il venait de jeter cette bouteille à la tête de toutes les indécences, les cruautés, les hideurs, le fumier, l'injustice de cette terre. » Le retour à l'état embryonnaire achève le cycle. Il est sans fin comme le désir.

New York est un microcosme, un monde en réduction qui est aussi un Grand Hôpital où les anges viennent pour mourir. Dans aucune autre ville, on ne trouve autant de bars sur son chemin. Ceux-ci ne sont pas les lieux de perdition que décrivent la littérature bien-pensante et les romans policiers. Les bars sont des nurseries, des crèches, des lieux de régression où règnent une oralité d'avant le moi/je, un sexe autorisé d'avant l'autre. Et puis, il y a l'alcool, l'objet du désir caché. Il se mesure en degrés (nombre de cm^3 d'éthanol par 100 cm^3 de liquide) et se dissimule sous des atours qui sont autant de leurres où l'âme vient se perdre : cape de fourrure de la gorgée de bière, robe de velours du verre de vin, manteau de vieux cuir du whisky, dont ne reste après qu'ils sont tombés (lamentable striptease) que la chair palpitante et nue qui prend possession du corps de la victime.

New York est aussi la ville des rats ; ceux des égouts et des taudis, ceux des fantasmes de l'alcoolique qui délire et ceux des laboratoires où les élèvent des hommes en blouse blanche.

Les rats n'aiment pas l'alcool ; ils l'ont en *aversion*. Un rat assoiffé refuse l'eau qu'on lui propose si celle-ci a été additionnée d'alcool. L'expérimentateur peut faire tomber la réticence du rat en masquant le goût désagréable de l'alcool par un édulcorant dont celui-ci raffole. En répétant plusieurs jours de suite les prises de boisson alcoolisée déguisées, le rat *s'accoutume* à l'alcool à son insu : il accepte alors de boire l'eau alcoolisée démasquée. Non seulement il *tolère* des quantités croissantes, mais il en redemande et préfère la solution alcoolique dans les épreuves de choix. Un cathéter introduit dans son péritoine et relié par un levier à une solution alcoolisée lui permet de s'auto-administrer de façon compulsive de l'alcool dans son corps. Notre rat *abstinent primaire* est devenu *alcoolo-dépendant*. Il n'y aurait donc pas de différence entre un rat devenu alcoolique par la malice de quelques chercheurs et le misérable qui titube à la sortie d'un bar. Oh que si ! Le « rat ivrogne » est un animal dénaturé, l'homme est un malade. La *maladie alcoolique* est une atteinte parfois mortelle, toujours térébrante de l'âme qui appartient de façon consubstantielle à la nature humaine. Vous allez me demander, une fois encore, mais qu'appelles-tu l'âme ? Je ne sais toujours pas ce qu'elle est, mais je l'ai entendue. C'est la voix de la chair qui parfois se change en un cri : « Délivre-moi de la souffrance, clame cette voix, et permets-moi d'atteindre le plaisir en étanchant ma soif. »

LA MALADIE ALCOOLIQUE

L'alcool a sa façade dorée, ses bâtiments classés où anthropologues, historiens, sociologues et artistes se font un plaisir de vous décrire les différentes manières de boire – boire du vin n'en est qu'une parmi des dizaines – et leur utilité sociale (rites d'initiation, banquets, appartenance au groupe). L'ivresse alcoolique est une expérience qui fait de l'ivrogne un poète et du soulographe un génie. Baudelaire écrit que « si le vin disparaissait de la production humaine, je crois qu'il se ferait dans la santé et dans l'intellect, un vide, une absence, une déflexion beaucoup plus affreux que tous les excès dont on rend le vin responsable ». L'autre côté du miroir est moins reluisant avec la consommation aiguë associée à la violence conjugale, aux rixes, aux accidents de la route, aux suicides et la consommation chronique qui détruit les organes et laisse la chair désaffectée errer dans le champ de ruines du cerveau.

Pour expliquer les lésions, deux métabolites de l'alcool l'*acétaldéhyde* et les *radicaux libres* sont sur le banc des accusés. L'acétaldéhyde est une molécule active qui se lie à de nombreuses autres molécules, notamment des protéines et particulièrement celles du foie. Les radicaux libres sont des éléments chimiques caractérisés par la présence d'un électron non apparié (célibataire) sur la couche électronique périphérique. Ils se fixent sur les protéines, les lipides et les acides nucléiques voisins et sont de ce fait très toxiques. Leur toxicité est atténuée[2] par la présence de substances tampons, des « éboueurs », c'est-à-dire des antioxydants (glutathion, superoxydodismutase). Lorsque ces derniers sont débordés par les radicaux libres, on parle de *stress oxydatif*. Un tel vocabulaire devrait décourager le buveur ; ce n'est pas le cas.

Il serait abusif de qualifier *Homo sapiens* d'*alcoolicus*, mais il ne fait guère de doute que la fabrication de boissons alcoolisées par la fermentation du sucre compte parmi les premières biotechnologies inventées par l'homme. Les enquêtes épidémiologiques rapportent que 65 % des hommes et 30 % des femmes adultes consomment plus ou moins régulièrement de l'alcool. Ces pourcentages varient selon toutes sortes de critères de population (âge, profession, habitat, conditions sociales, coutumes, climat, etc.), que nous devrons oublier pour visiter sans préjugés le « cerveau alcoolique ». La légende du bon alcool (en général celui que l'on consomme) est également à laisser de côté lorsqu'il s'agit d'abus et d'intoxication. Cette dernière peut être chronique, on parle alors de maladie alcoolique, ou aiguë lorsque l'ivresse dépasse les bornes de la poésie et de la convivialité.

La consommation excessive d'alcool s'accompagne plus ou moins rapidement de dépendance et fait du buveur un esclave[3] (*addictus*) et de l'alcool un maître sans pitié. La distinction entre dépendance psychique et physique ne me paraît pas pertinente. Cette maladie de l'être ne fait pas la différence entre la chair et l'esprit. À moins de considérer comme dépendance physique les troubles observés dans le *syndrome de sevrage*, c'est-à-dire à la suite de l'arrêt de l'alcoolisation chez un sujet alcoolodépendant ; le *delirium tremens* en est la manifestation la plus connue.

La description clinique de la maladie alcoolique n'a pas sa place dans un guide du cerveau qui se veut touristique. Cher voyageur, nous étions joyeux, dormant du sommeil du juste après avoir mangé les mets les plus exquis et goûté les vins les plus rares, notre aube était marquée de rêves parfumés, prêts à nous élancer sur les chemins de l'amour et de la connaissance et voici que nous côtoyons les abîmes avec « Mourir de plaisir » en guise de devise.

Freud dit qu'« avec un peu d'esprit et beaucoup de plaisir, l'alcool fait de l'adulte un véritable enfant qui prend plaisir à se laisser aller au fil de ses pensées sans souci des contraintes de la logique[4] ». Tout est faux, tout est pseudo chez l'alcoolique (pseudo-œdipe, pseudo-homosexualité, pseudo-narcissisme). L'alcool ne lève pas seulement les inhibitions, il annihile les sublimations. Échec de l'amour, Éros prisonnier de sa jalousie, prêt à tuer ce qu'il aime. Le moi se meurt, le moi est mort, vive le roi Ubu. D'autres parleront d'« un clivage de l'organisation psychique avec rejet d'une partie du moi n'ayant pas

Le portrait d'un alcoolique

M. G. vient à ma consultation sur l'injonction de sa femme qui s'inquiète, dit-il, de l'entendre tousser le matin. Il affirme se porter comme un charme et s'excuse presque d'être là. Il est âgé de 57 ans et exerce la profession de VRP. Il est d'un abord familier et m'expose tout au long de l'examen une philosophie de la vie qu'il qualifie d'épicurienne. C'est un sportif, il va à la chasse, aime sa femme, ses deux enfants et son chien, un setter anglais qui le lui rend bien. Sa démarche un peu hésitante contredit l'assurance de son maintien et la flèche oscillante de la balance témoigne de ses difficultés à se tenir en équilibre. C'est indéniablement un bel homme, malgré une infiltration des joues, des petits vaisseaux sanguins éclatés sur les ailes du nez et des parotides gonflées. Sur ses mains et ses avant-bras des plaies cicatrisées et des bleus témoignent de sa maladresse. Un tremblement des extrémités est surprenant chez un homme aussi sûr de lui. À l'examen, on note une poitrine de type féminin (gunécomastie) sur un corps plutôt maigre et pâle qui le fait ressembler à un vieux travesti. L'absence de réflexes au niveau des tendons d'Achille signe l'existence d'une atteinte des nerfs périphériques.
À l'interrogatoire, la mauvaise foi de M. G. éclate : il boit « comme tout le monde, un verre ou deux ». Sur mon insistance, pour connaître le niveau de sa consommation, il répond avec l'embarras d'un enfant surpris le doigt dans un pot de confiture. Oui, « peut-être un petit excès de temps à autre, mais jamais seul ; il se laisse parfois entraîner ». Entrant dans son jeu, j'admets que, s'il n'est pas alcoolique, son état manifeste toutefois une certaine fragilité qui n'est certes pas de sa faute, mais qu'il est impératif de réduire sa consommation d'alcool, si faible fût-elle, afin d'éviter de graves ennuis de santé. Sur ces bonnes paroles, il me quitte chaleureusement en me gratifiant d'un sourire dont je ne saurais dire s'il est ironique ou triomphant. Il me promet de revenir. Les examens sanguins (γ-lutamyltranspeptidase, gamma GT très élevé et volume globulaire moyen supérieur à la normale) confirment, s'il en était besoin, le diagnostic de maladie alcoolique.
Les visites espacées dans les deux années qui suivent ne peuvent que permettre de constater l'aggravation des troubles hépatiques et des lésions du système nerveux central (atteinte du cervelet) et périphérique (polynévrite des membres inférieurs). Un sevrage brutal à l'occasion d'une intervention chirurgicale bénigne, suivi d'un delirium tremens associé à un syndrome malin, assure quelques mois plus tard le triomphe de la mort pour laquelle il avait œuvré sans relâche.

droit à la parole et dont l'autre partie pressent qu'elle ne peut parler que de mort[5] ». Impuissance à conjuguer le moi idéal et l'idéal du moi, l'intempérance et l'abstinence, qui conduit à l'angoisse et à la peur de la mort lente avant de donner le signal de l'hallali...

INTEMPÉRANCE ET INTEMPÉRIES

> « Les ivrognes savent que l'éternité n'a qu'un temps. Dans le flot obscurci des humeurs du cerveau flotte le verre de trop. »
>
> É. TROCHU, *op. cit.*

On signale un gros temps sur le cerveau lié à l'arrêt brutal de la prise alcoolique. L'état central ne fluctue plus, il déborde : convulsions, confusion mentale allant jusqu'à la perte du sens du temps et de l'espace, tremblements, hallucinations visuelles à base d'animaux inquiétants, bruits, prurit, crises convulsives, toute cette luxuriance de troubles sur fond d'orage végétatif avec une fièvre explosive et une débauche d'activité sympathique (rythme cardiaque, pression artérielle) qui crèvent les plafonds. Spectaculaire, mais rarement mortelle, malgré la tourmente dans laquelle est entraîné le malade, la crise laisse place à une étrange accalmie où l'intempérance retrouve sa place, tandis que des lésions plus sournoises s'installent dans des régions stratégiques du cerveau qu'elles s'emploient à détruire, comme le cervelet et le cortex préfrontal. On explique classiquement le syndrome de sevrage par les modifications membranaires au niveau des synapses liées à la présence de l'alcool, solvant des graisses qui fluidifie l'environnement des récepteurs avant de le rigidifier et d'accroître leur affinité pour les neuromédiateurs. Cette hypothèse est remplacée actuellement par celle d'une action directe de l'alcool sur les récepteurs. Tant que l'alcoolisation persiste, des mécanismes adaptatifs compensent les dysfonctionnements synaptiques. La brusque disparition de l'alcool lors du sevrage entraîne une libération des processus qui n'ont plus à contrebalancer les effets du toxique donnant ainsi lieu au déchaînement d'une véritable tempête synaptique.

L'*intempérance,* qui se traduit sur le long terme par l'installation progressive d'une tolérance accrue à l'alcool conduisant à la dépendance, guide dans ses débuts la carrière d'un alcoolique. Le mal-être de celui-ci ne peut se résoudre en un jeu de neuromédiateurs quand bien même ces derniers sont les agents agités des fluctuations excessives de l'état central. L'intempérance ne fait qu'exprimer les tourments d'une psyché blessée. Les trois dimensions de cet ECF sont touchées et interagissent dans leurs dysfonctionnements.

La *dimension extracorporelle* de l'ECF du sujet alcoolique a inspiré une multitude de travaux dans différentes disciplines. Toutes s'accordent pour reconnaître qu'on ne peut comprendre ce type humain sans tenir compte de son milieu dans toute sa complexité. P. Fouquet[6] a parlé à son propos d'un écosystème : « l'homme-alcool ». L'environnement enferme l'individu dans un ensemble de contraintes qui conditionnent sa relation avec l'alcool et où se mélangent des facteurs personnels et des éléments sociaux et civilisationnels. Leur diversité est telle qu'on peut considérer que chaque alcoolique est un cas particulier dont la singularité attire paradoxalement l'accumulation de généralités et d'idées reçues. P. Fouquet recense cinq paramètres principaux : 1) les facteurs ethniques dans lesquels la génétique de la population est à mettre en balance avec l'éducationnel – on cite toujours l'exemple des Japonais trop connu pour qu'on s'y attarde ; 2) l'état conjugal et familial – les déboires conjugaux seraient solubles dans l'alcool ; 3) le statut financier ; 4) le niveau professionnel ; 5) la position sociale. Il est évident que cette situation environnementale influe non seulement sur la dimension corporelle, mais également sur la prise en charge thérapeutique, elle aussi totalement conditionnée par le milieu du patient[7].

La *dimension corporelle* de l'ECF nous ramène au cerveau où se joue le drame de l'alcoolisme : tolérance puis dépendance. Je laisserai de côté l'empoisonnement progressif du reste du corps. Sa contribution à la catastrophe finale n'est pas moins spectaculaire que celle du cerveau, mais ne fait pas partie de notre programme.

Deux monoamines, la *dopamine* et la *sérotonine*, mènent la danse dans laquelle va se laisser emporter l'alcoolique débutant – nous les avons déjà rencontrées lors de la description du climat. D'une façon générale, elles modulent la fonction des neurotransmetteurs excitateurs (glutamate) et inhibiteur (GABA) impliqués dans le traitement de l'information au niveau cortical et sous-cortical. Leurs neurones sont rassemblés dans le tronc cérébral : *aire ventro-tegmentale* (AVT) pour la dopamine, *noyaux du raphé* pour la sérotonine. Leurs voies de projection descendantes se terminent de façon relativement dispersée dans les aires corticales pour la sérotonine et dans un noyau sous-cortical le *nucleus accumbens* pour la dopamine.

L'alcool provoque une libération de dopamine dans le noyau accumbens. Elle agit directement au niveau des corps cellulaires dans l'AVT et indirectement par ses effets sur les récepteurs à la morphine et au GABA ou enfin par une activation liée à une inhibition d'un neurone inhibiteur noradrénergique. La libération accrue de dopamine dans l'acccumbens engendre la sensation de plaisir en activant une série de réseaux de neurones qui mettent en jeu les manifestations somatosensorielles perçues en retour par le cerveau, notamment par ses aires du cortex. L'action de la sérotonine est plus complexe et beaucoup moins circonscrite que celle de la dopamine. Si cette dernière est associée à l'état de plaisir, la sérotonine intervient en tant que régulateur dans le fonctionnement de circuits impliqués dans la cognition et l'action, ainsi que dans la perception sensorielle. Autrement dit, par ses projections diffuses sur les aires corticales, la sérotonine orchestre les relations entre l'état affectif du sujet et ses actes. Un déficit en sérotonine cérébrale reflété par la diminution de la concentration de son métabolite dans le liquide céphalo-rachidien joue un rôle majeur dans l'établissement de la dépendance chez le consommateur d'alcool.

À côté de son rôle de donneur de plaisir qui utilise le système dopaminergique méso-limbique reliant l'AVT et l'accumbens, l'alcool est bien connu pour son action de consolateur et de remède contre le stress et l'anxiété qui s'exercent dans un circuit centré sur l'*amygdale cérébrale*. L'alcool met en jeu dans les neurones du noyau central une cascade d'effets intracellulaires qui aboutissent à une libération d'un peptide, le NPY, qui va à la fois désamorcer l'anxiété du consommateur et rendre celui-ci dépendant, l'arrêt de la consommation s'accompagnant d'un rebond de mal-être donc d'un retour à l'alcool.

Lorsqu'on cherche un dénominateur commun à ces actions de l'alcool, on trouve la synapse avec son versant présynaptique où se fait la libération du neurotransmetteur et son versant postsynaptique où sont ses récepteurs. Certains auteurs, Y. Liu et W. Hunt[8] ont évoqué le concept de « synapse ivre » ou encore celui de « synapse pompette » (*tipsy*[9]). Je préfère citer « Le bateau ivre » à me lancer dans l'inventaire des effets de l'alcool sur une synapse : « Comme je descendais des fleuves impassibles / Je ne me sentis plus guidé par les haleurs / Des Peaux-Rouges criards les avaient pris pour cibles / Les ayant cloués nus aux poteaux de couleurs. »

Au niveau postsynaptique, l'alcool se fixe directement sur les récepteurs au GABA au niveau d'une « poche de liaison » avec une affinité très faible ; il faut donc une forte dose d'alcool pour obtenir une action à la différence d'autres drogues comme la morphine ou la cocaïne. L'alcool potentialise la réponse (inhibitrice) des récepteurs GABA. Sa consommation chronique induit des phénomènes d'adaptation visant à contrebalancer la potentialisation par une *down regulation*, autrement dit une diminution des récepteurs. Le phénomène est de sens inverse pour la synapse glutamatergique (excitation) qui est inhibée par l'alcool et dont les effets sont contrebalancés par une *up regulation* des récepteurs. Ceux-ci se déchaînent lorsque l'inhibition glutamatergique aura disparu après arrêt de la consommation d'alcool, contribuant à l'effervescence neurovégétative du syndrome de sevrage.

Si studieux et patient visiteur, tu n'es pas encore parti, excédé par mes ennuyeuses dissertations neurosynaptiques, boire un coup pour te calmer, il nous reste à considérer la dimension temporelle de l'ECF alcoolique. La carrière d'un alcoolique est une histoire singulière qui s'étale dans le temps, émaillée de rencontres, d'incidents, d'accidents dans lesquels la prédisposition génétique aura son mot à dire. Il n'y a pas un gène de l'alcoolisme qui sonne comme une fatalité, mais, comme le plus souvent, des gènes de susceptibilité. Je ne citerai qu'un exemple, car il associe alcoolisme et violence, deux compagnons souvent inséparables. Un polymorphisme de gène qui code pour le transporteur de la sérotonine situé sur le chromosome 17 a été observé. Une faible activité de son promoteur est associée à un alcoolisme (dit de type 2) et à une violence impulsive.

La valse « dormir, manger et boire » va s'achever, nous laissant avec plus d'interrogations que de réponses. Pourquoi, par exemple, l'intempérance ? Celle-ci ne peut guère se comprendre en termes d'évolution. À quoi sert un plaisir dont le goût est si excessif ? À moins d'admettre qu'au cœur du biologique existe un besoin caché de se détruire. Dans la pâle clarté du petit matin, je vous invite à contempler un champ de ruines : le cerveau d'un grand alcoolique : la substance grise abrasée sur de vastes étendues corticales ; une substance blanche croulante ; le cortex préfrontal, ancien palais de la connaissance, démantelé ; le cervelet dont la destruction aggrave le désastre cognitif et moteur qui frappe le cerveau ; l'hippocampe, palais de la mémoire, devenu une friche amnésique...

Il est temps d'aller se coucher, mais pas avant un dernier verre. Demain, nous visiterons la vallée des plaisirs.

RE !
ENCORE !
ENCORE !
ENCORE !
ENCORE !
ENCORE !

CHAPITRE 9

La vallée des plaisirs

> « Le dieu n'est pas à craindre ;
> la mort ne donne pas de souci ;
> et tandis que le bien est facile à obtenir,
> le mal est facile à supporter. »
>
> ÉPICURE, *Tetrapharmakos* (le quadruple remède)

Le plaisir se prend et il se donne. L'expression prendre son plaisir traduit la volonté (désir) du sujet et signifie que le plaisir appartient en propre à celui qui l'a pris. Certains prennent du plaisir à en donner, d'autres en font commerce. Le plaisir s'achète, se vole ; on en use et on en abuse ; il s'épuise et vient à faire défaut. La pléthore et le manque entraînent de grands désordres dans l'économie du corps. Et on ne peut les éviter que par une bonne gestion du plaisir. Toutes ces propositions conduisent à l'idée que le plaisir est un bien : un bien de consommation pour les hédonistes à courte vue ; le souverain bien pour le sage qui recherche le bonheur.

Les philosophes anglo-saxons pour qui la dignité de l'être et sa valeur marchande se confondent ont une conception utilitariste du plaisir. Celui-ci est la récompense d'actes liés à la consommation et à la bienséance qui sont destinés à la satisfaction des besoins de l'organisme. Le plaisir ainsi défini implique à la fois l'appétence (le désir) et la consommation. Dans les conditions naturelles, le fonctionnement harmonieux du corps et de l'esprit permet de joindre l'utile à l'agréable et le plaisir à la satisfaction des besoins – ceci pour la plus grande gloire du Seigneur. Un homme de bien est un homme repu. On retrouve cette conception « homéostatique » du plaisir dans les travaux des psychophysiologistes qui conjuguent paradoxalement matérialisme biologique et puritanisme religieux.

Au moment de nous rendre dans les lieux de plaisir, j'invite le visiteur du cerveau à faire preuve sinon de sagesse – celle-ci exige une longue discipline – du moins d'un peu de prudence. Sans cette dernière, le plaisir est dangereux. Succomber sans mesure aux tentations peut conduire à la faillite de la psyché. On peut distinguer trois catégories dans le plaisir. La *première* concerne les *manifestations organiques* du plaisir, ce qui se passe dans le corps lorsqu'il prend son

L'économie du plaisir d'après Michel Cabanac

Selon Michel Cabanac, le plaisir constitue la « monnaie commune » permettant des échanges et des compromis entre des motivations diverses et parfois contradictoires. La maximisation du plaisir et la minimisation du déplaisir permettent d'établir une échelle de priorité des conduites en tenant compte de la somme algébrique de l'un et de l'autre. Cabanac rapproche le concept de plaisir en biologie de celui d'« utilité » en économie. Citant Stuart Mill : « Ceux qui ne savent rien sur la question reconnaissent que tous les penseurs, depuis Épicure jusqu'à Bentham, qui ont défendu la théorie de l'utilité ne signifiaient rien de différent du plaisir, mais bien le plaisir lui-même et l'évitement de la douleur », Cabanac démontre que les courbes de compromis dans le choix conflictuel entre douleur et récompense obtenues dans des expériences de psychophysique recouvrent exactement les lois économiques décrivant le « taux marginal dégressif de substitution (*sic*) ». Cette explication épicière du plaisir est acceptable dans certaines limites et lorsqu'elle s'applique à des puritains anglo-saxons.

J.-D. Vincent, *La Chair et le Diable, op. cit.*

plaisir ; état de ses viscères et de ses sécrétions diverses et variées ; « une chaleur douce et tempérée qui coule dans les parties et qui les flatte et les chatouille », selon Cureau de la Chambre[1]. Ces phénomènes corporels ne peuvent survenir sans que la psyché en soit informée. La *deuxième* catégorie affecte l'être dans son rapport à autrui par lequel le sujet fait connaître à l'autre son *éprouvé du monde*. Elle fonde la *communication intersubjective* et la compassion qui est le partage des affects. La *troisième* catégorie, enfin, concerne le plaisir considéré comme une passion fondamentale de l'être. Celle-ci comprend les catégories précédentes, mais s'élève au-dessus d'elles pour acquérir une signification ontologique. À ce niveau, elle est indissociable de son revers passionné : la souffrance ; cette dernière pas plus que l'amour et la haine ne peuvent être disjoints. Épicure parle à leur propos de *voix de la chair*, une chair qui n'est pas séparée de l'âme et avance qu'il n'y a pas de plaisir ou de souffrance sans que celle-ci n'en ait le sentiment (n'en soit affectée) – « Une expérience donc, mais aussi un choix : ce qui compte avant tout, c'est de délivrer la chair de la souffrance, donc de lui permettre d'atteindre le plaisir » (Épicure, maxime capitale 29).

Tous les philosophes depuis l'Antiquité se sont intéressés au plaisir que ce soit pour l'exalter comme Aristippe de Cyrène qui le considère comme le souverain bien, ou pour y renoncer et le réprimer (les stoïciens, saint Augustin) ou enfin comme un moyen d'accéder à une fin ultime, le bonheur *(eudaimonia)*. Cette dernière position est celle d'Épicure et de ses disciples. L'épicurisme est un eudaimonisme de type hédoniste.

Les actes que nous commettons sous l'emprise d'un désir sont subordonnés à l'attente d'un plaisir ou à la crainte d'un déplaisir. Le plaisir est donc le moteur de nos désirs. La fameuse maxime de Spinoza : *laetitia est hominis transitio a minore ad majorem perfectionem*[2] situe dans son caractère dynamique l'affirmation du plaisir. L'homme être de désir est « né pour le plaisir, il le sait, il n'en veut point de preuve ».

Je ne retiendrai de la philosophie que l'analyse des désirs chez Épicure, car elle est matérialiste sans être réductionniste et s'adresse à l'âme par considération pour le corps. Elle repose sur une tripartition fondamentale selon que les désirs sont « naturels et nécessaires », « naturels seulement » ou « ni naturels ni nécessaires ». Ces derniers sont aussi qualifiés de « vides » parce que sans aucun fondement dans la nature des choses, ils ne peuvent être satisfaits.

Les désirs naturels et nécessaires répondent à un besoin (boire, manger, se mettre à l'abri du froid ou du chaud) ; ils contribuent au bonheur, au bien-être et au maintien de la vie (homéostasie). Les désirs non nécessaires consistent dans l'amélioration des premiers (vins fins, habitation luxueuse, vêtements sur mesure). Les désirs non naturels sont excessifs et violents, impossibles à satisfaire. Ils conduisent à l'addiction, au manque et à la dépendance (gloire, richesse et toutes les drogues selon un gradient de dureté). C'est dans ce dernier type de désirs que se développent les processus opposants dont il sera question plus loin.

Épicure

Par sa liberté de pensée et de ton, Épicure (341-270 av. J.-C.) a scandalisé de son vivant, et pour des siècles. Ses adversaires dénonçaient son ignorance et sa grossièreté, quand il s'agissait pour lui de rompre avec un mode de savoir cumulatif et d'exercer un regard critique sur toutes les traditions culturelles. La simplicité de sa philosophie, soutenue par une démarche des plus rigoureuse, vise à donner à chacun la possibilité de réaliser le bonheur. C'est cette leçon de sérénité, gagnée sur les souffrances du corps et les troubles de l'âme, que la lecture d'Épicure nous invite aujourd'hui encore à méditer.

Jean-François Balaudé, introduction à sa traduction des *Lettres, maximes et sentences* d'Épicure, Paris, LGF, 1994.

Il ne faut pas confondre le plaisir et le bonheur. Le plaisir est un état transitoire du corps ; il est inséparable du désir qui lui a donné naissance et s'épuise avec ce désir. L'effort de ma volonté – un doux effort – qui me jette dans les bras de celle que j'aime n'a d'autre moteur que le plaisir que j'en attends. Notre âme porte en elle une collection inépuisable de plaisirs potentiels qu'il suffit d'une occasion pour que s'enclenche le désir de les cueillir : fleurs au bord du chemin, sourire croisé à la terrasse d'un café, petit chien dans une vitrine, la liste en est inépuisable. Ils sont un peu comme des objets flottants à la surface de la mer étale des humeurs (voir chapitre 4).

Le bonheur est d'une autre portée. Il est le résultat d'un choix personnel soutenu et résiste aux processus opposants, car l'excès est l'ennemi du bonheur. Celui-ci n'est pas le bonheur *de soi ;* il est généreux, tourné vers les autres, car la conscience de soi peut être solitaire, il est alors négation du bonheur et source inépuisable de tristesse. Le bonheur sait comment tenir en laisse la maladie et les souffrances du corps. Il est en quelque sorte l'expression supérieure de la santé dont Montaigne, ce « malade en bonne santé », nous offre le modèle. Le bonheur est tout le contraire de la médiocrité et du train-train quotidien de l'existence. Il est la seule aventure humaine qui vaille et permette d'attendre la mort comme ultime objet de désir, la volupté qui est de confier sa vie au cœur des autres.

Le bonheur

M'est avis, donc, que le bonheur intime et propre n'est point contraire à la vertu, mais plutôt est par lui-même vertu, comme ce beau mot de vertu nous en avertit, qui veut dire puissance. Car le plus heureux au sens plein est bien clairement celui qui jettera le mieux par-dessus bord l'autre bonheur, comme on jette un vêtement. Mais sa vraie richesse il ne la jette point, il ne le peut ; non pas même le fantassin qui attaque ou l'aviateur qui tombe ; leur intime bonheur est aussi bien chevillé à eux-mêmes que leur propre vie ; ils combattent de leur bonheur comme d'une arme : ce qui a fait dire qu'il y a du bonheur dans le héros tombant. Mais il faut user ici de cette forme redressante qui appartient en propre à Spinoza et dire : ce n'est point parce qu'ils mouraient pour la patrie qu'ils étaient heureux, mais au contraire, c'est parce qu'ils étaient heureux qu'ils avaient la force de mourir. Qu'ainsi soient tressées les couronnes de novembre.

Alain, *Propos sur le bonheur*, 89
6 novembre 1922.

Je reste persuadé que les philosophes ont plus à nous apprendre sur le plaisir que les neurobiologistes. Michel Houellebecq en exergue de *La Possibilité d'une île* attribue à Jean-Didier, biologiste (*sic*), cette observation : « Or que fait un rat en éveil ? Il renifle. » Je ne peux qu'y souscrire. Le rat de laboratoire passe sa vie de rat à appuyer sur des leviers, parcourir des labyrinthes, fuir des places obscures, recevoir des décharges électriques, nager dans des piscines, manger des boulettes et copuler : une vie peu différente de la nôtre, mais réduite à zéro sur le plan de l'imaginaire ou de sa capacité à écrire des romans. En contraste, le magasin des plaisirs qui sont offerts à l'homme paraît inépuisable : menus plaisirs, plaisirs défendus, plaisirs innocents, plaisirs trompeurs, plaisirs morbides, plaisirs de la chair, plaisirs de l'intelligence, plaisirs de la conversation, plaisirs de la chasse ou de la pêche, plaisirs d'amour, plaisirs du devoir accompli, plaisirs extrêmes, bons plaisirs, plaisirs éphémères, plaisirs de souffrir, plaisirs louches, etc. Sous-jacents à tous ces plaisirs, on trouve les mêmes structures et les mêmes neuromédiateurs, les mêmes hormones, les mêmes circuits neuronaux chez le rat et chez l'homme. Mais quelle immensité les sépare ! L'océan du langage et cette âme baroque qui va chercher le bonheur dans l'esclavage et l'art dans l'assassinat. Heureusement, il y a la *joie* que ne connaît pas le rat. « Il y a la férocité dans tous les états, sauf dans la joie. Le mot *Schadenfreude*, joie maligne est un contresens. Faire le mal peut être un plaisir, non une joie. La joie, seule vraie victoire sur le monde, est pure dans son essence, elle est donc irréductible au plaisir, toujours suspect en lui-même et dans ses manifestations. » Cioran, dans son grand livre *De l'inconvénient d'être né*, a raison. La joie est pure et elle veut l'éternité comme le chante Zarathoustra. Alors que plaisir est tordu, il est comme les racines entremêlées des mangroves, inséparable du désir dont on ne peut le défaire. Le plaisir est dans l'acte, il n'est pas le produit de l'acte. Comme le dit Gilbran : « Le plaisir est un chant de liberté, mais il n'est pas la liberté. Il est la floraison de vos désirs, mais pas leurs fruits. Il est une profondeur appelant une hauteur, mais il n'est ni le haut ni le profond (Gilbran, *Le Prophète*). Enfin, le plaisir ne va jamais sans la douleur qui est comme son double. Souvent, celle-ci vient se mélanger au plaisir qui n'est jamais totalement pur. Cependant, l'homme ne serait pas homme sans plaisir. « Nous disons que le plaisir est le commencement et la fin de la vie heureuse. [...] Quand donc nous disons le plaisir est notre but ultime, nous n'entendrons pas par là les plaisirs des débauchés, ni ceux qui se rattachent à la jouissance matérielle, ainsi que le disent les gens qui ignorent notre doctrine, ou qui sont en désaccord avec elle, ou qui l'interprètent dans un mauvais sens. Le plaisir que nous avons en vue est caractérisé par l'absence de souffrances corporelles et de troubles de l'âme », (écrivait Épicure dans la *Lettre à Mécénée*).

On comprendra en revanche que tous nos dosages chimiques, nos expériences sur les rats, nos belles images en couleurs du cerveau sont bien impuissants à rendre compte des chemins bizarres et des avatars hasardeux du plaisir. Voici donc ce cerveau du plaisir où le visiteur devra se garder de prendre pour argent comptant tout ce que je lui raconterai.

LE CERVEAU DU PLAISIR

Des millions de neurones, bien sûr, qui s'excitent entre eux avec du glutamate libéré par leurs synapses ou qui s'inhibent avec du GABA ; des potions magiques comme la dopamine proclamée « neuromédiateur du plaisir » avec son cortège de sous-traitants, amines et peptides. Mais qu'on se le dise : un neurone ne jouit pas, il ne pense pas, il n'a pas d'âme. Ils doivent se mettre à plusieurs en assemblées, en circuits, en voies de projection pour faire jouir le corps. C'est ce dernier qui « prend son pied » et fait participer à ses ébats l'insaisissable psyché qui est tout à la fois dans le présent, le passé et le futur, la plus incarnée des abstractions.

LE PLAISIR MESURÉ

Le plaisir et le désir de l'animal ne peuvent être appréciés que de façon indirecte et non sans une certaine circularité. Dans le désir de manger et le plaisir qui l'accompagne, on utilise généralement des épreuves dans lesquelles l'animal doit choisir entre l'eau pure et des solutions aqueuses d'une substance à concentration croissante. On exprime la préférence par le rapport de la consommation de la substance à celle de la consommation d'eau pure. La préférence laisse supposer que l'animal prend la substance parce qu'il l'aime, alors qu'on pourrait aussi bien dire qu'il l'aime parce qu'il la prend. Pour des solutions de plus en plus sucrées, on montre que la préférence passe par un maximum et diminue par la suite pour se changer en aversion selon le modèle général de Wundt. Lorsqu'une fistule œsophagienne pratiquée chez l'animal lui ôte la nourriture après qu'elle a traversé la bouche, l'opéré devient glouton et ne sait plus organiser ses repas en séquence discontinue. La courbe de préférence reste alors ascendante sans aversion pour les solutions très sucrées. Cela n'est pas pour nous surprendre : manger, chez l'animal fistulisé, n'est plus l'expression de l'état du corps, car celui-ci, à l'exception de la bouche, est désormais soustrait du comportement alimentaire. Un cerveau coupé de la chair ne « connaît » plus le plaisir. Le plus souvent, on apprécie le plaisir d'un animal en observant la fréquence avec laquelle il commet un certain acte ou l'évite, témoignage indirect du plaisir ou du déplaisir qu'il prend.

Chez l'homme, on utilise les méthodes dites de « psychophysique » qui reposent sur la conscience qu'a le sujet de son expérience affective et de la possibilité de l'apprécier quantitativement sur une échelle de valeurs négatives et positives par rapport à un état neutre. La première expérience de psychophysique est résumée dans la courbe de Wundt qui relie l'intensité du plaisir à celle du stimulus (voir plus haut Figure 18).

Le mérite de ces méthodes est d'établir rigoureusement et avec tout l'apparat de la science des conclusions qui ressemblent parfois à des lieux communs. Ainsi est-il établi que la tonalité affective d'une sensation reflète l'état central et que, en fonction de celui-ci, un même stimulus peut être alternativement délicieux ou détestable. Une gorgée d'eau sucrée notée positivement par un sujet à jeun devient négative pour un même sujet gavé préalablement de sucre. Ce phénomène d'*alliesthésie*[3] ne traduit pas seulement l'état physiologique instantané, mais s'exprime aussi dans la durée.

L'alliesthésie

Des volontaires ont accepté de prendre du poids grâce à un régime hypercalorique. Lorsqu'on soumet à l'appréciation gastronomique de ces « nouveaux gros » une solution sucrée auparavant jugée neutre, ils l'estiment franchement détestable et lui attribuent une note négative. Quelques mois plus tard, nos volontaires, devenus de « nouveaux maigres » après un régime amaigrissant, attribuent une note très positive à la même solution sucrée. Dans ces expériences chroniques, la valeur appétitive du mets n'est pas directement liée au besoin homéostasique immédiat du sujet qui, malgré son amaigrissement ou sa prise de poids, est en équilibre nutritif au moment de l'épreuve, mais à une donnée comme le poids qui implique l'individu dans son ensemble et l'état central dans ses trois dimensions définies précédemment. Le terme de *pondérostat*, introduit par Cabanac pour définir le poids de référence du sujet autour duquel oscille la valeur incitative des aliments, représente assez bien un des aspects de l'état central fluctuant au même titre que le niveau d'activation dont il a été précédemment question.

J.-D. Vincent, *Biologie des passions, op. cit.*

On voit donc en matière de plaisir que tout est affaire de quantité, mais aussi d'état central du sujet qui fait référence à son corps et à son histoire. Dans la courbe de Wundt, on voit clairement que le plaisir éprouvé (ou le déplaisir) est une affaire de quantité et qu'un même stimulus hédonique pour des valeurs modérées et restant dans les limites de valeurs « naturelles » devient adversif pour des valeurs excessives. Sans anticiper sur l'analyse des systèmes dopaminergiques, je mentionnerai une étude récente[4] qui porte sur les relations entre le « tonus hédonique » mesuré par le STR (*sensitivity to reward*), la prise alimentaire et l'indice de masse corporelle. Chez les sujets à haut tonus hédonique, l'appétit et la prise alimentaire sont élevés. Le faible caractère renforçateur des stimuli alimentaires permet de maximiser le plaisir en évitant à la courbe de basculer sur le versant déplaisant. Chez les obèses boulimiques, on observe, en revanche, une anhédonie qui s'accompagne d'une transformation de la nourriture en drogue dure. Ces observations en recoupent d'autres[5] qui montrent que les sujets anhédoniques et qui possèdent un faible taux de récepteurs dopaminergiques dans leur striatum basal ont une appétence accrue pour les drogues dures à fort pouvoir renforçateur. Elles suggèrent que, chez les sujets avec un taux élevé de dopamine disponible dans leurs systèmes désirants (sujets hédonistes), une faible stimulation dopaminergique est perçue comme très plaisante (renforçateurs naturels), alors qu'une stimulation trop forte (renforçateurs non naturels, drogues, aliments excessifs, etc.) est perçue comme aversive[6].

Mais toutes ces expériences de psychophysique ont quelque chose de réducteur qui ne rend pas compte de l'ambiguïté du plaisir. « De la source même des plaisirs surgit une pointe d'amertume qui sème l'inquiétude dans le jardin du plaisir » (Lucrèce). Comme si un filet de vinaigre venait troubler le flot limpide de la dopamine. On peut se dégoûter du plaisir au moment même où on le goûte.

LES SYSTÈMES DÉSIRANTS OU HÉDONIQUES

Ceux-ci sont remarquablement comparables chez le rat, le singe et l'homme. Les évolutions entre espèces portent principalement sur les régions de l'encéphale (cortex sensori-moteur et aires associatives) qui ont en charge les représentations et les processus intellectuels. Dans le tronc cérébral, des amas de cellules nerveuses regroupées dans différentes structures fabriquent et libèrent au niveau de leurs terminaisons des neurotransmetteurs : amino-acides, amines biogènes (catécholamines, histamine, sérotonine), acétylcholine et de multiples peptides, parmi lesquels les endomorphines. Il convient d'ajouter à ces agents neuronaux conventionnels, les *endocannibinoïdes* (ECB) qui par leurs caractères chimiques (nature lipidique), leur origine (membranaire) et leur mode d'action (rétrograde) constituent un véritable système endorégulateur dont on commence seulement de connaître la multiplicité et la complexité des rôles.

Au cœur de ces systèmes, la dopamine joue un rôle central sur lequel converge l'ensemble des modulations régulatrices. Le désir est *un* comme le plaisir, mais se diversifie en fonction de ses objets qui le spécifient, par exemple désir de nourriture ou faim, désir de boisson ou soif, désir sexuel, etc. Parmi les affects qui s'apparentent au désir, on citera l'*attention*, l'*initiative motrice*, le *soutien à l'action*. Les neurones à dopamine fournissent le support logistique aux différentes régions du cerveau impliqué dans ces processus.

On ne peut convenablement définir le plaisir sur le plan biologique, non plus d'ailleurs que le désir dont il est inséparable – « tout comme l'arc et la flèche sont inséparables de la cible ». Les mêmes problèmes se posent en ce qui concerne la souffrance. Ces états viennent du corps : bien-être, pouls et respiration ralentis, baisse de la pression artérielle, pupilles contractées, salivation, paix des organes pour l'un ; malaise, pouls et respiration accélérés, pression artérielle augmentée, agitation des organes pour l'autre. Pour les caractériser, les adjectifs affluent : exquis, délicieux, violent, débordant, réfléchi, raisonnable, fou, impatient, insatiable, pressant pour le désir ; aiguë, vive, cinglante, cuisante, déchirante, fulgurante, irradiante, lancinante, pénétrante, poignante, térébrante, pulsatile, profuse pour la douleur. Encore peut-on assigner à cette dernière une source organique (un membre, le ventre, la tête, etc.), ce qui est plus difficile avec le plaisir qu'on ne peut guère ramener à une partie du corps (le plaisir sexuel ne fait pas exception : on jouit avec tout son corps, sinon ce n'est plus un plaisir, mais une simple sensation dans le bas-ventre). Force est de constater l'imprécision des mots – certains adjectifs comme « violent », « exquis » s'appliquent aussi bien au plaisir qu'à la douleur. Chez l'animal, on ne peut juger de l'état que par l'observation de l'acte : approche, répétition pour le premier ; évitement, retrait, arrêt du comportement pour le second. Chez l'humain, la compassion permet de connaître la douleur ou le plaisir de l'autre, par une sorte de simulation virtuelle de ce que l'autre ressent effectivement – « la connaissance de ta douleur, de ton plaisir vient de moi ». Il existe bien sûr des mots pour le dire, mais on vient de voir l'insuffisance de leur contenu sémantique et ce qui importe le plus, c'est leur charge affective. On utilise aujourd'hui des échelles d'autoévaluation qui reposent uniquement sur la subjectivité. Mais comment étudier un sujet (c'est-à-dire un individu « affecté ») sans faire appel à sa subjectivité qui nécessite la médiation du langage ?

Une véritable « biologie du plaisir » a été inaugurée en 1954 par Olds[7] grâce aux expériences dites d'« autostimulation ». Voici brièvement les faits : un rat, en appuyant sur un levier, déclenche un stimulateur électrique qui envoie du courant à la pointe d'une électrode implantée chirurgicalement dans la profondeur de son cerveau. Lorsque l'électrode est placée de façon adéquate, on observe que l'animal appuie spontanément, de façon répétitive, sans jamais se lasser et en franchissant tous les obstacles (comme une barrière électrifiée) qui pourraient le détourner de son obstination et en négligeant de boire ou de se nourrir. Plusieurs années après ces premières observations, on s'est rendu compte que ces « voies de plaisir » recouvraient anatomiquement les voies dopaminergiques mésolimbiques. Il ne fait désormais plus aucun doute que la voie dopaminergique mésolimbique est une composante essentielle, même si elle n'est pas la seule, des systèmes de récompense. La stimulation électrique de la voie DA mésolimbique engendre une augmentation de l'activité du *noyau accumbens* (une région carrefour) et toutes les drogues font de même. Cela a pu être formellement démontré par l'utilisation d'une technique, la microdialyse, qui permet de mesurer dans un volume très petit (quelques microlitres) la concentration extracellulaire d'effecteurs neuronaux tels que la dopamine, la sérotonine ou la noradrénaline, mais également celle de neuropeptides tels que les *enképhalines* ou la *cholécystokinine*, la *dynorphine*, la *substance P*, etc., qui jouent un rôle dans la modulation du système hédonique.

De ces observations, je ne retiendrai que quelques données qui montrent qu'il est difficile de faire la part de ce qui revient au plaisir ou au désir. Ainsi, la nouveauté qui accompagne un stimulus (nouveau lieu, nouvel aliment) se traduit par une élévation de la libération de la dopamine mesurée par microdialyse dans le noyau accumbens. La répétition crée l'habitude et l'habitude tarit la libération de dopamine. Celle-ci s'élève par exemple dans le cerveau d'un rat qui honore une rate pour la première fois ; au cinquième assaut consécutif, le mâle se désintéresse de la femelle et la dopamine cérébrale ne réagit plus. Il suffit de changer la partenaire sexuelle pour que renaisse la vigueur érotique du rat et que la dopamine coule de nouveau à flots dans son noyau accumbens[8].

Molécule du plaisir et du désir, la dopamine est impliquée également dans l'apprentissage conditionné grâce à son pouvoir amplificateur sur le caractère motivant d'un stimulus ; son intervention dans la mémoire à court terme et sur le rappel des faits récents et plus généralement, enfin, sa présence dans le cortex préfrontal au cours de tests qui montrent son rôle dans l'attribution de valeur aux événements de la vie. Mémoire et plaisir ont partie liée. Il n'est guère de plaisirs qui ne s'ancrent dans le passé de l'individu. Il y a trop de littérature là-dessus pour que je vous assomme de citations, malgré le plaisir à recopier de belles phrases qui me donnent parfois la jouissance factice de partager le talent de leur auteur.

À L'ÉCOLE DU PLAISIR

Les psychologues anglo-saxons parlent rarement du plaisir, ils utilisent volontiers, en revanche, le mot *reward* qui, pour les gens de ma génération, évoque les westerns et l'affiche qui annonce la récompense pour celui qui attrapera le bandit.

« Récompense » et « punition » rappellent aussi l'école. Les récompenses et châtiments dont il s'agit ici ne font que traduire les états de bien-être et de mal-être du corps. Comme à l'école, la punition est la sanction d'un écart de conduite, et la récompense une prime pour une bonne action. Un idéal de vie se forge ainsi et nous guide bien au-delà de l'école : éviter les punitions et accumuler les récompenses, c'est l'idéal républicain auquel chacun se soumet.

Rolls[9] définit ainsi ces notions : « Par récompense, on entend tout ce qu'il cherche à éviter et à fuir. » Selon cet auteur, toutes les émotions peuvent être définies comme des états entraînés par des punitions et des récompenses. Ces émotions, en tant qu'actes, apparaissent comme des réponses à des stimuli. On parle de *renforcement positif* lorsqu'un stimulus provoque une récompense dont le sujet cherche la répétition, et de *renforcement négatif* pour un stimulus qui entraîne une punition dont le sujet évite qu'elle se renouvelle.

Ce qui importe donc est la valeur de récompense ou de punition du stimulus (événement ou objet) dont le prix est fixé par le cerveau, notamment par le cortex frontal sus-orbitaire, véritable commissaire-priseur qui détermine son montant et celui de l'action qui s'y rapporte.

Dans cette optique, le plaisir et la souffrance, et plus largement toutes les émotions ne sont que la valeur ajoutée sanctionnant l'efficacité utilitaire des actes en termes de bilan consultable à tout instant par le corps du sujet. En forçant un peu la note, je conclurai que nos actes obéissent aux lois du marché ; nos plaisirs et nos peines en sont les profits et les pertes.

Sans tomber dans la caricature, on peut dire que la jouissance, conséquence immédiate du comportement sexuel, a été retenue par la sélection naturelle parce qu'elle encourage la reproduction pour le plus grand bénéfice de l'espèce. Le plaisir attendu d'un repas permet la maintenance métabolique du corps ; celui de l'habillement contribue à la thermorégulation ; la douleur conduit à l'éloignement du danger et à l'immobilité réparatrice, etc.

Malgré leur caractère tranché et réducteur, ces positions théoriques sont loin d'être claires. Dans les cas les plus simples, l'état affectif (plaisir ou souffrance) fait suite à l'acte dont il est la sanction directe et enclenche sa répétition ou son évitement. Lorsqu'il est question de renforcement avec son caractère algébrique (par exemple : l'omission ou l'arrêt d'un renforcement négatif équivaut à un renforcement positif), on ne distingue plus très bien ce qui constitue le renforçateur : le stimulus ou l'acte ?

Enfin, les termes récompense et punition, par leur connotation morale, ne sont pas dépourvus d'ambiguïté. Dans l'acte sexuel, quelle est la récompense effective ? La satisfaction d'avoir une nombreuse descendance ou le plaisir de faire l'amour ? Autre exemple, qu'est-ce qui est la punition : être privé de repas ou souffrir d'avoir faim ?

Confronté à ces objections, il semble à nouveau préférable d'adopter une position théorique qui subordonne l'acte à l'état. Les *valences affectives* qui s'inscrivent dans les représentations et dans les actions du sujet sont liées aux fluctuations de son état intérieur. Expression de ce dernier, le plaisir et la peine sont des sentiments primordiaux (affects) qui gouvernent « la puissance d'agir de notre corps » (Spinoza, *Éthique*).

PLAISIR ET ADDICTION

> « [...] et près du douloureux plaisir qui se change en poison à mesure que la bouche, telle une abeille, le suce. Oui, dans le temps même de la jouissance, la mélancolie voilée a son autel souverain. »
>
> John KEATS, *Ode sur la mélancolie.*

Voici l'opposition dans le cerveau qui, au cœur de la jouissance, prépare la souffrance du mal. Nous avons fait sa connaissance dans les bars (voir chapitre 7), mais elle est partout où le plaisir tient ses états. L'encadré qui suit présente la théorie des *processus opposants*, qui est l'expression dans le domaine de l'affect de la loi de l'action et de la réaction qui régit les phénomènes du vivant.

Les processus opposants

« Notre pauvre chair consomme la souffrance comme le plaisir avec la même avidité sans mesure », fait dire Bernanos à l'abbé Donissan dans ce bréviaire du diable qu'est *Sous le soleil de Satan*[1]. Un poussin âgé de cinq heures présenté à une poule en mouvement ou à tout autre objet qui bouge – une boîte en fer-blanc animée par un moteur – les suit en manifestant les signes d'une joyeuse excitation. Lorsqu'après une à deux minutes on enlève la mère ou son substitut, le poussin entre dans une agitation confuse et émet des cris stridents de détresse. Qu'y a-t-il de commun entre la chair du curé de Lumbres et celle du poulet, sinon un même état affectif dont se nourrit leur être : la joie de suivre l'objet aimé – Dieu ou une boîte en fer-blanc – nouée, comme la lumière avec l'ombre, à la souffrance d'en être séparé ?

La théorie des processus opposants repose sur l'affirmation qu'un grand nombre de nos actions dérivent de nos passions et que le couple plaisir/souffrance gère l'expression de nos désirs. Elle s'inscrit à rebours des théories psychophysiologiques classiques, selon lesquelles nos comportements sont dictés par des motifs innés ou acquis. La vision d'un serpent est, par exemple, un motif inné de fuite et de frayeur pour un chien. La peur du gendarme est, en revanche, un motif acquis pour un homme. Les motifs acquis ou dérivés sont les conséquences de processus conditionnels ou associatifs qui s'inscrivent dans le cadre général de la théorie réflexe. Celle-ci, qui fait l'impasse sur la subjectivité, *subordonne l'état à un acte* dont le mobile se ramène toujours, de près ou de loin, à la satisfaction des besoins innés de l'espèce. Mais peut-on parler de besoins vitaux ou d'actes appris devant certaines conduites qu'aucune régulation, aucune utilité n'explique, ni ne justifie ?

La théorie des processus opposants, développée par Solomon dans les années 1970-1980, est fondée sur l'observation du phénomène de dépendance, mais sa valeur explicative s'étend, bien au-delà de la drogue, à toutes les conduites humaines qui ouvrent les portes de l'enfer : le sexe, le jeu, la gourmandise, le pouvoir, etc. En contradiction avec les théories classiques, *elle subordonne l'acte à un état affectif*. C'est le corps-sujet qui est à lui-même son propre motif.

Mais, à trop s'enfermer dans la subjectivité, le risque de dérive verbale n'est pas loin. La neurobiologie des comportements s'en tient à la chimie et à la pharmacologie : elle offre des données qui permettent de comprendre les jeux opposants du plaisir et de l'aversion et leurs mécanismes sous-jacents. Il sera question de tout cela à propos de la contrainte par corps ; je me limiterai pour le moment à un exposé général de la théorie, qui repose sur l'observation de trois phénomènes : le contraste affectif, la tolérance et l'abstinence ou manque.

« La joie venait toujours après la peine. » On parle de *contraste affectif* : état de bien-être qui succède au malaise ou de souffrance qui surgit à l'arrêt du plaisir. De ces sentiments, on a tiré une loi. Son énoncé contient des termes qui reviennent souvent dans le discours des psychologues. On appelle *stimulus*, tout événement ou objet qui provoque une *réponse comportementale* : ou bien celle-ci constitue une *récompense* pour le sujet qui recherchera alors la répétition (on parle de *renforcement positif*), ou bien elle a l'allure d'une *punition* et le sujet évitera qu'elle se renouvelle (il s'agit d'un *renforcement négatif*). La loi en question dit que *lorsqu'un stimulus entraîne un état A plaisant à renforcement positif, son arrêt provoque l'installation d'un état B déplaisant à renforcement négatif qui se dissipe progressivement pour retourner à l'état de base.* Les valeurs de A et de B peuvent être inversées ; l'arrêt d'un état désagréable est alors suivi d'un état agréable (Figure 20).

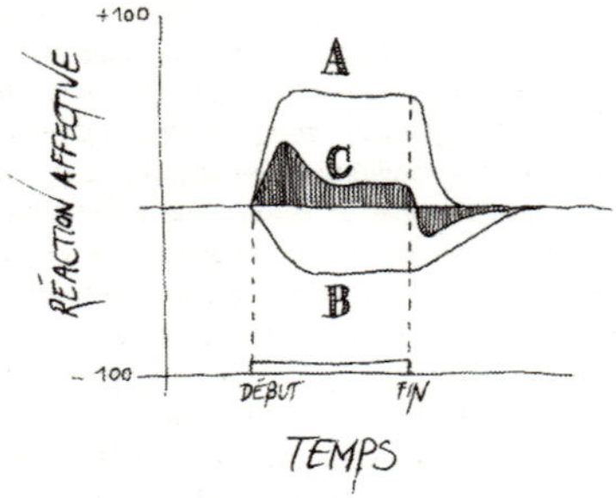

Figure 20. – LES PROCESSUS OPPOSANTS.

Les expériences que je vais décrire ont été pratiquées dans le début des années 1970 sur des chiens de laboratoire, à une époque où il était plus facile d'utiliser les animaux que les hommes pour ces sortes de travaux. Des chiens suspendus dans des harnais de Pavlov sont soumis à des chocs électriques répétés sur leurs pattes arrière. On mesure leur rythme cardiaque. Le cœur s'accélère lors de l'établissement des chocs ; son rythme s'adapte par la suite tout en se maintenant à une fréquence élevée. L'arrêt des chocs, en revanche, est suivi d'une après-réaction qui consiste en une chute brutale de la fréquence cardiaque, ne revenant ensuite que progressivement au niveau de base. L'augmentation de l'intensité des chocs se traduit non seulement par une réponse cardiaque plus marquée, mais également par une après-réaction plus contrastée. On suppose que la fréquence du cœur est un reflet de l'état affectif du chien et que son élévation traduit le mal-être d'un animal qui reçoit des chocs douloureux sur les pattes. Le contraste affectif exprime ici le passage d'un état A déplaisant à un état B plaisant. Il est l'image en miroir de la situation du jeune poulet dont nous évoquions le bonheur en présence d'une boîte de fer-blanc et sa détresse à la disparition de celle-ci.

L'*habituation affective* s'observe lors de la répétition, à quelques jours d'intervalle, des expériences décrites précédemment. Le cœur du chien qui a déjà subi de nombreuses séances de chocs sur les pattes reste impassible aux nouvelles stimulations. Il est devenu *tolérant*. On pourrait s'attendre à ce que, de façon symétrique, l'après-réaction disparaisse également. Or c'est le contraire qui se produit : à l'arrêt des stimulations, la fréquence cardiaque chute pour ne revenir que très lentement à sa valeur de base. L'habituation entraîne donc un affaiblissement progressif de la réaction affective et une augmentation de l'après-réaction.

Le *syndrome d'abstinence ou de sevrage* correspond au ralentissement cardiaque qui suit l'arrêt des chocs sur les pattes chez un chien devenu tolérant à ces chocs. Il témoigne de la persistance des processus opposants mis en place lors de réactions affectives répétées.

Les mots utilisés pour décrire ces observations n'ont pas été choisis sans arrière-pensées. Ils évoquent la drogue et ses conséquences, mais s'appliquent également à l'ensemble des stimulus affectifs auxquels un individu est confronté pendant sa vie. La figure donne une présentation générale des processus opposants qui permet de montrer comment le cœur s'adapte, se lasse et rebondit dans le plaisir ou dans la peine. À cette différence que le lieu de nos joies et de nos afflictions n'est pas ce muscle creux qui ne sait que battre ou s'arrêter, mais le cerveau. Celui-ci est organisé de façon à s'opposer et à gommer toute forme d'activation émotionnelle ou d'état affectif ; qu'ils soient plaisants ou déplaisants et qu'ils s'accompagnent de renforcements positifs ou négatifs. Comme on le voit sur la courbe, les processus opposants s'installent avec une latence plus longue que celle de la réaction affective primaire. Leur inertie plus marquée les prolonge au-delà de l'arrêt de la stimulation. Ils augmentent avec la répétition et ne s'atténuent pas dans le temps. L'état affectif de l'individu représente la somme algébrique des processus primaires et opposants. Ces derniers freinent l'amplitude de la réaction affective (adaptation) et finissent par l'effacer lors des répétitions (habituation). Des stimulations de plus en plus importantes sont nécessaires pour obtenir une réaction comparable (tolérance). À l'arrêt, les processus opposants, seuls présents, provoquent le contraste affectif et le syndrome d'abstinence.

La théorie s'applique à tout stimulus, source d'excitation euphorisante et de délices (chair, chère, argent et pouvoir). L'après-réaction ou manque pousse le sujet à chercher à nouveau le stimulus positif afin d'interrompre l'état aversif dans lequel il est plongé. Ainsi se crée l'*assuétude* ou *dépendance* qui l'enchaîne à sa source favorite de plaisir que la tolérance rend de moins en moins efficace, avec, pour résultat, toujours plus de chair, plus de chère, plus d'argent et plus de pouvoir.

Mais la théorie rend compte aussi des situations inverses dans lesquelles le stimulus renforçateur est négatif, de tonalité affective désagréable. L'après-réaction est alors un stimulus positif que le sujet cherchera à reproduire. Epstein a observé des parachutistes qui pratiquent la chute libre : lors du premier saut, et avant que le parachute ne s'ouvre, les sujets présentent tous les signes de la terreur et de l'anxiété la plus vive dont témoignent leurs yeux révulsés, leur cœur déchaîné, leur respiration haletante et des sueurs profuses. Une fois à terre et après une courte période de stupeur, la joie s'épanouit sur leur visage, ils parlent et gesticulent et tout leur corps baigne dans l'euphorie la plus chaude. Au bout de quelques sauts, l'habituation a fait disparaître les effets aversifs de la réaction primaire. Après l'atterrissage en revanche ils continuent d'étaler un bien-être qui s'apparente à une jouissance de plus en plus vive. Ce plaisir, disent-ils, justifie tous les dangers. Les effets du sauna sont comparables et le bien-être qui suit la brûlure est la raison même de cette pratique infernale : un sujet entraîné supporte des températures qui font fuir le néophyte, mais le bonheur à venir est indicible ; pour le pimenter, on peut y ajouter une dose de flagellation. Ces malheureuses épaves qui agonisent dans des couvertures de survie tout au long du parcours d'un marathon sont – le croirez-vous ? – à la recherche du paradis de l'après.

Une telle symétrie de mouvements dans le devenir de la jouissance et dans celui de la souffrance évoque les deux compères facétieux de la morale : le bien et le mal. Mais la morale n'en a cure, le cerveau est là pour s'opposer, quelle que soit la valeur de ce qu'il affronte, négative ou positive ; c'est ainsi que l'animal vit et que l'homme parle. À ce dernier seul revient de dire le bien et le mal.

J.-D. Vincent, *La Chair et le Diable*, Paris, Odile Jacob, 1996.

1. G. Bernanos, *Sous le soleil de Satan*, Paris, Plon, 1926.

Comme il est dit dans cet encadré, le système des processus opposants fonctionne dans les deux sens.

Mais la comédie vire parfois à la tragédie. Certains sujets se font au début trop facilement plaisir pour n'être pas tenus ensuite d'en acquitter la dette. Ils sont comme enchaînés (*addictus* veut dire en latin « esclave d'un créancier que l'on ne peut rembourser ») à leur quête irrépressible qui entraîne dans son cours torrentueux l'état et l'acte. Deux pentes naturelles sur ces voies du plaisir que j'ai déjà évoquées : *la première est de l'ordre du désir pur,* attente d'un objet convoité, voire d'un plaisir sans objet ; *la seconde est liée à la consommation et à la satisfaction d'un besoin.* Mais il est difficile de séparer les deux. Le plaisir amoureux par exemple est-il lié à un désir pur ou à la satisfaction d'un besoin ? Non d'un besoin sexuel (où se trouverait le déficit, dans des testicules ou des ovaires gorgés d'hormones ?), mais d'*un besoin indicible de l'autre dont l'absence provoque le manque.*

« J'ai appris que vous étiez enfin résolu à un éloignement qui m'est si insupportable, qu'il me fera mourir en peu de temps. » Pauvre religieuse portugaise qui sait bien qu'elle « mourra de ne pas mourir » derrière les murs de son couvent déserté par l'amour.

Comment fonctionnent ces systèmes opposants ? Probablement par des freinages rétroactifs qui s'exerceraient aussi bien sur les voies du désir/plaisir que sur celles de l'aversion/souffrance. Rappelons que la dopamine est sollicitée par les deux couples et intervient au cœur des dispositifs affectifs quel que soit le sens dans lequel ils s'exercent.

Un neurotransmetteur inhibiteur, le GABA, est impliqué. Mais étant donné l'abondance des récepteurs pour les cannabinoïdes (CB) sur les terminaisons gabaergiques, il est probable, mais non parfaitement démontré, que le système endocannibinoïde (ECB) joue un rôle majeur dans le contrôle des processus opposants.

Marie-Jeanne et le cerveau

Plante vertueuse qui apaise la souffrance du patient et procure détente et appétit du consommateur discret, le *cannabis saviva* est aussi l'herbe vénéneuse dont est tirée sous des formes variées (feuilles séchées, la marijuana des Mexicains ou résine, le haschich des Arabes) une drogue puissante qui ouvre les portes de paradis artificiels tenus par d'infréquentables démons et dans lesquels d'éblouissantes attractions cachent des abîmes sans lumière où se perdent les imprudents.

L'action du cannabis sur le cerveau est liée à l'état central fluctuant du sujet et ses effets dépendent du climat cérébral au moment de la prise. Sa tendance générale est d'accentuer les dispositions de l'individu, son humeur du moment et les traits de sa personnalité : le déprimé s'enfonce dans la tristesse et l'optimiste éclate de générosité satisfaite. Pour revenir à notre météo des humeurs, le cannabis rend plus lumineux un ciel bleu et plus menaçants les nuages noirs de la tempête. *Pour le dire tout net, le cannabis n'est pas un antidépresseur, pas plus d'ailleurs que les inhibiteurs de son action n'induisent la déprime.*

L'ère moderne de la recherche sur le cannabis a commencé en 1964 lorsque Raphael Mechoulan et ses collègues de l'Université hébraïque à Jérusalem ont isolé la molécule active dans la plante : le *tétrahydrocannabinol* (THC) qui appartient à la famille des graisses. Ce THC exerce ses effets, comme beaucoup d'autres drogues, en se liant à des récepteurs, protéines parsemant la surface des neurones et de bien d'autres cellules cibles de l'organisme (foie, pancréas, cellules graisseuses, système immunitaire). Un des deux types de récepteurs appelé CB1 est présent de façon diffuse et massive dans le cerveau. La belle histoire scientifique qui avait conduit après la découverte des récepteurs de la morphine à celle de morphine endogène (ou plutôt de molécules agissant comme la morphine) fabriquées par le cerveau (les endomorphines) s'est reproduite avec l'isolement d'un THC naturel sous la forme de deux molécules : l'*anandamide* dont le nom vient du sanskrit *ananda* qui signifie béatitude et le *2-arachidonyl-glycérol* (2-AG) fabriqués à partir de la membrane cellulaire, ce sont les *endocannabinoïdes.* Ces molécules et leurs récepteurs sont vite devenus une cible privilégiée pour la recherche thérapeutique qu'il s'agisse d'agonistes mimant les effets du cannabis ou d'antagonistes bloquant les récepteurs. C'est dans cette dernière catégorie que se range la découverte la plus remarquable de cette dernière décennie. Le *rimonabant* identifié par l'équipe de Gérard Le Fur du laboratoire de recherches de Sanofi-

Aventis agit comme un inhibiteur des endocannabinoïdes en se liant sélectivement aux récepteurs CB1. Le blocage du système modifie la valeur appétitive des aliments en agissant sur leur perception sensorielle et affective qui détermine leur caractère désirable. Le rimonabant dans le même temps qu'il réduit la prise alimentaire agit au niveau métabolique périphérique et cela de façon durable et persistante au-delà de l'effet comportemental qui tend à disparaître. Le rimonabant est le type même d'un médicament agissant sur l'état central fluctuant dans ses trois dimensions corporelle, extracorporelle et temporelle.

On sait aujourd'hui que les processus opposants prennent leurs racines au sein même de la cellule neuronale dans un ensemble de mécanismes que l'on désigne sous le terme de *neuroadaptation.* Il s'agit d'une part de la *tolérance* cellulaire qui se manifeste au niveau des récepteurs excitateurs et inhibiteurs et se traduit par une diminution de l'affinité des récepteurs à la dopamine accumulée dans la synapse et d'autre part d'un phénomène dit de *tolérance inverse* ou de *sensibilisation* qui ne porte pas sur les effets subjectifs du plaisir, mais sur l'activité motrice et sur la quête forcenée de l'objet de plaisir, ce que l'on désigne en anglais sous le terme de *craving.* Nous avons déjà vu ces mécanismes en œuvre s'agissant de l'alcool (chapitre 5). Ils s'appliquent aussi bien à d'autres drogues psychotropes (cocaïne, amphétamines, tabac, etc.). Qui veut savoir ce que signifie *craving* observera sur les lieux de son travail, dans l'ascenseur, sur le perron de l'immeuble ou parfois dans un édicule obscur et retiré, les malheureux tirant désespérément sur une clope qui n'est plus que le lointain souvenir d'un objet de plaisir.

Insistons sur l'extension du concept d'addiction. Celui-ci s'applique – notamment dans le cadre de la théorie des processus opposants – à tous les stimuli (objets ou actes) censés apporter du plaisir ou parfois son contraire : les drogues, bien sûr, mais aussi les aliments ; les boissons qui réunissent un caractère utilitaire et celui d'une drogue (alcool, stimulants divers) ; le jeu, la recherche de sensations, le sexe, la violence, le pouvoir, le surendettement, etc. Leurs caractéristiques communes sur les plans psychologique et physiologique ont donné naissance à une nouvelle spécialité : l'*addictologie.*

DOPAMINE ET ASSOCIÉS

Depuis les travaux de Wise, ce n'est plus céder à une rhétorique facile que d'appeler la dopamine le « messager du plaisir[10] ». Son territoire de prédilection forme le système mésolimbique qui a pour origine les neurones dopaminergiques de l'aire ventrale tegmentale (AVT) du mésencéphale et pour carrefour principal le striatum basal (*nucleus accumbens).* Si les théories sur l'addiction se sont succédé et concurrencées depuis 1968 sans qu'aucune puisse être considérée comme définitive, c'est bien parce que les faits sont souvent contradictoires. Ils ne peuvent se réduire à de simples hypothèses avec quelques structures cérébrales et à des variations dopaminergiques reposant sur un jeu alternatif d'inhibitions, d'excitations, d'inhibitions d'excitation ou d'excitations d'inhibition auquel contribuent différents messagers.

Je reviens sur quelques problèmes de vocabulaire liés notamment à la traduction de l'anglais au français. J'ai déjà signalé ma difficulté à traduire *craving*. Si plaisir (*pleasure*) et récompense (*reward*) s'entendent facilement, il n'en est pas de même pour certains termes anglais qui n'ont pas d'équivalent en français. On parle de « renforcement positif » lorsqu'un stimulus provoque un acte dont le sujet cherche la répétition. On peut alors supposer que l'acte est lié au plaisir attendu. La notion de « renforcement négatif » est symétrique de la précédente et s'applique lorsqu'un stimulus entraîne une punition dont le sujet évite la répétition. Ces termes ne distinguent pas nettement le désir (*drive, motivation*) et l'affect qu'il s'agisse de plaisir (*reward*) ou de souffrance (*punishment*). Sur le versant moteur, le terme de *forward locomotion* ne correspond qu'à l'expression comportementale du désir. (On parle alternativement d'appétit lorsqu'il s'agit d'un désir spécifié par son objet : alimentaire, sexuel, etc.) On peut aussi utiliser sur le plan moteur, le terme d'« approche » ou son antonyme « évitement ». Le terme *incentif* est imparfaitement rendu par « désirable » dont l'antonyme est « aversif ». Ces imprécisions sémantiques rendent compte de la difficulté pour cerner le contenu et les contours des concepts qu'ils recouvrent.

QUELQUES HYPOTHÈSES SUR LES MÉCANISMES DE L'ADDICTION

La première hypothèse, celle de Wise, était entièrement centrée sur le système mésolimbique dopaminergique (DA) et ne faisait appel qu'à un « modèle à deux neurones » (Wise, 1980). Les drogues entraînant l'addiction agiraient soit directement sur la synapse dopaminergique au niveau des aires terminales du système mésolimbique (amphétamines, cocaïne), soit au niveau du corps cellulaire du neurone DA (opiacés), soit enfin par une activation liée à une inhibition d'un neurone inhibiteur noradrénergique (NA) (alcool, benzodiazépines, barbituriques).

Une variante de la théorie[11] s'appuie sur la capacité des drogues addictogènes à induire une activation psychomotrice par l'intermédiaire du système DA, ce sont le désir et l'approche qui constituent le renforcement positif et la source de l'addiction. C'est donc l'acte et non l'affect qui est privilégié. Cette théorie a été abandonnée devant un nombre trop élevé de contradictions et notamment l'existence des renforcements positifs sans activation psychomotrice ou de comportements d'approche.

La théorie dopaminergique mésolimbique a été complétée par l'addition d'une dimension temporelle faisant appel à la plasticité neuronale. C'est la mise en mémoire du plaisir ressenti lors d'une première présentation qui permet à l'*attente du plaisir* de devenir le facteur principal de renforcement responsable de la dépendance et de la répétition en faisant de la drogue un « objet impérativement désirable ».

Dans la théorie défendue par Jentsch *et al.*[12], l'inhibition exercée par le cortex préfrontal joue le rôle principal dans la genèse de l'addiction. Ces auteurs avancent que l'état interne qui force le sujet à rechercher de la nourriture, de l'eau, du sexe ou toute autre récompense naturelle est régulé par un contrôle actif striato-frontal. La recherche compulsive de drogues résulterait d'une synergie entre un déficit dopaminergique cortical frontal et une augmentation de la valeur désirable du stimulus conditionné liée à une activation dopaminergique sous-corticale au niveau du striatum basal ou du noyau accumbens (Nac). Il s'agirait donc au total d'une levée de l'inhibition préfrontale sur le système désirant mésolimbique sous-cortical.

D'autres auteurs[13] ont insisté sur l'établissement du comportement de recherche compulsive de drogue (*drug seeking behavior*) par la drogue elle-même (amorçage par la drogue, *drug priming*) dans lequel les signaux convergent sur le cortex préfrontal médian (cingulum antérieur) qui active par des projections glutamatergiques le noyau central de l'accumbens. L'amygdale baso-latérale serait également sollicitée comme porte d'entrée des agents stressants qui intégreraient ensuite le système mésolimbique par l'intermédiaire de la coque (*shell*) de l'accumbens.

Ces quelques données, loin de l'exhaustivité, montrent la complexité qui entoure le(s) système(s) dopaminergique(s) mésolimbique(s). Deux notions contribuent principalement à la difficulté d'une vision synthétique. La première concerne la nécessité d'une approche spatio-temporelle qui s'inscrit dans l'état central fluctuant. Le système mésolimbique n'a pas de sens s'il est étudié en dehors du contexte environnemental de l'individu (dimension extracorporelle) auquel celui-ci doit en permanence s'adapter et du contexte temporel dans lequel s'inscrit la plasticité des structures nerveuses (mémoire) : la répétition, la récidive et le manque qui définissent l'addiction.

La seconde difficulté concerne la multiplicité des messagers et leurs sites d'action, compagnons de route de la dopamine, qui tantôt favorisent, tantôt s'opposent à l'action de celle-ci.

LA MISE EN PLACE DES CONDUITES ADDICTIVES

Les conduites addictives chez l'animal et l'homme représentent un défaut d'adaptation de l'individu à son environnement. Deux grands systèmes d'effecteurs chimiques endogènes interviennent à côté de la dopamine : d'une part, les neurones transmetteurs classiques : le glutamate (excitateur) et le GABA (inhibiteur) ; d'autre part, les neuromodulateurs peptidiques (substance P, CCK, opioïdes et antiopioïdes) et lipidiques (endocannibinoïdes). Chaque situation devant laquelle est placé l'individu provoquerait la stabilisation d'un état émotionnel défini (plaisir, souffrance, peur, etc.) qui constitue une adaptation. Toute rupture d'un état stabilisé conduirait à une situation de stress et d'anxiété. Cet état conflictuel entraînerait un changement de réactivité des effecteurs.

Ainsi va s'inscrire dans le cerveau de l'individu par la stabilisation de réseaux neuronaux particuliers l'histoire singulière qui est la sienne : affective, sociale et culturelle. Cela peut concerner un plaisir naturel et simple comme la fameuse madeleine de Proust, devenue un paradigme universel du souvenir heureux. Des travaux récents en fMRI[14] ont montré que l'anticipation d'une récompense dans le cadre de tests consistant à associer des signaux-images à une épreuve simple de chiffres récompensée par de l'argent entraînait effectivement une activation du complexe mésencéphale-striatum basal, mais aussi celle de l'hippocampe qui intervenait dans la consolidation de la mémoire d'une récompense attendue. On peut en déduire que l'hippocampe de Proust était actif à l'évocation du plaisir jadis ressenti et identifié par lui à jamais comme un stimulus hédonique.

Les comportements compulsifs, notamment ceux liés à l'usage des drogues, représenteraient une parade pour rétablir l'équilibre adaptatif rompu. Le succès pourrait conduire à la répétition (abus), voire à l'addiction. L'observation courante de consommateurs d'alcool montre bien ce caractère adaptatif : « Je me sens mal, je vais boire un coup. »

Je n'insisterai pas sur le rôle du stress prénatal, des privations sociales et des conflits, dans la stimulation des autoadministrations. Une dératisation des études expérimentales sur l'addiction est aujourd'hui possible, notamment grâce à l'imagerie fonctionnelle[15].

ORGANISATION DU SYSTÈME MÉSOLIMBIQUE DOPAMINERGIQUE

Il est définitivement établi que toutes les drogues à risque d'abus (opioïdes, cocaïne, psychostimulants, alcool, cannabis, tabac, benzodiazépines) stimulent le système mésolimbique dopaminergique à ses deux pôles : le noyau accumbens (Nac) ou striatum ventral (partie shell) et l'aire ventrale tegmentale (AVT) où se rassemblent les neurones à dopamine dont l'axone se termine dans la partie en coquille de l'accumbens (Figure 21).

C'est au niveau de l'accumbens que les neurones DA libèrent la dopamine qui engendre une sensation de plaisir en activant une série des réseaux de neurones qui mettent en jeu les manifestations somatoviscérales perçues en retour par le cerveau.

L'activité des neurones de l'AVT est freinée par leur propre libération de dopamine. Ce contrôle négatif est renforcé par le GABA libéré par un interneurone lui-même sous le contrôle négatif d'un neurone libérant des opioïdes. Au final, ces derniers par « inhibition d'une inhibition » renforcent le plaisir (Phillips *et al.*).

Il est possible que les endocannabinoïdes bloquent de façon rétrograde la libération de GABA et renforcent aussi l'action des opioïdes. L'alcool et la nicotine auraient une action comparable. Il apparaît aussi que le système opioïde est au centre des mécanismes de la dépendance aux drogues. Je reviendrai plus loin sur les rôles du système endocannabinoïde.

Des structures cérébrales extérieures au noyau central du plaisir interviennent dans la gestion de ce dernier.

Un circuit, comprenant le cortex préfrontal (cingulum antérieur, cortex prélimbique et cortex orbito-frontal) et l'amygdale latéro-basale, est impliqué par le désir irrépressible (*craving*) pour une drogue.

Un circuit exécutif est responsable de la compulsivité dans la recherche de drogue. Il comprend le noyau accumbens, le pallidum ventral, le thalamus et le cortex orbito-frontal. Le noyau accumbens a un rôle d'interface et d'organisateur. Il permet le passage du désir à l'action et forme le lien entre les fonctions de récompense de l'amygdale et les fonctions motrices de la boucle striato-thalamo-corticale. Cette dernière réciproquement relie le cortex préfrontal au cortex moteur responsable du comportement de recherche compulsive.

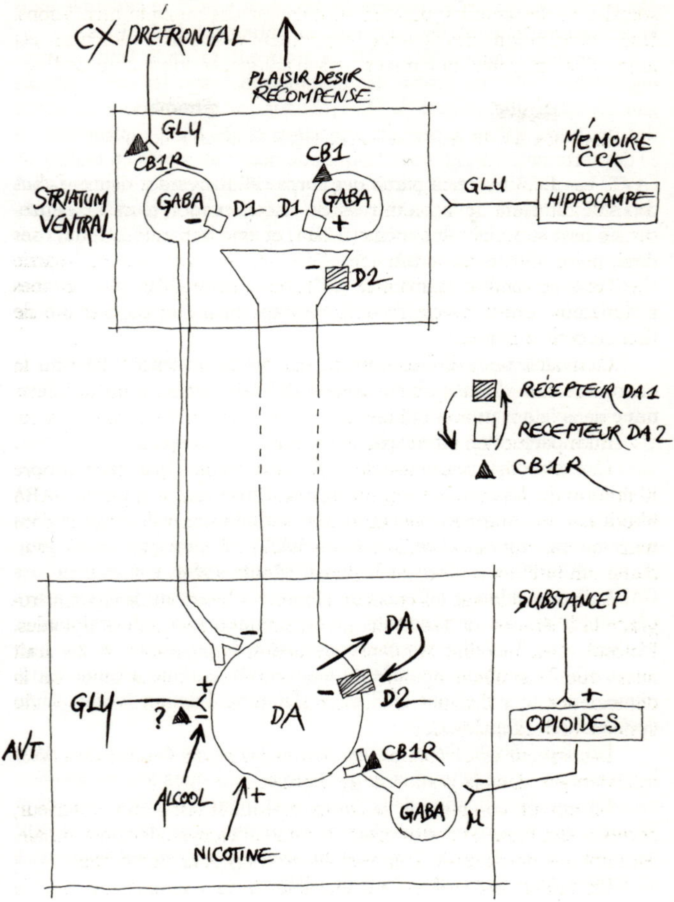

Figure 21. – Schéma du système de plaisir mésolimbique. Légende dans le texte.

Les endocannabinoïdes (ECB), substances naturelles sécrétées par le cerveau qui reconnaissent les récepteurs pour le cannabis dans le cerveau participent, bien entendu, au chœur des hédonistes.

Les sites d'action des ECB se trouvent 1) dans l'aire ventro-tegmentale (AVT) au niveau des terminaisons axonales des neurones gabaergiques intrinsèques à l'AVT, 2) sur les terminaisons axonales des neurones gabaergiques de projection situés dans l'accumbens et 3) des terminaisons glutamatergiques de neurones situés en dehors de l'AVT. Les ECB libérés à partir des corps cellulaires des neurones DA de l'AVT diffusent de façon rétrograde jusqu'aux récepteurs CB_1 situés sur les terminaisons inhibitrices (GABA) et excitatrices (GLU) qui font synapses avec le neurone DA.

Dans ce modèle (Lupica *et al.*[16]), le système ECB joue un rôle modulateur servant à équilibrer la balance entre excitation et inhibition du neurone DA.

Ce modèle ne rend pas compte toutefois de l'absence d'effet d'une micro-injection de cannabinol dans l'AVT sur la libération de dopamine dans le noyau accumbens.

Un modèle situé au niveau de l'accumbens complète le précédent sans le contredire. Les récepteurs CB_1 sont placés d'une part sur les terminaisons collatérales des neurones GABA de projection et les terminaisons des interneurones GABA intrinsèques et d'autres sur les terminaisons axonales de neurones GABA en provenance du néocortex, de l'HPC et de l'amygdale. Les ECB sont libérés par les neurones GABA de projection et diffusent de façon rétrograde sur les récepteurs CB_1 situés sur les terminaisons glutamatergiques et gabaergiques et inhibent ainsi l'activité des neurones GABA de projection et par leur intermédiaire augmentent celle du neurone DA et donc le tonus hédonique. J'insiste sur le fait qu'il s'agit d'une modulation et non d'une désinhibition (Figure 21).

J'ai déjà abordé l'intervention des mécanismes de mémoire dans le phénomène d'addiction, et je ne rentrerai pas dans les mécanismes sous-tendant l'implication de la DA dans la mémoire (voir Raynolds et Wickens[17]), me bornant à insister sur les actions liées entre DA et ECB dans les phénomènes de plasticité au niveau des systèmes hédonistes et dans la désignation des objets de désir.

Le plaisir, tout entier attaché à son œuvre, sculpte sans repos l'argile tendre du cerveau dans laquelle il façonne les figures imposées du désir.

Sourires Duchenne

D'après Duchenne de Boulogne

CHAPITRE 10

Le rire et compagnie

Pourquoi ne pas terminer cette visite aux lieux de plaisir du cerveau qui nous a parfois réservé d'amères déconvenues sur un éclat de rire ? Mais, avant tout, un peu d'humour et quelques sourires.

L'HUMOUR

Tout le monde le vante et se vante d'en avoir, surtout ceux qui en sont dépourvus. Le *Robert* nous dit que c'est une forme d'esprit qui consiste à présenter la réalité de manière à en dégager les aspects plaisants et insolites, parfois absurdes, avec une attitude empreinte de détachement et souvent de formalisme, impliquant la mise en cause de soi-même.

L'humour est la forme amusée de la conscience de soi avec un effet miroir dont il sera question plus loin. Il n'y a pas d'humour sans la participation de l'autre, fût-elle involontaire. L'humour peut être muet, mais il s'accommode assez bien de quelques phrases bien senties : des traits d'esprit qui peuvent être des flèches, mais qui à la différence de l'ironie ne sont pas destinés à blesser.

Dans humour, il y a humeur et ce ne sera pas pour vous surprendre, c'est notre vieille amie la dopamine et ses substrats neuronaux (l'aire tegmentale ventrale et le noyau accumbens) que l'on retrouve activés quand le sujet installé dans sa cage à résonance magnétique nucléaire regarde des dessins d'humour[1]. C'est l'ensemble du système de plaisir qui participe avec la jonction temporo-occipitale du cortex gauche, le gyrus fusiforme, l'amygdale et l'aire motrice supplémentaire, une région que nous retrouverons dans le rire.

L'humour est donc plutôt de gauche en ce qui concerne le cortex et plutôt postérieur temporo-occipital. La participation de l'amygdale et l'augmentation du tonus dopaminergique dans cette structure, grâce à l'humour, sont peut-être de bon aloi pour contrecarrer la baisse de dopamine observée dans la dépression.

Allons, un peu d'humour et ça ira mieux ! Plus facile à dire qu'à mettre en pratique lorsque le pauvre hère est accablé par la noirceur du monde et que sa dopamine amygdalienne est au plus bas. « L'humour est la politesse du désespoir » : même les processus opposants ont de l'humour. « L'humour, dit Freud, a non seulement quelque chose de libérateur, analogue en cela à l'esprit et au comique, mais encore quelque chose de sublime et d'élevé. » Et tout cela pour un peu de dopamine ! Il n'y a pas de quoi sourire.

LE SOURIRE

> « Des motivations suivantes, laquelle vous paraît expliquer le mieux le sourire de la Joconde : illumination et joie intérieure, souvenir d'une idée comique, sensation de chatouille, ironie envers le peintre ou envers le public ? »
>
> Question d'examen de deuxième année de licence de psychologie (université de Bordeaux-II).

Il y a mille façons de sourire. Un sourire est le plus mystérieux des messages que l'on puisse adresser à l'autre.

Les sourires sont des floraisons de l'âme. Ils éclosent pour une première floraison sur le visage du bébé quand celui-ci n'est encore qu'un fœtus dont la psyché à peine ébauchée ne perçoit les tumultes du monde qu'à travers les eaux qui le baignent. Le fœtus sourit à partir du septième mois de grossesse, notamment lors des phases de sommeil paradoxal. À quoi rêvent les fœtus ? Selon Michel Jouvet, ils révisent comme de bons écoliers les instructions contenues dans leur programme génétique : une manière de répétition avant l'entrée en scène et l'affirmation précoce par le bébé de sa petite personne (voir chapitre 4).

Pendant dix à vingt jours, le sourire du nourrisson ne s'adresse à personne ; ce qui ne veut pas dire qu'il n'est pas déjà porteur de sens. Le petit sujet possède une représentation innée de l'acte de sourire dans son cerveau. Les informations venues des muscles qui sourient renforcent sa connaissance intime de ce geste facial et l'accrochage à son état de bien-être. Le sujet connaît son propre sourire de l'intérieur avant de le reconnaître sur un visage. Il faut deux à trois semaines pour que le sourire émanant de son corps coïncide avec celui d'un autre. Ce sourire « social » peut parfois survenir beaucoup plus tard (quatre à cinq mois). Il est déclenché par la vue d'un visage de face et la voix haut perchée, adoptée spontanément par l'adulte qui s'adresse à un nourrisson.

Reconnaissant le sourire de sa mère, l'enfant ne s'adresse d'abord qu'à elle ; plus tard, il sourira aux autres, mais de façon sélective. Le bébé a ses têtes ! À cinq mois, il choisit déjà son interlocuteur et sait moduler et choisir son type de sourire : impatient, satisfait, etc.

Des chercheurs ont étudié le déclenchement du sourire par divers leurres représentant un visage. Un disque blanc orné de deux taches noires suffit à produire un sourire chez un bébé de six semaines. À deux mois, il faut y ajouter les sourcils et vers cinq mois, le trait horizontal de la bouche. Mais rien ne vaut le sourire maternel !

Le sourire de l'enfant attend une réponse. « L'être au monde du bébé » repose sur les mimiques affectives de la mère qui sont l'armature (l'âme) de la sculpture qui prend forme. Confronté à un visage inerte, non réactif, l'enfant perd son tonus et s'affaisse comme une argile molle.

Parmi les formes changeantes, insaisissables, un sourire paraît plus vrai, plus immuable que les autres ; il est ancré dans l'intériorité du sujet. Paul Ekman l'appelle « sourire Duchenne » (*Duchenne smile*) en hommage au médecin-plasticien qui l'a étudié au XIXe siècle à l'aide de la photographie et de l'électricité. Au relèvement des commissures des lèvres par contraction des *grands zygomatiques*, il associe l'intervention d'un muscle superficiel circulaire qui entoure le globe oculaire : l'*orbiculaire.* Ce muscle fait sourire le regard comme la monture d'un bijou révèle l'éclat d'une pierre. Mais, élément important, seule la partie latérale du muscle au niveau de la patte-d'oie se contracte dans le sourire Duchenne. C'est la petite note musculaire qui donne tout son sens à la mélodie. Ce type de sourire est lié à un état intérieur de contentement ou d'amusement. On ne peut dire si c'est le geste souriant qui entraîne la sensation de bien-être ou l'inverse ; la fusion entre l'être et le paraître est ici totale[2].

À côté de ce sourire « vrai », d'autres sourires se produisent : sourire simple de la bouche par relèvement des commissures ; sourire mixte de la bouche accompagné d'une contraction *complète* des orbiculaires ; sourire avec ouverture de la bouche qui découvre les dents, le plus spectaculaire, le plus social, le moins authentique ; sourire mondain avec contact oculaire accentué et cillement des yeux ; sourire unilatéral avec une seule commissure relevée ; sourire asymétrique, une commissure relevée, l'autre abaissée, etc. Tous ces sourires sont ou non associés à un état affectif qui est aléatoire, parfois contradictoire lorsque, par exemple, un sujet triste s'efforce de sourire.

Le sourire Duchenne est involontaire, sans être toutefois incontrôlable. L'acte est ici inséparable de l'état. En le bloquant volontairement, on supprime le sentiment de contentement produit par couplage direct. Il se mêle parfois à d'autres sourires.

Le sourire bouche ouverte n'apparaît pas avant 10-18 mois, lorsque les jeux sociaux se développent. Chez le jeune enfant, jusqu'à 6-7 ans, tous les sourires, Duchenne et autres, possèdent un contenu affectif joyeux. Lorsque l'on demande à des enfants de 6 ans qui assistent à un spectacle de clown de s'empêcher volontairement de sourire, ils suppriment en même temps leur sentiment de joie, attestant ainsi du couplage direct entre vécu et expression. Plus âgés, 8-10 ans, les enfants peuvent parfaitement bloquer leurs rires et sourires tout en continuant de ressentir du contentement intérieur. Ce découplage entre l'être et le paraître traduit les capacités acquises par l'enfant dans l'art de dissimuler et de socialiser ses émotions.

Le groupe de Masters[3] a étudié de façon systématique le jeu expressif de politiciens aux États-Unis et dans différents régimes politiques. François Lelord et Christophe André[4] donnent dans leur excellent vade-mecum des émotions, une illustration de ces travaux qui montre notamment qu'en régime démocratique on pouvait prévoir le nom du candidat victorieux sur la seule analyse de son expressivité faciale. Leur premier exemple est celui d'un mauvais comédien ou d'un homme politique non formé à la démocratie. Le sourire est « vide », réalisé avec seulement les zygomatiques, les yeux restants impassibles ; c'était le cas de Slobodan Milosevic. Le deuxième exemple est celui d'un bon comédien et homme politique habile ; le sourire est « faux » avec contraction des zygomatiques et de *tout* l'orbiculaire (plissement des yeux) ; il est illustré par Richard Nixon. Le troisième exemple est celui d'un comédien excellent, vrai « gai luron » au point d'être lui-même convaincu de sa sincérité : le sourire est de type Duchenne avec contraction des zygomatiques et de la seule *partie externe* de l'orbiculaire ; les yeux « sourient » en même temps que la bouche. C'est le cas chez Bill Clinton.

J'ai pu en faire moi-même l'expérience *a posteriori* lors des élections régionales de 2003. Seuls ont été élus ceux qui souriaient « Duchenne » sur leurs affiches. Il n'y a là rien de mystérieux, seulement l'expression d'une reconnaissance spontanée de la sincérité de celui qui est regardé par celui qui regarde. La fonction de signal est évidente dans un contexte éthologique. L'émission du signal serait en effet innée, précâblée dans le cerveau et correspondrait au sourire de Duchenne. Ce sourire communicant susciterait à sa réception la compréhension de l'autre, sa sympathie.

Une autre interprétation fait intervenir l'extraordinaire capacité d'imitation de l'homme. Devant un sourire, le sujet imiterait spontanément le geste de l'autre. Ce sourire imité induirait par rétroaction directe chez l'observateur-imitateur, un état émotionnel semblant provenir de son propre corps ; autrement dit du bien-être.

Le sourire est un produit récent de l'évolution dérivé à partir du sourire d'un ancêtre commun avec les singes hominoïdes actuels. Mais comment retrouver un sourire fossile ? J'ai eu un ami chimpanzé, Jo, qui riait avec sa vaste bouche fendue sur ses dents blanches ourlées du rose des gencives, mais, en six mois de fréquentation, je ne l'ai jamais vu sourire – et pour cause, un chimpanzé n'a pas les muscles pour sourire : en revanche, lorsqu'il mettait ses lèvres en trompette, en faisant « o o o », c'était à mon tour d'être incapable de l'imiter.

J'ai dit plus haut qu'il était impossible de retrouver le sourire de nos ancêtres ; cela n'est pas tout à fait vrai. Le sourire fossile existe, immortalisé dans la pierre par les mains d'habiles sculpteurs. Le sourire dit primitif parcourt la statuaire de toutes les civilisations naissantes, comme si cette représentation était inscrite dans les programmes génétiques de l'artiste au même titre que le sourire sur la figure de l'enfant qui vient de naître. Manifestation de l'intériorité de l'artiste, le visage sculpté dans la pierre illustre l'équilibre miraculeux de l'être au sein d'un monde en devenir. Malraux le pressent quand il écrit : « Lorsque l'art grec, encore lié à l'Égypte, avait découvert le sourire, il avait découvert aussi un nouvel équilibre du corps[5]. »

Pour conclure, le sourire est, je crois, l'instrument le plus subtil et le plus efficace de cette compassion qui fait de l'homme, un homme. Il est aussi le moteur incomparable de l'amour. « L'amant regarde les yeux de ce qu'il aime, un seul sourire peut le mettre au comble du bonheur, il cherche sans cesse à l'obtenir[6]. » Sourire, c'est offrir le bonheur en partage – marché de dupes quelquefois.

LE RIRE

Le rire est une manifestation sonore qu'accompagnent des mouvements rythmiques de la face et du thorax.[7] Dans sa forme habituelle, le rire s'apparente à une réaction stéréotypée, le plus souvent involontaire et incontrôlable, en réponse à un facteur qualifié de comique. Le phénomène ne peut, toutefois, être considéré comme un simple réflexe moteur, car il est conscient et correspond à une véritable bouffée d'intelligence pure qui nécessite, dit Bergson, une anesthésie momentanée du cœur. Dans tout rire, il y a un calcul de la psyché, un éclair analytique qui vient se briser sur la sinistre opacité du réel. C'est une manifestation spécifiquement humaine, car seul l'homme rit et fait rire. Un objet ne provoque le rire que lorsqu'il est employé de façon maladroite, résiste ou conspire contre son utilisateur. Un animal ou un comique professionnel font rire parce qu'ils représentent des caricatures d'individus familiers ou connus sur lesquelles le rieur peut exercer sa verve intellectuelle. On peut faire rire en lisant *Le Rire* de

Bergson à haute voix ; il suffit d'utiliser un ton décalé dit « Collège de France » ; c'est irrésistible.

Robert Provine a donné une étude scientifique exhaustive du rire à partir de l'enregistrement de 1 200 rires d'hommes et de femmes américains en contexte naturel[8]. Ses observations principales portent sur la fonction sociale du rire. Moins de 20 % des rires étaient des réponses à un effort comique formel. Rien n'est plus sinistre qu'une histoire drôle quand elle ne fait pas rire. La plus grande proportion de rires conversationnels suit des remarques banales et semble liée à une ambiance joyeuse, à un sentiment de groupe et non à de la comédie. Tout le monde a le souvenir de ces réunions d'amis où l'on rit d'un rien, par amorçage en chaîne dans un nuage sonore de bonheur. La contagion du rire repose, en effet, essentiellement sur un phénomène acoustique. Le simple fait d'entendre rire incite les sujets à rire. Provine pense que les humains possèdent des détecteurs auditifs, des circuits neuronaux sensibles uniquement à cette vocalisation typique de l'espèce humaine, couplés à des circuits moteurs générateurs de rire : une action-représentation précâblée dans le cerveau humain.

Robert Provine a fait toutes sortes d'observations concernant le rire que je laisserai de côté, en signalant seulement que les femmes rient plus que les hommes, et il émet l'hypothèse que ce serait un signal de soumission. Du point de vue rythme et organisation sonore, le rire a été bien étudié.

Le rire apparaît en règle générale après une phase de parole et ne l'interrompt pas. Il est donc probable qu'un mécanisme neurologique règle l'emplacement du rire dans la parole ; la priorité d'accès au canal de vocalisation qui est unique est donnée à la parole. Néanmoins, il existe une forme hybride entre parole et rire, où le locuteur rit pendant qu'il parle ; un rire contrôlé consciemment.

Il est à noter que, dans le rire humain, les segments sonores sont produits par l'interruption du courant d'air lors d'une seule expiration. Chez les chimpanzés, il existe une vocalisation que Provine appelle « rire ». Comme le rire humain, elle est composée d'une suite de sons et de pauses, mais les chimpanzés produisent un seul son par expiration et un seul par inspiration. Ils ne sont pas capables de moduler le courant d'air expiratoire. La frontière entre rire et cri n'est pas non plus évidente chez le chimpanzé comme elle l'est chez l'homme.

Une publication fait état d'une zone du cerveau humain située à la face interne de l'hémisphère gauche dans la partie antérieure de l'aire dite motrice supplémentaire. Sa stimulation électrique déclenche un rire associé à un état joyeux du sujet. Le rire obtenu au cours d'une intervention neurochirurgicale à visée thérapeutique était reproductible et la patiente trouvait, à chaque fois, un stimulus extérieur quelconque auquel elle attribuait son rire. Le rire et l'intensité de l'impression subjective étaient proportionnels à l'amplitude de la stimulation électrique. Une telle zone corticale ne semble pas exister chez le singe. Il serait d'ailleurs abusif de parler d'un centre cortical du rire chez l'homme et préférable d'y voir une région stratégique au cœur de l'ensemble des circuits neuronaux impliqués dans cette forme de plaisir qui s'exprime dans le rire. Nous avons vu que cette même région était impliquée dans l'humour.

Un mot encore sur le fou rire, explosion de rire difficile à contenir, qui résulte probablement d'un embrasement progressif des structures corticales un peu à la manière d'une crise épileptique (ou d'un orgasme). Généralement, un tel rire « soulage » et fait du bien. Robert Provine, toujours lui, cite le cas d'une épidémie de fou rire apparue dans une école de Tanzanie, et si communicative qu'elle paralysa un bon moment le système scolaire.

Le rire reste avant tout un mode de communication. Parler de rire communicatif est un pléonasme. Qui dit émetteur, dit récepteur. Le cerveau de l'homme possède des zones réceptrices du rire. Il s'agit des aires auditives et de l'*insula*. L'aire droite paraît activée davantage que la gauche ; observation qui est cohérente avec la nature affective du stimulus. Les deux amygdales sont également impliquées avec peut-être une prédominance gauche.

Ce qui ressort de l'étude du rire montre son caractère unique : il n'appartient exclusivement ni au domaine des émotions, ni à celui des sentiments et encore moins des fonctions physiologiques. Pour ce qui est de la physiologie, on serait bien en peine de montrer une fonction précise du rire : il est peu probable qu'il dilate la rate, cet organe immunitaire, même si on a pu parler de son rôle stimulateur des défenses de l'organisme. Je me contenterai de dire que le rire fait du bien ; qu'il amène une rupture de tension, véritable effet de relâchement tonique qui peut contribuer à lutter contre le stress. Contagieux, il rapproche les individus entre eux et assure une fusion affective de bon aloi – même s'il s'exerce parfois sur le dos d'un malheureux. D'où les « rires en boîte » que les amuseurs de télévision nous infligent… quand ils ne sont pas sûrs de leurs effets !

Cela me conduit à évoquer l'aspect compassionnel du rire[9]. On rit avec les autres, mais on rit aussi de l'autre. Il ne s'agit plus de compassion, mais de cruauté. Le contentement de soi qui accompagne le rire se teinte alors d'un gris qui peut tirer sur le noir. Le rire devient l'ins-

Le rire saint

J'ai pu voir des vidéos des services religieux de Rodney Howard-Brown, la star et l'inventeur du rire saint. Il s'est autoproclamé barman du Saint-Esprit et sert le « vin nouveau » du rire saint. Et il réussit à rendre beaucoup de membres de sa congrégation « saouls de l'Esprit » : beaucoup chancellent ou courent dans tous les sens, d'autres s'écroulent sur le sol en se frappant, en gémissant, en riant, en parlant en langues et en émettant tous les bruits d'animaux possibles et imaginables. La puissance de ces services est telle que certains en sont saisis même sur le parking, où, plaisante-t-il, « il ne faudrait pas les prendre pour des autos tamponneuses placées là par l'église ».
Au cours des services de Howard-Brown, le rire est d'abord déclenché par son humour, puis il survient spontanément, pour former une réaction contagieuse, un « rire en forme de chutes du Niagara ». Les gens viennent à ces cérémonies dans l'espoir de rire et ils s'y prêtent avec enthousiasme lorsqu'il les y invite : « Faites-le sortir de votre ventre comme une rivière d'eau vive. » Le ventre de Howard-Brown en fournit d'ailleurs lui-même un torrent. Il rit habilement de ses propres blagues et réagit souvent de son rire contagieux aux gros éclats de rire des autres, tactique qui expédie sa congrégation complaisante au sommet de l'échelle du rire. Bien que le matériau comique dont il se sert ne soit pas exceptionnel, Howard-Brown est passé maître dans l'art d'exploiter l'effet contagieux du rire – qui est à la base des boîtes à rire et des rires préenregistrés. Il est en quelque sorte lui-même une boîte à rire spirituelle. Aucun comédien n'exploite avec autant de talent le potentiel qu'a le rire de faire rire.

R. Provine, *op. cit.*

trument de la contre-passion : ricanement chargé de ressentiment, suc amer de la haine et de la détestation des autres.

Dans ce domaine des sentiments, le rire n'est pas trop éloigné du sourire qui peut lui aussi être amer, découplé de l'amusement et de la joie. Les expériences de stimulation électrique montrent que l'on passe sans discontinuité du sourire au rire en augmentant l'intensité du courant.

Le rire en solitaire est rare. Un sujet riant en privé de lui-même se vit comme la projection d'un autre qui soudain apparaît risible à ses yeux : il rit de cet étranger et son rire vient briser le ridicule qui menaçait de l'engloutir. Une société capable de rire d'elle-même permet aux individus qui la composent de vivre en paix entre les éclats de rire qui la secouent de temps à autre. J'en veux pour preuve le gigantesque éclat de rire de Mai 1968 qui a sauvé la France de l'ennui.

Ainsi s'achève la visite des lieux de plaisir dans le cerveau. Nous y avons parfois côtoyé la souffrance de l'addiction et la misère la plus noire. Est-ce une raison pour interdire le plaisir ? Que serait une vie humaine sans tentation ? « Si le plaisir est tel dans les choses à nous défendues, il serait à souhaiter qu'au lieu d'un seul ordre, on nous en eût défendu dix[10]*. » Alors notre vie serait un festin où s'ouvriraient les cœurs et couleraient les vins et l'ivresse jamais n'aurait de lendemain. Si seulement l'hydromel coulait dans nos cerveaux au lieu de cette sacrée dopamine !*

CHAPITRE 11

Boulevard Pavlov

« Nous ne faisons qu'obéir à des sifflets à roulette. »
Fodor SOLOGOUB, *Article* (1922).

Le boulevard Pavlov est l'une des artères les plus fréquentées du cerveau, un mélange de Cinquième Avenue et de perspective Nevsky. On y croise les statues des héros qui ont contribué à la gloire du cerveau : le Russe Ivan Pavlov (1849-1939), qui est représenté avec un chien ; l'Anglais Charles Scott Sherrington (1857-1952), qui montre du doigt un chat attaché sur une table de dissection ; l'Espagnol Santiago Ramon y Cajal (1852-1934) assis devant un microscope ; l'Américain John Broadus Watson devant une usine et Eric Kandel (1929), le seul statufié de son vivant, dont on discerne avec difficulté ce qu'il tient dans sa main droite : une sorte de lièvre couché ou un morceau géant d'apfelstrudel ? Parmi les bâtiments du boulevard, outre l'immeuble délabré du parti communiste, on remarque de nombreux instituts de thérapie cognitive, deux ou trois usines de restauration rapide et le très fréquenté Café Nobel, où des étudiants plus ou moins âgés et américains pour la plupart viennent s'enivrer d'aquavit et de bière blonde. Un des instituts est consacré à l'étude et au traitement de l'anxiété. C'est là que se portera notre attention.

POUR QUI SONNE LA CLOCHE OU UN ROI SANS SUJETS

Les réflexes conditionnés vont régner presque sans partage sur les théories de l'apprentissage au cours du XXe siècle. Ils représentent la synthèse entre la théorie réflexe et la doctrine des associations d'idées, conçue par John Locke et David Hume et formalisée sur le plan neurobiologique par David Hartley en 1749. Dans ses « observations sur l'homme », celui-ci propose de considérer que les associations mentales sont le résultat de vibrations qui se correspondent dans les nerfs. Ce que reprend un siècle plus tard Herbert Spencer, qui affirme que « comme tout étudiant du système nerveux le sait, la combinaison d'un ensemble d'impressions ou de mouvements, ou les deux, implique un ganglion dans lequel les différentes fibres nerveuses concernées sont mises en connexion » (*Principes de psychologie*, 1855).

Pavlov et les réflexes conditionnés

C'est au physiologiste russe, I. Pavlov (1849-1936) qu'est due l'importante découverte du « réflexe conditionné salivaire », qu'il exposa en 1903 au Congrès de médecine de Madrid, et qui lui valut le prix Nobel l'année suivante. Pavlov travaillait depuis 1896 sur les glandes digestives, lorsqu'il découvrit la « sécrétion psychique », exemple même d'un « réflexe d'acquisition » (Richet). Qu'un chien salive, si l'on pose sur sa langue de la poudre de viande, est un réflexe naturel. Or Pavlov s'aperçut que la même réaction était « conditionnée » par un excitant quelconque (notamment le bruit d'une cloche), présenté plusieurs fois en concomitance avec le stimulus approprié [...]. Aussi Pavlov avait-il pris l'usage d'opérer dans une « tour de silence » ! Faute de cette précaution, on avait vu un chien, à qui la seule approche de la blouse blanche du préparateur donnait la nausée, et qui refusait de se laisser sangler sur la plate-forme expérimentale, opposant un paradoxal « réflexe de liberté ». Pavlov mit trente ans, après 1905, à établir avec ses disciples (Babkin, Krechevsky, Bykov), les lois du réflexe conditionné, sur la voie ouverte par les travaux de son maître Setchenov sur les « actions réflexes du cerveau » (1863) et de Bechterev sur les « réflexes conditionnés moteurs » (1886). La « réflexologie » constitue une véritable algèbre des réflexes, où intervient, outre l'intensité des stimulations, la valeur affective de leur effet. Une réaction peut ainsi se généraliser à un signal indifférent, qui provoque une excitation ou une inhibition, suivant que le stimulus auquel il a été associé est naturellement agréable ou déplaisant. Le conditionnement peut être aussi positif ou négatif. Deux stimulations d'effets contraires peuvent interférer : leur intensité relative décide alors de l'issue de la compétition. C'est ainsi que le grand physiologiste Sherrington, assistant à une expérience, par laquelle un chien avait été « déconditionné » à l'effet douloureux d'un choc électrique, qui lui annonçait son repas, se serait écrié : « Je comprends à présent la psychologie des martyrs. » Nous avons là un cas d'*inhibition externe* (à l'égard d'un conditionnement négatif). Un réflexe conditionné disparaîtra par *inhibition interne,* s'il n'est pas périodiquement renforcé par le rappel du stimulus absolu. On voit alors le chien manifester du désintérêt et s'endormir. Pavlov mit aussi en évidence les réactions conditionnées chez l'homme. Il expliquait l'acquisition du langage, comme réaction à un signal de deuxième ordre. Il s'agissait, dans l'esprit de Pavlov, de comportements fort complexes, exigeant l'intégrité des hémisphères cérébraux.

Paul de Loye, *Histoire de la psychologie*, Genève, Rencontre, 1965

Comme nous le verrons dans un chapitre prochain, la règle de John Locke sur l'apprentissage par association se retrouve dans son principe même, l'équivalent de ce que l'on appelle la règle de Hebb (1949), dont la fortune dans le milieu des neurosciences est aujourd'hui sans égale[1]. On n'en finit pas de suivre l'omniprésence de la doctrine associationniste dans les neurosciences, je cite toutefois pour la bonne bouche, l'apophtegme d'Ariens Kappers (1936), apôtre de Ramon y Cajal : « Les relations qui déterminent les connexions [entre neurones] sont des activités fonctionnelles synchrones ou immédiatement successives. » Ce sont les conditions mêmes qui déterminent les réflexes conditionnés.

Depuis que Pavlov a décrit ce type de conditionnement, de nombreuses autres formes de réflexes conditionnés ont été décrites. Toutes adressent la question fondamentale pour qui (pour quel sujet) le stimulus conditionné (la cloche) sonne-t-il ? La théorie des réflexes conditionnés confirme la déroute du sujet amorcée par la doctrine associationniste. Désormais, le psychisme apparaît comme un accessoire inutile à une exception près qui ne fait que confirmer mon propos, celle de la « conscience réflexive ».

Dans le conditionnement dit *opérant,* le cerveau au lieu d'associer des stimulations (on aurait dit au XIXe des impressions) associe des réponses, c'est-à-dire des actions. Lorsqu'une action, par exemple appuyer sur un levier (action qui au départ est le fruit du hasard et de l'exploration à laquelle se livre l'animal de son environnement) provoque une récompense (en général de la nourriture ou de la boisson), il y a *renforcement.* Ce qui s'énonce dans la loi de Thorndike dite encore *loi de l'effet :* « Tout comportement suivi d'un renforcement aura sa probabilité de réapparition augmentée si l'issue est bénéfique ou diminuée si l'issue est fâcheuse. » Le psychologue américain, Burrhus Frederic Skinner a popularisé à partir des années 1940 la théorie et en a tiré des applications à l'éducation et à la rééducation visant à faire de l'enfant ou du délinquant une machine à bien répondre.

La réflexologie pavlovienne fut, bien avant le règne des skinneriens, une révélation pour le psychologue américain John Broadus Watson.

Avec Watson et le béhaviorisme, non seulement le divorce de l'individu avec toute subjectivité est consommé, le sujet est bien chassé du cerveau, mais ce dernier lui-même est mis entre parenthèses et considéré comme une boîte noire. Les tenants du béhaviorisme ne contestent pas l'existence de la conscience. Ils considèrent que, tant qu'on ne s'est pas débarrassé des concepts d'esprit et de pensée, on achoppe sur un obstacle épistémologique infranchissable.

Les cognitivistes héritiers des béhavioristes contournent cette difficulté en proposant de « naturaliser l'esprit ». Mais une telle entreprise n'est-elle pas, d'une façon plus catégorique encore, totalement déréalisée ? L'esprit est naturel en soi, la pensée appartient à la nature de l'être, la naturaliser est une tentative aussi vaine que de vouloir peindre

Watson et la naissance du béhaviorisme

Watson fut directeur, dès 1903, à l'âge de 25 ans, du laboratoire de psychologie animale de Chicago, où il étudiait le comportement du rat dans un labyrinthe (1907). Ce dispositif parfaitement classique permet d'augurer, par exemple, si un animal différencie deux couleurs à la façon dont il s'habitue, par dressage, à éviter une allée qui lui est signalée par un indice coloré, et à choisir l'autre. Watson, comme Pavlov, exorcise de la psychologie animale tout anthropomorphisme. Nous ne savons rien de la sensation de « vert » chez l'animal, hors du fait qu'il réagit d'une façon constante à l'incitation d'une certaine longueur d'onde. Watson pensa d'abord qu'on avait intérêt à appliquer à l'étude de l'homme une telle méthode « objective » évitant les équivoques de l'introspection. Il définit la psychologie comme « l'étude des réactions objectivement observables qu'un organisme exécute en riposte aux stimuli eux aussi objectivement observables, venant du milieu ». Jusqu'alors, la psychologie avait pris pour objet la conscience, l'homme intérieur (*the man within*) : elle sera désormais la « science du comportement », selon l'expression de Pillsbury (1904), ou encore une « psychologie de réaction » (Dunlap, 1912), la « science des réactions globales des organismes ». Mais si Watson a pu être appelé le « Descartes de la psychologie » (Naville), c'est parce qu'il a su définir et systématiser, dans son célèbre manifeste de 1913, un courant d'idées éparses dans la psychologie américaine. Cette nouvelle attitude inaugure un point de vue « fonctionnel » et dynamique, s'exprimant par les questions : « Comment cet individu particulier agit-il ? D'après quelles motivations ? » Questions importantes pour celui qui veut appliquer la psychologie aux problèmes pratiques que posent l'éducation, la publicité, la conduite des hommes en général. Le *béhaviorisme* est une psychologie typiquement américaine au service de l'avocat et de l'industriel, de l'agent commercial et de ceux qui sont en contact avec le public. Ce fut d'ailleurs le destin de Watson de quitter l'enseignement et la recherche pour les affaires, en 1924. Mais Watson a commencé par adopter, en 1913, un « béhaviorisme méthodologique » ; il ne nie pas la conscience, il en fait abstraction. Par la suite, après 1919, sous l'influence de la théorie du réflexe conditionné, il professe un béhaviorisme radical, et pour tout dire « ontologique », rejetant « l'être » de la conscience, comme de toute image d'origine centrale, qui ne serait pas la réaction à un stimulus matériel, même implicite (*covert behaviour*). Ainsi la pensée ne serait qu'un « phénomène laryngé ». Notre personnalité, résultat d'une triple organisation (manuelle, viscérale et laryngée), est littéralement construite par les influences du milieu. « Les hommes sont construits et non pas nés. » Rien en nous n'est héréditaire ; ce que nous prenons pour tel est l'effet d'un conditionnement prénatal. « Nous sommes nés hommes et non kangourous. Voilà toute notre hérédité. » Quant à la liberté, elle est aussi fictive que celle du boomerang australien, qui revient à son point de départ, en vertu de sa loi de construction. Watson a montré avec Rayner (1920) comment une réaction affective comme la peur des animaux à fourrure chez un nourrisson pouvait être conditionnée, puis déconditionnée, au gré de l'expérimentateur. Ainsi toutes nos réactions sont apprises : un homme, bien dressé, peut tout faire. C'est le « pari de Watson », qui invite à des considérations optimistes sur l'avenir de l'humanité, dont *Le Meilleur des mondes* d'Aldous Huxley nous donne un avant-goût.

Paul de Loye, *op. cit.*

la mer en bleu. Je parle de la mer et non de sa représentation. On connaît l'histoire de ce poète chinois qui s'est noyé dans la rivière qu'il venait de peindre. Trochu avait l'habitude de dire que naturaliser l'esprit, c'est comme naturaliser un animal sauvage, autrement dit l'empailler.

Nous verrons cet esprit, sans esprit, à l'œuvre dans les mécanismes de l'anxiété, notamment dans le « modèle réduit » de l'anxiété, l'aplysie à laquelle Eric Kandel a consacré l'essentiel de son œuvre scientifique. Il y sera à nouveau question du problème du sujet et de la prégnance de la théorie réflexe sur la pensée neurobiologique.

UN MOLLUSQUE ANXIEUX

Rien dans les constellations du ciel ne laissait prévoir la rencontre d'un Viennois imprégné de judaïsme et de psychanalyse, plongé dès l'âge de 9 ans dans l'ébouriffante diaspora new-yorkaise, et d'un étonnant mollusque de mer nommé aplysie. Ce fut une sorte de coup de foudre. Lequel des deux parle de l'autre dans ce portrait : « Fier, attirant et, de façon évidente, hautement intelligent » ? Celui qui parle, bien sûr, c'est Eric Kandel. Je lui laisse le soin de décrire l'admirable animal : « L'aplysie avait été décrite pour la première fois par Pline l'Ancien dans son travail encyclopédique *Historia naturalis,* rédigé au Ier siècle de notre ère. Gallien l'a mentionnée à nouveau au IIe siècle. Ces érudits l'appelaient alors *Lepus marinus* ou lièvre de mer car, lorsqu'elle reste immobile et contractée, elle ressemble à un lièvre. Lorsque je me mis à examiner l'aplysie par moi-même, je découvris, comme d'autres avant moi, qu'elle relâchait de grandes quantités d'encre violette lorsqu'elle était dérangée. On pensait à tort autrefois que cette encre était la pourpre impériale utilisée pour teindre les bandes sur les toges des empereurs romains (la pourpre impériale était en fait sécrétée par le coquillage *Murex*). En raison de la tendance de l'aplysie à émettre de l'encre de façon aussi abondante, certains anciens naturalistes pensaient également qu'elle était sacrée[2]. » Je dois à la vérité de dire que l'aplysie est pour moi aussi une vieille relation. Nous nous sommes connus sur le bassin d'Arcachon[3] pendant la guerre de 1940. Chaque année, mes parents m'expédiaient pour prendre le bon air du « bassin » dans une famille de marins pêcheurs. Je passais mes journées à gambader sur les parcs à huîtres découverts par la marée. J'étais fasciné par l'étrange faune que je découvrais. Mon attention allait surtout vers une bestiole molle et assez informe que j'aimais prendre dans mes deux mains réunies. Les pêcheurs l'appelaient « pisse-vinaigre ». C'était une compagne de jeu passive et complaisante une fois qu'elle avait émis son encre rouge. Je réalise aujourd'hui combien son surnom lui convenait depuis que l'illustre mollusque nobélisé à Stockholm[4] est devenu le modèle biologique de l'anxiété. Qu'est-ce qu'un anxieux sinon un pisse-vinaigre ?

C'est une manifestation universelle chez tous les animaux des plus simples au plus complexes d'opposer des mécanismes de défense et la fuite à une menace venue de son environnement. A-t-on pour autant le droit de parler d'anxiété ou de peur chez un animal manifestement dépourvu de psyché ? Bien sûr, l'aphorisme de William James : « Je cours, je m'enfuis, donc j'ai peur » est objectivement acceptable, mais où se trouve le « sujet » qui a peur ? On pourrait certes parler d'*inconscient cérébral*, ce qui n'a pas grand sens en l'absence d'une conscience (je préfère parler de psyché) affectée par le corps menacé. Malgré sa très grande intelligence, l'aplysie est un robot, car elle ne dispose pas de sentiments à offrir en partage et d'autres sensations que celles qui se réfléchissent après plus ou moins de complications dans ses actions motrices. Vous me direz : qu'en savez-vous ? Je vous l'accorde, car je ne peux me projeter à l'intérieur d'un ganglion du système nerveux de l'aplysie. Mais, à moins de prêter de l'esprit à la cellule R2 du ganglion abdominal (si grosse, si facile à pénétrer avec une électrode), je ne vois pas d'espace où l'esprit puisse se glisser dans un neurone ou dans une synapse. C'est l'impasse sur laquelle s'est achevée la carrière de John Eccles, père fondateur des neurosciences modernes en prônant le concept de « neurone psychique ».

La théorie réflexe reste le paradigme fondamental comme je l'ai indiqué précédemment. Elle n'exige qu'un ou plusieurs stimuli et des réponses[5] ; il n'y a aucune place pour le double jeu (je) dans les structures où s'organisent ces dernières. La subjectivité reste étrangère à l'individualité neuronale qui repose sur un dialogue muet avec l'environnement.

KANDEL ET LA MACHINE À APPRENDRE[6]

Qu'elle soit spontanée ou apprise en laboratoire, l'anxiété selon Kandel entre dans le cadre général des réflexes conditionnés de type pavlovien. Ceux-ci auxquels s'ajoutent les phénomènes d'*habituation* et de *sensibilisation* font partie des processus utilisés par un organisme pour apprendre – ce que les psychophysiologistes appellent un apprentissage (*learning*).

Des centaines de millions d'années nous séparent, l'aplysie, vous et moi, de notre ancêtre commun. De cet antique animal à jamais disparu, nous avons hérité d'une organisation neuronale qui sous-tend la réaction de peur (on peut aussi l'appeler anxiété) devant une menace. L'évolution a su conserver, grâce à la sélection naturelle, ce programme essentiel à la survie d'un animal dans un monde hostile. L'anxiété correspond à ce que celui-ci ressent (ses impressions, aurait-on dit au XIXe siècle), la peur et ce qu'il en laisse paraître dans ses actes (Figure 22).

Notre Arcachonaise, comme sa cousine californienne utilisée par Kandel[7], possède un système nerveux formé de 20 000 neurones. À la différence des vertébrés, ceux-ci ne sont pas rassemblés dans un cerveau unique où sont centralisées les commandes, mais répartis entre plusieurs ganglions reliés entre eux et contrôlant chacun des fonctions différentes. Ces modèles réduits sont sans égal pour l'étude des mécanismes de base de réseaux de neurones. Le passage de la structure à la fonction appelle autant de retenue. Darwin a bien montré la continuité des émotions de l'animal à l'homme. Cela paraît vérifiable dans le cas de la peur chez l'aplysie. Je ne peux m'empêcher de penser à l'aplysie lorsque j'observe un de mes amis en avion, collé contre siège, la bouche et les membres rétractés, la respiration rentrée, etc. Mais que dire du comportement sexuel de l'aplysie : celles-ci sont hermaphrodites, capables d'être à la fois mâles et femelles et forment souvent des chapelets copulatoires, tels ceux représentés sur la figure. Lorsque nous explorerons dans le chapitre consacré « aux chemins de l'amour » la sexualité de l'homme, il ne sera donc pas question d'avoir recours au modèle aplysie. Restant dans le domaine des émotions, j'ai également quelques difficultés à parler de la tristesse d'Aplysia, malgré l'élégance romantique de sa marche chaloupée et son âme à vague qui ne sont pas sans évoquer la tristesse d'Olympio.

Je ne consacrerai, hélas, que quelques lignes à des travaux qui recouvrent un quart de siècle et qui ont permis de comprendre les bases moléculaires de l'apprentissage et de la mémoire fondées sur le principe que les formes élémentaires de ces mécanismes essentiels du système

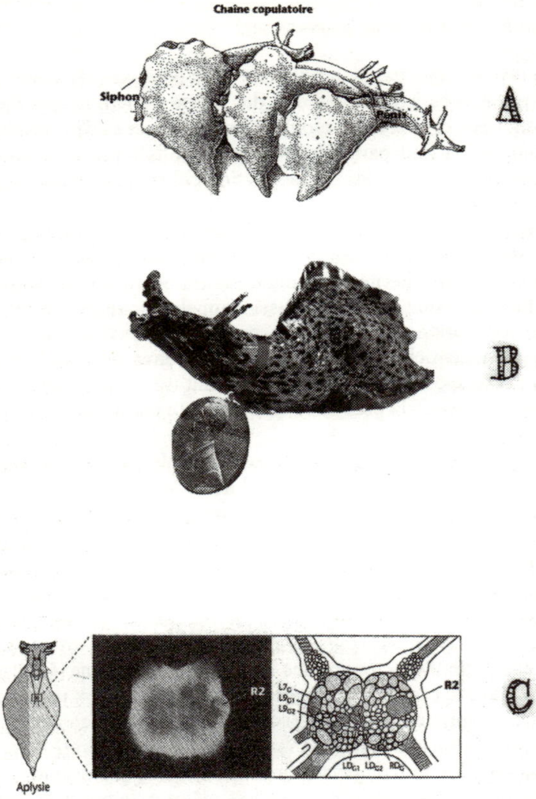

Figure 22. – L'APLYSIE : A. copulation ; B. le prix Nobel ; C. le ganglion abdominal (E. Kandel, *op. cit.*)

nerveux sont conservées par l'évolution. Un stimulus de faible intensité, une légère tape appliquée sur le siphon, provoque un réflexe de défense dont les circuits nerveux sont parfaitement identifiés dans le ganglion abdominal permettant l'étude électrophysiologique et biochimique de ses différentes composantes cellulaires.

Les circuits nerveux contenus dans le ganglion abdominal se résument à 6 neurones *moteurs* qui commandent la contraction de la branchie et à 24 neurones *sensoriels* sensibles au toucher qui s'« articulent » de façon monosynaptique avec les premiers : l'arc réflexe est ici réduit à sa plus simple expression, 2 neurones communiquent par une synapse (Figure 22). Mais rien n'est jamais aussi simple dans le cerveau, fût-il celui d'une aplysie. Les neurones sensoriels ont aussi des contacts indirects avec les cellules motrices par l'intermédiaire d'*interneurones* excitateurs ou inhibiteurs. C'est tout ! Comment comprendre la variabilité des comportements produits par un système aussi rigide et apparemment invariable ? La réponse est donnée par un mot clé : la *plasticité*. Cette propriété concerne l'efficacité même de la transmission synaptique que ce soit directement au niveau de la synapse principale sensori-motrice (amplification ou freinage qui s'exerce soit sur le versant présynaptique, soit sur le versant postsynaptique) ; soit indirectement grâce à des modulations exercées par l'intermédiaire des interneurones.

On distingue ainsi une *inhibition à court terme* lors de l'habituation qui se situe au niveau de la synapse principale, une *facilitation à court terme* qui implique la mobilisation des interneurones et l'intervention d'un neurotransmetteur, la *sérotonine*, dont nous avons déjà entendu parler dans le cerveau humain. Tous ces phénomènes se déroulent au niveau des synapses.

Il existe aussi une *facilitation à long terme* dans laquelle les synapses *se souviennent* longtemps et qui nécessite l'intervention du noyau de la cellule avec ses acides nucléiques qui permettent la synthèse de nouvelles protéines responsables du remodelage et de la croissance de nouvelles connexions synaptiques. Tous les chaînons (on parle de cascades de transduction), qui font par une sorte de passage de témoin communiquer la synapse avec le noyau et permettent l'expression de nouveaux gènes (facteurs de transcription), sont peu accessibles à la compréhension si l'on ne dispose pas d'un vocabulaire sans lequel le visiteur du cerveau risque de se perdre. Quittons donc l'aplysie. S'il vous arrive d'en croiser une sur une plage, ayez une pensée émue pour cet animal marin non comestible, mais dont la contribution à la connaissance de la mémoire vaut bien celle de la madeleine de Proust.

LE CARREFOUR DE LA PEUR

Tous les animaux naissent la peur au ventre et se comportent de façon semblable face à un danger : ils s'immobilisent, leur respiration devient haletante, le cœur bat la chamade en proie à un véritable orage « sympathique » avec sa libération d'adrénaline dans le sang et la mobilisation des ressources du corps en vue d'une éventuelle réaction (la fuite ou l'affrontement). Cette peur ancestrale est innée ;

elle appartient à une mémoire d'espèce qui permet de reconnaître les prédateurs et autres dangers : les *araignées*, les *carnivores*, les *serpents* ou tout simplement les ténèbres ou encore le tonnerre. Mais la peur s'apprend aussi par conditionnement – ce qui implique par ailleurs que l'on puisse la soigner par déconditionnement.

L'apprentissage de la peur est une forme de conditionnement classique. Il associe la présentation répétée d'un stimulus conditionnel neutre, une image ou un objet apaisants, avec un stimulus inconditionnel, comme un choc électrique traumatisant, jusqu'à ce que la peur s'installe dès la présentation de l'image ou de l'objet. Chez l'homme, l'exemple le plus célèbre de conditionnement de la peur est celui que John Watson, le père du béhaviorisme américain, et sa collaboratrice Rosalie Rayner infligèrent au petit Albert, un enfant de 11 mois. Comme tous les bébés, Albert était effrayé par un bruit soudain et intense (stimulus inconditionnel). Comme tous les bébés, Albert n'avait aucune aversion particulière pour les rats blancs qui ressemblaient à une peluche (stimulus conditionnel). Lorsque ceux-ci s'approchaient et que le petit Albert faisait mine de les saisir, Watson et Rayner, cachés derrière le berceau de l'enfant, assénaient un grand coup de marteau sur une barre de fer. Après seulement sept de ces associations, le petit Albert poussait des cris de terreur à la seule vue des rats blancs.

La peur peut créer chez l'homme une véritable pathologie que les psychiatres américains n'ont pas manqué de classifier dans leur *Diagnostic and Statistical Manual* (DSM-IV.R). Il s'agit de 1) l'*attaque de panique :* épisodes récurrents inattendus et brutaux de palpitations, sueurs froides, nausées, tremblements, respiration brève, peur de mourir ou de perdre tout contrôle de la réalité ; 2) le *syndrome de stress post-traumatique* qui concerne des patients revivant des événements vus ou vécus de terreur ou d'horreur ; 3) la grande famille des *phobies* avec ses *syndromes d'anxiété sociale* en présence de situations inhabituelles ou des *phobies spécifiques* (vol en avion, foules, animaux, etc.).

Au cœur de ces manifestations spectaculaires de l'anxiété et de la peur, on trouve une petite région du cerveau, en forme d'amande d'où elle tire son nom latin *amygdalum.* Sans vouloir simplifier à outrance, on pourrait dire que cette amygdale est un ganglion abdominal d'aplysie, un petit cerveau, noyé dans la profondeur du lobe temporal du grand cerveau ; un véritable carrefour où se rencontre ce qui cause notre peur et où s'organisent les réponses de notre cœur, les commentaires, les raisons de notre entendement et finalement la mémoire que nous garderons de ces événements et qui contribuera à façonner notre imagination et nos façons de raisonner. Joseph Le Doux, de

Soigner l'anxiété

Il n'y a pas de remèdes universels pour traiter l'anxiété, d'autant que celle-ci se manifeste sous des formes cliniques variées et de sévérité inégale. Il est généralement recommandé d'associer dans les formes invalidantes, une thérapie comportementale d'inspiration cognitive et un traitement médicamenteux. Pour ce dernier, de façon paradoxale, ce ne sont pas les « anxiolytiques » qui sont prescrits agissant sur les récepteurs du GABA (type benzodiazépines), mais des inhibiteurs de la recapture de la sérotonine qui entrent dans la catégorie des antidépresseurs comme la *fluoxétine* ou préférentiellement la *sertraline* et la *paroxétine*. La *venlafaxine*, inhibiteur mixte de la sérotonine et de la noradrénaline, est particulièrement indiquée dans l'anxiété sociale.

Les thérapies comportementales font appel à des techniques de déconditionnement (désapprentissage de la peur) associées à diverses méthodes de relaxation, des exercices de respiration contrôlée, etc. Les anxiolytiques qui induisent une dépendance ne doivent être utilisés que comme thérapie d'appoint et pour des durées brèves.

Désapprendre la peur est un long travail sur soi-même qui nécessite la mobilisation de ses ressources cognitives. Le malade reste son premier thérapeute.

l'Université de New York, est à l'amygdale du rat ce qu'Eric Kandel est à l'aplysie. Il a étudié les voies nerveuses qui relient le stimulus conditionnel (un son, une lumière) et le stimulus inconditionnel (un choc électrique) par l'intermédiaire du thalamus sensoriel, au noyau latéral de l'amygdale qui projette ensuite sur le noyau central d'où se fait la réponse émotionnelle par l'intermédiaire de l'hypothalamus. Il s'agit là d'un réflexe conditionné des plus classique dont la circuiterie et les neuromédiateurs qui y sont impliqués ont été bien étudiés par Le Doux. Cette réponse est immédiate, inconsciente et résiste à tout contrôle rationnel qui viserait à l'arrêter. À côté de cette peur incontrôlable, on ne peut manquer de souligner le fait que l'amygdale envoie les informations à des structures associatives comme le cortex préfrontal et à l'hippocampe qui fait intervenir la mémoire. À ce titre, l'anxiété participe au grand jeu de la vie psychique. L'amygdale sait lire la peur sur le visage et dans le comportement de l'autre. C'est peut-être une des raisons de la contagiosité de la peur. Est-ce à dire que la peur sera vaincue et l'anxiété ou l'angoisse, ce mal à vivre, seront vaincus, lorsque l'on connaîtra l'intimité chimique et computationnelle des circuits nerveux impliqués ? Je laisse cet optimisme une fois de plus à Eric Kandel aujourd'hui engagé dans la recherche appliquée : « On ne croit plus aujourd'hui que seules certaines maladies affectent les états mentaux par le biais de modifications biologiques du cerveau. De fait, le précepte sous-jacent de la nouvelle science de l'esprit est que tous les processus mentaux sont biologiques – ils dépendent tous de molécules organiques et de processus cellulaires qui s'accomplissent au sens propre "dans nos têtes". Par conséquent, tout trouble ou altération de ces processus doit également avoir une origine biologique » (E. Kandel).

Voilà qui rend bien dérisoire l'angoisse métaphysique soupçonnant la présence de la mort dans la vie, celle du néant au cœur de l'existence comme un des traits opposant l'homme à l'animal. L'angoisse n'est-elle pas fondatrice de toute pensée quelle que soit l'école à laquelle celle-ci appartient ? Ce n'est pas demain que la contemplation d'un ganglion d'aplysie abolira l'affirmation de Heidegger : « L'angoisse est la disposition fondamentale qui nous place face au néant. » Ce qui ne nous empêchera pas de prendre nos pilules de paroxétine ou de sertraline, lorsqu'une intolérable anxiété transformera notre vie en enfer.

FOCUS 6

Du positivisme en biologie[1]

ALAIN PROCHIANTZ
professeur au Collège de France,
membre de l'Institut

Comment ne pas se pincer quand on entend d'éminents savants continuer de dépenser une énergie considérable en un combat gagné de longue date, convaincus qu'ils sont que la grande affaire, la der des ders, est de réduire (joli terme ma foi) la physiologie à sa base physico-chimique, faute de quoi vous serez vitaliste, mon cher. Anathème, anathème ! Comme si le seul projet authentiquement matérialiste (le leur bien entendu) était la description du vivant à l'échelle moléculaire et sa subséquente mathématisation.

En fait on ne peut comprendre ce qui se passe aujourd'hui dans le domaine des sciences biologiques si on n'intègre pas cette vision de la biologie comme théâtre d'une lutte dans la théorie. D'un côté, nous voyons la longue tradition que je viens d'évoquer à travers Bernard, Haeckel – et combien d'autres ! – se cristalliser théoriquement autour de la notion de gènes de développement qui, j'y reviendrai, lie la physiologie au développement et à l'évolution, faisant entrer celle-ci dans le champ des sciences expérimentales. De l'autre, nous prenons acte d'un discours parallèle, voire antagonique, fondé sur une tradition philosophique qui dénie à la biologie toute indépendance théorique et qui, prompte à lui imposer des théories importées de la physique, la réduit à la triste position d'être comme en dehors d'elle-même, dépossédée.

Dans la ligne d'un positivisme classique, cette autre conception pose la physique en horizon des sciences du vivant et fait de la mathématisation le critère ultime de la scientificité. Dans cette conception, la biologie, lorsqu'elle traite de la reproduction et de l'évolution des formes du vivant, reste une métaphysique. Cette philosophie fut reprise et étendue par le Cercle de Vienne qui, sur la base de l'universalité des règles de la logique mathématique, rejette la métaphysique et l'introspection psychologique. En biologie, le *Manifeste du Cercle de Vienne* fait référence au béhaviorisme comme doctrine répondant aux critères modernes de scientificité. Ce jusqu'au début des années 1940, période au cours de laquelle la pauvreté de l'approche purement logique du stimulus-réponse apparut si évidente que la nécessité toute bernardienne de plonger le scalpel dans le cortex devint aveuglante.

1. Extrait de A. Prochiantz, *La Biologie dans le boudoir,* Paris, Odile Jacob, 1995.

Et cette direction eût sans doute été prise avec plus de vigueur, n'eût été, sur fond de guerre et de codes secrets, l'irruption des systèmes de calcul – géniales machines de Turing ou de von Neumann – dont la construction est fondée sur la logique mathématique, celle-là même dont le Cercle de Vienne a fait son point de référence scientifique et philosophique. Ces « machines qui pensent » apparaissent dès lors comme des modèles de cerveau. Elles fonctionnent selon des règles logiques dont il est inféré qu'elles sont celles des machines cérébrales vivantes. À partir de là, et malgré les nombreux glissements qui apparaîtront dans l'assimilation du cerveau à la machine, il est clair que, pour nombre de philosophes et de scientifiques, l'ordinateur est devenu une représentation du cerveau. Il s'agit même d'une double représentation : la logique du cerveau est celle de la machine en même temps que la construction du cerveau, son câblage neuronal, est assimilée à celle des ordinateurs. Malgré les précautions oratoires qui invoquent le plus souvent la complexité du vivant, la philosophie de la démarche est claire, illustrée par l'utilisation par les spécialistes des machines intelligentes du terme même du réseau de neurones.

La nécessité de décortiquer la machine réelle, le corps vivant, passe de nouveau en arrière-plan du programme positiviste. Pire, on étudiait le comportement des animaux, eh bien, on s'intéressera à celui des « animats ». À qui fera-t-on croire qu'une représentation peut devenir un modèle ou une théorie, sinon à ceux-là mêmes qui sont assez naïfs ou ignorants pour gober sans sourciller qu'il suffit de mettre des poils à un ordinateur ou à toute autre machine réelle ou virtuelle pour devenir – *ipso facto* – biologiste et théoricien du cerveau ?

Qu'est-ce donc qu'une théorie du vivant ? Y a-t-il place, à côté des théories mathématiques et physiques, pour une théorie biologique indépendante ? Peut-on accepter le propos de sens commun qui voudrait qu'affirmer l'indépendance théorique de la biologie signifie que l'on refuse l'application des théories et des méthodes de la physico-chimie à l'étude du vivant et que l'on invoque un quelconque principe vital ? Doit-on renoncer, face au terrorisme physico-réductionniste, à la mise en place de constructions conceptuelles adéquates et spécifiques qui définissent historiquement une théorie biologique ?

Les enjeux philosophiques et scientifiques de ce débat sont illustrés par ce qui se donne depuis plusieurs décennies comme une discipline en émergence : les sciences cognitives. Cette « discipline » ne constitue pas une grande famille ouverte sur une pluridisciplinarité de rêve. Comme toutes les familles, elle est une machine qui fonctionne à la fois sur le rassemblement et sur l'exclusion, et les exclus sont, très précisément, ceux qui rejettent l'adhésion quasi religieuse à l'empirisme logique, qui est le credo de ce rassemblement interdisciplinaire et qui, aujourd'hui, comme en son temps le matérialisme dialectique, se fonde sur une scientificité autoaffirmée pour dire le droit et faire la police dans le domaine des sciences cognitives, et à vrai dire dans toutes les sciences.

Les Chemins de l'Amour
Musique de
FRANCIS POULENC
VALSE CHANTÉE PAR
YVONNE PRINTEMPS

CHAPITRE 12

Les chemins de l'amour

« Chemins de mon amour
Je vous cherche toujours
Chemins perdus vous n'êtes plus
Et vos échos sont sourds
Chemins du désespoir
Chemins du souvenir
Chemin du premier jour
Divins chemins d'amour. »

Valse extraite de *Léocadia*,
pièce de Jean Anouilh,
musique de Francis Poulenc.

Amour, toujours : probablement la rime la plus ringarde de la poésie française. Mais les mots ne sont jamais là au hasard. Avec l'amour, c'est bien l'éternité qui apparaît à l'horizon de l'humain. *L'éternité n'est pas de trop* titre le magnifique roman d'amour de François Cheng[1]. Notre cerveau, maître du temps, nous permet de connaître la vie éternelle sur cette terre en nous donnant l'amour en partage, alors que nos pas nous entraînent sur les chemins de la mort : Amor, à mort, « encore des mots », pour paraphraser Dalida, chanteuse culte de notre nation de demeurés.

Le cerveau est l'organe de l'amour ; j'entends l'amour sous ses formes charnelles, mais aussi bien sous ses apparences célestes – le septième ciel lui étant généralement réservé.

En suivant les chemins de l'amour, notre voyage dans le cerveau va changer de sens. Nous quittons les sous-sols, entresols et rez-de-chaussée pour visiter les étages nobles et leurs appartements : là où les instincts s'habillent en sentiments, où les impressions et les sensations deviennent perceptions et représentations ; où même les objets et les faits sont cultivés ; où sont réglées nos conduites et jusqu'au moindre de nos actes ; lieux de mémoire et de savoir, enfin, qui font de nous des *Homo sapiens*.

L'amour est ce *moment*[2] de bascule où l'homme, au lieu de subir le sens des choses, devient donneur de sens. Que ne va-t-il pas inventer, ce faiseur de mythes pour expliquer ce mystère divin de s'accoupler à l'autre ? C'est un trait profond de l'humain de ne pas se limiter à lui-même, lui qui paradoxalement pousse l'individuation à son degré extrême. Un élan le porte vers un autre que soi.

L'homme se pose deux questions : celle de l'autre qui est son semblable et celle de la verticalité qui impose le face-à-face intégral des corps et la vision de sa propre image reflétée dans l'œil de l'autre. En élevant son regard au-dessus de son corps, l'humain change radicalement la nature de l'accouplement. Par l'amour – peu importe que celui-ci passe ou non par le mélange des corps –, « il apercevra subitement, une certaine beauté d'une nature merveilleuse ». Comme le remarque Jean-Pierre Vernant[3], Éros ouvre la voie qui mène à la révélation bouleversante du beau en soi, « en ce point de la vie qui pour un homme vaut la peine de vivre : quand il contemple la beauté en elle-même ».

L'Éros chez Platon est créateur du beau et du vrai. Avec l'amour vient la beauté, son associée, et voici que notre voyage dans le cerveau abandonnant les profondeurs obscures nous mènera bientôt sur les hauteurs hémisphériques d'où la vue est sublime.

J'ai déjà insisté sur le besoin de l'autre. Qui dit besoin, dit manque. Et nous retrouvons notre vieux compagnon de voyage en sous-sol : le désir, expression du manque qui devient inéluctablement désir de possession. Celui-ci annihile l'amour divin qui rejette l'amour charnel dans l'enfer de la concupiscence. Possession égoïste qui est à son acmé dans l'amour de Narcisse pour sa propre image. Pauvre Narcisse malheureux de n'être pas différent de lui-même : (*ipse ergo sum*) victime de son impossible désir de soi.

Mais le risque de retomber dans les profondeurs de l'animalité reste permanent dans l'amour. Un de mes amis que sa connaissance du grec n'empêchait pas d'être parfois vulgaire me disait que ce n'était pas en voulant rejoindre son visage dans le miroir de l'eau, mais son propre derrière d'éphèbe que Narcisse s'était noyé. En somme, un bain de siège qui a mal tourné, concluait-il dans un éclat de rire à faire rougir Socrate.

Au sexe corps à corps, l'homme a substitué l'amour face à face dans lequel l'un et l'autre s'interpénètrent et se comprennent par la médiation du visage à travers la percée du regard. L'éprouvé de la chair reste animal et impose ses contraintes biologiques, mais l'objet premier du désir de l'homme est l'homme. Alors le désir devient amour, c'est-à-dire compréhension et pénétration réciproques[4]. Cette compréhension typiquement se fait par la parole que celle-ci soit dite ou figurée : « la vision du visage, selon Levinas[5], n'est plus vision mais audition et parole » et mon être « envisagé » parle à l'autre qui m'écoute. Les amants se parlent, « Paroles, paroles », mais sous le discours amoureux, le corps impose sa présence.

Définir l'amour

« Aimer, c'est se réjouir. » La formule d'Aristote est peut-être trop belle pour être toujours vraie : « Il n'y a pas d'amour heureux », se lamente Aragon. Je souscris facilement à l'énoncé de Spinoza : « L'amour est une joie qui accompagne l'idée d'une cause extérieure », en précisant qu'il s'agit d'amour et non simplement de désir et que cette cause extérieure est « l'autre » cher (chère) à l'âme de l'amant(e). J'insiste sur cette fusion de l'amour et de la joie – l'amour traçant le chemin de la joie – qui se consomme (se consume ?) dans l'autre. Peut-on parler d'amour de soi : une forme rentrée du désir, orpheline de l'autre et comme enfouie dans sa propre chair – auto-amour, amour triste : il n'y a pas de place pour la joie dans ce désert de l'amour ?

Cette définition de l'amour appareillé à la joie est peut-être trop sublime pour être honnête, car elle veut une éternité à laquelle son être aspire, mais que mon âme agitée redoute. Je crains en effet qu'à la longue l'éternité ne dégage un ennui qui fasse regretter la mort (ce que l'on appelle un ennui mortel). On peut, bien sûr, selon les préceptes nietzschéens, faire tenir l'éternité dans un instant ; mais que faire l'instant d'après ?

La définition de l'amour que donne Platon dans le *Banquet* est plus réaliste, car fondée sur le manque. L'amour est désir et le désir est manque. Selon Platon, « ce qu'on n'a pas, ce qu'on n'est pas, voilà les objets du désir et de l'amour ». Diotime explique à Socrate la nature et le caractère de l'Amour par son origine. Il n'est qu'un *daimôn,* un être intermédiaire entre les dieux et les hommes, entre les immortels et les mortels. Né le jour de la naissance d'Aphrodite, il est épris de la beauté. Fils de Pénia (qui veut dire « pénurie et manque »), il est toujours pauvre et mendiant. Fils de Paros (qui signifie « expédient »), il est rusé et créatif. Dans ce dernier aspect du désir/manque, on retrouve la précession de l'état sur l'acte. Je dirai avec Plotin que « c'est le désir qui engendre la pensée ».

Le désir tel qu'il s'exprime dans l'amour implique que son objet soit en même temps sujet. L'autre ne peut être totalement impassible comme le serait un objet de désir matériel ; il possède sa propre psyché dont le *je* amoureux reconnaît l'existence qu'il éprouve dans sa chair.

Le désir dans l'amour s'alimente du manque qu'entretient le besoin de l'autre. Il n'est pas différent du désir qui s'exprime sous sa forme animale et dont j'ai décrit plus haut les mécanismes physiologiques. La catégorie de l'absence est en revanche spécifique de l'homme et ne s'exprime apparemment pas chez le singe ou le rat. Il y a en effet une différence majeure entre l'absence – anéantissement de l'être là pour l'homme – et le manque qui est appareillé au besoin. L'absence étouffe le désir et révèle la souffrance.

Un exemple très particulier me permet de souligner les confins incertains entre la chair et la psyché. Chez le drogué, on parle de manque, celui-ci traduit la mise en jeu dans le cerveau des processus opposants dont il a été question plus haut. On devrait dire plutôt absence à propos de l'insupportable souffrance

du toxicomane – absence de l'objet aimé, cet autre imaginaire tant désiré : la drogue.
Sous la rubrique de l'amour, on range aussi ce que les Grecs appelaient *philia* que l'on peut traduire par « amitié » à condition d'y inclure la famille et le couple. C'est un amour sans manque ; amour aimable, pourrait-on dire. L'amitié comme toute autre forme de compassion obéit aussi au principe de pénétration réciproque. Il n'y a pas d'amitié qui marche à sens unique : l'amitié ne fonctionne pas sur le manque, mais sur le partage ; l'échange, le don de soi fondé sur une connaissance de l'autre : « Parce que c'était lui, parce que c'était moi. » Mais il s'y mêle toujours quelque chose de l'élément opposant – posséder ce que l'autre a en propre. Il y a donc l'envie échangée dans toute amitié. Celle-ci est plus douce que l'amour, mais elle est moins généreuse.
Les premiers chrétiens ont inventé une troisième forme d'amour : l'amour du prochain, c'est-à-dire l'amour de tout le monde et de n'importe qui, ennemis compris. Ils l'ont désigné par le mot *agapè* (du verbe grec *agapan* qui veut dire « chérir ») que les Latins ont traduit par *caritas* qui donnera notre « charité », une des trois vertus théologales. Il s'agit d'un amour désintéressé, sans manque et sans concupiscence ; un amour pur, car situé bien au-delà du désir, sans utilité physiologique et appareillé à une joie détachée de la chair. « Ce serait une joie sans sujet, ni fin[1] », dit Comte-Sponville parodiant Althusser ; sans queue, ni tête pourrais-je ajouter.

D'après J.-D. Vincent, *Le Cœur des autres*, *op. cit*.

1. A. Comte-Sponville, *Dictionnaire philosophique*, Paris, PUF, 2001.

LE CORPS AMOUREUX

Pour donner à notre visite du cerveau de l'amour une tournure romantique qui rende acceptable la présentation de faits organiques de nature à offenser la pudeur, j'ai choisi de présenter en avant-propos des extraits de la correspondance attribuée à Héloïse et Abélard, les deux célèbres amants du XIIe siècle.

Lettre de la femme :
Pour ma part, je me suis longtemps demandé, avec une tension brûlante du cœur et du corps, comment t'appeler, mon beau joyau, mais la difficulté de l'échec attendu a jusqu'ici retardé l'intention de mon sentiment. [...].

Lettre de l'homme :
À la lune brillante qui fait fuir toutes ténèbres, la lune, dis-je, dont l'éclat ne s'accentue jamais, celui pour qui il n'est aucune lumière sans toi :

brille sans cesse, et réjouis-toi sans cesse de l'accroissement de la lumière bienfaisante.

On sait ce qu'il advint de « la très sage Héloïse/pour qui chastré fut et puis moyne/Pierre Esbaillard à Saint-Denis ». Un moine tout entier plongé dans une spiritualité intense, devenu le parangon de la philosophie et de la théologie médiévales, persécuté par ses confrères et voué à la réflexion. Est-il indécent de remarquer que l'absence d'hormone mâle chez le philosophe a favorisé la puissance de sa pensée et servi la cause de Dieu aux dépens de celle de la pauvre Héloïse, devenue abbesse du Paraclet, mais encore tout imprégnée de son amour charnel pour Abélard. Quel contraste entre sa lettre :

> Dieu sait que je m'intéressais uniquement à ta personne et non à tes biens, que c'est toi que je désirais et uniquement toi. Je n'ai jamais attendu de toi, tu le sais bien, ni contrat de mariage, ni prix de la fiancée. En fin de compte, je n'ai jamais cherché à satisfaire ni mes désirs, ni mes envies, mais uniquement à te contenter. Et si le nom d'épouse peut sembler plus sacré et plus convenable, celui d'amante m'a toujours paru plus doux, ou même – si je ne craignais pas de t'offenser – celui de maîtresse ou des chiennes [...].

et la réponse d'Abélard froide et distante dans laquelle il expose à Héloïse à grand renfort de citations pédantes qu'il ne peut lui être d'aucun secours et que la providence divine suffira à pourvoir à ses besoins, feignant d'ignorer que l'unique besoin de celle qui reste l'amante est l'amant dont jamais son corps ne pourra se défendre[6].

Si Abélard eut été un rat de laboratoire, un chercheur n'aurait eu aucune difficulté à trouver la cause de la disparition du désir sexuel chez cet amant jadis passionnément épris d'Héloïse, épouse et mère d'un fils nommé Astralabe, fruit de leurs noces secrètes. La disparition d'hormones mâles (testostérone) des humeurs du philosophe a libéré sa pensée dès lors que celle-ci n'est plus bousculée par les ardeurs de son corps – une pensée qui le conduisit à une opposition radicale à toutes les formes du réalisme, loin des contingences du corps-sujet.

LES HORMONES DU SEXE

Elles sont produites par les glandes génitales ou gonades (ovaires et testicules) et libérées dans le sang. De nature graisseuse, elles traversent les membranes dans lesquelles elles sont solubles sans difficulté. On oppose généralement les androgènes (testostérone testiculaire et androgènes surrénaliens) et les stéroïdes ovariens (œstradiol et progestérone) comme appartenant respectivement au mâle et à la femelle, à l'homme et à la femme. Ces hormones façonnent les corps dont elles sculptent les formes et dessinent les attributs, en faisant parfois des erreurs ou des excès. En règle générale, grâce à la différence de leurs hormones sexuelles, un homme et une femme se reconnaissent à vue d'œil.

Les hormones sexuelles qui circulent librement dans le corps, n'agissent qu'en des lieux précis du système nerveux où se trouvent des neurones sensibles électivement aux stéroïdes[7]. Ceux-ci sont situés principalement à la base du cerveau dans l'hypothalamus et ses alentours : région ventrale et antérieure dite préoptique. On trouve également des sites de fixation dans le cerveau limbique notamment l'amygdale et le septum, dans le cortex préfrontal, dans le tronc cérébral et jusque dans la moelle épinière pelvienne – ou comme le dirait Trochu, « sous la casquette et sous la ceinture ».

Les hormones, celles du fœtus et celles de la mère jouent un rôle déterminant dans la construction des circuits cérébraux dont dépendront les fonctions sexuelles de l'individu et notamment ses conduites mâle ou femelle plus ou moins affirmées. Je me dois d'insister sur l'étonnante ambivalence des hormones sexuelles : la testostérone est convertie à l'intérieur des neurones en œstradiol pour y exercer sa fonction masculinisante[8]. Elle exerce une action stimulante sur l'activité sexuelle mâle aussi bien que femelle. En revanche, la progestérone, hormone femelle par excellence et qui passe pour avoir un effet inhibiteur sur l'activité sexuelle mâle, s'avère également stimulante dans certaines conditions. Ainsi, un pic de progestérone accompagne la montée du désir mâle à la tombée de la nuit.

Le cas du pauvre Abélard est généralisable à la plupart des espèces. Toutefois, l'activité sexuelle ne décline qu'assez lentement chez le mâle après la castration, comme s'il gardait en mémoire le souvenir du bon vieux temps. Un chien, un an après son « opération », conserve des attitudes obscènes. Plus la castration est tardive, moins son effet sur le désir est marqué. Un vieillard châtré par le temps et aux génitoires taries devient parfois un érotomane insatiable. Il n'est pas sûr qu'un Abélard entier ne se fût pas lassé tout autant des charmes de son amante qu'après avoir perdu deux boules à son chapelet. Bref, chez l'homme, la testostérone règne, mais ne gouverne pas. Chez la femelle, la disparition porte aussi bien sur la proceptivité et l'attractivité que sur la réceptivité[9]. L'injection d'œstradiol restaure en quelques heures le désir et la séduction. La progestérone injectée après l'œstradiol potentialise les effets sur la réceptivité plus tardivement, elle se comporte en agent de la satiété sexuelle.

Les effets des hormones sont moins contrastés chez les primates. Une guenon castrée conserve quelque temps une activité copulatoire. Chez la femme, le désir n'est pas touché par l'ablation des ovaires. Comme pour le rut absent, le désir conservé de la femme sans ovaires témoigne que chez l'humain, l'activité sexuelle a perdu ses liens directs avec la fonction de reproduction.

La castration chez la guenon entraîne surtout une diminution spectaculaire de l'attractivité. Ce n'est pas le cerveau qui est en cause – tout au moins celui de la femelle – mais les odeurs. Une injection d'œstradiol rend son charme à la guenon en agissant sur les sécrétions vaginales et en redonnant son pouvoir aux odeurs qui s'en dégagent.

Chez la guenon et la femme, ce ne sont pas les hormones femelles qui règlent la proceptivité dite encore *libido*, mais les hormones mâles (testostérone et androstènedione) sécrétées également par les ovaires et les glandes surrénales. Paradoxe ou ambiguïté, le désir chez la femme, répond donc, en partie tout au moins, sur l'action cérébrale de ses hormones mâles.

En somme, l'appareil génital n'est pas l'essentiel de l'Amour, mais il en fait l'intérêt, car il permet à l'animal et à l'homme de se reproduire et de jouir. Après ce détour par les grands magasins du sexe et les banlieues de l'animalité, tous les chemins de l'amour nous ramènent au cerveau.

LES QUARTIERS RÉSERVÉS

Ce sont ces endroits du cerveau où s'organise la mécanique du désir sexuel, les Eros Centers ouverts de jour comme de nuit, même si cette dernière est réputée plus propice aux rencontres amoureuses. Nous voici donc de retour dans cette base du cerveau – que nous avons décidément bien du mal à quitter – où nous sommes déjà venus pour dormir, manger et boire : l'hypothalamus (Planche 8).

L'*aire préoptique médiane* (APOM), située en avant de l'hypothalamus joue, un rôle clé dans le comportement mâle. Ce « centre » reçoit des informations en provenance de toutes les modalités sensorielles ; il intègre les impressions qui concourent à entretenir le feu du désir et à déclencher la phase précopulatoire pour peu qu'une femelle en état de réceptivité ou une femme consentante soit à portée de pénis. Il assure ensuite la poursuite de l'acte proprement dit. Tous ces faits sont attestés par les expériences de destruction de l'APOM ou de sa stimulation électrique chez le rat.

La dopamine est le neuromédiateur principal impliqué dans l'activation de l'APOM. Il est important de noter que cette dopamine ne provient pas du tronc cérébral et de son aire tegmentale ventrale qui intervient dans le circuit général du plaisir (voir chapitre 6), mais de petits noyaux dopaminergiques situés dans l'hypothalamus dorsal au voisinage du troisième ventricule. Ce système dopaminergique impliqué spécifiquement dans le sexe explique que le plaisir sexuel fasse relativement bande à part parmi ses compagnons de plaisir. Une des raisons de cette indépendance pourrait être le rôle majeur du plaisir sexuel dans l'évolution des espèces et la nécessité que celui-ci soit protégé grâce à un régime spécial. À titre d'exemple, je citerai l'observation que l'antagoniste du récepteur central du cannabis qui bloque l'emballement du système commun mésolimbique gestionnaire de nos plaisirs et de nos excès et provoque en revanche une forte activation du désir sexuel (communication personnelle).

La testostérone facilite la mise en train de l'APOM grâce à son action locale et en renforçant la libération de dopamine dans la structure.

L'APOM n'agit pas seule, mais en étroite association avec le système nigrostrié qui facilite la réponse motrice aux stimulations sexuelles et avec le système mésolimbique dont nous avons vu le rôle majeur dans le désir et le plaisir (chapitre 8). L'APOM reçoit également des afférences provenant du cortex préfrontal médian ce qui sous-entend l'intervention de la mémoire, des émotions, en bref, de tout ce qui donne du sens à l'amour.

L'APOM est connecté enfin avec l'amygdale par l'intermédiaire de laquelle elle reçoit une importante information olfactive. Amygdale qui par ailleurs apporte au sexe sa part d'anxiété (chapitre 10) tellement présente chez le mâle humain toujours incertain au sujet de son fragile pénis.

La *région du noyau ventro-médian* (NVM) est impliquée dans le comportement sexuel femelle, mais de façon non exclusive. Le NVM participe également au contrôle du comportement alimentaire (chapitre 5) et d'une façon plus générale à l'aspect aversif des conduites animales. L'introduction d'œstradiol dans cette structure chez une femelle castrée corrige la perte du comportement sexuel qui a suivi l'ablation des ovaires. Mais il faut signaler que l'implantation d'œstradiol dans ce noyau chez un mâle castré entraîne chez celui-ci l'adoption d'une posture sexuelle femelle (lordose) et l'acceptation des hommages de partenaires de même sexe !

Le groupe de Donald Pfaff[10] a montré récemment l'intervention de trois systèmes chimiques qui contribuent à l'activation sexuelle dans le cadre d'un éveil généralisé. Il s'agit de l'*histamine*, neuromédiateur de l'éveil (chapitre 4), de la *noradrénaline* et enfin de l'*enképhaline*, une substance opioïde sécrétée dans l'hypothalamus qui interviendrait en s'opposant à la douleur occasionnée par l'acte sexuel.

Quelle est la part respective des deux structures mâle et femelle dans la sexualité de l'adulte ? Quel est leur rôle ? Sont-elles initiatrices du comportement sexuel à l'étage moteur le plus bas ou plus vraisemblablement, on l'a vu, interviennent-elles à un niveau plus élevé d'intégration de sensations et de gestes érotiques ? La réponse est encore incertaine. À titre d'hypothèse, on peut imaginer que les deux structures forment les plateaux d'une balance dont le fléau indiquerait l'orientation sexuelle de l'individu, c'est-à-dire l'attrait pour un partenaire mâle ou femelle.

Le cerveau du sexe

Le cerveau du sexe ne se résume pas à la confrontation dans l'hypothalamus d'un centre mâle et d'un centre femelle. Un flux d'informations circulant dans les deux sens unit l'hypothalamus et le cortex cérébral par l'intermédiaire des structures profondes, le septum et l'amygdale.

Les aires corticales ne sont pas toutes impliquées au même degré dans la sexualité. La destruction de la partie antérieure des lobes temporaux chez le singe et chez l'homme se traduit par le syndrome de Kluver et Bucy, lequel consiste dans l'association d'une cécité psychique, d'une affectivité émoussée, d'une boulimie caricaturale et d'une activité sexuelle incontrôlée, dirigée sur les objets les plus incongrus : machine à laver, balais, aspirateur, etc. Les lésions des lobes frontaux chez des patients se traduisent souvent par une obscénité verbale et une totale impudeur qui contrastent avec une perte de l'activité sexuelle. J'évoquerai à ce propos l'exemple célèbre de Phineas P. Gage dont le crâne, conservé au Musée de la médecine de Harvard, n'a cessé de stimuler l'imagination des chercheurs[1]. L'humble et vertueux contremaître, après qu'une barre de mine lui eut traversé le front et détruit la partie antérieure du cerveau sans causer d'autre dommage à sa santé, s'était changé dans les mois et années qui suivirent en un individu grossier aux mœurs dépravées.

La destruction du septum, provoquée accidentellement par des neurochirurgiens lors de la mise en place de dérivations liquidiennes destinées à soulager certaines affections du cerveau, entraînait chez ces malades une hypersexualité. Des lésions réalisées chez le rat ont confirmé l'action inhibitrice du septum sur le comportement sexuel. De façon contradictoire, la stimulation électrique du septum lors du traitement neurochirurgical d'une forme sévère d'épilepsie provoquait, selon les dires du sujet (non anesthésié dans ce type d'intervention), un éveil sexuel et un orgasme. Celui-ci est parfois présenté comme une véritable crise d'épilepsie qui a donné lieu, dans des cas exceptionnels, à l'enregistrement de pointes-ondes dans la région du septum.

J'insisterai, pour terminer cette visite du cerveau, sur le rôle de l'amygdale qui constitue, je le rappelle, la clé de voûte du cerveau limbique, lequel est spécialisé dans la gestion de nos émotions. Selon la place des électrodes introduites chez des patients épileptiques en vue de détruire la cause des crises que l'on ne pouvait guérir autrement, la stimulation de l'amygdale provoquait une érection ou son inhibition. Une destruction localisée de cette région chez des sujets qui présentaient un comportement agressif criminel n'entraînait pas de modification apparente de leur sexualité. En revanche, l'observation récente d'un patient souffrant d'une maladie d'Urbach-Wiethe, qui avait occasionné chez lui la destruction bilatérale et complète des amygdales, montrait l'incapacité de ce malade d'identifier une émotion d'après son expression faciale. Le sujet ne reconnaissait plus une mimique de peur et ne pouvait plus la différencier de l'expression des autres émotions. Le rôle des amygdales dans la lecture des sentiments sur le visage de l'autre place donc cette structure au cœur de la relation amoureuse.

J.-D. Vincent, *La Chair et le Diable*, *op. cit.*

1. A. Damasio a pu à l'aide d'un ordinateur, reconstituer d'après les destructions osseuses du crâne le siège et l'étendue des lésions du cerveau de Phineas P. Cage (A. Damasio, *L'Erreur de Descartes*, Paris, Odile Jacob, 1994).

L'HOMME ET LA FEMME SONT FAITS COMME DES RATS

Le visiteur peut à juste titre s'étonner que dans notre visite du *sexuel* nous ayons principalement rencontré des rats en cage et un échantillonnage hétéroclite d'animaux livrés à la curiosité indiscrète des chercheurs. Durant l'histoire de la recherche sur le comportement sexuel animal, on a rarement cherché à généraliser de manière explicite les résultats de sujets non humains à l'humain. Une des raisons invoquées était que le comportement sexuel non humain était presque aveuglément dépendant des hormones et fortement stéréotypé, alors que le comportement sexuel humain l'était moins[11] ; l'autre était la difficulté pour le sexologue de pénétrer avec ses instruments de mesure dans la chambre à coucher, lieu désigné pour l'acte chez l'humain ; les recherches « objectives » se limitaient pour l'essentiel à la présentation au sujet de l'expérience de quelques images plus ou moins suggestives. Je tiens à vous rassurer, nous ne sommes pas très différents des rats qui peuvent être considérés aujourd'hui comme le modèle de référence pour peu que soient respectées l'intimité du rongeur et les conditions rigoureuses d'observation (Figure 23).

Le désir sexuel chez le mâle et la femelle rat n'est pas très différent dans sa mise en acte et dans les structures et molécules qui entrent en jeu que chez l'humain. Les biologistes utilisent plus

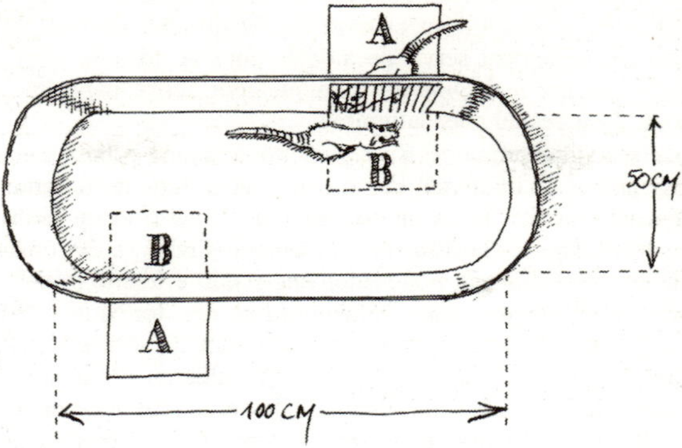

Figure 23. – PHOTO DU DISPOSITIF UTILISÉ POUR LE TEST DE MOTIVATION SEXUELLE : Les boîtes des animaux incitateurs (marqués avec un A sur la photo) se trouvent à l'extérieur d'un compartiment ouvert en forme d'arène (100 × 50 cm). Elles sont facilement démontables, permettant ainsi de changer la position des incitateurs aléatoirement entre chaque test. Le côté adjacent à ce compartiment ouvert est constitué d'un grillage qui permet au sujet expérimental de voir, de sentir et d'entendre l'incitateur. Une zone virtuelle de 21 × 29 cm (marquée avec un B sur la photo) est définie devant chaque boîte d'incitateur. Un système de *videotrack* détermine la position du sujet expérimental. Il calcule le temps passé et le nombre de visites dans les zones virtuelles ; la distance parcourue, la vitesse de déplacement et le temps d'immobilité durant le test.

volontiers chez l'animal le terme de motivation quand l'homme *parle* plus volontiers de son désir. Il existe donc des « chambres d'amour » pour rat qui tiennent à la fois du bordel et de l'alcôve romantique (Figure 24), grâce auxquelles on peut mesurer la motivation sexuelle en faisant la part de ce qui revient au désir et à l'activité motrice non spécifique. Un levier permet ainsi à un mâle d'obtenir une femelle par simple appui. Les partenaires peuvent se voir et se sentir sans possibilité de passer à l'acte, etc[12]. Ce modèle permet une comparaison des données chez le rat et l'humain ; celle-ci aura notamment une implication majeure dans le traitement pharmacologique de l'impuissance et de la frigidité ; elle pourra montrer les risques sur la fonction sexuelle de certains médicaments psychotropes. À titre d'exemple, les observations chez le rat montrent clairement que les inhibiteurs spécifiques de recapture de la sérotonine (type Prozac) ont des effets importants sur la sexualité humaine. Il est possible d'observer que la baisse du désir sexuel est liée à des phénomènes de conditionnement aversif. L'intérêt des thérapies comportementales en sexologie médicale se trouve ainsi démontré aussi bien afin de restaurer un désir chancelant que pour tempérer un désir excessif et déviant chez un paraphile. La rate pourra également servir de modèle pour la mise au point d'une molécule comme le *buproprion* cliniquement active dans les cas de chute du désir sexuel chez la femme.

La sexualité humaine n'est plus un domaine tabou. Le succès énorme autant qu'inattendu des médicaments dans le traitement des déficiences érectiles, à savoir du *sildénafil* (Viagra) et de ses successeurs, du *verdanatil* (Levitra) et du *tadalafil* (Cialis), a été un facteur décisif. Ces produits ont, non seulement, rendu évidente l'efficacité de certains médicaments dans l'amélioration des fonctions sexuelles, mais aussi que de nombreuses personnes sont disposées à payer des sommes élevées pour les obtenir. Les 2,5 milliards de dollars américains de ventes cumulées de sildénafil, de verdanatil et de tadalafil en 2004, l'illustrent. Si des médicaments améliorant l'érection peuvent avoir un tel succès, il n'est pas impossible qu'il en soit de même pour des médicaments modifiant le désir sexuel. En effet, les études épidémiologiques ont démontré que la prévalence du désordre de désir sexuel hypoactif chez les femmes est largement supérieure à celle de l'impuissance chez les hommes, indiquant ainsi un marché potentiel considérable. De plus, il existe un certain nombre d'hommes manifestant une activité sexuelle qui n'est acceptable ni socialement ni personnellement (voir plus bas). On trouve parmi eux les paraphiliaques, pour lesquels un traitement pharmacologique visant à la réduction d'une motivation sexuelle trop élevée pourrait donc être souhaitable. Ce type de raisonnement a stimulé une recherche sur des médicaments pouvant augmenter ou bloquer sélectivement la motivation sexuelle. C'est une bonne raison de disposer de modèles animaux fiables. Nous ne sommes pas des rats, mais en matière de comportement sexuel, nous n'en sommes pas très éloignés.

L'AMOUR ET LA GÉOMÉTRIE DANS L'ESPÈCE

L'être humain vient au monde amoureux, amoureux de celle/celui qui le/la prend dans ses bras et pose sur elle/lui les premiers sourires qu'elle/il reçoit d'un autre : face-à-face qui prélude à la longue quête d'amour que sera sa vie. Les humains ne pensent qu'à ça ; ils pensent l'amour avant de le faire. Peut-être les animaux sont-ils capables d'amour – ils font effectivement l'amour –, mais ils n'ont pas de mots pour le dire. L'état amoureux est un éprouvé du désir que l'on porte à l'autre ; il passe forcément par le truchement du corps – la rencontre d'un corps désirable et d'un corps désiré avec si possible réciprocité des rôles. Il nécessite absolument la présence de cet autre et un échange avec lui. Le langage, sous toutes ses formes, est l'expression de deux états centraux qui fluctuent de conserve comme deux barques amarrées à la même bite. Mais le chemin programmé dans le cerveau n'est pas seulement de parler, mais de passer d'un corps désirant à un corps consommant. Le désir toutefois n'est pas toujours suivi de consommation, et cette dernière n'aboutit pas toujours à la satisfaction. Dans l'intimité, deux singes « évolués » copulent – voilà une affirmation totalement obscène et abusive. Celle-ci est à la fois désobligeante pour les singes et injuste pour l'acte sexuel qui lorsqu'il est bien fait est une célébration mystique de l'Éros dans laquelle l'animal-moi est sacrifié à la gloire du Dieu ailé qui n'est pas à voir, mais à baiser.

Le couple, en première approximation, est l'*unité de base* de l'amour partagé. J'ai suffisamment insisté – cédant peut-être à des préjugés de chercheur en neurobiologie – sur la différence entre amour et sexe pour ne plus revenir sur ce point. Hélène Fisher et son équipe[13] distinguent trois étapes, ou niveaux d'attraction, dans l'établissement d'un couple sexuel. 1) Le désir sexuel (la libido), qui se caractérise par un besoin pressant de gratification sexuelle et qui n'est pas lié à la présence d'une personne particulière. 2) L'attraction très spéciale pour une personne du sexe opposé, objet de toute notre attention et de notre énergie, qui se caractérise par de l'euphorie, des pensées envahissantes centrées sur la personne cible et par une envie irrépressible d'être uni émotionnellement avec celle-ci. Il s'agit, bien sûr, d'amour ! 3) L'attachement, ou l'installation dans la durée, qui se caractérise chez les animaux par la construction du nid, la défense du territoire et les soins mutuels, y compris alimentaires, et, chez les couples humains, par des fonctions globalement équivalentes. À ce stade, l'objectif est, bien entendu, l'éducation des petits.

J'ai parlé du désir sexuel et renverrai à l'ouvrage de Lucy Vincent[14] pour l'étude exhaustive du point 2 qui analyse notamment l'importance de la ressemblance dans le choix du partenaire amoureux.

C'est donc à la genèse du lien et de l'attachement entre deux partenaires – que ceux-ci soient de nature parentale, homo- ou hétérosexuelle – que je consacrerai la suite de notre exploration des chemins de l'amour.

Tara, Ellis et tous les autres

La passion crue, sexuelle, ressentie par Tara au moment de la première rencontre avec son frère n'était pas l'émotion à laquelle elle s'attendait avant de rencontrer le premier membre de sa famille biologique qu'elle ait jamais connu. Aucun de nous ne croyait au coup de foudre avant de nous rencontrer, mais c'est exactement ce qui s'est produit, a-t-elle ajouté. Des chevaux sauvages n'auraient pas pu nous séparer. Autre histoire : Quand Ellis a retrouvé sa sœur par Internet, elle était ravie : Je ne savais pas que j'avais un frère, mais quand j'ai vu Ellis sur le pas de la porte, c'était comme si je regardais dans un miroir : on se ressemblait, on pensait pareil et même d'une certaine manière on avait la même odeur. Il m'intoxiquait, je ne pouvais plus m'en rassasier.

[...] Tara et Ellis ressentent une forme puissante de l'attraction génétique sexuelle (AGS), un terme utilisé depuis peu par les experts pour décrire les sentiments de désir sexuel et d'amour ressentis au moment de la rencontre des membres d'une même famille biologique qui ont été séparés par l'adoption. Aux dires de certains [...], le nombre de ceux qui succombent à leurs désirs incestueux est à la hausse, et environ 50 % de ceux qui rencontrent quelqu'un de leur famille biologique éprouvent un certain degré d'attraction sexuelle.

Roland Littlewood, professeur en anthropologie à l'University College de Londres, a interrogé vingt personnes qui ont succombé à leurs désirs incestueux. La théorie freudienne, dit-il, nous explique que le désir incestueux est très fort en chacun de nous et que des tabous culturels puissants doivent être imposés pour l'empêcher. Selon un autre point de vue, il n'y a pas vraiment de problème, car un grand nombre des données montre que si on vit ensemble pendant l'enfance, le désir sexuel est bloqué.

Amelia Hill, *The Observer*, dimanche 4 mai 2003, cité par Lucy Vincent.

LA CHIMIE DU LIEN[15]

Il y a dans la base du cerveau deux peptides – des petites protéines – de formes très voisines qui sont fabriqués par des gros neurones de l'hypothalamus ; on les appelle *vasopressine* et *ocytocine*. Ce sont des hormones qui sont stockées dans la partie postérieure de l'hypophyse (la neurohypophyse) avant d'être libérées dans l'organisme où elles remplissent diverses fonctions : notamment, pour la vasopressine, retenir l'eau du corps qui a tendance à s'échapper par les reins ou pour l'ocytocine, provoquer les contractions de l'utérus lors de la parturition et l'éjection du lait hors des mamelons au cours de l'allaitement. Mais ces deux agents sont aussi des neuromodulateurs libérés à l'intérieur du cerveau sous certaines conditions, dans certaines régions, et auxquels on attribue un rôle certain dans la genèse du lien entre individu ou attachement. Ce n'est pas à proprement parler de l'amour, mais une attraction (chez l'homme un sentiment) qui unit entre eux deux individus de la même espèce ; la mère (et essentiellement le père) et les enfants ; deux partenaires sexuels ; ou deux ami(e)s.

Un biologiste peu soucieux des reproches qui pourraient lui être adressés n'hésitera pas à parler d'amour. « L'amour entre bêtes est une chose admirable », disait déjà au Moyen Âge Raymond Lulle. De là à qualifier l'ocytocine d'hormone de l'amour est un pas que je ne franchirai pas, même si ce terme a déjà été utilisé pour la dopamine – d'abord parce que amour et attachement ne sont pas synonymes et ensuite parce que je me refuse, dussé-je passer pour un incurable romantique, à confondre agitation copulatrice et élans du cœur. La vérité m'oblige toutefois à dire que, chez les rats, les souris, les campagnols et les ouistitis, espèces les plus étudiées par les biologistes, l'attachement commence par un accouplement au cours duquel de l'ocytocine est libérée dans les régions basses et profondes du cerveau. Pourquoi alors ne pas signaler que, lors de l'orgasme chez deux individus humains qui font l'amour, l'ocytocine est libérée dans leur hypothalamus où elle forme avec la dopamine un duo neurochimique du plaisir/désir ? Ce qui nous conduit à penser que dans leur accouplement passionné sur le pont du vaisseau qui les menait en Cornouailles, Tristan et Iseut *ont joui comme des bêtes*.

Le mythe ne s'arrête pas sur un simple coït qui resterait épisodique même s'il était quelque peu répété avec la même partenaire. Le mythe installe l'acte copulatoire dans la durée, voire dans l'éternité et lors du duo extatique du deuxième acte de l'opéra de Wagner, les amants échangent ces paroles : « Tristan — Toi Tristan, moi Iseut *non plus* Tristan ! Isolde : — Toi Iseut, moi Tristan *non plus* Isolde ! » Le mythe de Tristan devient celui du couple : « Le toi et le moi réunis pour toujours dans un bonheur sublime » et dans une conscience confondue qui exprime la compassion dans sa forme la plus accomplie.

Du point de vue évolutif et darwinien, les choses sont plus simples et moins mystérieuses. Les humains n'ont pas le privilège de la monogamie ou tout au moins du couple. Celui-ci s'installe dans une espèce dans un contexte de rareté des partenaires sexuels : tant qu'on en tient un, il est préférable de le garder pour assurer la reproduction. C'est le cas, nous le verrons, dans tous les exemples que nous examinerons.

On peut accepter sans trop de dogmatisme que la finalité ultime du coït entre un mâle et une femelle soit la reproduction – à charge pour eux d'assurer ensuite la nourriture et la protection de la portée. Le but de la copulation est donc de croître et de se multiplier selon le commandement de Dieu (Gen. 1, 28), afin d'assurer la propagation de l'espèce selon la loi de Darwin (le succès reproductif des mieux adaptés). On me permettra toutefois d'avancer l'hypothèse que la cause immédiate et égoïste de ce comportement n'est pas le gène, mais la recherche du plaisir animée par le désir que suscitent la représentation et l'approche de l'autre.

Une forme de désir partagé préside également à la rencontre de la mère et de son nourrisson et c'est le plaisir qui tend le lien les attachant l'un à l'autre. Les choses sont encore plus spectaculaires chez la brebis ou la dilatation vaginale de l'accouchement provoque par voie réflexe une libération d'ocytocine dans le sang et surtout dans le cerveau, notamment dans les régions olfactives. La brebis reconnaît son agneau et ne veut que lui, qu'elle reconnaît par flairage. À noter qu'une stimulation artificielle vagino-cervicale d'une brebis ayant mis bas récemment et tout entière attachée à son agneau la dispose à accepter un agneau étranger. Du plaisir (un plaisir provoqué par la vaillante main de l'homme) et voilà la brebis, son cerveau inondé d'ocytocine, qui s'éprend d'un agneau qui n'est pas le sien. Il n'y a rien là de très biblique !

Je laisserai de côté l'exemple très étudié des campagnols américains dont il existe deux espèces, l'une, qui vit dans la vaste prairie, est constituée de couple entre une bonne mère, épouse fidèle et un partenaire qui n'a rien d'autre à sa disposition pour obtenir du plaisir que sa conjointe, et l'autre, qui vit en montagne dans des territoires confinés où règne la promixité sexuelle, constituée de mâles et de femelles volages et médiocres parents. La cause en est l'absence de récepteurs à l'ocytocine bien placés dans le cerveau des femelles de la seconde espèce, la montagnarde.

Parmi les espèces monogames, je privilégierai les singes ouistitis si proches de nous.

À quoi ces singes passent-ils leur temps ? À chercher de la nourriture bien sûr – manger, boire, dormir –, mais surtout à s'épouiller, à échanger entre partenaires des petites attentions – papouilles, caresses, bisous – et à copuler. Cette activité sexuelle est indépendante du statut social et de la fonction reproductrice. L'ovulation est cachée comme chez la femme et les mâles restent très actifs en dehors des périodes de fécondité maximale de la femelle. La fréquence des copulations augmente lorsque les liens entre partenaires s'effacent, en présence de dangers potentiels, après une séparation brève ou lors de la perte d'un enfant. Tout se passe alors comme si un débordement d'affectivité et de sexe venait adoucir un malheur ou écarter une menace. On peut se poser la question : pourquoi autant de sexe ? Un sociobiologiste conclurait que l'ovulation cachée oblige le mâle à s'accoupler avec la même femelle tout au long de son cycle, afin d'augmenter ses chances de reproduction. On pourrait utiliser le même argument chez l'homme. Chez la femelle ouistiti, comme chez la femme d'ailleurs, l'ovulation n'est cachée que pour celui qui ne la voit pas. La guenon dispose d'indices indirects, olfactifs par exemple, pour faire connaître au mâle sa période féconde.

En réalité, l'intérêt immédiat du sexe est ailleurs. Mon hypothèse, je la rappelle, est qu'il réside dans le plaisir qu'il procure aux deux partenaires. Avoir un partenaire régulier accroît le rendement hédonique – dans un premier temps tout au moins. Tout se passe chez les ouistitis comme si les copulations fréquemment répétées au début de la liaison tendaient à installer et à consolider l'attachement. Chez le mâle, la présence d'un rival potentiel augmente le rythme des accouplements. La femelle n'est pas épargnée par la jalousie. Elle déploie un nombre accru de sollicitations sexuelles lorsqu'elle est exposée à l'odeur d'une reproductrice étrangère.

DE L'ATTACHEMENT À L'AMOUR, LE CAS HUMAIN

L'ocytocine est également de la partie lors de l'accouplement entre humains : sécrétée dans le cerveau, elle accompagne la montée en puissance du plaisir/désir ; déversée dans la circulation sanguine par l'hypophyse, elle accentue les contractions rythmiques des muscles génitaux qui amplifient en retour sa libération réflexe contribuant ainsi à emballer le système.

À la phase congestive de tumescence et de rougeur succède la période orgastique marquée par des secousses contractiles de l'urètre suivies de spasmes d'intensité de croissance qu'accompagne l'ascension des testicules ; chez la femme, l'activité vagino-utérine suit à peu près le même schéma avec des ondes contractiles qui se propagent du dôme utérin vers le col. Au paroxysme du plaisir, le rythme respiratoire dépasse parfois 30 par minute et le pouls peut atteindre 120 à 140 battements par minute. La variation de l'intensité orgastique est plus importante chez la femme avec un pic de tension artérielle maximale pouvant s'élever au-dessus des 20 cm de mercure. Chez l'homme, on identifie à tort l'orgasme à l'éjaculation. Cette dernière peut se produire sans érection ; il y a des éjaculations sans orgasme et *vice versa*.

L'orgasme tient ses états dans le cerveau qui gère le plaisir et orchestre les manifestations organiques. Une puissante analgésie bloque le caractère nociceptif des violentes stimulations mécaniques que s'imposent les sexes conjugués ; elle fait taire la souffrance pour que la jouissance puisse s'exprimer librement. Foin des descriptions savantes des sexologues, l'homme et la femme sont, pendant un court moment, confondus à l'intérieur d'une mystérieuse « géométrie dans les spasmes ». Même si jamais l'amante ne pourra éprouver totalement dans son propre corps la jouissance de l'amant et jamais celui-ci ne saura dire le plaisir de l'aimée, il s'agit bien entre ces deux êtres d'une authentique fusion. « Je suis homme et ne peux pas dire ce qu'elle m'a dit », chante Garcia Lorca dans le *Romancero gitan*. Il me semble qu'aucune autre bête au monde n'est capable de jouir de la sorte.

Après l'explosion de l'extase survient la phase de résolution – quelques minutes chez l'homme, plus longue chez la femme. Un traité moderne de sexologie en donne cette description : la tension artérielle, le rythme cardiaque et la respiration redeviennent normaux. L'essoufflement postorgasmique fait encore dilater les narines ; cette *reprise des esprits* marque la fin de l'ivresse sensorielle. Les glandes salivaires se tarissent, la bouche devient sèche, les yeux sont au contraire mouillés (les pleurs de joie).

Le thème du lien à la différence de l'acte sexuel est inépuisable. Vous aurez, notamment, chers visiteurs, l'occasion de vérifier vous-mêmes l'importance du sexe et de l'attachement dans l'établissement des liens sociaux (au travail, en vacances, etc.). Les données sont trop abondantes, les polémiques trop nombreuses pour que je vous laisse vous aventurer sur ce terrain vague, encombré de préjugés et de pièges où je risquerais de vous perdre. Il ne sera donc pas question dans notre visite de céder à l'adultère ou pire encore à l'orgie ou à la « partouze ». Voyageurs vertueux et avertis, nous achèverons notre excursion sur les chemins de l'amour, par une visite de territoires du cerveau occupant les parties nobles et corticales. Nous oserons, avec la pudeur nécessaire, évoquer les dérangements et bizarreries de la psyché dans la sexualité : ce qu'il est convenu d'appeler les *paraphilies*.

Avant d'être le contact de deux épidermes, l'amour est une affaire de reconnaissance : « Avant d'être dans ma peau tu étais déjà dans mon cerveau ; ton corps et ton visage s'y trouvèrent dessinés sur une carte colorée et parfumée qui avait la forme d'un cœur. Longtemps j'ai été dans le monde avec pour viatique cette carte du tendre. J'ai cru te reconnaître bien des fois, le cœur vite brisé par la désillusion ; et te voici enfin mon amour, mon frère. Nos deux corps réunis ne font plus qu'un désormais. » Cet extrait d'un roman de gare fait mention d'une « carte du tendre[16] » (Figure 24). C'est à peu près le sens du néologisme anglais *lovemap* par lequel le grand sexologue américain John Money désigne l'ensemble des représentations qui dans le cerveau d'un individu, gouvernent ses attirances, ses choix et ses comportements sexuels. Une *lovemap* n'est pas présente à la naissance ; comme le langage naturel, elle se développe pendant les quelques années qui suivent. C'est une représentation ou matrice qui se construit dans votre cerveau et qui dépend d'entrées sensorielles spécialisées. Elle dépeint l'image de votre amoureux(se) idéal(e), et ce qu'en tant que couple, vous faites ensemble dans une relation romantique, idéalisée, érotique et sexuelle. Une *lovemap* existe d'abord dans l'imagerie mentale, puis dans les rêves et les fantasmes avant d'être traduite en action avec un partenaire.

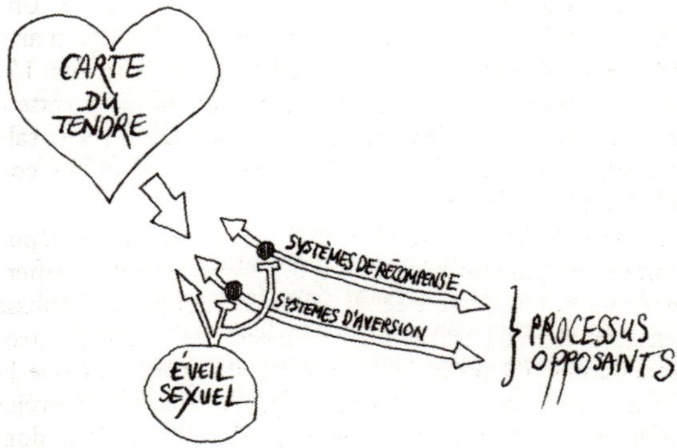

Figure 24. – CARTE DU TENDRE : Représentation schématique des relations entre les systèmes centraux, support des processus renforçateurs positifs et négatifs et des structures limbiques et néocorticales responsables de l'élaboration des cartes cognitives.

Money décrit là une forme particulière de ce que j'appelle les *cartes cognitives*. De tous les animaux sociaux, le petit homme est celui qui demeure le plus longtemps exposé à l'influence des autres et du milieu dans lequel il grandit. Parmi la multiplicité des cartes, les suites d'événements et de situations auxquels il est confronté gravent dans les neurones de l'enfant une carte du tendre : *sa* carte, qui dessine en négatif la carte de l'autre, le partenaire idéal[17].

Pour la majorité des sujets, la carte du tendre s'établit sur le mode hétérosexuel : sans trop de complications. Les gènes, par l'intermédiaire des hormones, dessinent en traits appuyés le câblage neuronal du cerveau sexuel, mâle et femelle, selon les espèces. Beaucoup d'entre elles, comme le mouton, sont des robots hormonaux pour lesquels les trois phases du comportement reproducteur (voir note 7 de ce chapitre) sont exclusivement gouvernées par une programmation hormonale du cerveau intervenue avant la naissance et que rien de ce qui advient après ne pourra modifier. Pour les rongeurs, et surtout pour les primates, le cerveau sexuel est à la naissance une structure inachevée. La carte qui nous guide pendant notre vie d'adulte est pour chacun d'entre nous l'aboutissement d'une longue histoire pleine de bruit et de fureur dont nos neurones ont conservé les traces. Soumise aux contraintes duelles et parfois contradictoires des centres cérébraux et des hormones, la carte révèle le terrain favori pour l'expression des contradictions du sexe.

Comme l'homme, les singes, et plus particulièrement les chimpanzés, montrent l'importance de l'environnement social qui entoure l'enfant dans l'apprentissage de l'amour qui fera de l'adulte un partenaire sexuel accompli ou un incorrigible balourd. Un chimpanzé élevé seul en captivité, mis plus tard en présence de congénères, ne saura pas répondre aux invitations d'une guenon : il l'agressera ou ira se blottir dans ses bras en se masturbant.

Le plus grand éthologue ne peut prétendre pénétrer la subjectivité des chimpanzés. En les observant dans leur milieu naturel, et par inférence d'après leurs comportements, il pourra toutefois conclure que « quelque chose » appartenant d'abord à la vision, à l'odeur et aux sons, puis aux sensations tactiles, entraîne un mâle et une femelle l'un vers l'autre et qu'ils sont guidés par un irrépressible besoin de l'autre. Money donne l'exemple d'un couple de chimpanzés en captivité dont la léthargie sexuelle désespérait les propriétaires du zoo. La présentation de films érotiques qui mettaient en scène des chimpanzés déclencha chez eux une intense excitation sexuelle et les réveilla de leur torpeur amoureuse.

Faire l'amour est aussi un savoir, un savoir-faire : ça s'apprend, comme parler ou marcher. Le petit enfant a besoin de modèles pour construire ses cartes du tendre. À l'âge de 4 à 5 ans, il s'engage dans les premières répétitions de l'acte sexuel. Le jardin d'enfants, pour autant qu'on ne le regarde pas avec des lunettes teintées de fausse innocence, apparaît comme un champ clos d'expérimentations érotiques qui se poursuivent en famille avec les frères et les sœurs, parfois même avec les parents.

L'enfance est donc à l'amour ce qu'elle est à toutes nos conduites, comme le langage par exemple : le temps où l'enfant découvre spontanément sa capacité à parler en imitant son entourage avant que l'école ne vienne lui imposer des règles de grammaire codifiées par la société ; le temps aussi où il construit d'instinct sa carte du tendre originelle ; avec tous les risques auxquels ces fabriques s'exposent, de mal parler ou de mal aimer. C'est entre 5 et 8 ans que la carte est la plus vulnérable et menacée par ce que Money appelle les *vandalismes*. Violences, contraintes, sévérités excessives ou dilemmes insupportables sont autant de dégâts et d'injures qui, au lieu d'une carte aux contours bien tracés, laissent à l'adolescent un plan raturé et truqué pour le guider sur le terrain redoutable de la sexualité. Toutes les pathologies sexuelles qui se manifestent après la puberté sont les conséquences d'une carte du tendre abîmée.

Je ne parlerai pas de l'homosexualité, sinon pour souligner qu'*elle n'est pas une pathologie* et n'entre pas dans le cadre des paraphilies ou perversions. Il est significatif que le mot amour puisse être employé au masculin et au féminin. Lorsqu'on parle de deux amants, il n'est pas nécessaire de préciser s'il s'agit d'un homme et d'une femme, de deux hommes ou de deux femmes. Je n'irai pas plus loin dans cette arithmétique du sexe, car, au-delà de trois, je ne sais plus compter.

INTERDIT AUX MINEURS

Nous abordons maintenant un domaine réservé du cerveau dont la visite risque de troubler les âmes sensibles qui sont priées de ne pas pénétrer à l'intérieur. Celui-ci est d'ailleurs mal éclairé et les risques de mauvaises rencontres ne sont pas à écarter.

Sous la voûte crânienne et dans les circonvolutions du cerveau, parmi d'autres cartes cognitives, est rangée la carte du tendre dessinée pendant l'enfance. Les désirs amoureux avec leur spécificité individuelle viennent y puiser les motifs et les incitations qui répondent aux tendances propres, produites par l'histoire et les prédispositions de chacun. Il suffit d'un pas de trop, d'une chute, d'une blessure, d'une mauvaise rencontre pour que se rompe l'équilibre précaire et commence le cercle du vice. L'encadré ci-dessous est emprunté à un livre consacré aux relations du Diable avec la chair : cette chair tendre et fragile comme la carte qui en règle les désirs amoureux. Je n'ajouterai rien à ce texte que je n'ai pas cru devoir résumer, tant les chemins de la luxure dans notre cerveau sont risqués pour le voyageur : d'aucuns s'y sont perdus entraînant les autres dans leurs égarements.

La part du diable

Cet affrontement de l'amour et de la luxure, notre vieille culture dualiste n'a jamais su le résoudre. Toutes nos cartes en portent l'empreinte. Elles traduisent l'histoire singulière du sujet selon les modèles contrastés que lui offre la société : la madone ou la putain pour les femmes, le pur ou le débauché pour les hommes. Le saint amour s'élève sans souillure au-dessus de la ceinture, au-dessous de laquelle se vautrent saleté et péché. La luxure veut les ténèbres de la chambre ou la lumière confuse des bordels ; l'amour appelle l'éblouissante clarté du jour.

L'enfant, sous l'insistante pression de ses systèmes désirants qui croît avec l'afflux des hormones, doit réconcilier les contraires. Si les événements de sa vie le permettent, si la complicité discrète de son entourage s'y prête, il y parviendra et sa carte du tendre alimentera normalement son désir. Les processus opposants qui sous-tendent ce dernier oscilleront de façon amortie et ne tomberont jamais dans l'abîme de la compulsion.

Lorsque la chair et l'amour sont dissociés dans les cartes, les troubles apparaissent. Dans l'impuissance, la frigidité (ou hypophilie), l'amour et le lien d'amour restent possibles, mais en sacrifiant les organes génitaux dont le fonctionnement est perturbé. Dans l'érotomanie (ou hyperphilie), l'inverse se produit ; l'activisme des génitoires s'accomplit aux dépens de l'amour. Dans la solution perverse (ou paraphilique), enfin, les cartes saccagées et faussées pendant l'enfance révèlent un enchevêtrement monstrueux de l'amour corrompu et de la luxure ; les systèmes désirants emballés au rythme compulsif des processus opposants parcourent aveuglément les chemins de traverse et les voies sans issue de la sexualité.

Dans quelques cas, un lien entre partenaires pervertis se crée sur l'échange de cartes et la complémentarité des deux imaginaires. Mais le plus souvent, le pervers est seul et sa carte truquée ne lui permet pas le partage dans l'amour. Un clivage peut parfois se produire entre la gestion secrète de la paraphilie et une vie de couple d'apparence normale ; ainsi, Monsieur, reine de la nuit, épuise dans les bras de Madame, instrument passif de ses copulations, la provision d'imaginaire rassemblée durant ses escapades nocturnes.

Une étrange complicité s'installe de temps à autre entre le pervers et sa victime. Ce phénomène ressemble à une tolérance conditionnée qui enchaîne le malheureux ou la malheureuse à son bourreau et réclame toujours plus de souffrance. Une femme martyrisée par un époux sadique retournera à ses fers et à ses fouets après que l'on aura cherché à l'en délivrer ; un enfant martyr ne dénoncera pas ses bourreaux.

Le lien qui s'établit entre la victime d'un rapt et les truands ou entre un otage et les terroristes est désigné sous le nom de *syndrome de Stockholm.* Il rappelle l'histoire d'une jeune femme suédoise qui, après avoir été retenue en otage par un voleur de banque, rompit avec son fiancé pour épouser le bandit en prison. On connaît aussi le cas célèbre de la fille du magnat de la presse, Patty Hearst, enlevée par l'Armée symbionèse de libération, qui devint par la suite un membre actif de la bande. Ce syndrome s'observe plus banalement chez les enfants martyrs et les femmes battues. Ce sont deux systèmes opposants qui entrent en résonance, celui du bourreau et celui de la victime. Arthur Goode, tueur pédophile de Baltimore, vivait avec un gamin qu'il avait enlevé et qui n'ignorait rien de ses crimes. Le pervers change une tragédie en triomphe, comme le rescapé d'une catastrophe qui ne cesse ensuite de célébrer sa victoire sur la mort. De sa carte du tendre abîmée, il a fait une nouvelle carte qui donne au désir une seconde chance ; mais à quel prix ! Un clivage consommé entre l'amour et la luxure qui laisse cette dernière livrée à la répétition compulsive.

Le motif de la perversion plonge le sujet dans l'addiction. Objet de désir, il brille par sa singularité et sa spécificité : pour une femme du monde, ce sera la drague dans des bars mal famés ; pour d'autres, un lieu public, un sauna ou une fête foraine. Un exemple parmi la multitude : un homosexuel avait été à plusieurs reprises surpris dans des toilettes ; lors de l'entretien qu'il eut avec un médecin, il révéla que l'objet de son addiction était les gros pénis ; les dégâts de sa carte s'étaient produits lorsque, âgé de 5 ans, il avait vu son père montrant son sexe à sa grande sœur ; jamais sa quête insatiable ne lui permettrait de retrouver une taille en proportion de celle d'un adulte pour un regard d'enfant.

Rien n'est plus fastidieux qu'une liste des pratiques paraphiliques. Les perversions sont ennuyeuses, surtout celles des autres, et il faut tout le courage du moraliste ou du philosophe pour traverser sans lassitude les cent vingt journées de Sodome. La carte du tendre est une idiosyncrasie, mais il existe une bonne cinquantaine de prototypes qui se répètent et appellent inventaires et classifications. Le sadisme et le masochisme désignent des ensembles flous où se distinguent des paraphilies plus spécifiques : flagellés et flagellants, torturés et torturants ; ceux qui se pendent aux espagnolettes comme le duc d'Enghien, s'asphyxient dans un sac, se strangulent, se « bondagent » jusqu'à ce qu'orgasme ou mort s'ensuivent ; les esclaves, les soumis, les violeurs, les éventreurs, les disséqueurs et les découpeurs ; les coprophiles et les urophiles ; les soupeurs et les frotteurs. Ailleurs, on trouve les kidnappeurs, ceux qui ne jouissent que dans la prédation : l'hybristophilie, syndrome de Bonnie and Clyde ou le bonheur dans le crime partagé ; les téléphonicophiles ; les voyeurs et exhibitionnistes ; les fétichistes et talismanistes, qui ne jouissent que d'un objet précis, une chaussure, un sous-vêtement, une odeur ; les klismaphiles, qui atteignent l'orgasme grâce à un lavement ; les travestis ; les pédophiles ou les gérontophiles, violeurs d'octogénaires ; et pour finir, les zoophiles et les nécrophiles. Il en est de plus spécifiques encore – je ne citerai que les acrotomophiles, qui n'atteignent l'orgasme qu'avec un partenaire amputé, et les formicophiles, qui ont besoin de fourmis ou de petits insectes sur les parties génitales pour être excités.

Toutes ces paraphilies témoignent d'une carte abîmée ; encore celle-ci existe-t-elle, même défectueuse. Dans les hyperphilies, il n'y a plus rien que le sexe dans sa nudité obscène. L'érotomane est drogué de sexe comme d'autres de cocaïne. Ces athlètes sexuels dont on célèbre les exploits dans les banquets de

garçons ne sont que des toxicomanes dont le pénis inépuisable fait office de seringue.
La prison est la sanction des paraphiles. Sa durée est fonction du tort fait à autrui. « Surveiller et guérir » pourrait être la démarche idéale. Mais surveiller est difficile autrement qu'en privant de liberté celui qui est visé, et guérir n'est jamais assuré d'être définitif. On ne remplace pas une carte du tendre vandalisée. Le traitement par les stéroïdes antiandrogènes et par d'autres substances qui freinent l'éveil sexuel au niveau du cerveau, donne des résultats encourageants mais que rend suspect le terme inapproprié de « castration chimique », qui évoque une amputation et un châtiment biblique. La psychothérapie individuelle, ou portant sur des groupes, a une efficacité variable selon les détériorations de la carte et la profondeur de l'addiction. Des thérapies comportementales se sont parfois révélées efficaces. Elles sont toutefois difficiles à mettre en œuvre (voir le film de Kubrick *Orange mécanique*).
Aux juges finalement reste la mission la plus difficile : *comprendre*.

J.-D. Vincent, *La Chair et le Diable, op. cit.*

« Demandez à un crapaud
ce que c'est que la beauté, le grand Beau,
le to Kalon ! Il vous répondra
que c'est sa crapaude (…) » Voltaire

CHAPITRE 13

Le salon des beaux-arts[1]

« Laudato sie, mi Signore cum tucte le Tue crature,
spetialmente messor lo frate Sole,
lo qual è lorno, et allumini noi per lui.
Et ellu è bellu e radiante cum grande splendore :
de Te, Altissimo, porta significatione. »

Saint François D'ASSISE, *Cantique de Frère Soleil*

Beauté, mon beau souci, où nous conduis-tu ? À l'extrême pointe du cerveau[2], là où s'arrête le regard. Nous n'avons cessé de flâner pendant le voyage, avec un long arrêt devant la « machinerie insensée du désir[3] », risquant à tout instant de nous perdre dans l'hypothalamus, carrefour de tous les plaisirs et de tous les dangers pour arpenter enfin les chemins de l'amour. Mais nous le savons bien : « Quand nous disons amour, comprenez désir de beauté[4]. »

Rassurez-vous, je n'ai pas l'intention de vous assener un cours sur la beauté. Depuis Platon, tous les philosophes en ont un à votre disposition.

Pour Kant, « le beau est ce qui plaît universellement sans concept ». Il est toutefois bien difficile de trouver une définition objective unique sans tomber dans le « galimatias ». Voltaire se fait, dans son *Dictionnaire philosophique*, le défenseur d'une subjectivité radicale interdisant toute définition. Sa démonstration, si elle n'atteint pas les sommets de la pensée kantienne a, comme toujours chez cet aimable philosophe, le mérite d'être drôle : « Demandez à un crapaud ce que c'est que la beauté, le grand Beau, le té Kalon ! Il vous répondra que c'est sa crapaude avec deux gros yeux ronds sortant de sa petite tête, une gueule large et plate, un ventre jaune au dos brun. Interrogez un nègre de Guinée, le beau est, pour lui, une peau noire, huileuse, des yeux enfoncés, un nez épaté[5]. »

Il y a ceux qui pensent que la beauté révèle la présence de l'être au monde ; d'autres pour qui la beauté est le produit de notre cerveau, à la façon de Cabanis, comme si le cerveau sécrétait la beauté comme le foie sécrète la bile[6]. Les deux conceptions s'affrontent sans pouvoir être disjointes. Comme le plaisir qui ne se conçoit pas sans souffrance, la laideur suit la beauté comme son ombre – processus opposants qui nous ramènent encore au cerveau.

« En somme, la beauté est partout. Ce n'est point elle qui manque à nos yeux, mais nos yeux qui manquent à l'apercevoir. » C'est Auguste Rodin, un artiste, qui parle ainsi. L'artiste est celui qui recherche la beauté sous toutes ses formes, il la rend visible – ce qui ne veut surtout pas dire qu'il reproduit le visible. Notre approche de la beauté nous conduit tout naturellement à l'étude de la vision et à essayer de comprendre comment cette sensation donne naissance à l'œuvre d'art. François Jacob, un biologiste, exprime ce qui constitue pour lui la fonction principale de l'art : « Les arts constituent, en un sens, certains aspects d'une représentation privée du monde[7]. » Autrement dit, l'artiste donne à voir à l'autre ce qu'il voit lui.

ART ET COMMUNICATION

> « Et ignatas animum, dimitti in artes. »
>
> OVIDE, *Métamorphoses*.

> « Je désire embrasser la beauté qui n'a jamais paru au monde. »
>
> J. JOYCE, *Ulysse*.

L'art est un produit spécifique du cerveau humain au même titre que le langage : un acte qui ne peut qu'être destiné à l'autre, c'est-à-dire un être sensible qui le reçoit. Ce qui se manifeste à travers les sens apparaît sous les instances contradictoires du plaisir et de la souffrance : deux pôles affectifs unis par ce que les psychobiologistes décrivent sous le nom de processus opposants dans lesquels chaque fois que se produit un processus primaire affectif dans un sens donné (plaisir ou aversion), une opposition se développe dans les structures nerveuses qui par sa répétition engendre assuétude, manque et dépendance[8] (voir chapitre 9).

Selon Ernesto Grassi[9], « le monde qui se manifeste à travers les sens est notre monde originaire : ce sont les sens qui ouvrent le rideau du théâtre sur lequel nous apparaissons tout à la fois comme des acteurs et des spectateurs. La voix sémantique, indicative, surgit à travers le plaisir et la profondeur d'une réalité abyssale, comme manifestation immédiate et indéductible sans qu'il y ait un avant et un après, sans distinction de cause et d'effet, sans pourquoi ».

Au lieu d'être seulement une représentation rationnelle et ressemblante, l'art est une forme de ce que j'ai appelé une *représentaction*. La connaissance qu'a le cerveau humain de son environnement n'est jamais dissociée des schèmes d'action par lesquels il agit sur cet environnement. L'art est un acte de prise sur le monde comme celui du musicien qui interprète une partition. Il jaillit à la source du désir, au sein d'un ensemble de sensations porteuses de sens. Il est pathétique et émouvant dans la mesure où il exprime les éléments émotionnels qui autant – sinon plus – que les éléments logiques, déterminent l'essence de l'homme. En lui, de façon spécifiquement humaine, dans un arrachement à l'animalité, éclatent la joie et la souffrance qui sont les modalités premières de l'être au monde.

L'art est la plus ancienne façon de l'homme (avant l'écriture et peut-être même avant le langage articulé) pour s'arracher de l'animalité dans l'éclatement de la joie ou de la souffrance. Cette modalité « première » de l'*être* au monde a laissé de traces visibles à partir de 50 000 ans avant notre ère. Mais peut-être l'homme avait-il déjà acquis son statut d'animal métaphysique.

L'apparition de l'art comme celle du langage n'implique pas un « big bang ». Faut-il répéter que dans ce domaine, comme s'agissant des parties molles non fossilisables des organismes, le fait que la longue évolution qui a précédé l'art paléolithique n'ait pas laissé de traces visibles sur le sol ou dans la pierre ne veut pas dire qu'elle n'ait pas eu lieu ? Peut-être l'œuvre d'artistes contemporains comme celle de Dubuffet, est-elle la *récapitulation* de la phylogenèse de l'art et reproduit-elle les étapes de son évolution ? Toute l'histoire de la peinture moderne vient confirmer cette collision féconde entre les arts dits aujourd'hui premiers et l'expression la plus avancée de la modernité. De la même façon que notre organisme porte en lui une histoire complète de l'évolution des êtres vivants, chaque artiste exprime dans son œuvre tout le passé récapitulé de l'aventure de l'art.

L'ART DE LA VISION

Si l'on effaçait de la surface de la terre l'ensemble des cerveaux humains, l'art disparaîtrait. Les cathédrales continueraient de se dresser dans le ciel et les fresques d'orner les nefs désertées ; les statues se fondraient dans la végétation redevenue sauvage. Toutes ces œuvres n'auraient plus la possibilité de vivre sans un regard humain pour les animer. L'art n'existe en effet que par le cerveau de l'homme à qui il s'adresse et qui le reçoit.

La peinture est sur ce plan particulièrement démonstrative. Toute œuvre peinte est la matérialisation d'une représentation destinée à l'autre. Elle est à la fois appréhension et restitution du réel : même si toute relation avec le réel peut être perdue ou volontairement cachée. Une peinture est avant tout une « vue » destinée à la vision. Le simple fait de voir est une opération mystérieuse. Les yeux, grâce aux cellules sensorielles de la rétine, recueillent des données physiques sur le monde visible : forme, couleur, mouvement et disposition spatiale des objets qui le composent. Disposer de ces informations, aussi précises soient-elle, ne permet pas de connaître le monde et encore moins de l'interpréter.

Ainsi, la couleur d'un objet n'émane pas de celui-ci, mais est donnée par les longueurs d'onde de la lumière que renvoie sa surface. Cette réflectance varie à chaque instant et cependant la « rose reste rose de l'aube pâle jusqu'au soir quand son ombre devient rouge[10] ».

La forme d'un objet varie également selon l'angle de vision, mais reste constante dans sa représentation cérébrale. Les cubistes qui prétendent atteindre l'essence d'un objet par la vision simultanée de multiples points de vue se trompent et n'aboutissent qu'à brouiller l'image en faisant une concurrence trop simpliste au cerveau. L'émotion esthétique, de façon paradoxale, naît dans leurs œuvres de la violence maladroite faite à ce dernier. Ce qui ne change d'ailleurs rien à son rôle exclusif en matière artistique. C'est lui qui assigne une constance aux données sensorielles que lui adresse le monde. Du flot incessant et changeant des informations, il extrait et sélectionne celles qui lui permettent de catégoriser les êtres et les choses.

LES REPRÉSENTATIONS VISUELLES

Lorsqu'il décrit les mécanismes cérébraux de la vision, Semir Zeki[11] cite Matisse : « Voir, dit çelui-ci, c'est déjà une opération créatrice qui exige un effort. » Cette création s'effectue dans les aires de l'écorce cérébrale (V).

Grâce aux informations recueillies en V1, le cerveau construit une image cohérente de l'objet. Celle-ci est comparable aux lignes que le peintre trace sur la toile avant de réaliser le tableau. Lorsque V1 est détruite, le sujet perd toute vision consciente du monde. On dit qu'il est atteint de cécité corticale.

L'aire principale V1 distribue parallèlement les signaux aux régions corticales qui l'entourent. L'aire V4 apporte la couleur : sans elle, un patient voit le monde en noir et blanc et il y a peu de chances pour qu'un tableau peint par un fauviste le séduise. La destruction de V5, en revanche, entraîne l'inaptitude du sujet à percevoir les objets en mouvement ; il restera indifférent devant un mobile de Calder. Les régions (V2 et V3) permettent de reconnaître les formes, une autre (V3a) de préparer l'action qui accompagne cette identification. Il existe enfin des aires situées plus en avant, étroitement connectées avec les précédentes, qui participent aux processus de mémoire. Une image peut naître également dans le cerveau en l'absence de l'objet présenté. Les aires activées par l'imagination sont les mêmes que celles qui interviennent dans la perception directe. Ainsi, un sujet qui a perdu l'aire V4 vit dans un monde imaginaire aussi incolore que sa perception de la réalité.

Les représentations que le sujet a du monde ne sont pas préformées dans son cerveau. Certes, V1, V2, V3, etc. sont assignées à résidence dans des territoires déterminés par les gènes. Mais il est indispensable que l'organisme soit exposé à des signaux visuels pendant une période critique qui suit la naissance pour que les cellules nerveuses s'organisent en vue de reconnaître les formes, les couleurs, les mouvements, bref toutes les qualités modulaires qui caractérisent la vision. Par exemple, un chaton élevé dans un environnement constitué uniquement de bandes verticales ne percevra pas adulte les dimensions horizontales du monde.

Le cerveau prend connaissance de la réalité par instinct et par éducation. La réalité instruit en quelque sorte le cerveau. Cette éducation est reçue dans un contexte affectif qui en est la condition même.

L'objet inaugural est un visage, celui de la mère. Même un aveugle, un bébé « voit » la figure maternelle – vision purement affective sans ligne, sans couleur et sans mouvement –, une sorte de vision aveugle, le regard de l'amour à l'état naissant.

PHYSIOLOGIE DE LA VISION

Avant d'aborder la visite du cerveau visuel, je vous dois quelques données physiologiques sur ce sens particulièrement développé chez l'homme.

Je ne parlerai que peu de l'œil qui n'est pas compris dans notre forfait « voyage dans le cerveau ». Nous laisserons donc de côté cette « fenêtre de l'âme » et oublierons dans la tombe de Caïn cet œil qui le regarde. Au passage, demandons-nous ce qui est le plus effrayant d'un globe oculaire sorti de son orbite ou d'une orbite vide – « en cherchant l'œil de Dieu, je n'ai vu qu'une orbite, vaste, noire et sans fond[12] » ? Pour comprendre la suite, il suffira de nous souvenir que l'information visuelle recueillie par la rétine sort de celle-ci par le truchement des *cellules ganglionnaires* dont les axones forment le nerf optique. Trois catégories de cellules ganglionnaires sont à l'origine de trois trajets distincts dans le système visuel : le premier est constitué de cellules de grosse taille (M pour *magnus*) ; le second a pour origine des cellules de petite taille (P pour *parvus*) ; le troisième trajet est désigné non par la taille des cellules, mais par l'aspect dispersé des terminaisons, on l'appelle le trajet K (du grec *konis,* poussière). L'image au sortir de la rétine passe à travers un ensemble de trois filtres superposés qui opèrent en parallèle grâce à la capacité de chaque cellule ganglionnaire d'extraire un attribut de l'image optique (forme, couleur et mouvement). Chacun de ces attributs emprunte une classe de fibres particulières dans le nerf optique : la forme étant essentiellement transportée par le trajet P ; la couleur par les trajets P et K ; le mouvement enfin par le trajet M.

Mais je vous sais impatient de savoir ce qui se passe dans un cerveau qui regarde.

OÙ VONT LES FIBRES RÉTINIENNES ?

Une des caractéristiques générales des systèmes sensoriels est de préserver au niveau des zones de projection centrale l'ordre topographique du dispositif périphérique de réception – à une exception

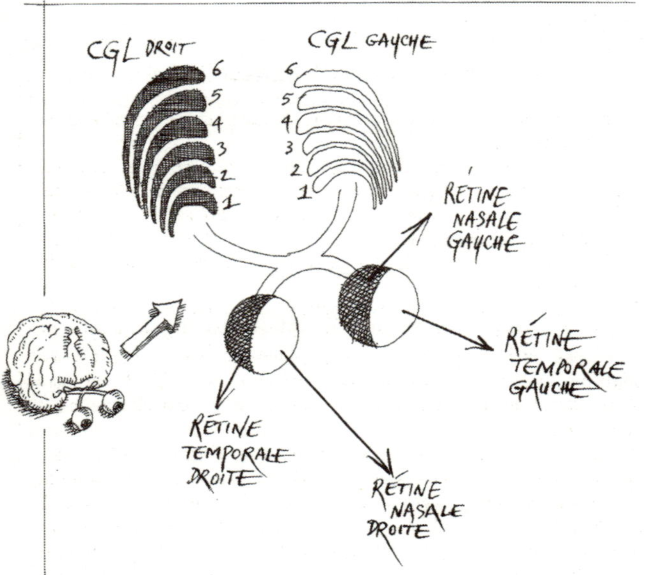

Figure 25. – CORPS GENOUILLÉ LATÉRAL (CGL) ET PROJECTIONS DES FIBRES RÉTINIENNES : On observe la structure laminaire du CGL (M. Imbert, *op. cit.*).

notable toutefois, celle de l'odorat (voir p. 143). C'est ainsi que les fibres rétiniennes vont dresser des cartes qui seront conservées de relais en relais jusqu'au cortex du cerveau (cartes dites *rétinotopiques*) (Figure 25).

Les trois trajets partant de l'œil conduisent pour 90 % au *corps genouillé latéral* (CGL) (Figure 26), où ils se terminent en respectant une double ségrégation : oculaire selon l'œil d'origine et fonctionnelle selon les catégories M, P ou K. Je passe sur l'organisation en couches superposées. Les axones des neurones qui quittent le CGL empruntent les radiations optiques pour se projeter sur le cortex occipital dans l'aire visuelle primaire V1 en respectant toujours la même ségrégation en couches superposées. En outre, les fibres visuelles issues d'un œil et celles qui sont issues de l'autre forment des colonnes dites des dominances oculaires qui respectent la couche 4 strictement monoculaire. Les terminaisons koniocellulaires se font quant à elles dans des compartiments centrés au niveau des couches 1 et 2 appelées « blobs » en anglais (Figure 26). L'organisation modulaire de l'aire visuelle primaire est résumée dans l'encadré suivant.

Organisation modulaire de V1

On peut résumer l'organisation modulaire de l'aire visuelle primaire de la façon suivante :

Il existe sur sa surface une représentation exacte du demi-champ de vision contraléral, dressée à partir des fibres issues des deux yeux ; cette carte, dite rétinotopique, est donc globalement binoculaire, mais localement, notamment au niveau de la couche 4, elle est constituée de deux cartes monoculaires entrelacées, faites à partie de deux bandes adjacentes de dominances oculaires différentes.

À cause de cet arrangement rétinotopique, une pièce de cortex, un module localisé, sera conjuguée à une zone circonscrite de l'espace visuel situé du côté opposé au cortex étudié. Ce module comprendra, outre les deux zones adjacentes des colonnes de dominance oculaire, un ensemble de colonnes d'orientation, représentant l'ensemble des orientations, horizontales, verticales et obliques, sur 360°.

Par ailleurs, dans les blobs centrés sur les deux colonnes de dominance oculaire voisines, des neurones, non orientés, sont regroupés. Ces neurones sont mis en jeu directement par la voie K et indirectement par la voie M relayée de la sous-couche 4Cα. Ces neurones corticaux ont des champs récepteurs circulaires et, nombre d'entre eux présentent un antagonisme chromatique entre le centre et le pourtour, certains même présentent une double opposition, spatiale et chromatique.

Michel Imbert, *Traité du cerveau*, Paris, Odile Jacob, 2006.

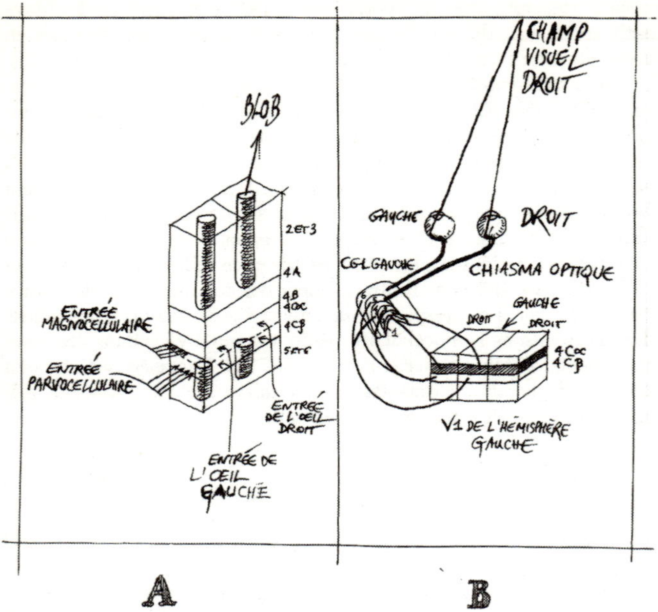

Figure 26. – Bloc de cortex visuel (aire V1) : On remarquera les « *blobs* » qui reçoivent les afférences K (M. Imbert, *op. cit.*).

MULTIPLICITÉ DES AIRES VISUELLES

J'ai décrit précédemment les aires corticales impliquées dans la vision : elles sont multiples et disposées de façon concentrique autour de l'aire V1. Sur le schéma de la Figure 27 sont représentées les connexions cortico-corticales qui relient les aires visuelles fonctionnelles avec les aires sensori-motrices situées en aval. Les aires anatomiques désignées par leur numéro dans la classification de Brodmann sont montrées sur un cerveau de primate, mais peuvent être transposées à l'homme comme l'ont confirmé les études en résonance magnétique nucléaire (RMN) ou en tomographie par émission de positons (TEP).

Les expériences fonctionnelles et les observations anatomiques ont montré que la sortie de ces différentes aires visuelles se faisait par deux larges avenues respectivement ventrale et dorsale. Les neuro-

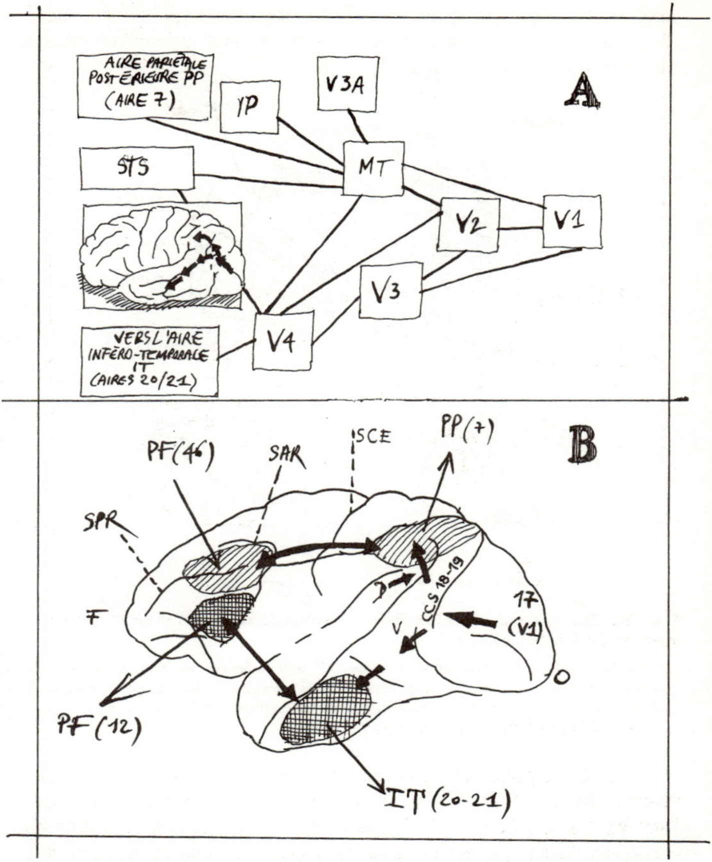

Figure 27. – FIGURE SYNTHÉTIQUE QUI SCHÉMATISE : En A le trajet des messages visuels depuis l'aire 17, la plus postérieure (V1) vers les aires qui l'entourent.
En B, on peut observer les deux voies dorsales (d) et ventrale (v). Sont notamment indiquées : l'aire pariéto-pariétale (PP) correspondant à l'aire 7 dans la classification de Brodmann ; les aires préfrontales (PF) correspondant à l'aire 46 et à l'aire 12 ; l'aire inféro-temporale (IT) correspondant aux aires 20 et 21.
(D'après P. Buser, *Cerveau de soi, cerveau de l'autre*, Paris, Odile Jacob, 1998).

physiologistes américains Mortimer Mishkin et Leslie Ungerleider ont réalisé une série d'expériences chez le singe macaque qui ont été à l'origine de ces observations fondamentales pour la compréhension des mécanismes de la vision (Figure 28).

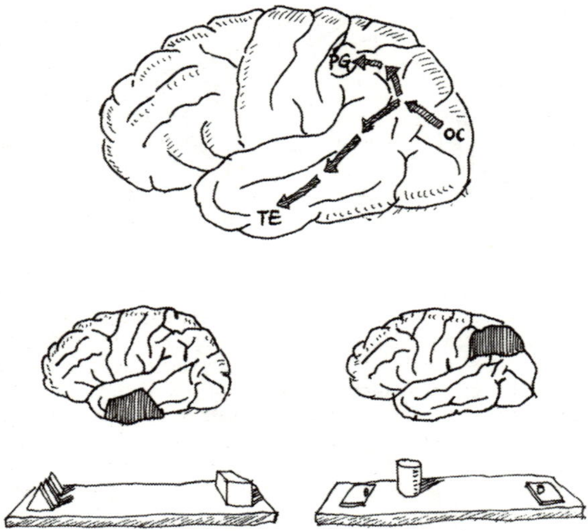

Figure 28. – Expérience de Ungerleider et Mishkin : Sont indiquées, en haut, les deux voies dorsales et ventrale ; au milieu, les deux lésions ; en bas, les deux tâches comportementales de « reconnaissance » à gauche et de « localisation » à droite. (D'après M. Imbert, *op. cit.*).

REPRÉSENTER LE MONDE, C'EST AGIR LE MONDE

La représentation du sourire de la mère dans le cerveau de l'enfant se superpose à l'activation des aires motrices du sourire chez ce dernier, donnant lieu à une représentaction dans laquelle la représentation (mère) est indissociable de l'action (sourire). Des expériences réalisées sur des chatons dans les années 1960 par Held sont, sur ce point, très démonstratives. Des petits chats étaient élevés dans le noir et exposés à la lumière seulement quelques heures chaque jour pendant lesquelles ils étaient associés par paires : un chaton était actif tandis que l'autre était passif. Le premier pouvait se déplacer librement, mais était équipé d'un harnais de telle sorte que chacun de ses

L'expérience de L. Ungerleider et M. Mishkin

Après avoir appris à l'animal à reconnaître des objets sur la seule base de leur forme visuelle, les auteurs procèdent à l'élimination d'une région limitée de son cortex cérébral située dans la partie inférieure du lobe *temporal*. Après l'opération, l'animal n'est plus capable de reconnaître, parmi les objets présentés, celui ou ceux qu'il a déjà vus. Si, au lieu de reconnaître un objet sur la base de sa forme, on lui apprend à localiser des objets les uns par rapport aux autres, c'est l'élimination d'une zone limitée du cortex *pariétal* qui s'avérera dommageable. Le premier animal, porteur d'une lésion dans le cortex temporal est capable de réaliser l'opération que le second animal, porteur d'une lésion pariétale ne sait pas faire, ce dernier en revanche pourra sans difficulté reconnaître les objets que le premier ne reconnaît plus. Cette expérience très connue, et beaucoup discutée depuis, a conforté l'idée selon laquelle notre cerveau visuel était subdivisé en (au moins) deux grands systèmes, un spécialisé dans la reconnaissance des formes, répondant à la question : qu'est-ce que c'est ? L'autre spécialisé dans la localisation des objets, répondant à la question : où est-ce ? Aujourd'hui, ce schéma, sans être remis en question dans ses grandes lignes, s'est considérablement enrichi et renouvelé. Plutôt que de trajets du *quoi* et du *où*, on préfère parler d'un trajet ventral, dirigé vers les régions temporales inférieures, spécialisé dans la reconnaissance des formes, de plus en plus spécialisé dans le type de formes susceptibles d'être identifiées (des figures géométriques, des visages) et qui serait la base neurologique de la *vision-pour-la-perception*, et d'un trajet dorsal, dirigé vers les régions du cortex pariétal, spécialisé dans le savoir que faire et comment le faire avec ce que l'on voit, c'est-à-dire la *vision-pour-l'action*.

M. Imbert, *op. cit.*

déplacements entraînait un manège sur lequel était fixé le chaton passif. Au bout de quatre semaines, seul l'animal actif présentait des réactions visuo-motrices correctes[13].

L'art témoigne d'une pareille collusion sensori-motrice. « Les Grecs, rappelle Ernst Gombrich, n'avaient qu'un seul mot et un seul concept pour l'art et l'habileté. *Tekhné.* L'histoire de l'art par définition était l'histoire de la maîtrise technique. » Jean Clair qui fait référence à cette définition, insiste sur le rôle du « faire » dans la genèse de l'œuvre. On parle de l'œil et de la main et de leur partenariat, c'est en réalité dans le cerveau que se fait la fusion de la vision et du geste. « L'œil s'enracine, au premier regard, dans un terreau riche et confus, chaotique, qui est celui de la sensibilité. Mais déjà, tirer un trait, au sens propre, fouiller pour extraire un fil de ce fouillis, c'est faire l'effort d'intellection de ce que l'on a sous les yeux [...]. Ce chassé-croisé entre la sensibilité et l'intelligibilité suppose un équilibre. La pure intelligibilité du tracé mathématique tout comme la pure sensibilité du tracé instinctif en sont exclues. L'œil a besoin à chaque instant de se nourrir de l'épreuve du réel, tout comme l'esprit a besoin sans arrêt de vérifier la validité du trait[14]. » Ce qu'on peut conclure par la phrase célèbre de Goethe : « Ce que je n'ai pas dessiné, je ne l'ai pas vu. »

Il n'est donc pas étonnant que l'enfance de l'art prenne sa source dans le regard du bébé et dans ses mains. La passion qui les anime installe le jeune artiste au cœur d'un vaste programme d'imitation et de communication.

Il est fascinant d'observer un enfant âgé de 2 à 3 ans : il est capable de reconnaître et de nommer un animal qu'il s'efforce de reproduire par des traits gribouillés sur du papier à sa plus grande satisfaction. L'icône qui représente l'animal est implicite dans le geste, alors même que celui-ci n'aboutit qu'à quelques traits non identifiables. Cependant, le sens éclate dans l'émotion partagée entre l'enfant et l'adulte qui regarde son œuvre.

L'interprétation du monde à laquelle se livre le cerveau repose, on vient de le voir, sur le duo passionné de la sensibilité et de l'action. Mais l'exemple de l'art illustre une autre dualité, celle des cerveaux droit et gauche.

Pour résumer les choses et au prix d'inévitables approximations, il apparaît que les deux hémisphères, lorsqu'ils sont séparés chirurgicalement, interagissent, selon des compétences et des modalités différentes avec la moitié du corps et de l'espace qui leur revient : la droite pour le cerveau gauche et la gauche pour le cerveau droit.

Le cerveau gauche, dit hémisphère dominant, est responsable du langage parlé et écrit, des tâches motrices qui exigent précision et concentration dans l'espace, du calcul – il pense de façon logique et sérielle et établit les relations de causalité entre les objets et les faits. L'hémisphère droit est en revanche supérieur dans la perception des plans d'ensemble dans laquelle le corps évolue ; il guide les yeux et les mains dans l'exploration de l'espace dont il a une appréhension globale et intuitive ; il reconnaît les gens à la vue et à la voix ; il semble enfin qu'il ait une interprétation du monde à la fois plus réaliste, plus pathétique et une coloration plus sombre des humeurs qui s'en dégagent.

On doit toutefois remarquer que la séparation artificielle créée par la chirurgie empêche d'apprécier le fonctionnement normal des deux hémisphères. Il paraît prouvé en effet que le cortex gauche exerce le rôle de contrôleur sur le fonctionnement du cortex droit et assure l'unification de la conscience. Il est d'ailleurs étonnant que les patients opérés n'éprouvent aucune modification de leur état de conscience, de leurs facultés, ni aucun sentiment d'incapacité intellectuelle. Si l'on croit Michel Gazzaniga qui a contribué à la plupart des recherches sur les *split brains*, c'est peut-être à la fabuleuse supériorité de son cortex gauche que l'homme doit sa conscience unifiée qui lui permet d'appréhender l'Être sous les instances de la parole originelle.

C'est à cette dernière que renvoie une des plus belles œuvres de la peinture en Occident : la Vierge de l'Annonciation (*Annunciata*) par Antonello da Messina (Figure 29). Un visage, des mains et un livre

Figure 29. – Vierge de l'annunciata par Antonello da Messina.

ouvert sont rassemblés sur une petite surface (45 × 34,5 cm) ; ces trois icônes représentent la rencontre passionnée de l'être avec le monde originaire. Le tableau parfaitement centré sur l'axe vertical de la Vierge sollicite avec une égale intensité les deux cerveaux du spectateur. Le corps de la Madone est légèrement tourné vers la droite où se trouve le livre qui s'adresse directement à notre hémisphère gauche. Son regard est, en revanche, orienté vers la gauche, porteur d'une intériorité abyssale qui ne peut être dite. Dans la partie inférieure gauche, la main droite – peut-être la plus belle main qui ait jamais été peinte – semble sortir du tableau pour appréhender le monde. Tout ce que j'ai dit de la fusion entre action et représentation, des mains et du regard source de l'art qui jaillit de la rencontre entre la mère et l'enfant, s'éclaire devant cette annonciation où le spectateur ébloui occupe la place de l'Ange.

En résumé, ces quelques données fragmentaires montrent que si la perception est en ligne directe avec les sens, la représentation, notamment dans sa manifestation esthétique, est essentiellement destinée à l'autre ; elle est *causa mentale.* La neurophysiologie avec la découverte des neurones miroirs et la théorie motrice de la simulation[15] apporte un soutien à cette thèse (voir plus loin p. 368).

LA REPRÉSENTATION DU RÉEL

Un problème majeur de l'esthétique reste posé surtout après le bouillonnement des théories des arts dans le siècle passé et le foisonnement des « écoles » qui a conduit à la crise contemporaine de la représentation : pourquoi la représentation a une histoire (qui accompagne et souvent précède celle des civilisations) ? Pourquoi l'humanité (l'espèce humaine) a-t-elle mis si longtemps avant de parvenir à la maîtrise des effets visuels qui créent l'illusion d'une ressemblance avec la réalité ?

L'histoire de l'art est très largement une histoire de la découverte progressive de la représentation des apparences. Je signale que la *conscience* est, selon moi, une apparence puisqu'elle n'existe que lorsqu'elle apparaît[16].

L'inconscient est ce qui se cache sous les apparences : ce qui n'apparaît pas. Du néolithique au XIXe siècle, on assiste à une conquête progressive de ces apparences. La perspective découvre l'apparence de l'espace au Quattrocento ; l'impressionnisme apporte la couleur ; le cubisme le mouvement.

L'assimilation de la *chose représentée* à la *chose vue* est trompeuse. Aucun enfant ne voit sa mère comme il la représente. Comme souvent dans l'histoire, on retrouve des préfigurations de ce qui sera plus tard la règle : les Magdaléniens par exemple, donnent des représentations ressemblantes. La convention, ici, s'approche de la réalité, car le concept est tiré du réel fourni par les cornes, les mufles, la bosse, les pattes. La manière ici, c'est-à-dire la convention, intègre à la perfection le réel.

La tendance naturelle porte à schématiser, à conceptualiser ; l'homme « premier » est un artiste conceptuel. La taille de l'objet représenté est fonction de son importance sociale : les arbres sont représentés comme sur une carte géographique, c'est leur présence et non leur apparence qui importe (voir les primitifs italiens et les peintres d'icônes byzantines). La perspective est une production sociale ; elle fonctionne parce qu'il y a rencontre entre la volonté de représenter le réel et le réalisme mercantile de la société du XVe siècle à Florence ou dans les Pays-Bas ; le besoin d'ordre commercial coïncide avec le *fonctionnement de l'œil* et la physique géométrique de ce dernier.

Finalement, l'art conceptuel contemporain est un primitivisme (un fondamentalisme ?) qui joue sur la représentaction (performance) aux dépens de la perception.

OÙ EST PASSÉE LA BEAUTÉ

Je conclurai ce chapitre de notre voyage en évoquant l'extraordinaire choc esthétique que provoque le chien-ballon monumental de Jeff Koons s'avançant sur son promontoire du Grand Canal face au *Ca Rezzonico*, où il se reflète sur la merveilleuse fresque de Tiepolo, triomphe de la sublimation du réel : une foule de dos contemplant un monde inaccessible.

La vérité de l'art réside peut-être dans cette étrange et inquiétante traversée des apparences. Mais où est donc passée la beauté ?

FOCUS 7

Musique et cerveau

Michel Meulders
professeur émérite de neurophysiologie,
prorecteur honoraire
à l'Université catholique de Louvain,
past président de l'Académie royale
de médecine de Belgique

Le lecteur a certainement compris, à la lecture des autres chapitres de ce livre, qu'une promenade même virtuelle dans le cerveau n'est pas une sinécure. Mais qu'en serait-il si le promeneur imaginaire de cet ouvrage souhaitait cette fois s'aventurer dans le monde mystérieux des sons et de la musique ? Pour réussir dans son entreprise, il tâcherait sans doute de suivre un son – une note de clarinette par exemple – dans son périple vers l'oreille d'un quelconque auditeur, puis au-delà, dans les voies nerveuses qui le mènerait dans le cerveau de ce dernier vers les régions permettant la perception consciente.

Lorsque cet audacieux promeneur parvient, à la suite de la note de musique, au sein de l'oreille de l'auditeur, son trajet ne rencontrerait de prime abord pas trop de difficultés. Mais après avoir traversé avec sa compagne musicale le tympan de l'auditeur, et cheminé ensuite le long de la chaîne des osselets, il serait cependant plongé dans le plus grand embarras. En effet, il se retrouve alors tout seul au pied d'un énorme limaçon – la cochlée de l'oreille interne –, dont les spires avalent instantanément sa belle amie, la note de clarinette, la découpant sans vergogne en son fondamental et sons harmoniques, et transformant chaque fréquence ainsi détectée en trains d'influx nerveux. Malgré la métamorphose de sa compagne en impulsions nerveuses, il ne se décourage cependant pas. Il court à sa poursuite vers le gros nerf auditif, rejoignant ainsi l'encéphale au niveau du tronc cérébral. Il emprunte ensuite les grands boulevards décrits par les anatomistes qui le mènent après quelques relais de neurones aux régions dites auditives du cerveau, où après une dernière métamorphose, les impulsions nerveuses musicales sont perçues par l'auditeur qui reconnaît enfin la note de clarinette.

Malheureusement, la réalité est bien plus complexe et, malgré ses efforts, notre promeneur n'aura pas appris grand-chose. Car la connaissance même approfondie du trajet des influx nerveux depuis la cochlée de l'oreille interne jusqu'au cortex cérébral ne nous livre qu'une partie de la réalité. En effet, pour comprendre ce qui se passe lors de la perception musicale, il faudrait entreprendre tout autre chose qu'une promenade intracérébrale, même très savante et forcément confinée dans le temps et l'espace. Entre le son et la conscience s'effectue en effet une transformation radicale : le son, qui n'est autre qu'une suite d'oscillations de la pression de l'air sur le tympan, génère au terme d'un long et mystérieux parcours une représentation mentale, subjective et inaccessible à toute mesure physique : la perception musicale. Comme Alice au Pays des Merveilles, tâchons cependant de voir ce qui se trouve derrière le miroir.

Et d'abord, peut-on parler de cerveau et de musique, sans faire appel à un peu de psychophysiologie et même d'anthropologie ?

La musique est le propre de l'homme

La musique est aussi difficile à définir qu'indispensable à l'*Homo sapiens*, et c'est encore un bien grand mystère pour le biologiste de comprendre pourquoi, encore tout à fait absente chez le primate non humain, elle est apparue dans l'espèce humaine sous l'action d'une pression évolutive comparable à celle qui a permis l'éclosion chez nos lointains ancêtres du langage et de la conscience réflexive. Et ce qui n'a certainement guère évolué depuis l'apparition du phénomène musical, c'est l'indispensable secousse de nature émotionnelle qu'elle imprime à notre raison consciente et à notre inconscient, sorte de rêve éveillé. Secousse dont les conséquences immédiates pour notre psychisme sont les sentiments de confort ou d'inconfort, d'exaltation ou de dépression, de plaisir ou de déplaisir.

Et comme l'a si bien dit Claude Lévy-Strauss, « que la musique soit un langage, par le moyen duquel sont élaborés des messages dont certains au moins sont compris de l'immense majorité alors qu'une infime minorité seulement est capable de les émettre, et qu'entre tous les langages, celui-là seul réunisse les caractères contradictoires d'être tout à la fois intelligible et intraduisible, fait du créateur de musique un être pareil aux dieux, et de la musique elle-même le suprême mystère des sciences de l'homme, celui contre lequel elles butent, et qui garde la clé de leur progrès ».

D'où vient le sens musical ?

Le génie musical est rare, mais il semble cependant que tous les enfants soient génétiquement capables de chanter. Pour des auteurs tels qu'Isabelle Peretz, par exemple, le traitement des données musicales semble disposer, dans le cerveau normal d'enfant et d'adulte, de réseaux neuronaux aussi spécifiques que pour le langage, les fonctions verbales et musicales n'existant d'ailleurs que dans l'espèce humaine. Comme c'est le cas pour le langage, ajoute l'auteur, la musique répondrait à un besoin biologique et ne saurait être réduite comme telle à une production culturelle éphémère : elle n'a pas été inventée par des individus, mais survient spontanément dans toutes les sociétés. La musique a d'ailleurs une valeur adaptative puisqu'elle promeut la cohésion et la conscience identitaire d'un groupe, qu'il soit religieux ou non. Son émergence très tôt dans l'histoire ancestrale de l'homme constitue un argument supplémentaire en faveur de son origine génétique. Les réseaux nerveux consacrés à la musique, et qui sont sans doute aussi héréditaires que ceux du langage, s'organiseraient progressivement dans le plus jeune âge, dès l'établissement des relations vocales mère enfant.

Contenu de la perception musicale

Que perçoit-on lorsqu'on écoute de la musique ? Bien sûr, un son pris isolément peut être perçu comme celui d'un hautbois ou d'une clarinette. Mais, au-delà du son, qui peut se comparer à une sorte de phonème, qu'en est-il des sons successifs, regroupés comme dans une phrase en une mélodie parfaitement reconnaissable ? Que perçoit-on dans une mélodie ? Pour ceux qui privilégient les seules formes musicales, « la musique est impuissante à exprimer quoi que ce soit », et « la musique est un art non signifiant ». En revanche, l'ethnomusicologue C. Boilès montre que, dans un contexte précis, la musique instrumentale véhicule des signifiants musicaux parfaitement identifiables, renvoyant à des signifiés que l'on a pu mettre en évidence grâce à des enquêtes effectuées auprès des autochtones. Ou encore, que si on traite la musique « comme un objet immergé dans le vécu humain... », on s'aperçoit que « la *Tétralogie*, par exemple, possède différents niveaux de signification selon qu'on la regarde du point de vue des systèmes philosophiques auxquels Wagner fait appel, ou du point de vue du metteur en scène ou du chef d'orchestre ». On doit donc admettre que la perception musicale est d'une réelle complexité, puisqu'elle peut se limiter à des structures formelles pures sans signifié directement apparent, mais qu'elles peuvent aussi se charger d'un signifié linguistique, émotionnel et même religieux.

Traitement des sons musicaux par le cerveau

Comme on l'a dit plus haut, le cerveau humain serait spécialisé dans le traitement de la musique, et posséderait des circuits nerveux traitant spécifiquement l'information musicale. Ces circuits seraient généralement indépendants de ceux qui traitent l'information verbale, y compris l'intonation du langage. Le cerveau musical serait donc relativement autonome, ce qui expliquerait qu'on puisse être très compétent en matière d'expression du langage, mais totalement indifférent à la musique, ou le contraire, comme c'est le cas chez plusieurs enfants autistes.

D'après le modèle de Peretz, les informations auditives provenant de l'oreille seraient filtrées lors de leur entrée dans le système nerveux central et seraient dirigées ensuite en parallèle vers quatre modules d'analyse situés dans le cortex cérébral : le premier serait consacré à l'organisation phonologique menant à la compréhension du langage parlé ; le second et le troisième concerneraient le traitement des composantes temporelles des afférences acoustiques : analyse métrique (par exemple un rythme ternaire : 1-2-3 – 1-2-3, avec alternance de temps forts et faibles), et analyse rythmique des séquences temporelles d'une certaine durée, indépendantes de la mesure. Le *quatrième* module enfin, qui nous intéresse le plus ici, concernerait l'organisation du son lui-même. Ce dernier module serait subdivisé en trois sous-modules :

— le premier (1) analyse le « contour », en déterminant si un son est plus haut ou plus bas que le son qui le précède ; il conditionne l'activité du second sous-module (2) ;

— le second (2) détermine la place du son dans la gamme, le *do* étant le son fondamental en *do* majeur, le *sol* étant la quinte et le *mi* la tierce ; il conditionne l'activité du troisième sous-module (3) ;

— le troisième (3) concerne la détection d'une phrase mélodique.

Pour Aristoxène, élève d'Aristote, « l'intelligence musicale résulte de deux éléments : la sensation et la mémoire ». Il s'oppose ainsi à Pythagore, pour qui l'essentiel est le calcul des intervalles harmoniques, lequel ne permet cependant pas de reconnaître une mélodie. Dans le cas de la reconnaissance d'une phrase mélodique connue du sujet, *Happy Birthday* par exemple, les 3 à 6 premières notes sont nécessaires pour qu'elle soit reconnue, la durée moyenne de ce bref processus de mémorisation étant d'environ 3 secondes. Cette reconnaissance fait appel à un module supplémentaire appelé « lexique musical », permettant grâce à ce processus de mémorisation de reconnaître parmi les mélodies que l'on connaît par expérience, la phrase mélodique détectée.

Il est certain que les recherches en neurosciences, effectuées chez des individus normaux ou porteurs de lésions cérébrales, n'ont pas comme but premier celui de localiser dans le cortex ou une autre partie du cerveau le lieu où se situe une fonction. On ne cherche pas un « centre », tel le centre du langage, où Broca croyait pouvoir localiser les mécanismes du langage. Bien sûr, on a de bonnes raisons de croire que le lobe temporal, où aboutissent de nombreux faisceaux de fibres auditives, joue un rôle essentiel dans la perception musicale. En effet, les patients présentant d'importantes lésions au niveau de ces structures ont le plus souvent des troubles de la perception et de l'expression musicale. Mais on sait maintenant que de nombreuses autres structures cérébrales sont également mises en œuvre lors de l'activité musicale. Et ce qui importe le plus, dans l'ordre de la compréhension des mécanismes impliqués, c'est la mise en évidence de réseaux nerveux reliant des modules responsables d'une contribution spécifique mais partielle à un système de synthèse hiérarchisé.

Consonances et dissonances

Les consonances n'ont guère suscité d'intérêt de la part des chercheurs actuels. Par contre, il existe quelques données scientifiques récentes concernant la perception des dissonances. Mises à part les célèbres théories de Helmholtz expliquant les dissonances sur le plan psychologique par le désagrément dû aux battements entre deux fréquences sonores voisines, théories toujours d'actualité, les neurosciences ont mis en évidence deux faits significatifs : d'abord, le fait que la violation des lois classiques de l'harmonie pour un accord donné, fait apparaître dans les potentiels évoqués, des ondes d'expectation bilatérales de grande amplitude au niveau des parties inférieures du lobe frontal. Ensuite, l'enregistrement grâce à des microélectrodes implantées chez l'homme et le singe dans les aires temporales supérieures bilatérales, de groupes de neurones auditifs réagissant en phase avec des accords dissonants, mais non en cas d'accords consonants. Pour illustrer ceci, mentionnons encore l'observation d'un patient ayant de graves lésions bilatérales du cortex temporal, mais qui lui permettent néanmoins de reconnaître un air connu de Mozart, joué au piano successivement en majeur et en mineur, et qu'il trouve respectivement gai ou triste. Par contre, le même air dont la portée supérieure est jouée un demi-ton plus haut, créant ainsi une musique dissonante insupportable, ne suscite de la part de ce malade aucune réaction. Ceci qui plaide évidemment en faveur de l'existence de détecteurs de dissonances disparus ou inactivés par la lésion.

L'émotion musicale

Pour William James, le plaisir causé par l'audition musicale possède deux niveaux d'intensité : le niveau inférieur est d'ordre exclusivement cognitif et constitue un jugement lié aux qualités formelles de la composition, fortement conditionné par l'absence de défauts structurels. Le plaisir lié aux résultats de ce jugement est réel, mais n'a rien à voir avec le plaisir d'intensité supérieure, lequel s'accompagne des manifestations émotionnelles classiques dues aux réverbérations des modifications d'ordre viscéral au niveau de la conscience.

Les travaux effectués par les neurosciences dans ce domaine sont fort rares, étant donné que la plupart des observations et examens supposent au départ que le cerveau est une machine à traiter de l'information sans biais émotionnel. De plus, l'on considère à juste titre l'émotion musicale comme très variable en fonction des individus, et ceci constitue un obstacle majeur supplémentaire à toute étude systématique.

Sur base de données obtenues principalement chez des patients porteurs de lésions cérébrales localisées, les modules corticaux de perception décrits plus haut alimenteraient, d'après Peretz et Coltheart, un analyseur d'expression émotionnelle permettant de reconnaître et d'exprimer l'émotion véhiculée par la musique. L'analyse émotionnelle pourrait ainsi s'effectuer directement à partir des aires corticales impliquées par la perception du son, sans accès direct aux structures limbiques sous-corticales. Le module analyseur de l'expression émotionnelle aurait ainsi le pouvoir, ajoutent ces auteurs, de déclencher de fortes réactions émotionnelles à partir de formes musicales spécifiques, telles que le mode majeur ou mineur ou le tempo rapide ou lent, lesquels ne semblent pas avoir une grande importance pour la reconnaissance d'un morceau musical.

Ceci expliquerait que des patients ayant perdu leurs capacités de reconnaître un morceau de musique restent néanmoins capables de réagir sur le plan émotionnel à l'écoute de ce dernier. Tout en ne reconnaissant plus l'adagio d'Albinoni, qu'il connaissait pourtant très bien avant son accident cérébral, un des patients examinés dit immédiatement, dès les premières notes, sans réflexion préalable ou effort apparent que le morceau lui semble triste.

L'apprentissage de la musique

Nombreux et complexes sont les mécanismes grâce auxquels un sujet apprend à exécuter de la musique. Il n'est évidemment pas question d'en faire l'étude ici. Des études récentes retiennent cependant une attention toute particulière, car elles mettent en évidence un lien fonctionnel étroit entre structure corticale et exécution musicale.

Deux exemples contemporains méritent d'être retenus ici. Le premier est la différence objectivée par tomographie à positrons entre le cerveau d'un musicien et celui d'un non-musicien, et qui montre comment l'exercice de la musique augmente l'apport sanguin et donc l'activité neuronale des aires corticales concernées par cet exercice. Deuxième exemple : dans un travail intitulé *The Brain that makes music and is changed by it,* Pascual-Leone montre grâce à la stimulation électromagnétique localisée du cerveau, que la surface de l'aire motrice mesurée respectivement pour chaque doigt de la main peut augmenter considérablement après quelques jours d'exercices sur un clavier de piano. Par ailleurs, un effet aussi spectaculaire s'obtient par l'exercice mental des mêmes gestes.

En guise d'envoi

Comme on a pu s'en apercevoir, se promener virtuellement dans le cerveau à la recherche des rouages de la perception sinon de la création musicale relève de l'exploit. Mais, au bout du compte, c'est l'échec... Non seulement le promeneur se trouve dès son entrée dans le cerveau, comme l'aurait dit Victor Hugo, « dans un dédale inextricable de ruelles, de carrefours et de culs-de-sac, qui ressemble à un écheveau de fil brouillé par un chat ». Mais, en plus, il lui faudrait être partout à la fois, tant est grande la dispersion des chemins menant à d'innombrables modules d'analyse travaillant en même temps en vue du résultat final qu'est la perception ou l'expression musicale. Enfin, dans sa randonnée hallucinante, il ne rencontrera même pas ce que l'on appelle la conscience, omniprésente au cours de son périple, et dont la connaissance ne se réduit évidemment pas à la somme de lieux anatomiques, même riches en activité neuronale d'origine sonore. Car, pour avoir des chances d'atteindre son but, il eût fallu que notre courageux promeneur traverse le miroir, celui d'Alice, et se résolve à pratiquer quelque exercice de métaphysique. Que le maître d'œuvre de cet ouvrage reçoive ici mes sincères remerciements, pour m'avoir permis de le dire.

CHAPITRE 14

Le grenier des souvenirs

« Je me souviens que Reda Caire est passée en attraction au cinéma de la porte de Saint-Cloud. »

Georges PEREC, *Je me souviens.*

Je me souviens de Georges Perec[1] *qui était documentaliste du CNRS dans le laboratoire de recherche de neurobiologie à Gif-sur-Yvette ; je voulais être son ami, mais il était timide et réservé. Il avait écrit un pastiche d'article scientifique intitulé « La Tomate et la Cantatrice*[2] *» qui a beaucoup fait rire les chercheurs.*

Après avoir visité les étages nobles du cerveau réservés à l'amour et à la beauté, nous voilà arrivés au pied de l'échelle qui mène au grenier des souvenirs.

Je me souviens que mon grand-père parlait de l'échelle de Jacob et disait que je faisais un drôle de petit ange.

Je me souviens des malles d'osier pleines de vieux habits, de photos de famille et de jouets cassés ayant appartenu à ma mère.

Je me souviens d'une poupée qui n'avait plus qu'un œil.

Je me souviens de la fille du pharmacien qui se moquait de moi quand nous jouions au docteur.

Je me souviens de livres où il y avait des femmes nues que je lisais en cachette.

Chacun de nous se cache jusqu'à sa mort dans un grenier des souvenirs qui fournit la matière de sa mémoire.

HOMMAGE À PROUST EN GUISE D'EXORDE

La *Recherche du temps perdu* de Marcel Proust est le plus grand monument érigé par la littérature à la gloire de la mémoire. On pourrait à l'aide d'extraits illustrer les principales découvertes de la psychologie et de la recherche clinique de ces cinquante dernières années, mais la fameuse madeleine reste l'incontournable citation. Je connais un neurobiologiste américain, spécialiste de la mémoire qui passe toutes ses vacances d'été en France. Lors de son pèlerinage annuel à Illiers-Combray, il achète dans une boutique de souvenirs des madeleines dites de « Tante Léonie » qu'il conserve à son retour dans une boîte en fer pour en offrir aux visiteurs de son laboratoire. Elles ont un goût infect de poussière et de moisi. Le résultat est que le visiteur devient à jamais dégoûté de Proust.

Le temps retrouvé n'est pas toujours en effet celui du bien-être. On peut provoquer chez un rat le curieux phénomène de l'aversion conditionnée. L'expérience consiste à faire suivre l'ingestion d'un aliment d'un goût nouveau, lait ou pastilles sucrées, de l'injection d'une substance toxique, chlorure de lithium par exemple, qui provoque dans les heures qui suivent un malaise chez l'animal[3]. Par la suite, celui-ci évitera l'aliment. De même, un rat qui survit à un empoisonnement détournera, à jamais, sa route du piège. Il ne s'agit pas d'un réflexe conditionné classique, puisqu'il a suffi d'une seule association aliment-malaise pour que l'aversion soit créée et, aussi étonnant que cela soit en termes de conditionnement, que le stimulus alimentaire et le malaise puissent être espacés de plusieurs heures. Est-il besoin de dire le rôle vraisemblable d'un tel phénomène dans la formation de nos goûts et habitudes ? Une seule association d'un état interne et d'un stimulus peut donner à ce dernier un dégoût définitif. C'est le premier type de mémoire que nous rencontrons, il vaut pour le rat comme pour l'homme. La mémoire est partout dans le cerveau et, à la suivre de trop près, on risque de la perdre.

LES PERTES DE MÉMOIRE

La mémoire, on en parle presque toujours pour s'en plaindre. Ce sont d'ailleurs les troubles de la mémoire qui nous en apprennent le plus sur elle, qu'il s'agisse de défauts ou d'incommodités divers que l'on peut qualifier de *paramnésies* ou de déficits avérés constituant de véritables infirmités, les *amnésies*.

LES PARAMNÉSIES

Daniel Schacter[4], un des plus éminents spécialistes de la mémoire, les qualifie de transgressions capitales ou « péchés » fondamentaux. Ce sont la fugacité, l'absence, le blocage, la méprise, la suggestibilité, le biais et la persistance. Les trois premiers sont des péchés *par omission*, le malheureux pécheur contre la mémoire ne parvient pas à retrouver le fait, l'événement ou l'idée dont il souhaite se souvenir. Les quatre autres sont des péchés *par commission*, la mémoire est conservée, mais elle est incorrecte ou incontrôlée. On en retrouve le détail dans l'encadré ci-dessous. La RMN fonctionnelle permet dans une certaine mesure d'observer le cerveau défaillir ou se tromper.

Si l'on poursuit la métaphore empruntée par Schacter à la morale chrétienne, on est autorisé de dire que l'examen en RMN confesse le cerveau de ses fautes et pointe les régions anatomiques coupables. Il est malheureusement à craindre que trois *Pater* et trois *Ave Maria* ne suffisent à corriger le péché.

Les sept péchés capitaux

La fugacité, l'absence et le blocage sont des péchés d'omission : ils impliquent qu'on ne parvient pas à retrouver le fait, l'événement ou l'idée dont on souhaite se souvenir. La *fugacité* renvoie à un affaiblissement ou à une perte qui s'étale dans le temps. Pour prendre un exemple, il est probable que vous n'aurez aucun mal à vous souvenir aujourd'hui de ce que vous avez fait quelques heures plus tôt ; en revanche, si je vous prie de me dire à quelles activités vous vous livriez il y a six semaines, six mois ou six ans de cela, vos probabilités de remémoration décroîtront à mesure que vous remonterez dans le passé. La fugacité est un trait cardinal de la mémoire qui est à l'origine de nombreux problèmes mnésiques.

L'*absence* procède de la rupture de l'interface entre intention et mémoire. Les erreurs liées à ce péché (les clés ou les lunettes rangées au mauvais endroit, ou l'oubli d'une invitation à déjeuner) se produisent chaque fois qu'on est préoccupé ou distrait par des idées ou des soucis qui empêchent de prêter attention à ce dont on a besoin de se souvenir. L'information désirée ne se perd pas à la longue : ou bien elle n'a jamais été mise en mémoire dans un premier temps, ou bien elle n'est pas recherchée au moment voulu parce que l'attention se focalise ailleurs.

Le *blocage*, qui est le troisième péché, contrarie la recherche d'une information qu'on tente parfois désespérément de retrouver. Il nous est arrivé à tous de ne pas réussir à mettre un nom sur un visage familier : survenant même quand on se concentre soigneusement sur la tâche en cours, cette expérience frustrante ne signifie pas que le nom désiré s'est effacé de l'esprit – la récupération inattendue de noms bloqués pendant des heures ou des jours en fait preuve.

Contrairement à ces trois péchés d'omission, les quatre péchés suivants de méprise, de suggestibilité, de biais et de persistance sont tous des péchés de commission : une certaine forme de mémoire est préservée, mais elle est incorrecte ou involontaire. Le péché de *méprise* consiste à attribuer un souvenir à une source erronée : le fantasme est confondu avec la réalité, ou on se rappelle à tort qu'un ami a raconté une petite histoire qu'on vient en fait de lire dans un journal. La méprise est beaucoup plus fréquente qu'on ne le croit, et elle peut avoir des implications très profondes dans les contextes judiciaires. Quant au péché voisin de *suggestibilité*, il a trait aux souvenirs implantés : j'entends par là, tous ceux consécutifs aux questions, aux remarques ou

aux suggestions tendancieuses d'une personne ou d'une instance qui veut favoriser le rappel d'une expérience passée. Comme la méprise, la suggestibilité est particulièrement importante pour le système judiciaire : elle fait des ravages au sein des tribunaux.
Le péché de *biais* montre à quel point les connaissances et croyances actuelles influent puissamment sur les modes de remémoration du passé. Nous avons coutume de remanier ou de réécrire totalement nos expériences antérieures (à notre insu et/ou inconsciemment) pour les faire concorder avec nos connaissances ou convictions présentes : qu'elles se rapportent à un incident isolé ou à de plus longues périodes de notre existence, les interprétations faussées qui résultent de ces révisions en disent plus long sur nos sentiments d'*aujourd'hui* que sur ce qui advenu *autrefois*.
Le septième péché – celui de *persistance* – se traduit par le rappel répétitif d'une information ou d'événements perturbants qu'on préférerait chasser à jamais de sa mémoire : on se souvient dans ce cas de quelque chose qu'on voudrait oublier, mais qui s'est gravé dans l'esprit. Nous connaissons tous la persistance à un degré ou à un autre : souvenez-vous de la dernière fois où, vous réveillant en sursaut à 3 heures du matin, vous n'avez pu faire autrement que de repenser à la gaffe humiliante que vous veniez de commettre sur votre lieu de travail ou au résultat décevant d'un examen capital. Dans les cas extrêmes de dépression aiguë ou d'expérience gravement traumatique, ce péché peut s'avérer très invalidant, voire mettre les jours en danger.

Daniel Schacter, *Science de la mémoire*.

En fait, la frontière entre amnésies et paramnésies (péchés capitaux) est plus artificielle que réelle, et j'ose dire qu'elle est presque corporatiste, les premières appartenant aux neurologues et les secondes aux psychologues. La RMNf qui permet de suivre les opérations du cerveau en cours, c'est-à-dire de la psyché à l'œuvre, n'a que faire de cette distinction.

LES AMNÉSIES

Certains cas de péché de fugacité peuvent être considérés au regard de leur gravité, comme des amnésies, tel le cas du malade H. M., mondialement célèbre et dont l'histoire mérite d'être contée : tant est fugace la mémoire de H. M. qu'elle ne permet plus la fixation des souvenirs et fait de lui un homme sans passé.

Le 23 août 1953, le neurochirurgien américain William B. Scoville est amené à opérer un jeune patient âgé de 27 ans souffrant d'une épilepsie du lobe temporal médian. Les crises d'épilepsie, sans complètement disparaître, se firent beaucoup plus rares. En ce sens, l'opération fut un succès. Mais le patient présenta tout de suite après l'intervention « un trouble très grave de sa mémoire récente » pour reprendre les termes mêmes du neurochirurgien qui venait de l'opérer. En 1957, un article célèbre, depuis sa parution, fut publié par William Scoville et Brenda Milner[5]. On y trouve une description détaillée de l'amnésie globale dite *antérograde*, c'est-à-dire de la perte de mémoire à partir du moment où le lobe temporal médian a été éliminé, en fait depuis l'opération. Le patient mondialement connu sous le nom de H. M., aujourd'hui (en 2006) âgé de 78 ans, ne se souvient de rien. Depuis son opération, H. M. a été le sujet de plus d'une centaine de programmes de recherche, tout d'abord à l'Institut neurologique de Montréal, ensuite, à partir de 1966, à l'Institut technologique du Massachusetts (MIT) de Cambridge (États-Unis) où, entouré de l'affection et de la reconnaissance de nombreux chercheurs, il finit ses jours sans savoir combien grande (et combien méritée) est sa renommée.

L'amnésie antérograde de H. M. est globale : sa mémoire est perdue quel que soit le test utilisé pour la révéler (rappel libre ou avec un indice, reconnaissance par oui ou par non, reconnaissance à choix multiples, etc.), le type de stimuli employés (des mots, des chiffres, des paragraphes, des visages, des formes, des ritournelles, des événements historiques ou fameux, publics ou privés, etc.) ou la catégorie sensorielle à travers laquelle l'information est présentée (visuelle, auditive, somato-sensorielle).

H. M. a un coefficient intellectuel supérieur à la moyenne. Il n'a aucune difficulté à répéter une liste de chiffres immédiatement apprise après qu'elle lui a été présentée ; il parvient même à restituer des séquences de six ou sept chiffres, cette performance de « rappel » étant aussi bonne que celle de sujets normaux.

Un autre cas célèbre a été rapporté par Shallice et Warrington[6] en 1970. Il s'agit de K. F., un patient qui retrouvait facilement les expériences journalières recueillies dans sa mémoire à court terme, mais ne pouvait se souvenir de plus d'un chiffre après la présentation d'une séquence plus longue ; tout à l'opposé du malade H. M., K. F. avait un hippocampe intact, mais la partie postérieure de son lobe pariétal gauche avait été détruite. La fugacité portait sur la mémoire à court terme qui s'avère indispensable au bon usage du langage et du calcul.

Le péché de blocage est illustré par le nommé L. S. qui ne pouvait plus nommer personne. L. S. avait été victime d'un traumatisme crânien qui avait endommagé plusieurs régions de ses lobes frontal et temporal gauche. Ses capacités cognitives étaient restées à peu près intactes ; perception, mémoire et intelligence ne semblaient pas touchées. En revanche, L. S. était devenu pratiquement incapable de produire des noms propres, alors que sa capacité de production des noms communs était demeurée entière. Quoique reconnaissant ses proches quand il les rencontrait, il ne pouvait retrouver leurs noms, bien que ceux-ci fussent toujours présents dans sa mémoire. Si on lui demandait de sélectionner le nom correct sur une liste correspondant au cliché d'une célébrité, il ne se trompait pas. Les médecins parlent à son propos, d'*anomie des noms propres,* ceux-ci restant en permanence « sur le bout de sa langue ». À cette expression courante, on reconnaît que L. S. présente une forme majeure de ce trouble bénin (péché véniel) qui nous met dans une situation particulièrement embarrassante lorsque, au cours d'un cocktail ou d'un vernissage, nous devons présenter une connaissance à une autre connaissance. À l'âge où l'on commence à porter des lunettes, le blocage sur les noms devient une discrète infirmité agaçante et annonciatrice des désastres futurs : « Grand âge nous voici. Fraîcheur du soir sur les hauteurs, souffle du large sur tous les seuils, et nos fronts mis à nu pour de plus vastes cirques[7]... » Tu parles !

Les amnésies relèvent de *causes diverses.* Certaines font intervenir des lésions du cerveau suffisamment localisées pour apporter une contribution à la connaissance des mécanismes de la mémoire (on devrait dire *des* mémoires). D'autres témoignent d'un dysfonctionnement transitoire ou durable du fonctionnement cérébral.

Le *syndrome de Korsakoff* (1889) est caractérisé par l'association d'un trouble sévère de la mémoire et d'une atteinte des nerfs périphériques qui témoignent d'une maladie alcoolique grave. L'amnésie est à la fois *antérograde* totale et *rétrograde* partielle[8]. Elle frappe par les fausses reconnaissances et l'affabulation qui sont là pour masquer le déficit et contrastent avec un fonctionnement intellectuel normal pour les activités qui ne font pas appel à la mémoire.

Les amnésies des *lésions chirurgicales* (chirurgie de l'épilepsie, psychochirurgie pour troubles du comportement) ont apporté des contributions majeures dont l'exemple nous a été fourni par H. M.

Les *accidents vasculaires cérébraux,* les *encéphalites,* les *tumeurs,* les *affections dégénératives* dont la célèbre maladie d'Alzheimer, les *épilepsies,* les *traumatismes crâniens,* les *intoxications* et les *médicaments,* toutes ces causes apportent leur contribution à la compréhension de la mémoire.

Je ferai une place à part à ce que j'appelle l'*amnésie littéraire.* C'est le thème du voyageur sans bagage qui a fasciné les romanciers et les cinéastes. Certains sujets sont retrouvés sans identité, sans passé ; l'amnésie rétrograde est souvent totale, mais il n'y a pas d'amnésie antérograde. L'épisode qui dure de quelques jours à plusieurs années peut également succéder en présence de témoins et de proches à un traumatisme affectif et parfois à un traumatisme crânien minime. Qualifié d'amnésie psychogène, cette manifestation spectaculaire est assimilée à la « grande hystérie » façon Charcot[9], d'autant qu'une amnésie semblable peut être obtenue sous hypnose. Selon Jean Cambier[10], ces faits d'exception attirent l'attention sur les mécanismes actifs de l'oubli et leur enracinement dans la vie affective. La frontière qui sépare la mémoire consciente de la mémoire inconsciente se déplace en fonction des états d'âme, c'est la justification des psychothérapies d'inspiration analytique : le monde restreint des souvenirs émerge du monde illimité de la mémoire inconsciente. À cet égard, on observe chez des patients présentant des troubles de l'humeur (voir chapitre 3), une résurgence des événements vécus dans une humeur semblable.

LES DIFFÉRENTS ASPECTS DE LA MÉMOIRE HUMAINE

Laissant de côté la mémoire de l'espèce et la mémoire sociale (ensemble des croyances, des événements et des faits de savoir partagés par un groupe humain), je ne parlerai ici que de la mémoire qui est le bien propre d'un individu et l'instrument de sa liberté. Si nos souvenirs se ramassent à la pelle, ils n'en sont pas moins rangés dans des compartiments qui permettent un stockage prolongé : ils constituent ce que l'on appelle la *mémoire permanente.*

Les compartiments de la mémoire permanente sont classés en fonction de leur contenu[11]. Certains sont réservés à un contenu accessible de manière consciente et peuvent être rapportés : « Souvent le souvenir de la chose passée, quand on le renouvelle est doux à la pensée » (Ronsard, si je me souviens bien !). Il s'agit là d'une mémoire dite *déclarative.* D'autres contenus ne sont accessibles que de manière automatique et non consciente : c'est la forme dite *procédurale.*

Dans la mémoire déclarative, on distingue la *mémoire sémantique* et la *mémoire épisodique.* La première est une sorte de dictionnaire ou plus largement une bibliothèque qui contient les mots, les symboles, les concepts, les règles qui permettent d'assembler les mots (la *syntaxe*), afin de les échanger commodément et de façon compréhensive avec les autres. Elle contient également tout ce que nous savons de notre monde propre (l'espace extracorporel). Ce compartiment est le cartable de l'écolier que nous restons toute notre vie. Un cartable nommé désir : le désir d'apprendre qui ne s'éteint qu'avec la mort (voir encadré ci-après).

Dans la seconde, la mémoire dite épisodique, on ne rencontre que des événements, des épisodes datés dans le temps qui tous se réfèrent à une expérience vécue par le sujet. Ce sont des informations uniques qui ne se répètent pas. Leur fixation et leur persistance dépendent du

Éducation et mémoire

L'éducation est une fonction naturelle et universelle de l'homme. Elle est indissociable de la culture, celle-ci étant définie comme un ensemble de comportements (ou actions) et de représentations partagés par une communauté et transmissible d'une génération à la suivante sous forme d'unités appelées par analogie avec les gènes des « mènes » (Dawkins). Pour prolonger l'analogie, on peut dire que l'éducation est aux mènes, ce que la reproduction est aux gènes.

Il existe de multiples définitions de l'éducation, celle de Durkheim est la plus simple : *actions* exercées par les adultes *sur* et *avec* les enfants, afin de les intégrer à leur communauté et de leur transmettre leur culture.

L'éducation est aussi vieille que l'espèce humaine ; l'éducation est aussi jeune que chaque enfant que l'on doit éduquer.

L'être humain est un animal social extrême dans la mesure où toutes les dimensions de son être appartiennent peu ou plus au domaine social. Dans ce que j'appelle l'état central fluctuant qui définit l'animal en tant que sujet – l'espace extracorporel de l'animal humain est dominé, façonné par « les autres ».

L'apparition de l'éducation dans l'évolution des espèces est contemporaine de l'apparition de la vie en groupe, du travail, de l'art, en bref, de la naissance de l'être social de l'humanité.

L'être humain est construction de l'être humain : une autopoïèse. Comme le dit Kant, l'homme naît deux fois ; il naît d'abord comme animal (être naturel) et une deuxième fois comme être culturé. On peut donc dire que l'homme est un animal éduqué, proposition qui contient une contradiction essentielle, le but de l'éducation étant de réduire l'animalité : l'homme est un animal qui n'est pas ou plus un animal. Pour citer encore le Kant de l'*Anthropologie*, l'homme ne peut devenir homme que par l'éducation. Il n'est que ce que l'éducation fait de lui. Il faut bien remarquer que l'homme n'est éduqué que par des hommes et par des hommes qui également ont été éduqués. L'éducation comporte un versant négatif, la discipline qui enlève le surplus d'animalité. Comme le remarque encore Kant, l'homme est un animal qui, du moment où il vit parmi d'autres individus de son espèce, a besoin d'un maître, car il abuse à coup sûr de sa liberté à l'égard de ses semblables.

Cette non-finitude naturelle de l'humain s'exprime dans un besoin naturel de cet animal étrange, un besoin comparable au besoin en eau, en sucre, en oxygène ou en certaines vitamines : le besoin de l'autre.

La mémoire est l'outil de l'éducation. C'est dans une acception assez large, la capacité que possède le cerveau de conserver et de restituer des informations, afin de permettre au sujet d'acquérir du savoir sur lequel reposera son *savoir-faire* et plus largement son *savoir-vivre.*

contexte affectif qui peut être partagé, comme une déclaration de guerre, un assassinat (Kennedy, octobre 1963), un attentat spectaculaire (11 Septembre), etc. « Je me souviens, les gens étaient dans la rue et moi dans ma voiture, je portais une paire de chaussures neuves qui me faisaient mal. » L'état émotionnel a fixé la trace fugitive dans la mémoire d'événements futiles qui eussent été sinon rapidement oubliés. Le récit par le langage aide à la fixation dans la mémoire épisodique qui utilise la mémoire sémantique : un épisode déjà raconté a plus de chances d'être retenu qu'un événement vécu passé sous silence. Dans d'autres cas, le recours à l'image mentale est nécessaire et là encore les différentes formes de mémoire interagissent. De là vient la distinction populaire entre une mémoire visuelle et une mémoire auditive qui n'a pas grand sens sur le plan neuropsychologique et tient essentiellement à ce que certains sujets développent plus particulièrement un sens en fonction de leur éducation et de leur métier. Malgré des prédispositions génétiques certaines, on ne naît pas dégustateur, peintre ou musicien, on le devient.

LES MÉMOIRES PROCÉDURALES

Elles sont implicites, automatiques et très largement inconscientes. On leur attribue les habitudes, les pratiques et les savoir-faire. Apprendre nécessite la répétition et pour cela de faire et de refaire avant que le faire devienne automatique et n'exige plus une participation active de la conscience. Celle-ci constitue au contraire un obstacle et provoque alors un retour à la case départ ou, plus grave, un échec, voire un accident. Un exemple parmi des milliers est donné par les artistes de cirque : on appelle *rat* chez les trapézistes le moment d'hésitation fatale lié à une intrusion de la conscience, qui entraîne la chute[12].

La mémoire procédurale est réputée résistante à l'oubli : savoir skier, monter à bicyclette, etc. C'est une assertion qui doit être relativisée, il n'est que de voir un virtuose répéter encore et encore un concerto qu'il a joué pendant toute sa carrière de soliste.

Le patient H. M. présente une mémoire procédurale intacte et peut acquérir avec la répétition de nouvelles habiletés sans se souvenir qu'il les a apprises.

Comme on peut le voir, les différentes mémoires peuvent être dissociées en fonction de la région du cerveau qui est lésée. Il n'existe donc pas une mémoire à long terme, mais différents systèmes de mémoire, chacun associé à une partie déterminée du cerveau qui est lésée. Ce n'est pas le cas de la mémoire à court terme (ou transitoire), dite encore mémoire de travail distribuée à l'ensemble du cortex cérébral.

Un cas particulier de mémoire déclarative : la mémoire spatiale

Dans un domaine de connaissance particulier, on forme une mémoire déclarative en unissant dans une même représentation une série de mémoires épisodiques, en synthétisant en quelque sorte des épisodes distincts ayant entre eux un « air de famille ». Je me souviens de ma grand-mère à l'époque de mes vacances dans son village, de ma tante qui nous y rejoignait parfois, de mon père le jour de mon bac, de ma mère en train de me réconforter enfant, etc. À partir de tous ces épisodes disparates, je construis une connaissance générale de ce qu'est « ma famille ». De la même façon, je construis « mon Paris » en agrégeant divers lieux familiers, le square en bas de chez moi, le café du coin, le musée où je vais souvent, mon cinéma préféré, mon lieu de travail, etc. Je dresse ainsi la carte de ma ville. Nous savons, grâce en particulier à H. M., que les structures cérébrales situées dans le lobe temporal médian, dont l'hippocampe, sont cruciales pour assurer la mémorisation *déclarative* à long terme des faits et des événements. On sait depuis aussi que des lésions de l'hippocampe produisent chez tous les mammifères des déficits sévères de la mémoire spatiale.

Il y a une trentaine d'années, John O'Keefe et John Dostrovsky décrivent dans l'hippocampe du rat des neurones qui déchargent spécifiquement lorsque l'animal occupe une place particulière dans son environnement familier, ou encore lorsqu'il passe à travers une zone donnée de son milieu[1]. Ces cellules appelées « cellules de lieu » (*place cells*), sont nombreuses dans l'hippocampe, leur activité augmente lorsque l'animal « entre » dans une zone donnée (*place field*), et diminue lorsqu'il s'en éloigne, quelle que soit la direction prise par l'animal pour entrer ou sortir de sa zone de décharge, elles indiquent un endroit, une « place », relativement précis dans l'environnement.

Ces cellules sont des cellules pyramidales situées dans les régions CA1 et CA3 de l'hippocampe qui forment la sortie de l'hippocampe en direction du *subiculum* pour se diriger, au-delà, vers diverses régions corticales.

Cette région est une zone d'intense plasticité dont témoigne une étude menée chez les chauffeurs de taxi londoniens qui présentaient au scanner un hippocampe nettement plus développé que celui du commun des mortels.

On peut rapprocher de cette mémoire spatiale des chauffeurs de taxi la méthodologie de la mémoire (mnémotechnie) utilisée depuis l'Antiquité. Celle-ci a été étudiée par France Yates[2]. Cet art mémonique aurait été inauguré par Simonide de Céos, qui, après l'effondrement du toit dans une salle de banquet, put identifier la victime défigurée grâce au souvenir des places qu'occupaient les convives. « Il comprit, écrit France Yates, qu'une disposition ordonnée est essentielle à une bonne mémoire. » Rédigé vers 86-82 avant l'ère chrétienne, le manuel de rhétorique *Ad Herennium* (anonyme, mais longtemps attribué à Cicéron) sera utilisé jusqu'à la Renaissance en Europe, notamment la section concernant la mémoire « artificielle » (c'est-à-dire consolidée par l'exercice) : la méthode préconisée repose sur une association de lieux (*loci*) et d'images. Plus exactement, l'étudiant en rhétorique doit imaginer une suite de lieux (pas trop distants les uns des autres, ni trop éclairés, ni trop sombres...) et placer dans chacun d'eux une image (forte, de préférence) liée à une idée, une chose ; pour reconstituer un enchaînement d'arguments, il lui suffira ensuite d'effectuer une sorte de « promenade mnémonique » dans cet espace architectural virtuel.

1. O'Keef et J. Dostrovsky, « The hippocampus as a spatial map », *Br. Res.*, 34, 1971, p. 163.
2. F. Yates, *L'Art de la mémoire*, Paris, Gallimard, 1964.

LA MÉMOIRE À COURT TERME

Elle est sous-jacente à tout ce qui fait le cerveau et ses cent milliards de neurones. Le cerveau est ce merveilleux moulin à moudre le temps qui permet à un homme de dire : « Je suis celui qui vit cette histoire : mon histoire » et d'assurer la cohérence et la continuité de son histoire. Du monde dans lequel je vis, mon cerveau ne retiendra que l'image fournie par ses perceptions qui ne deviendront une représentation que dans la mesure où mon corps en autorisera la fixation. Celle-ci durera le temps nécessaire à son usage immédiat pour la réalisation d'une action, un mouvement au sens large ou à son stockage dans la mémoire à long terme. Nous retrouvons le concept de représentaction qui n'est autre que celui d'image-mouvement proposé par Bergson.

La mémoire transitoire correspond à la zone momentanément activée de la mémoire par des informations venues de l'espace corporel et par l'intermédiaire de celui-ci de l'espace extracorporel du sujet. Cette activation ne sert qu'à être transférée instantanément dans le mouvement ou/et à être stockée en mémoire permanente en vue d'une utilisation ultérieure. Les informations non retenues sont activement effacées pour éviter la saturation de la mémoire. On donne à celle-ci le nom de *mémoire de travail.*

C'est la mémoire utilisée à chaque instant pour conserver présents (pas obligatoirement conscients) les éléments nécessaires à l'exécution d'une tâche : une phrase que l'on prononce, l'étape suivante dans une action séquentielle. Le langage, le calcul et le raisonnement sont largement tributaires de la mémoire de travail. Cette mémoire a une capacité limitée[13].

Ce sont les affects venus du corps et l'attention qui gouvernent le filtrage et la fixation des informations. Il existe des cas où le filtrage se fait mal et où des informations non pertinentes et normalement

Nous allons feindre pour un instant que nous ne connaissions rien des théories de la matière et des théories de l'esprit, rien des discussions sur la réalité ou l'idéalité du monde extérieur. Me voici donc en présence d'images, au sens le plus vague où l'on puisse prendre ce mot, images perçues quand j'ouvre mes sens, inaperçues quand je les ferme. Toutes ces images agissent et réagissent les unes sur les autres dans toutes leurs parties élémentaires selon des lois constantes, que j'appelle les lois de la nature, et comme la science parfaite de ces lois permettrait sans doute de calculer et de prévoir ce qui se passera dans chacune de ces images, l'avenir des images doit être contenu dans leur présent et n'y rien ajouter de nouveau. Pourtant il en est une qui tranche sur toutes les autres en ce que je ne la connais pas seulement du dehors par des perceptions, mais aussi du dedans par des affections ; c'est mon corps. J'examine les conditions où ces affections se produisent : je trouve qu'elles viennent toujours s'intercaler entre des ébranlements que je reçois du dehors et des mouvements que je vais exécuter, comme si elles devaient exercer une influence mal déterminée sur la démarche finale. Je passe mes diverses affections en revue : il me semble que chacune d'elles contient à sa manière une invitation à agir, avec, en même temps, l'autorisation d'attendre et même de ne rien faire. Je regarde de plus près ; je découvre des mouvements commencés mais non pas exécutés, l'indication d'une décision plus ou moins utile, mais non pas la contrainte qui exclut le choix. J'évoque, je compare mes souvenirs ; je me rappelle que partout, dans le monde organisé, j'ai cru voir cette même sensibilité apparaître au moment précis où la nature, ayant conféré à l'être vivant la faculté de se mouvoir dans l'espace, signale à l'espèce, par la sensation, les dangers généraux qui la menacent, et s'en remet aux individus des précautions à prendre pour y échapper. J'interroge enfin ma conscience sur le rôle qu'elle s'attribue dans l'affection : elle répond qu'elle assiste en effet sous forme de sentiment ou de sensation, à toutes les démarches dont je crois prendre l'initiative, qu'elle s'éclipse et disparaît au contraire dès que mon activité, devenant automatique, déclare ainsi n'avoir plus besoin d'elle. Ou bien donc toutes les apparences sont trompeuses, ou l'acte auquel l'état affectif aboutit n'est pas de ceux qui pourraient rigoureusement se déduire des phénomènes antérieurs comme un mouvement d'un mouvement, et dès lors il ajoute véritablement quelque chose de nouveau à l'univers et à son histoire. Tenons-nous-en aux apparences ; je vais formuler purement et simplement ce que je sens et ce que je vois : *tout se passe comme si, dans cet ensemble d'images que j'appelle l'univers, rien ne se pouvait produire de réellement nouveau que par l'intermédiaire de certaines images particulières, dont le type m'est fourni par mon corps.*

Henri Bergson, *Matière et mémoire. Essai sur la relation de l'esprit et du corps*, Éditions du Centenaire, Paris, PUF, 1959.

vouées à l'oubli sont stockées : certains sujets autistes, par exemple, font preuve d'une mémoire anormalement puissante pour retenir les items d'un dictionnaire, les numéros d'immatriculation des voitures ou les dates de naissance. Le cas des calculateurs prodiges n'est pas très éloigné.

Je ne reviendrai pas sur la récupération, autrement dit la capacité de récupérer volontairement ou involontairement des informations stockées dans la mémoire permanente. Deux processus sont en jeu : la reconnaissance et le rappel. Ce dernier fonctionne souvent par association : un souvenir en amène un autre. La reconnaissance est un mécanisme passif. On peut ne pas se rappeler le nom de quelqu'un et le reconnaître. Le déficit en capacité de récupération est à l'origine du péché de blocage signalé précédemment. La mémoire sémantique est fort heureusement particulièrement résistante à la récupération, grâce à un système de classification par catégories comparable à celui qu'on pourra rencontrer sur les rayons d'une bibliothèque ou dans une encyclopédie. Il faut toutefois se méfier des faux : reconstructions mensongères ou involontaires d'événements, témoignages incertains.

Dans la mémoire procédurale, enfin, les traces constituées à la suite de l'apprentissage et de l'entraînement restent bien isolées les unes des autres. Le rappel se fait trace par trace, sans reconstruction. Celles de la mémoire procédurale ne se mélangent pas : si l'on sait tricoter, les procédures du tricot ne se mêlent pas à celles du jeu de piano, par exemple. Pour les retrouver, il suffit de réactiver les conditions dans lesquelles s'est fait l'apprentissage initial : pour retrouver les mouvements du skieur, il faut se remettre sur des skis[14].

L'OUBLI

Celui-ci constitue une part intégrale des mécanismes de la mémoire. Beaucoup pensent généralement à un péché de blocage de la récupération plutôt qu'à un effacement de la trace. Les psychologues évoquent la possibilité d'extraire de la partie inconsciente des souvenirs enfouis comme le font les policiers capables de retrouver dans le disque dur de son ordinateur des preuves que le suspect croyait définitivement effacées. Dans les oublis physiologiques, l'amnésie infantile est un phénomène intéressant que j'évoque dans un livre consacré à un auteur de mémoires : Giacomo Casanova.

L'amnésie infantile

« Au commencement d'août de l'année 1733, l'organe de ma mémoire se développa. J'avais donc huit ans et quatre mois. Je ne me souviens de rien qui puisse m'être arrivé avant cette époque. » Casanova, historien de sa vie, inaugure son récit par le tableau d'une amnésie. C'est une observation commune chez les auteurs de mémoires et Jean-Jacques, pour ne citer que le plus célèbre d'entre eux, note qu'il « sentit avant de penser : c'est le sort commun de l'humanité. Je l'éprouvai plus q'un autre. J'ignore ce que je fis jusqu'à cinq ou six ans. L'homme qui raconte sa vie est donc en règle générale oublieux du petit enfant qu'il a été.
« La pensée de l'homme ne consistant que dans des comparaisons faites pour examiner des rapports ne peut précéder l'existence de sa mémoire. L'organe qui lui est propre ne se développa dans ma tête que huit ans et quatre mois après ma naissance... » Voilà une affirmation qui place Casanova parmi les précurseurs des sciences cognitives.
L'amnésie infantile n'est pas une infirmité particulière aux auteurs de mémoires. Peut-être dure-t-elle plus longtemps chez eux que chez le commun, comme si la rétention initiale préparait la violence terminale que seule l'écriture parvient à apaiser.
Le petit enfant, cet apprenti génial tout occupé à faire de chaque instant l'occasion d'un nouveau savoir, est un être sans souvenirs ; le contraire du vieillard dont la lourde mémoire tire vers l'arrière et semble faire contrepoids à la fuite accélérée du temps. Casanova, vieil homme, se souvient : il revit. Il s'est employé avec fureur à se fabriquer des souvenirs. J'ai vécu, dira-t-il. Avant cela, il ne vivait pas. Ne pas se regarder vivre, c'est ne pas vivre ; c'est en tout cas ne pas se souvenir.
L'amnésie infantile n'est pas le propre de l'homme. Elle peut être mise en évidence chez le raton âgé de quelques jours, qui semble ne retenir que de façon éphémère le souvenir des signaux qui lui sont offerts. Cette faiblesse de la rétention chez le jeune rat est à rapprocher du développement incomplet de ses structures cérébrales. Le cobaye, qui naît après une longue gestation et avec un cerveau totalement achevé, ne présente pas le phénomène, d'amnésie infantile. Chez l'enfant, la maturité des structures limbiques du cerveau n'est atteinte que vers quatre à cinq ans. Ce sont ces mêmes régions qui sont lésées lors de l'amnésie observée chez l'adulte, à la suite par exemple d'un traumatisme. Il est intéressant de constater à quel point les symptômes présentés par l'amnésique adulte le font ressembler au jeune enfant, la mémoire qui disparaît semblant être celle qui n'existe pas encore chez le jeune enfant : mémoire dite épisodique ou déclarative.
La durée de la trace mnésique, marque effacée sitôt que formée ou gravure incrustée dans le temps, varie selon le type de mémoire sollicitée. Une mémoire à court terme, à l'œuvre dès la naissance, enregistre pour un temps très bref les représentations sensori-motrices ; gloutonne, elle absorbe tout sans

discriminer. En regard de son avidité, sa faible capacité la contraint à un effaçage incessant pour recevoir de nouvelles traces, à la façon d'un palimpseste. Une mémoire à long terme vient faire son choix dans le flot ininterrompu des représentations éphémères pour construire une trace à la fois enfouie et stable, balisée d'un état émotionnel défini. Les performances de cette mémoire s'améliorent avec l'âge du jeune enfant et avec la maturation des structures du cerveau – cortex frontal, hippocampe – qui semblent principalement concernées. Ce sont elles qui organisent les représentations mentales de l'espace et du temps sous forme de cartes cognitives spatio-temporelles. Avec le lieu et le moment, elles agissent au souvenir les critères qui permettront son évocation ultérieure à partir d'une mémoire devenue épisodique et événementielle.

Les procédés de la mémoire ne consistent pas seulement dans l'enregistrement et le stockage d'événements. Encore faut-il que le sujet puisse, quand il le souhaite, les faire revenir à sa conscience. L'amnésie infantile pourrait donc également être due à un défaut de rappel des souvenirs. Ceux-ci effectivement enregistrés par le cerveau de l'enfant ne seraient plus lisibles par le cerveau âgé. Dans ce dernier, les fibres nerveuses gainées d'isolant transportent l'influx à plus grande vitesse et les connexions entre éléments se sont multipliées. La chanson enfantine enregistrée sur un disque 78 tours ne peut plus être écoutée sur le 33-tours de l'adulte. Le théâtre du monde dans lequel l'enfant plus âgé et l'adulte se regardent vivre n'est plus celui du jeune enfant et Guignol n'a plus sa place sur la scène du grand théâtre : le monde conceptuel et perceptuel de l'adulte ne peut recevoir les schémas sensori-moteurs dans lesquels se sont inscrits les souvenirs de la première enfance.

Il est encore une explication plus directe de l'amnésie infantile : l'oubli. Non pas tant l'effacement passif lié à la fragilité des traces que le voile obscur jeté par des instances répressives sur des souvenirs insupportables par la conscience de l'adulte. Celui-ci ne veut plus rien savoir du débauché jouisseur qu'il a été et la réalité doit effacer jusqu'au souvenir du plaisir ancien. L'amnésie infantile, et plus généralement l'oubli, est un des fondements de la psychanalyse.

D'un point de vue matériel, l'oubli constitue un mécanisme indispensable au fonctionnement de la mémoire : retenir, c'est oublier le reste. Il ne s'agit pas seulement du compartiment à court terme où les souvenirs ne font que passer, mais surtout du compartiment à long terme dans lequel ce qui est conservé est le produit d'une sélection qui efface tout ce dont la mémoire ne veut pas. La mémoire de l'individu fonctionnerait selon le même schéma que l'évolution des espèces : par l'oubli de l'inadapté. Dans un répertoire inépuisable de combinaisons transitoires et aléatoires de neurones actifs, un mécanisme de sélection retiendrait certaines combinaisons et éliminerait les autres. Le choix des combinaisons stabilisées se ferait en fonction de leur valeur adaptative. On assisterait ainsi à la genèse d'une personne par élaboration progressive d'une représentation et d'une conception individuelle du monde, produits d'une sélection naturelle comme l'ensemble du monde vivant.

Loué soit l'oubli qui fait naître le souvenir ; il est l'arme absolue de l'artiste : les ciseaux qui coupent une pilosité disgracieuse du visage ou de l'âme, la gomme qui efface les plis obscènes du ventre ou du caractère. Casanova est un grand artiste ! Les autobiographes sont un peu comme ces animaux dont le squelette ou la carapace ont été pétrifiés ; leurs mémoires sont les fossiles de nos émois et des progrès de notre être.

LES MÉCANISMES DE LA MÉMOIRE

En regard des données cliniques et psychologiques abondantes, la connaissance des mécanismes neuronaux et moléculaires de la mémoire demeure incertaine, malgré le triomphalisme de quelques chercheurs[15].

Nous avons pu admirer dans le boulevard Pavlov (chapitre 7), l'étonnante plasticité du cerveau [*sic*] de l'aplysie avec ses 20 000 neurones. Les choses sont évidemment un peu plus complexes chez les vertébrés et notamment chez les rongeurs et les primates. En bref, la mémoire repose sur la formation d'ensembles neuronaux (réseaux ou circuits) dont l'existence repose sur la répétition de stimuli identiques : apprendre, c'est répéter, se souvenir, c'est en conserver la trace. Les expériences sont réalisées sur une tranche de cerveau de rat contenant l'hippocampe, centre stratégique de la mémoire déclarative (chez le rat, le terme déclaratif est inadapté). On applique une stimulation répétée et à haute fréquence des faisceaux d'entrée. Celle-ci augmente la réponse postsynaptique en provoquant une libération accrue de glutamate (le neurotransmetteur excitateur). Celui-ci en dépolarisant la membrane postsynaptique entraîne l'ouverture de canaux calciques qui induit en cascade une série d'événements dans les neurones postsynaptiques. Cette augmentation de la transmission synaptique dure plusieurs heures. Les stimulations à basse fréquence, en revanche, n'induisent pas cet effet. Toutefois, si la stimulation à basse fréquence (stimulation faible) d'un faisceau de fibres est couplée à une stimulation à haute fréquence (stimulation forte) d'un second faisceau de fibres se connectant aux mêmes cellules hippocampiques, l'efficacité des synapses du premier faisceau est augmentée. La potentialisation à long terme ne vient donc renforcer une synapse que si la membrane de la cellule cible est suffisamment dépolarisée par la forte activité d'une autre voie afférente (règle dite de Hebb, voir chapitre 7).

Cette potentiation dite à long terme (PLT) peut diffuser à des synapses voisines et faciliter la transmission dans un ensemble de neurones. De ce fait, la PLT est considérée comme un mécanisme potentiel pour le blocage d'une information. Reste à voir si cette potentialité deviendra une réalité effective de la mémoire ou demeurera un phénomène électrophysiologique destiné à la seule jubilation des chercheurs (machines célibataires, voir Marcel Duchamp et *Biologie des passions*, p. 106).

LES MÉDICAMENTS DE LA MÉMOIRE

Il n'y en a pas !

On en sait trop peu sur la pharmacologie de la mémoire pour en espérer des résultats prochains dans la recherche pharmaceutique.

L'*acétylcholine* (ACh) est sans conteste le neuromédiateur le plus impliqué et celui sur lequel on dispose de plus d'informations. Fabriqué par les cellules du noyau basal de Meynert, il est libéré dans l'ensemble du cortex et notamment au niveau du *septum* et de l'*hippocampe,* structures par ailleurs directement reliées entre elles. L'activité cholinergique intervient dans la mémoire transitoire.

Le déclin de l'activité cholinergique lié à l'intense dépopulation neuronale du noyau basal de Meynert au cours de la maladie d'Alzheimer a conduit à proposer un traitement symptomatique. L'administration d'inhibiteurs de la cholinestérase a cependant des résultats modestes, soulignant par là que d'autres transmetteurs sont en jeu, et que les cellules cibles doivent être intactes pour pouvoir fonctionner au mieux lorsqu'elles sont activées par l'ACh[16]. Chez l'homme, si une diminution de l'activité *catécholaminergique* est observée lors de la sénescence, l'incidence sur la mémoire des amphétamines ou des médications catécholaminergiques est faible. La vigilance est plus soutenue. La *clonidine* a exceptionnellement pu améliorer les performances mnésiques de patients atteints d'un syndrome de Korsakoff.

Chez l'homme, l'administration de dopamine aux patients parkinsoniens ne prévient pas l'apparition d'une démence, ni ne la traite lorsque celle-ci est présente.

La *sérotonine* favorise certains apprentissages olfactifs probablement par un relais cholinergique dans les structures limbiques.

Le GABA (acide gamma-amino-butyrique) possède un effet amnésiant certain perturbant la mémoire à long terme de type épisodique tout en respectant la mémoire sémantique et la mémoire à court terme. Les benzodiazépines utilisées largement en France pour leurs effets anxiolytiques et hypnogènes sont responsables d'ictus amnésiques et diminuent la mémoire épisodique. Le fait que ces drogues provoquent une accoutumance rend leur utilisation prolongée dangereuse notamment chez les personnes âgées.

JE NE ME SOUVIENS PAS

Âge, qu'as-tu fait de ma bonne mémoire ! La servante de ma paresse, celle qui me faisait passer les examens et les concours sans trop d'efforts ? Je ne me souviens plus des disciplines que j'ai si facilement apprises.

Je ne me souviens plus des noms de mes petites amies que j'ai si facilement conquises.

Je ne me souviens plus de la date de ma première communion.

Je ne me souviens plus de mes camarades à la communale de mon village.

Je ne me souviens plus de mon arrivée à la caserne du premier régiment d'infanterie de marine.

Notre passé s'efface dans le même temps où nous ne pouvons plus faire de nouveaux souvenirs.

Où est donc passée ma vie quand ma mémoire n'est plus là ? Ne suis-je pas déjà en train de mourir ; mourir de n'avoir plus assez de souvenirs pour nourrir mon futur ?

Je ne me souviens plus du jour où j'ai ouvert pour la première fois *La Recherche du temps perdu*.

« Je m'effrayais que les miennes fussent déjà si hautes sous mes pas, il ne me semblait pas que j'aurais encore la force de maintenir longtemps attaché à moi ce passé qui descendait déjà si loin. Du moins, si elle m'était laissée assez longtemps pour accomplir mon œuvre, ne manquerais-je pas d'abord d'y décrire les hommes (cela dût-il les faire ressembler à des êtres monstrueux) comme occupant une place si considérable, à côté de celle si restreinte qui leur est réservée dans l'espace, une place au contraire prolongée sans mesure – puisqu'ils touchent simultanément, comme des géants plongés dans les années, à des époques si distantes, entre lesquelles tant de jours sont venus se placer – dans le Temps. »

FOCUS 8

« J'ai la mémoire qui flanche, Je ne me souviens plus très bien... »

BRUNO DUBOIS
professeur de neurologie,
CHU Pitié-Salpêtrière

On connaît la chanson... Qui ne s'est jamais plaint d'avoir « la mémoire qui flanche », de ne pas se rappeler le nom d'un collaborateur ou d'un ami, de rentrer dans une pièce sans savoir ce que l'on vient y chercher, d'avoir oublié le contenu d'un livre ou d'un film, de chercher l'emplacement de ses clés ou de ses lunettes... Phénomène bien banal, mais qui inquiète : ne dit-on pas qu'il faut se mobiliser précocement pour ces troubles de mémoire ? Ce d'autant qu'il y a toujours dans une famille un vieil oncle, un cousin éloigné dont on a dit qu'il avait perdu la tête à la fin de ses jours. Et la maladie d'Alzheimer n'est-elle pas un peu héréditaire ? Alors...

Sans vouloir rassurer de façon excessive, il est souhaitable d'apporter ici un certain nombre de précisions utiles. La plainte de mémoire est un phénomène banal : plus de 50 % des gens âgées de plus de 55 ans se plaignent de leur mémoire. Si c'est la majorité (plus de 50 % des cas), c'est donc la norme. En d'autres termes, il est normal de se plaindre de sa mémoire à partir d'un certain âge. Ce sont ceux qui ne se plaignent pas qui devraient s'inquiéter ! Cette proposition, volontairement paradoxale, n'est d'ailleurs pas totalement sans fondement quand on sait que les patients souffrant de la maladie d'Alzheimer ne se plaignent habituellement d'aucun trouble : c'est l'anosognosie, terme médical qui réfère à la non-conscience par le patient des troubles qu'il présente.

Ainsi, se plaindre de sa mémoire ne veut pas dire que l'on a une maladie de la mémoire. En effet, pour qu'une information soit rappelée, il faut qu'elle soit traitée dans trois circuits différents et successifs.

Il faut d'abord que l'information soit bien enregistrée. Le cerveau est un organe de perception : il enregistre les stimuli qu'il reçoit par différents canaux : canal visuel, auditif, sensitif... La qualité de l'enregistrement de l'information, encore appelée stimulus, est déterminante pour la qualité du rappel que le sujet pourra en réaliser ultérieurement. S'il est moins attentif à l'information, celle-ci sera moins bien enregistrée. Prenons l'exemple d'un sujet déprimé : ses préoccupations, ses ruminations mentales, son anxiété du moment l'empêchent d'accorder toute l'attention nécessaire pour bien enregistrer l'information qu'il reçoit ou l'événement auquel il participe. Cette information ou cet événement étant mal enregistrés, ils seront donc mis en mémoire de façon non satisfaisante. Il ne sera pas surprenant que ce patient déprimé, en raison de ses troubles attentionnels, se plaigne d'avoir des difficultés à se rappeler l'information, donc d'avoir des troubles de mémoire.

Après avoir été enregistrée, l'information doit être transférée vers les systèmes de mise en mémoire. Ces systèmes ont pour finalité de transformer l'information perçue en trace mnésique. Il repose en particulier sur des régions du cerveau maintenant bien identifiées : l'hippocampe et le circuit dit de « Papez » (du nom de celui qui l'a décrit pour la première fois). Une lésion bilatérale de ces structures entraîne l'incapacité totale de créer une trace mnésique de l'information perçue. En d'autres termes, la scène dont nous sommes le témoin ne pourra pas être gravée dans notre disque dur. Elle sera définitivement perdue, même si nous y avons été attentifs. C'est le syndrome « de la toile cirée ». Ce cas est rare : il s'agit en général de ce que l'on observe au cours de la maladie d'Alzheimer. Car les lésions de la maladie débutent et touchent principalement les hippocampes. C'est l'altération du fonctionnement hippocampique qui empêche la transformation d'une information perçue en trace mnésique. De là vient le trouble de mémoire des faits récents, alors que les faits anciens, acquis et consolidés avant la maladie, sont toujours accessibles. De là aussi vient la tendance qu'ont ces sujets à se perdre dans des endroits nouveaux, à poser plusieurs fois la même question indiquant ainsi qu'ils ne se rappellent pas les réponses qui leur ont déjà été formulées.

Dans la troisième et dernière situation, l'information a bien été enregistrée. Elle a ensuite été prise en charge par le système hippocampo-mamillo-thalamique (le circuit de Papez), ce qui a permis sa transformation en trace mnésique. Elle est stockée quelque part dans le cerveau. Mais c'est la récupération de cette trace qui peut être difficile, notamment au cours du vieillissement normal : c'est le phénomène classique dit du « bout de la langue ». Le sujet sait qu'il sait, mais il n'arrive pas à récupérer l'information car cette récupération nécessite l'activation de stratégies cognitives qui sont sous le contrôle principalement des lobes frontaux. Au cours du vieillissement normal, on a mis en évidence une diminution de la perfusion et du métabolisme cérébral dans les régions frontales rendant compte d'une difficulté d'activation des stratégies cognitives. Cette situation est tout à fait banale et renvoie là encore à une diminution des ressources attentionnelles liée au vieillissement.

Si, dans les trois situations, le sujet se plaint de sa mémoire, seule la difficulté de mise en mémoire (secondaire à l'atteinte des formations hippocampiques) est préoccupante. Nous avons aujourd'hui des tests de mémoire qui nous permettent de différencier ces trois niveaux d'atteinte. Il a d'ailleurs été montré que ce ne sont pas forcément les sujets qui se plaignent le plus qui ont des performances les plus perturbées dans les tests de mémoire. En effet, comme nous l'avons écrit plus haut, la plainte de mémoire est le plus souvent l'expression d'une diminution des capacités attentionnelles. Les tests de mémoire ont pour principal objectif de contourner l'étape attentionnelle pour évaluer plus précisément les circuits de mise en mémoire. Dans ces conditions, la performance des sujets ayant des troubles attentionnels se normalise. Cela m'avait conduit, il y a quelques années, à postuler le paradoxe suivant : « Plus les sujets se plaignent de leur mémoire, moins ils ont de risque d'avoir une maladie de la mémoire. »

Soyez donc rassurés.

FOCUS 9

Trous de mémoire : la maladie d'Alzheimer

JEAN-MARC ORGOGOZO
professeur de neurologie,
CHU de Bordeaux

Lorsqu'il arrive à la clinique universitaire de psychiatrie à Munich au tournant du XIXe et du XXe siècle, le docteur Aloïs Alzheimer était professeur de psychiatrie à Breslau, déjà renommé, mais ne pouvait savoir que son nom deviendrait célèbre, universellement connu même, pour être associé à une maladie du cerveau et de la pensée qui sera une des plus menaçantes épidémies de tous les temps.

Ce n'est cependant pas par hasard qu'il est appelé à conduire des recherches dans cette clinique par son directeur, le célèbre Emil Kraepelin. En effet, Alzheimer maîtrise les techniques de coloration des pièces anatomiques, en plein essor en Allemagne à cette époque ; celles-ci permettent l'identification de lésions des tissus nerveux jusqu'alors inconnues. L'idée de Kraepelin est de faire sortir la psychiatrie des simples descriptions cliniques – l'ère des discours – pour identifier des entités anatomo-histopathologico-cliniques, suivant l'exemple de Charcot, Jackson, Ramon y Cajal, Wirchow et d'autres.

En 1906, Alzheimer peut enfin examiner le cerveau de son célèbre « cas princeps » : Auguste D., morte à 52 ans à la suite d'une évolution progressive vers une démence profonde. Après la description clinique détaillée qu'il en a faite vient sa découverte historique de deux types d'anomalies du tissu cérébral : les plaques séniles et la dégénérescence neuro-fibrillaire. À partir de là et jusqu'aux années 1970, le nom d'Alzheimer est resté solidement attaché à une forme rare de démence présénile, survenant avant 65 ans par une définition arbitraire. Les plaques séniles sont identifiées comme des dépôts extracellulaires de substance amyloïde bêta-plissée accompagnés de dépôts périvasculaires (angiopathie congophile), tandis que la dégénérescence neurofibrillaire est reconnue comme constituée de filaments tubulaires intraneuronaux de protéine *tau* anormalement phosphorylée. Les démences plus tardives, dites séniles, sont encore considérées comme étant un effet normal du vieillissement aggravé par l'accumulation de lésions vasculaires. Pourtant, nombre de chercheurs, comme Julien de Ajuriaguerra à Genève ou Martin Roth à Oxford, reconnaissant la similitude des démences séniles et préséniles, décrivent la présence de lésions typiques d'Alzheimer dans les démences séniles et le caractère inconstant des lésions vasculaires.

Dans la période de 1970 à 1990, le déficit cholinergique central de la maladie d'Alzheimer est identifié, la démence vasculaire est individualisée, les démences séniles et préséniles sont regroupées par types anatomopathologiques, dont la maladie d'Alzheimer est de loin la plus fréquente, et des formes héréditaires à forte transmission familiale – toutes préséniles sont génotypées. Des années 1990 à nos jours, on assiste à une augmentation phénoménale du nombre de cas prévalents dans les pays développés et émergents, liée de façon quasi exponentielle à l'augmentation de l'espérance de vie. Les recherches s'accélèrent parallèlement avec d'immenses avancées dans les domaines neurochimique, moléculaire, génétique ou épidémiologique mais, hélas, sans grands succès thérapeutiques. Depuis dix ans déjà, les seuls traitements disponibles se limitent en effet à des inhibiteurs de la dégradation de l'acétylcholine, d'efficacité moyenne et sans grand effet sur l'évolution de la maladie, et à un seul médicament alternatif, également sans grand impact sur l'évolution inéluctable de l'Alzheimer, comme on l'appelle familièrement désormais, vers la déchéance mentale puis physique. Aujourd'hui, un sceptique pourrait pourtant dire qu'on sait presque tout de la maladie d'Alzheimer, excepté le rôle des plaques amyloïdes et celui de la dégénérescence neuro-fibrillaire... Des études d'une ampleur croissante se poursuivent donc à la recherche de la cause et des remèdes.

La maladie d'Alzheimer est d'abord, plus que toute autre peut-être, un naufrage personnel de la pensée, de la personnalité, de la relation et de l'indépendance où la mort, souvent tardive, apparaît comme une délivrance ultime. Au tout début, en général à un âge avancé, rarement même avant 75 ans, la personne remarque des difficultés à se rappeler des petits faits récents et le nom des moins proches. Quoi de plus banal à cet âge ? Et en effet, il n'y a pas à s'inquiéter trop si ça en reste là. Mais, même au tout début, la démence n'est pas qu'une dysmnésie : dans l'Alzheimer débutant, il y a presque toujours aussi des troubles de l'attention, de la planification, de la compétence qui limitent rapidement la capacité à régler des problèmes nouveaux et à maintenir des rôles sociaux non routiniers. C'est devant de tels troubles que des outils de diagnostic précoce pourront être utiles.

Cette maladie devient très vite un problème pour l'environnement proche. Isolé, le malade ne tarde pas à inquiéter les voisins, les visiteurs et les services sociaux d'assistance par son incurie et son inadaptation croissante. La maladie d'Alzheimer des veufs ou des célibataires se diagnostique par les concierges et se termine assez vite à l'hospice. Pour ceux qui vivent en famille, le calvaire de celui ou ceux qui s'en occupent – renommés donneurs de soins – ne fait que commencer. Il est d'abord affectif : la personne malade se sent diminuée, anxieuse, souvent dépressive et, si le diagnostic est fait à ce stade, ce n'est un soulagement pour personne. Puis vient le stade de la perte d'autonomie : il faut d'abord aider, puis surveiller, puis assister en permanence ce malade sans problèmes physiques. Les choses s'aggravent lorsque commencent les troubles de la personnalité, du comportement et de la relation. Apathie ou agitation, dépression ou agressivité, repli ou désinhibition deviennent une telle difficulté que la personne en charge « craque » souvent et tombe dans la dépression ou le rejet. C'est à ce stade, ou si l'aidant disparaît, que la plupart des patients sont placés en institution. Lorsque les proches ne sont plus reconnus et que la conscience de soi n'est plus perceptible, la personne que l'on connaissait, que l'on aimait n'est plus. À l'inverse des fantômes, il reste un corps mais plus d'esprit.

Pour la société, la maladie d'Alzheimer devient une préoccupation de plus en plus pressante, au fur et à mesure que sa fréquence augmente, à cause des effets économiques destructeurs de la perte d'autonomie. La peine des donneurs de soins « informels » au stade de début est difficilement chiffrable, mais dès qu'il faut une aide professionnelle ou un placement en milieu spécialisé les coûts directs prennent le devant de la scène. Avec une prévalence mondiale estimée par l'OMS à 24 millions de sujets atteints dans le monde actuellement, et une projection à 81 millions de cas en 2040 si aucun traitement curatif n'est découvert, il est clair que cette maladie crée déjà et va créer de plus en plus des problèmes humains, sociétaux et économiques sans précédent. Au-delà des coûts comptables, le fait que des jeunes actifs, qui n'auront guère le choix, devront assister des vieillards aliénés en plus en plus grand nombre et à la déchéance inévitable, pourrait entraîner une réaction de révolte et déclencher une sorte de guerre des âges. Selon le sort des armes, on peut imaginer, au pire, l'horreur alternative de l'esclavage des jeunes ou de l'euthanasie préventive des vieux... Ma recherche principale porte sur le traitement curatif de la maladie d'Alzheimer. Ce qui précède explique, sans grande difficulté je crois, ma motivation, comme celle des chercheurs et professionnels qui sont de plus en plus nombreux à travailler dans le monde pour combattre cette menace grandissante : la maladie d'Alzheimer.

Les troubles de mémoire ont été abondamment étudiés dans la maladie d'Alzheimer et les autres syndromes démentiels. Signoret souligne cependant que c'est le trouble de contrôle qui constitue le noyau fondateur du concept de démence et Jorm (1986) pose explicitement l'hypothèse que la détérioration des processus contrôlés par rapport à des processus automatiques préservés pourrait constituer l'un des premiers signes de l'apparition d'une démence. La distinction théorique entre processus automatique et contrôlés a été introduite par Posner et Snyder (1975) et reprise par Schneider et Shiffrin (1977) et par Hasher et Zacks (1979). Quelle que soit la terminologie, ces processus, appelés « conscients » par Posner et Snyder, « contrôlés » par Schneider et Shiffrin et *effortful* par Hasher et Zacks sont analogues au niveau théorique. Ils sont généralement définis comme des processus lents, sériels, demandant un effort mental, régulés par le sujet et de capacité limitée. Plus généralement, les processus contrôlés sont intentionnels, attentionnels, et conscients, alors que les processus automatiques se déroulent sans intention du sujet, sans demande attentionnelle et sans intervention de la conscience. Des données de l'enquête épidémiologique PAQUID nous ont permis, au travers de deux analyses (Fabrigoule *et al.*, 1998, Amieva *et al.*, 1999), de conforter l'hypothèse de Jorm et de montrer l'utilité de la distinction entre processus contrôlés et automatiques pour caractériser les stades les plus précoces de détérioration cognitive chez des sujets qui évoluent vers une démence. De ce diagnostic précoce dépendra l'efficacité des médicaments qui ne manqueront d'apparaître sur le marché dans un avenir pas trop éloigné.

L'expérience de Bizach et Luzatti

CHAPITRE 15

Le cerveau des facultés

> « Les facultés sensitives nous ont paru dans les opérations des sens intérieurs et extérieurs, et dans les passions qui en naissent ; et les facultés intellectuelles nous ont aussi paru dans les opérations de l'entendement et de la volonté, [...] l'entendement n'est autre chose que l'âme en tant qu'elle retient et se ressouvient ; la volonté n'est autre chose que l'âme en tant qu'elle veut et qu'elle choisit, [...] toutes ces facultés ne sont au fond que la même âme qui reçoit divers noms à cause de ses différentes opérations. »
>
> BOSSUET, *Traité de la connaissance de Dieu*, I. XX.

« Toutes les facultés ne sont au fond que la même âme qui reçoit divers noms à cause de ses différentes opérations. » Bossuet nous la baille belle avec son âme à tout faire. À ce compte, le cerveau qui opère toutes nos facultés pourrait jouer à lui seul le rôle de l'âme et la mort du cerveau signifierait la mort de l'âme. De quoi faire perdre son latin à un archevêque.

Dans la seconde moitié du XXe siècle, la doctrine des facultés a laissé la place aux « sciences cognitives ». Celles-ci sont les habits neufs de l'Esprit. Il n'est pas certain que ces parures savantes ne soient pas des cache-misère, « l'esprit n'étant facile à appréhender que par ceux qui n'en ont pas[1] ».

L'esprit selon la définition de Lalande[2] est la réalité pensante en général, le sujet de la représentation avec ses lois et son activité propres, en tant qu'opposé à l'objet de la représentation. Dans ses différentes acceptions, l'esprit est tantôt opposé à la matière, tantôt à la nature, tantôt enfin, à la chair (le body-mind problem *des Anglo-Saxons).*

Ma culture philosophique est insuffisante pour que je prétende m'élever au-dessus des débats.

Dans son roman à thèse, à l'imitation des fameux Shadoks de la télévision, Norbert Verdier[3] décrit un peuple lointain, ces Ergos au sein desquels s'affrontent deux tribus dont les membres passent le plus clair de leur temps à pomper : les uns pompent l'eau de la terre, les autres pompent l'air du ciel, sans jamais se lasser. On voudra bien pardonner mon souci de ne pas imiter les Ergos.

Notre voyage dans le cerveau ne s'est pas jusqu'ici encombré de préjugés dualistes ou monistes. Il en sera de même dans la dernière portion du chemin qui n'a qu'une seule destination : aller à la recherche de l'autre.

Dans un premier temps, nous examinerons les relations du cerveau et de la pensée sans trop chercher à définir ce qu'on appelle penser[4].

PENSER AVEC SES PIEDS

« Je ne puis méditer qu'en marchant ; sitôt que je m'arrête, je ne pense plus et ma tête ne va qu'avec mes pieds[5]. » Le bon Jean-Jacques ne saurait mieux dire. Ce n'est pas qu'il donne raison à ses ennemis qui le disent « bête comme ses pieds », mais bien au contraire qu'il revendique sa qualité de bipède pensant. Voltaire dans son acharnement à ne pas le comprendre dit de lui : « On n'a jamais tant employé d'esprit à vouloir nous rendre bête. » Le plus bête des deux ? Écoutons Rousseau dans le *Discours sur l'inégalité* : « Je le vois aujourd'hui [l'homme primitif] marchant à deux pieds, se servant de ses mains comme nous le faisons des nôtres, portant ses regards sur toute la nature et mesurant des yeux la vaste étendue du ciel [...]. Je le vois se rassasiant sous un chêne, se désaltérant au premier ruisseau, trouvant son lit au pied du même arbre qui lui a fourni son repas, et voilà des besoins satisfaits[6]. » C'est le même Rousseau qui mettra un terme à son œuvre par des « promenades » qui mieux que ses *Confessions* résument sa pensée et le sens de sa vie.

Les modernes ont dépecé l'âme en une multitude de lambeaux ou *modules*. Ceux-ci recouvrent divers *états mentaux*, un terme qui possède autant de valeur explicative que la « vertu dormitive de l'opium ». Ces états mentaux sont en même temps des *états cérébraux* qui entretiennent des relations de causalité avec les actes – ou des pensées qui apparaissent alors comme produites par le cerveau. Des mécanismes neuronaux complexes et hypothétiques (oscillations de potentiel, interactions synaptiques) cousent entre eux (*binding*) les morceaux épars dans le cerveau qui composent des états cérébraux. Ceux-ci peuvent être différents d'un sujet à l'autre, voire chez un même sujet pour un état mental donné.

Pour se déplacer d'un lieu à un autre, un homme dispose de différentes façons de marcher. On observe que les pieds sont alors en action ; il est aisé de conclure que, dans la marche à pied, le corps utilise principalement les pieds. Une étude plus détaillée montrerait que le reste du corps (membres, muscles de la posture, organes des sens) participe également à ce comportement. À ce niveau d'analyse, nous n'apprenons rien de plus sur la signification d'une telle marche. Il en est de même pour les sciences cognitives. Celles-ci, armées de l'imagerie cérébrale qui est à la psyché ce que les clichés de Muybridge sont à la marche, s'efforcent d'agencer les modules en leur donnant un semblant « d'animation » entretenant ainsi la vision fallacieuse d'un *sujet* qui émerge du cerveau. Et ce au prix d'une éradication des affects qui permet à la verve satyrique d'André Green de s'exercer : « L'approche des sciences cognitives est une lobotomie théorique[7]. »

Voilà que rapplique l'inévitable problème de la conscience. Le fait qu'une activité ne soit pas consciente ne signifie pas qu'elle est automatique. La conscience n'apparaît que par intermittence ; elle est au sens propre du terme une apparition donc une apparence. De là à dire que la conscience est une illusion, il n'y a qu'un pas que certains n'hésitent pas à franchir.

La marche est encore une fois un modèle. Le plus souvent cette suite de mouvements rythmiques est totalement non consciente et exprime l'activité de réseaux rythmiques qui peuvent être considérés comme des automates. Et cependant, nous savons où nous allons ; nous suivons un chemin et sommes capables de nous orienter et d'éviter les obstacles. Cette remarque n'est pas incompatible avec l'idée de Rousseau qui nous a servi d'introduction. Tout se passe comme si la marche libérait la pensée et permettait à celle-ci de suivre son chemin en s'alignant sur celui de la marche. On ne peut sortir du dilemme qu'en faisant intervenir l'âme, c'est-à-dire l'affect.

Des recherches récentes menées au MIT par le groupe d'Alex Pentland et au Département de psychologie de l'Université d'Amsterdam par A. Dijkstechuis, il ressort que, dans l'accomplissement d'un choix, plus celui-ci est complexe, plus la pensée qui le conduit est non consciente ; ce que les chercheurs appellent une « délibération sans attention ». À l'aide de « boîtes noires » qui permettent de suivre les évolutions ininterrompues d'un sujet et de traitements computationnels complexes, Pentland arrive à la conclusion suivante : « Nous croyons que c'est en raisonnant que nous prenons des décisions, mais il se pourrait que nous nous contentions de répondre à des indices issus de notre environnement de façon automatique[8]. »

Selon ces chercheurs, la meilleure façon de comprendre le comportement humain est d'ignorer le caractère rationnel et conscient de nos actes. En fait, la majeure partie de nos pensées personnelles serait effectivement causée par le réseau social auquel nous appartenons – déclenchée par des signaux automatiques et par l'imitation.

La question ne se pose pas de savoir si un robot pense, mais d'accepter qu'un robot puisse comprendre ce que nous pensons à la condition qu'il sache déchiffrer nos signaux. Il ne resterait plus alors à l'âme qu'à rentrer dans le rang des vieilles institutions. Avec elle disparaîtrait le plaisir ineffable de la marche. Ces sensations qui montent de la plante des pieds jusqu'à notre cerveau pour nous faire sentir toute la beauté du monde que nous traversons.

FOCUS 10

Marcher... toute une histoire

François Clarac
directeur de recherche émérite
au CNRS

La marche de l'homme, un comportement moteur automatique sans intérêt, diront les esprits grincheux. Pourtant, arrêtons-nous un instant sur son histoire. On rapporte que le préhomme, après s'être balancé de branche en branche, a développé à la fois les lobes frontaux de son cerveau et la station bipède résolvant un problème de biomécanique particulièrement difficile. L'homme préhistorique a envahi la savane et s'est répandu sur toute la planète. Avec les Grecs et la maïeutique, Socrate a utilisé la marche pour philosopher. Aristote, lui, ne donnait-il pas ses leçons de mathématiques, d'astronomie ou de sciences naturelles en parcourant les portiques dans le gymnase ? Les péripatéticiennes marchaient aussi, tout en s'offrant aux passants.

Dès la Rome antique, Claude Galien (130-200), médecin des gladiateurs, décrivait l'anatomie et la physiologie du corps. Il expliquait la contraction musculaire par l'action de fluides issus du cerveau, les « esprits animaux ». Il opposait la main aux jambes, l'homme aux ongulés : « Peut-être, dira-t-on, vaudrait-il mieux avoir quatre jambes, non de cheval, mais d'homme. Mais, de cette façon, l'homme sans rien gagner pour aucune de ses fonctions perdrait encore sa vitesse, [...] en un mot, un être qui veut se servir utilement de ses mains, ne doit trouver sur sa poitrine aucun obstacle proéminent, soit naturel, soit artificiel. » Il définissait déjà le déplacement comme un mouvement alterné entre les deux jambes : « En effet, puisque, dans la marche, l'une des jambes se meut tandis que l'autre, appuyée tout entière sur le sol, supporte le poids du corps, la nature a eu raison de donner plus d'élévation à la partie interne, [...] c'est donc pour la plus grande sécurité de la marche que les parties des pieds sont plus élevées. »

Il faudra attendre Giovanni Borelli (1608-1679), le chef de file des « iatrophysiciens » et véritable disciple de Galilée (1564-1642), Kepler (1571-1630) et Newton (1642-1727), pour avoir une première idée de la biomécanique humaine. Napolitain, titulaire de la chaire de mathématiques à l'Université de Pise, il intégrait la physiologie motrice aux sciences physiques et mathématiques. Son ouvrage fondamental, le *De motu animalium* paru peu après sa mort, en 1680, décrit dans la locomotion, la rotation du bassin, l'intervention des différentes articulations, les forces latérales et la propulsion du corps en avant au cours de la poussée sur la jambe d'appui. Il a aussi analysé la marche du cheval, comme celle des insectes parcourant à l'envers les plafonds, grâce à des « pieds filamenteux ». Borelli rejette l'idée que l'air soit l'agent « des esprits animaux » qui animent les muscles. Pour le prouver, il a complètement immergé dans l'eau, un animal dont certains muscles avaient été mis à nu afin de suivre leurs contractions. L'absence de bulles confirmait que ces fameux esprits inducteurs de la contraction n'avaient rien d'aérien ! (Figure 30).

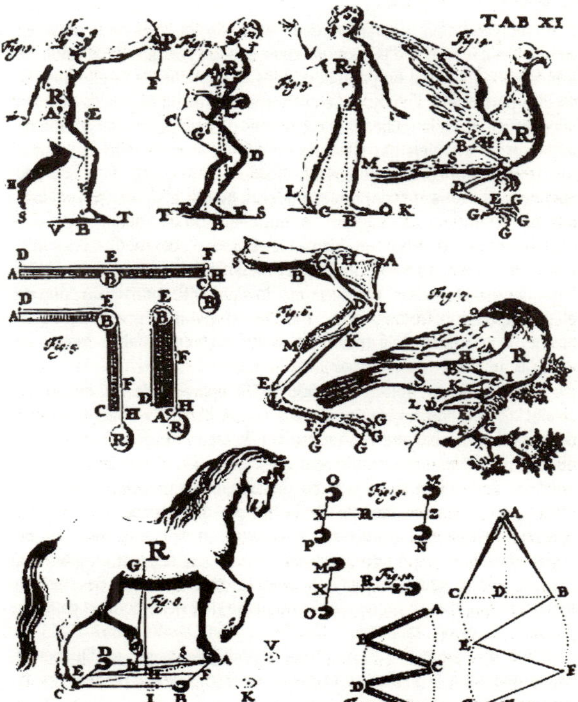

Figure 30. – DIFFÉRENTS MOUVEMENTS DE MARCHE CHEZ L'HOMME, LE CHEVAL ET L'OISEAU AVEC PRÉSENTATION DES DIFFÉRENTS SEGMENTS ET DES ANGLES IMPLIQUÉS. Planche tirée du livre de Borelli, *De motu animalium*, publié après sa mort en 1680.

Le XVIIIe siècle va voir se développer la mode des automates. Ainsi, en 1738, Jacques de Vaucanson (1709-1782) expose à l'Académie des sciences son fascinant joueur de flûte ou son canard capable de manger ou de nager : ces mécanismes artificiels paraissent alors être la concrétisation de la « machine » du dualisme cartésien. Au niveau biologique, des milliers de grenouilles spinalisées, comme celles de l'abbé Spallanzani (1729-1799) font les frais des premières expérimentations. En séparant le cerveau, centre de la volonté, centre encore « magique » de zones plus « triviales », comme le bulbe ou la moelle épinière, on cherchait à comprendre les mouvements automatiques fondamentaux.

La locomotion au XIXe siècle, passe dans les mains des neurologues. Du fait de la conjonction d'une philosophie scientifique émergente, d'une réorganisation hospitalière issue de la révolution et de la présence simultanée d'hommes d'exception, cette époque marque l'explosion de la médecine française en particulier dans le domaine de la clinique. La marche participe à l'analyse. Les observations du clinicien deviennent l'élément clé dans la recherche de bien des pathologies : dès l'arrivée du patient et les premiers pas effectués en entrant dans la salle d'auscultation, le jugement commence. Joseph Babinski (1857-1932), le plus artiste dans ce genre d'expertise, passait plusieurs heures à scruter son malade tout nu devant lui. Il jaugeait les muscles, palpait, tâtait, avec une aiguille, testait son réflexe en éventail de la sole plantaire. Certaines fois, il émettait une hypothèse, mais souvent attendait le lendemain pour confirmer son diagnostic. On disait que lorsque midi sonnait, un coup de téléphone de son frère Ali-Bab, avec qui il vivait et grand expert en cuisine, le prévenait qu'il mettait le soufflé au four, il fallait rentrer au plus vite, le plat ne pouvait attendre !

Duchenne de Boulogne (1806-1875) appréhende au milieu du XIXe siècle, différents hôpitaux parisiens en utilisant sa « boîte électrique avec sa pile et sa batterie ». En stimulant de façon très localisée certains muscles, il « dissèque » et dissocie les différentes contractions musculaires, qu'elles soient de la face ou des différentes parties du corps. En 1858, il analysera les atteintes de la marche dans ce qu'il va appeler l'« ataxie locomotrice progressive » connue en fait sous le nom de « *tabes dorsalis* » ou de *neurosyphylis.* Due le plus souvent en effet à la syphilis, elle touchait les patients jeunes, mais l'atteinte du système nerveux n'apparaissait qu'en deuxième partie de la vie, comme ce fut le cas pour Flaubert, Maupassant, Daudet... Léon Daudet (1867-1942), le polémiste d'extrême droite, a fait un portrait pittoresque de Duchenne qui, se rendant à la station de Lamalou-les-Bains chez le docteur Privat, se trouvait dans une excitation extrême, lorsqu'il avait vu de nombreux malades porteurs de cette atteinte motrice :

« Duchenne, levé dès l'aube, voyait passer sous sa fenêtre, plusieurs malades se rendant au bain. Il bondissait dans la chambre de son hôte, réveillé en sursaut.

— Hein !, Quoi ? Qu'est-ce qui te prend, tu as cassé ta machine ?

— Il s'agit bien de cela. C'en est... écoute-moi, Privat... Ils en sont... Oui, les gens qui défilent là, dans la rue, qui lancent leurs jambes en marchant comme cela. – Duchenne faisait le geste de stepper –, je les ai reconnus. Ce sont des ataxiques. Ils m'appartiennent. Je vais les interroger tous, tous, tous... » (Daudet, 1933). Duchenne avait cru que ces déficits moteurs étaient dus au cervelet, mais, en fait, c'est l'Anglais Todd, dès 1847, et M. Romberg (1795-1873), un peu plus tard, qui décriront une lésion des colonnes dorsales comme la cause de tels troubles.

Le plus célèbre neurologue de l'époque est pourtant Jean-Martin Charcot (1825-1893), le « Napoléon de la Salpetrière ». Il n'a pas travaillé sur la locomotion, mais dans une leçon du mardi, le 5 mars 1889, il l'a définie très précisément comme un système à deux étages : « Les divers appareils relatifs à l'exécution des mouvements de la station, de la marche, du saut... composent chacun deux centres ou groupes cellulaires différenciés dont l'un siège dans l'écorce cérébrale, tandis que l'autre réside dans la moelle épinière ; ces deux centres étant reliés l'un à l'autre, bien entendu par des fibres commissurales. Le groupe spinal, le plus compliqué des deux, sans aucun doute, est chargé de l'exécution automatique, inconsciente des actes coordonnés pour l'accomplissement de chaque fonction ; tandis que le rôle, relativement beaucoup plus simple du groupe cortical, consiste dans l'émission volontaire des ordres prescrivant tantôt la mise en jeu, tantôt l'accélération ou le ralentissement, tantôt enfin l'arrêt définitif des actes exécutés par le groupe spinal correspondant. Dans celui-ci, en d'autres termes, réside la mémoire psychologique des actes sommaires qu'il faut prescrire, soit pour mettre en jeu l'appareil, soit pour en arrêter le fonctionnement ; tandis que la mémoire organique qui préside à l'exécution dans tous ses détails, des mouvements prescrits, réside dans celui-là. » (Gasser, 1995.)

La troisième approche de la marche appartient aux physiologistes. Elle commence avec Étienne-Jules Marey (1830-1904), professeur au Collège de France, qui, obsédé par la représentation et la quantification du mouvement, va en fait se spécialiser dans la « chronophotographie ». C'est sur la base de ses travaux que E. Muybridge (1830-1904) réalisera ses premières photographies sur la locomotion du cheval en cherchant à savoir si, au cours du galop, il n'y avait pas un instant magique où les quatre pattes de l'animal se trouvaient toutes, hors du sol. À la suite de la publication des photographies de Muybridge dans la revue *La Nature*, Marey développera ses méthodes à la perfection (Marey, 1873). Certains de ses appareils sont restés célèbres, comme le fameux « fusil photographique », capable d'enregistrer 12 images par seconde sur une même plaque sensible avec une durée d'exposition qui n'excédait pas pour chacune, 1/720 de seconde. En partie inspiré du revolver photographique de l'astronome Janssen (1874) et de la Jumelle de Nicour (1866), cet appareil lui a permis d'analyser le vol des oiseaux. L'histoire veut que des témoins aient été particulièrement intrigués de voir « un fou » qui semblait très heureux de viser des volatiles sans jamais en tuer un seul !

Quant aux photos successives réalisées pendant la marche d'un sujet, elles ont été reprises à la lettre par Marcel Duchamp dans son étude d'un *Nu descendant l'escalier* (1912).

Marey a ainsi filmé la marche, le trot ou le galop chez l'homme mais aussi chez des chiens, ce qui a permis de décomposer les appuis au sol et les balancements en l'air, avec leurs flexions et extensions alternées. Il n'a pas fait lui-même l'analyse de ces séquences, mais a cédé les planches réalisées à Maurice Philippson (1877-1938) qui a pu faire, en 1905, une analyse extrêmement fine des quatre phases du pas, une de flexion et trois d'extension (F, E1, E2, et E3) par mesure des angles des différentes articulations des membres postérieurs. La phase E2, à la prise d'appui de la patte, induit une flexion du genou et de la cheville, mais pas de la hanche qui, au contraire, commence son extension.

En fait, c'est de l'autre côté du « channel » que les mécanismes spinaux vont être analysés. Le chat, animal d'expérience privilégié de Charles Sherrington (1857-1952), sert à la démonstration de tous les réflexes possibles. En stimulant la région périanale, il induit un « *stepping reflex* » et clame que ce comportement serait dû à un enchaînement successif de réflexes opposés, la flexion de la patte induisant son extension et *vice versa* (Sherrington, 1910). En fait, dès 1911, Thomas Graham Brown (1882-1965), un de ses collaborateurs, dément ses conclusions (Graham Brown, 1911). En sectionnant l'ensemble des racines dorsales qui véhiculent les informations sensorielles, il supprime tous les réflexes proprioceptifs de l'animal, sans empêcher l'obtention de rythmes locomoteurs centraux. Ainsi, la marche est le résultat de générateurs spinaux imposant la fréquence d'informations sensorielles qui adaptent le rythme réalisé aux contraintes extérieures et de contrôles d'origine supérieure.

Pendant près de cinquante ans, il ne se passera rien. Le renouveau apparaît avec les chats décérébrés de Moscou qui marchent sur tapis roulant (Shik *et al.*, 1966). Dans cet état, sans cerveau supérieur, ces véritables machines vivantes, obéissent automatiquement à la stimulation d'un centre locomoteur situé dans le tronc cérébral et qui, suivant l'intensité imposée, induit la marche, le trot ou le galop.

Actuellement, les travaux scientifiques sur la marche se situent à des niveaux fort différents, ils analysent par exemple, chez l'animal, les mécanismes organisateurs des réseaux nerveux, médullaires et, chez l'homme, les stratégies mises en place dans différents trajets de déplacement :

— Au niveau le plus analytique, on cherche à déterminer les structures neuroniques expliquant l'induction du rythme. C'est, depuis les premières données de Viala et Buser (1971) sur le lapin, l'analyse des générateurs médullaires. On a beaucoup hésité sur la façon de dénommer cette activité obtenue sur une moelle épinière isolée... le terme, aujourd'hui accepté, est de « locomotion fictive » ! Il n'y a rien de fictif là-dedans ! Il s'agit seulement de l'étude de l'expression d'ensembles neuroniques dont l'expression dépend à la fois de la connectivité interneuronale et des propriétés intrinsèques des neurones impliqués. On décrit les propriétés des motoneurones et des interneurones qui induisent les contractions musculaires. L'étude se fait sur tranche de moelle épinière de rat *in vitro* ou de souris (Clarac *et al.*, 2004). Il est apparu que la sérotonine joue un rôle essentiel dans ce déclenchement.

— Pendant longtemps, chez l'homme, on a surtout glorifié les mains, structure mythique qui, entre autres, nous distingue de l'animal. La manipulation a paru, à juste titre, un paradigme beaucoup plus riche que le lancer de jambe ! Le chercheur qui s'intéresse aux mouvements de pointage vers une cible abordera des problématiques beaucoup plus « cognitives » que celui qui mesurera la projection d'une hanche. Sans nier une telle suprématie, il semble qu'on ait trop longtemps délaissé la mécanique locomotrice.

Pourtant les écrivains nous ont de tout temps montré l'intérêt et la valeur esthétique de la promenade, comme l'a fait Marcel Proust qui, dans la *Recherche*, ne peut s'empêcher de regarder marcher celle qui lui procure tant d'émotions... : « ... C'est dans l'allée des piétons, marchant vers nous, que j'apercevais Mme Swann laissant s'étaler derrière elle la longue traîne de sa robe mauve, vêtue, comme le peuple imagine les reines, d'étoffes et de riches atours que les autres femmes ne portaient pas, abaissant parfois le regard sur le manche de son ombrelle, faisant peu attention aux personnes qui passaient, comme si la grande affaire et son but avaient été de prendre de l'exercice, sans penser qu'elle était vue et que toutes les têtes étaient tournées vers elle. Parfois pourtant, quand elle s'était retournée pour appeler son lévrier, elle jetait imperceptiblement un regard circulaire autour d'elle. » (Proust, 1954.)

Les pas et leurs complexités définissent les habiletés motrices de la danseuse, Paul Valéry la décrit ainsi en 1899 dans *L'Âme et la Danse* : « Elle semble d'abord, de ses pas pleins d'esprit, effacer de la terre toute fatigue et toute sottise... Elle se tisse de ses pieds un tapis indéfinissable... Ô le charmant ouvrage, le travail très précieux de ses orteils intelligents qui attaquent, qui esquivent, qui nouent et qui dénouent, qui se pourchassent, qui s'envolent. Qu'ils sont habiles, qu'ils sont vifs, ces purs ouvriers ! » Chez l'homme, aujourd'hui, tout un champ de recherche tente de comprendre les mécanismes cognitifs qui décident des déplacements et des trajets poursuivis (Hicheur *et al.*, 2006).

Des péripatéticiennes à la marche en 1969 sur la Lune, la science a avancé cahin-caha... Espérons, qu'elle ne fasse pas comme l'écrevisse d'Apollinaire...

Incertitude, ô mes délices, Vous et moi, nous nous en allons,
Comme s'en vont les écrevisses, À reculons, à reculons...

ESPRIT ES-TU LÀ ?

La première partie de notre voyage s'est déroulée en suivant les allées du désir où cheminent nos affections de l'âme. Nous avons fréquenté des régions du cerveau qui ressemblent assez à ce que l'on appelle la « vieille ville » dans les métropoles modernes : nous avons eu le loisir de nous perdre dans un lacis de ruelles au milieu d'une anatomie de noyaux et de tractus aux confins incertains. Là se trouvent les quartiers interdits, réservés au sexe, à manger et dormir, boire et à s'enivrer et à tous les paradis artificiels qui occupent les sous-sols.

Nous voici maintenant dans la cité nouvelle (le néocortex) aux arrondissements et quartiers bien dessinés et désignés par un numéro. La ville est coupée en deux par une grande fissure séparant les hémisphères droit et gauche qui communiquent entre eux par un vaste pont (le corps calleux) et par diverses commissures (voir chapitre 2).

L'architecture est assez uniforme. Les constructions sont faites de cellules nerveuses que joignent des synapses et par des fibres ou neurites. Du point de vue fonctionnel, l'unité de base est le trio formé par le neurone, la cellule gliale et la synapse. Les neurones regroupés par affinités forment des populations. Celles-ci se répartissent en couches superposées. Les aires corticales se différencient par l'épaisseur relative des différentes couches. De nombreuses connexions relient les aires entre elles, ce sont des fibres d'association qui permettent à la complexité fonctionnelle de s'établir sur la coopération entre les fonctions élémentaires. On distingue des *aires primaires* qui sont directement connectées au muscle ou aux voies sensorielles et des *aires secondaires* ou associatives dont les seules connexions viennent d'autres aires. Les lésions des aires primaires donnent des déficits simples et plus ou moins étendus de la fonction motrice ou des fonctions sensorielles. Les lésions des aires associatives entraînent des désordres plus compliqués qui touchent à la mécanique intime de l'esprit, nécessitent une analyse neuropsychologique approfondie.

LES IMAGES MENTALES

Soixante pour cent de la surface corticale sont impliqués dans la vision, non qu'il s'agisse d'aires visuelles proprement dites, mais de régions qui participent peu ou prou au traitement de l'image. Il n'est donc pas étonnant que l'image joue un rôle majeur dans l'élaboration de la pensée, que celle-ci soit consciente ou inconsciente.

Une image est d'abord une représentation du réel, ce que le sujet voit, il doit le construire dans sa tête et c'est vraisemblablement lui qui, consciemment ou non, dirige son attention sur telle ou telle région du plan perspectif. Il existe vraisemblablement au moins deux systèmes attentionnels différents. Le premier dit *postérieur* qui comprend le cortex pariétal postérieur et quelques structures sous-corticales associées, dévolu à l'exploration et à la détection de la cible à la façon d'un projecteur qui fouille l'espace à la recherche d'un objet ou d'un lieu. Le second système est dit *antérieur* ; il comprend le gyrus cingulaire et l'aire motrice supplémentaire situés sur la face interne des hémisphères et étroitement connectés à l'aire antérieure du langage (Figure 31). Il est alloué à l'identification de la cible.

Depuis la fenêtre de ma chambre, j'observe la magnifique chaîne des Pyrénées, il n'y a pas de brume, le ciel très bleu est traversé de quelques nuages ; je cherche à identifier le Vignemale, le plus haut sommet de la chaîne. Le voici qui se détache par sa taille et son double sommet couvert de neige.

L'image mentale est restée inscrite dans mon cerveau. Lorsque j'évoque cette vue, une observation en RMN montrerait les mêmes régions cérébrales activées dans mon cerveau que lorsque je voyais réellement la scène. Je retrouverai le Vignemale tel que je l'ai observé ; en revanche, il me serait impossible de reconnaître tous les sommets qui l'entourent. Le travail actif que j'aurais pu faire sur l'image réelle n'est plus possible sur l'image mentale. Demandez-vous quelle est la couleur des étoiles dans le drapeau américain ; une image mentale du drapeau se formera immédiatement, mais vous êtes incapable de répondre à la question.

L'image mentale utilise donc les structures anatomiques de la perception du réel, mais la représentation est devenue fragile de n'être plus stable et collée à l'espace extracorporel du sujet : un fantôme chez un patient dont l'aire V4 a été détruite de façon bilatérale, les images ont perdu leurs couleurs ; il voit en noir et blanc. Il n'est donc pas surprenant que ses images mentales soient désormais en noir et blanc.

Les images mentales ne proviennent pas toutes de notre espace extracorporel ou ne font pas obligatoirement référence à des images déjà vues, retenues dans notre mémoire. Notre cerveau, grâce à ce que l'on appelle l'imagination, peut créer *de novo* des images (scènes, objets) jamais vues, mais ce sera toujours à partir d'éléments empruntés au réel, ceux-ci parfois déformés, déplacés et inscrits dans des actions irréalistes, voire impossibles. Obligation est faite toutefois à ces images fixes ou en mouvement d'emprunter le système visuel. Le phénomène se produit notamment au cours du rêve dans lequel le système visuel

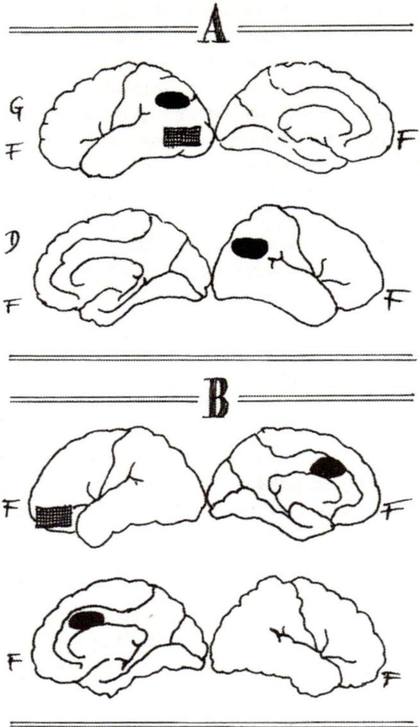

Figure 31. – Schéma de Posner et Petersen destiné à situer les deux « systèmes attentionnels » identifiés par imagerie PET : En A : Le système attentionnel postérieur avec en haut l'hémisphère droit (face externe et interne) ; f, désigne le pôle frontal. La zone noire représente sur la face latérale des deux hémisphères (région pariétale postérieure) le système attentionnel. La zone ombrée sur la région temporo-occipitale de l'hémisphère gauche représente l'aire de reconnaissance visuelle des mots.
En B : Mêmes dispositions avec en noir la région attentionnelle antérieure située sur la face médiane des deux hémisphères au niveau du gyrus cingulaire antérieur ; la zone ombrée sur la face latérale de l'hémisphère gauche représente la zone antérieure du langage.
(D'après P. Buser, *op. cit.*)

est activé comme si le sujet vivait effectivement la scène onirique dont il est à la fois le spectateur et l'acteur.

Il existe une pathologie de l'imagination que l'on appelle « hallucinations ». Celle-ci se manifeste principalement dans les psychoses, notamment dans les schizophrénies. Ces malades ne reconnaissent pas l'origine interne de leurs perceptions qu'ils attribuent à la réalité. Il en est de même lorsqu'ils entendent des voix. Ce n'est pas leur for intérieur qui les menace ou les accuse, mais des voies étrangères qu'il leur est facile d'attribuer au diable ou à des espions. Mais il existe des cas qui relèvent davantage de la neurologie que de la psychiatrie. Les hallucinations résulteraient de l'hyperactivité des régions perceptives.

Laurent Cohen[9] rapporte le cas d'un homme d'une trentaine d'années qui a ressenti soudain une impression de malaise général et des violents maux de tête. Il est allé ouvrir la fenêtre pour faire entrer l'air et, à son grand étonnement, il a vu flottant dans l'air à trois étages au-dessus du sol, un visage qui est resté visible plusieurs secondes. Ce visage était celui d'un ami avec qui il avait rendez-vous à cette heure-là et qui l'avait annulé au dernier moment. Le scanner montra un hématome situé dans le lobe temporal droit. Celui-ci a entraîné une crise d'épilepsie dans la région voisine du cortex. Ces crises locales reflètent en général les fonctions normales de la région concernée. On peut donc spéculer que l'hématome a suscité une décharge épileptique qui a mis en activité la région spécialisée dans la représentation des visages. C'est la destruction de cette région qui est responsable de la perte de la représentation des visages. L'excitation a produit un phénomène inverse et le visage du visiteur attendu est apparu. Le cerveau n'invente pas, il joue avec l'état central fluctuant ici dans sa dimension extracorporelle (le visiteur) et dans sa dimension temporelle (l'attente du visiteur).

Les hallucinations visuelles très vives peuvent survenir dans toutes les circonstances qui mettent en jeu le cortex inféro-temporal. Le naturaliste suisse, Charles Bonnet, a raconté les hallucinations dont avait souffert son grand-père.

LA PENSÉE ET L'ESPACE

Les images mentales se comportent comme si elles occupaient un espace à trois dimensions. Au risque de ne rien comprendre, il faut renoncer à les considérer comme des images de lanternes magiques projetées sur un écran virtuel ; la comparaison la plus approchante pourrait être celle d'une image holographique – il ne s'agit là que d'une métaphore, un jeu d'optique qui n'a rien à voir avec nos réseaux neuronaux. Les images mentales peuvent donc être manipulées par l'opérateur cérébral comme de simples objets et se déplacer dans l'espace virtuel. L'expérience classique de rotation mentale le montre sans équivoque. On présente au sujet sur un écran d'ordinateur une forme en trois dimensions ; à côté d'elle se trouve une forme semblable, mais présentée sous un angle

Le syndrome de Charles Bonnet

« Je connais un homme respectable, plein de santé, de candeur, de jugement et de mémoire, qui en pleine veille, et indépendamment de toute impression du dehors, aperçoit de temps en temps devant lui des figures d'hommes, de femmes, d'oiseaux, de voitures et de bâtiments. Il voit ces figures se donner différents mouvements, s'approcher, s'éloigner, fuir, diminuer et augmenter de grandeur, paraître, disparaître, reparaître : il voit les bâtiments s'élever sous ses yeux et lui offrir toutes les parties qui entrent dans leur construction extérieure. Les tapisseries de ses appartements lui paraissent se changer tout à coup en tapisseries d'un autre goût et plus riches, d'autres fois, il voit les tapisseries se couvrir de tableaux qui représentent différents paysages. Un autre jour, au lieu de tapisseries et d'ameublements, ce ne sont que des murs nus et qui ne lui présentent qu'un assemblage de matériaux bruts [...]. Tout cela paraît avoir son siège dans la partie du cerveau qui répond à l'organe de la vue. La personne dont je parle a subi en différents temps et dans un âge très avancé, l'opération de la cataracte aux deux yeux [...]. Mais ce qu'il est très important de remarquer, c'est que ce vieillard ne prend point, comme les visionnaires, ses visions pour des réalités, il sait juger sainement de toutes ces apparitions et redresser toujours les premiers jugements.

Ce syndrome, auquel est resté attaché le nom de Charles Bonnet, n'est pas exceptionnel, il touche invariablement des personnes âgées souffrant de sévères affections des yeux. On n'a pu mettre que récemment en évidence une hyperactivité du cortex visuel en rapport avec les hallucinations. En 1998, Ffytche et ses collaborateurs ont placé dans une machine d'IRM des patients souffrant d'un syndrome de Charles Bonnet. Ils leur ont demandé, pendant cinq minutes, d'indiquer à quels instants apparaissaient et disparaissaient les hallucinations, et d'en rapporter le contenu. Ils ont ensuite déterminé quelles étaient les régions cérébrales dont l'activité variait de façon concomitante aux hallucinations. Ces régions n'étaient autres que le cortex occipital et temporal inférieur, dont nous avons vu qu'elles étaient à la base de la perception des objets réels : la survenue d'une hallucination était annoncée et accompagnée par une augmentation locale du débit sanguin. La localisation précise de ces activations semblait de plus varier selon le contenu des hallucinations, avec par exemple, des activations de V4 associées aux hallucinations colorées et non à celles en noir et blanc.

Ainsi, les régions qui nous intéressent servent non seulement à représenter les objets effectivement perçus, mais sont aussi le lieu où se forment les images mentales suscitées par le souvenir ou l'imagination.

Charles Bonnet et L. Cohen, *op. cit.*

différent. On demande au sujet si les deux images correspondent à la même forme. Le temps pour donner la réponse varie en fonction de l'angle qui sépare les deux présentations. Plus celui-ci est grand, plus la réponse est tardive. L'explication proposée est que le sujet doit effectuer mentalement la rotation de la forme pour qu'elle obtienne la même orientation que l'autre et qu'elle lui soit superposable. Tout se passe comme si l'opérateur cérébral avait effectué la rotation manuelle de l'objet réel. Cette opération mentale est utilisée constamment par le cerveau pour comparer les objets et les identifier comme pareils ou différents. Les peintres cubistes ont tenté d'imiter l'opérateur cérébral pour donner d'un objet une représentation spatiale non pas en relief, mais en imprimant à l'objet figuré une rotation offrant *simultanément* différents angles de vue. L'absence de dimension temporelle empêche l'illusion de fonctionner : elle reste une vue grossière de l'esprit, à moins qu'une jouissance esthétique indépendante de l'image mentale n'ait pris le dessus (Figure 32).

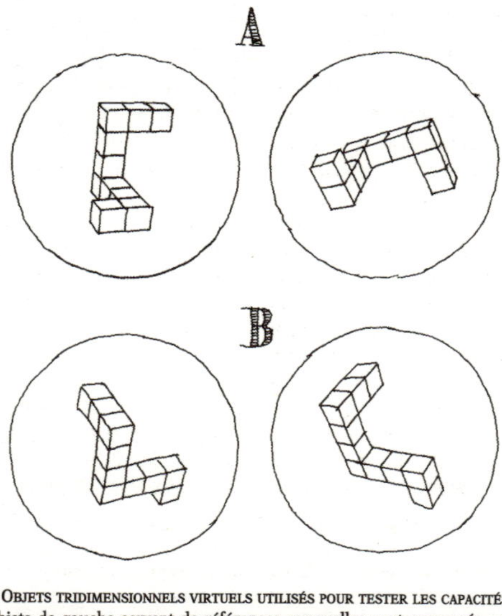

Figure 32. – OBJETS TRIDIMENSIONNELS VIRTUELS UTILISÉS POUR TESTER LES CAPACITÉS D'IMAGERIE MENTALE : Les objets de gauche servent de références auxquelles sont comparés ceux de droite. En haut, l'objet de droite est incliné de 60° par rapport à l'objet de référence dans le plan de la figure. En bas, il est incliné de 60° par rapport à l'objet de référence dans la profondeur. Dans les deux cas, il est nécessaire de réaliser une rotation mentale de l'objet de droite pour pouvoir déterminer s'il est identique ou non à l'objet de référence.

(D'après R.N. Shepard, *in* J. Mehler *et al.*, *Perspectives on Mental Representation*, Hillsdale, Erlbaum, 1982.)

Une autre lésion du cerveau nous renseigne sur la bipartition de l'image qui illustre l'existence d'un cerveau droit qui regarde à gauche et d'un cerveau gauche qui observe ce qui est à droite. Il s'agit d'une lésion du cortex pariétal droit. À la différence des sujets atteints d'une *hémianopsie latérale homonyme* qui est consécutive à une lésion du cortex occipital d'un côté et se traduit par une perte de la vision de la moitié de l'espace de l'autre côté, les patients présentent une *négligence spatiale unilatérale* liée à un déficit d'attention pour la moitié gauche de leur espace visuel. Si on demande à un de ces sujets (Hélène)[10] de dessiner une fleur, elle en ignore la partie gauche. Quand bien même son regard sur la fleur ne s'accompagne d'aucun trouble de la vision. Que se passerait-il lorsque Hélène garde les yeux fermés ? Est-ce que la représentation mentale de la fleur est une fleur entière ou une moitié de fleur ? Elle a fermé les yeux et dessiné un cercle entier comme la première fois et non un demi-cercle. Ceci est une réaction courante parce que dessiner un cercle est une réponse motrice surapprise qui n'a pas besoin d'être copiée. Elle a ensuite délicatement tracé cinq pétales, tous du côté droit de la marguerite. À croire que le modèle interne dont elle s'inspirait n'était préservé qu'à moitié, si bien que le côté gauche de la fleur disparaissait même lorsqu'elle était obligée de l'imaginer (Figure 33).

Figure 33. – Dessin d'un patient atteint d'hémi-négligence : Notez que la moitié gauche de la fleur manque.
De nombreux patients hémi-négligents ne représenteront aussi qu'une demi-fleur en dessinant de mémoire – même avec les yeux fermés. Cela implique que le patient a également perdu sa capacité de « scanner » le côté gauche de l'image mentale interne de la fleur.

Dans l'expérience de Bisiach et Luzatti[11], on demandait au patient de se former une image mentale d'un espace qu'il connaissait bien, la place du Dôme à Milan et de décrire ce qu'il voyait dans son image mentale. On constatait qu'il ne pouvait décrire que ce qu'il voyait mentalement dans la moitié droite de la place. Cela ne signifiait pas qu'il n'en connaissait pas la partie gauche. Si, en effet, on lui demandait de s'imaginer la même place vue depuis le parvis de la cathédrale, il imaginait cette fois la moitié gauche et ignorait la partie droite qu'il pouvait parfaitement décrire précédemment.

Chez certains patients, l'hémi-négligence est plus étendue et concerne le *schéma corporel* qui est l'image de notre corps que nous possédons tous sous une forme mentale. Cette image intérieure est créée par toutes les informations périphériques en provenance de notre espace corporel à partir desquelles nous construisons notre représentation de nous-mêmes. En cas de lésion droite du cerveau portant sur le cortex pariétal – souvent une atteinte associée à celle des aires motrices – s'installe une ignorance par le malade de toute la moitié gauche de son corps. Ses membres gauches lui paraissent étrangers et ne font pas partie de son corps. En cas d'hémiplégie gauche, il nie son incapacité motrice et ne reconnaît plus la moitié gauche inerte de son corps, la considérant comme un corps étranger. Il existe de nombreuses variantes de ce syndrome qui font les délices des neuropsychologues ; tous en arrivent à la conclusion que nous n'existons que par la représentation que nous nous faisons de nous-mêmes.

Je souhaite donner à titre d'illustration un des récits extrait du livre de Marc Jeannerod sous le titre de *L'Homme sans visage*[12].

La moitié oubliée

« Pendant mon séjour à Trieste au cours de l'automne 199-, j'avais eu l'occasion de rencontrer quelques représentants du milieu que décrit Italo Svevo dans *La Conscience de Zeno :* des héritiers du grand commerce qui avaient prospéré du temps de l'Empire des Habsbourg, puis avaient été ruinés par les révolutions, la guerre, les occupations successives que la ville avait subies tout au long du XXe siècle. De l'époque faste, de l'époque où Trieste avait été "une belle femme mariée à un riche banquier", subsistaient encore un style, une façon de vivre, une culture imprégnée de l'esprit Mitteleuropa : on parlait français ou allemand (pas italien) à la maison, on flirtait avec la psychanalyse, on fréquentait les cafés. C'est au Tommaseo, sur le bord de mer près du Grand Canal, que j'avais rencontré Walter. Chaque fin d'après-midi, nous y lisions le même quotidien, ce qui avait favorisé un rapprochement, une connivence entre nous. Un beau soir, nous nous étions trouvés ensemble devant la porte close : l'établissement venait d'être fermé par la police par mesure disciplinaire (pour trafic de drogue, nous avait-on dit), et nous avions dû, à contrecœur, nous réfugier au Specchi, le grand café de la Piazza Unita voisine. Au cours de la conversation qui s'était engagée, Walter m'avait questionné sur mon activité de neurologue et en était arrivé à évoquer le cas de sa mère, avec qui il vivait. Sa mère, m'avait-il confié, avait été victime, plus d'un an auparavant, d'un accident vasculaire cérébral apparemment assez bénin, qui avait laissé un trouble bizarre de la vision. Le médecin du service où la malade avait été hospitalisée n'y avait pas attaché beaucoup d'importance et avait assuré que le trouble disparaîtrait avec le temps. À la fin de notre conversation, j'avais compris que Walter, sans oser me le demander, aurait aimé que je vienne me rendre compte par moi-même de cet état qui lui paraissait si mystérieux. Quelques jours plus tard, il m'avait proposé de venir dîner chez eux, et j'avais accepté.

« Lorsque, le soir du dîner, Walter et moi étions entrés au salon, la vieille dame était assise dans un fauteuil au fond de la pièce. Entendant le bruit de notre arrivée, elle s'était tournée vers sa droite, nous cherchant de ce côté alors que nous arrivions face à elle. C'est son fils qui avait dû aller capter son regard et ramener son attention vers nous. Lorsqu'elle m'avait enfin regardé et que nous avions commencé à échanger les civilités d'usage, j'avais été frappé par son visage. La vieille dame s'était discrètement maquillée pour l'occasion, mais le maquillage était incomplet. Du côté droit, le rouge à lèvres et le fond de teint étaient parfaitement placés. Le côté gauche, en revanche, avait en quelque sorte été "oublié" : le rouge à lèvres s'arrêtait à mi-chemin et le pourtour de l'œil était vierge de tout maquillage. Au cours du repas, tout en m'entretenant avec Walter de la vie à Trieste, j'avais observé sa mère à la dérobée. Elle semblait manger avec appétit, mais oubliait systématiquement les aliments situés dans la moitié gauche de son assiette. Lorsqu'elle avait fini de manger ce qui se trouvait dans la partie droite, elle reposait sa fourchette et attendait la suite. Plus d'une fois, je m'étais retenu de donner un demi-tour à l'assiette pour lui montrer ce qu'elle avait oublié de manger.

« Plus tard dans la soirée, elle avait tenu à me montrer une photo de son mari, un personnage important à la chambre de commerce de Trieste décédé trois ans plus tôt. Elle feuilletait un petit album : sur une des pages, une seule photo agrandie où elle posait à côté d'un grand et bel homme. Elle ne voyait pourtant qu'elle sur la photo, ignorant l'autre personnage situé à gauche sur la photo. Elle apostrophait Walter avec une pointe d'irritation : "Mais où est donc cette photo, tu sais, celle où je suis avec ton père ?" »

Je reviendrai plus loin sur les syndromes de déni qui consistent à refuser une réalité concernant votre corps qu'il s'agisse d'un membre ou de sa totalité. Je terminerai ce chapitre qui traite des défaillances des facultés de l'esprit, en évoquant le problème des personnalités multiples.

Nous savons que l'esprit – j'utilise, je le rappelle, ce terme par commodité sans préjuger de la nature de l'esprit – ne cesse de lutter pour créer un système de croyances cohérent à partir d'une multiplicité d'expériences. En ce cas de divergences mineures, on réadapte généralement ses croyances ou on se lance sur le modèle freudien dans une série de dénis et rationalisations concoctés dans les cuisines de l'inconscient. Que se passe-t-il en cas de conflit total : une seule solution, la séparation de ces croyances en créant deux personnalités différentes : c'est le mur de Berlin : une Allemagne de l'Est et une Allemagne de l'Ouest.

Je cite ici le cas décrit par Ramachandran[13].

Le syndrome des personnalités multiples

Il existe, bien entendu, un élément de ce « syndrome » en chacun de nous. Nous parlons des fantasmes vierge/putain et nous faisons des réflexions du genre : « Je ne me sens pas moi-même aujourd'hui », ou encore : « Il est différent en votre présence. » Mais, dans quelques rares cas, il est possible que ce schisme devienne littéral au point qu'on se retrouve avec deux « esprits différents ». Supposons qu'un système de croyances dise : « Je m'appelle Sue, je suis la femme sexy qui habite, 123, rue Machin à Boston, qui fréquente des bars tous les soirs pour lever des mecs, boit son whisky sec et ne s'est jamais souciée de faire une analyse pour le sida. » Un autre dit : « Je m'appelle Peggy, je suis la femme d'intérieur en proie à l'ennui qui habite au 123, rue Machin à Boston, qui regarde la télé le soir, ne boit jamais rien de plus fort que des tisanes et va voir le médecin pour le moindre bobo. » Ces deux histoires sont si différentes qu'elles se réfèrent manifestement à deux personnes différentes. Mais Peggy Sue a un problème : elle est ces deux personnes. Elle occupe un corps, un cerveau ! Peut-être que, pour elle, le seul moyen d'éviter la guerre civile est de « diviser » ces croyances en deux groupes, comme des bulles de savon, ce qui donne cet étrange phénomène des personnalités multiples.

Selon de nombreux psychiatres, certains cas de personnalités multiples sont une conséquence de mauvais traitements physiques ou sexuels dans l'enfance. En grandissant, la petite fille trouve les mauvais traitements si intolérables sur le plan émotionnel qu'elle finit par les cantonner dans l'univers de Sue, pas dans celui de Peggy. Ce qui est remarquable, en revanche, c'est que, pour maintenir l'illusion, elle investit chaque personnalité d'une voix, d'intonations, de motivations, de manies, voire des systèmes immunitaires différents – presque deux corps, serait-on tenté de dire. Peut-être a-t-elle besoin de dispositifs aussi complexes pour maintenir la séparation entre les deux esprits et éviter le danger toujours présent de les voir se fondre l'un dans l'autre et créer une lutte interne insupportable.

J'aimerais faire des expériences sur des gens comme Peggy Sue, mais j'en ai été empêché jusqu'ici par l'absence de ce que je qualifierais de cas évident de personnalités multiples. Mes confrères psychiatres me disent généralement en avoir croisé, mais que la plupart ont plusieurs et non deux personnalités. Un cas avait apparemment dix-neuf « alter ego » en lui. Les affirmations de cette sorte m'ont rendu très soupçonneux vis-à-vis du phénomène. Vu ses ressources et son temps limités, un scientifique doit toujours savoir quand gaspiller de précieuses heures pour des « effets » ténus et uniques (comme la fusion froide) et quand garder l'esprit ouvert (se souvenir des leçons de la dérive des continents ou des impacts d'astéroïdes). Peut-être que la meilleure stratégie est de ne se concentrer que sur des affirmations relativement faciles à démontrer ou à infirmer.

S'il m'arrive un jour de mettre la main sur un patient doté seulement de deux personnalités, j'ai l'intention d'éliminer les doutes en lui envoyant deux factures. S'il règle les deux, je saurai que j'en tiens un. Dans le cas contraire, ce sera un faux. Je ne serai jamais perdant.

L'INTELLIGENCE

L'intelligence est un mot trop utilisé pour être sensé. Quand on a dit d'un homme qu'il était intelligent, on n'en sait pas plus sur lui qui passe au regard de quelques autres pour un fieffé imbécile. L'antonyme du mot est bêtise, ce qui est désobligeant pour les bêtes. On dit souvent que l'âne est intelligent ; de quoi contrarier ceux qui disent d'un malheureux qu'il est bête comme un âne. On ne cesse de vanter chez les âmes bien-pensantes l'intelligence des animaux et leurs maîtres se félicitent d'avoir enfin trouvé un être qui les comprenne. L'intelligence désigne selon le dictionnaire la faculté de comprendre, mais elle recouvre en fait l'ensemble des facultés de l'esprit : être intelligent, c'est avoir de l'esprit. L'intelligence, c'est comprendre aisément et agir avec discernement ; c'est aussi, apprendre avec facilité. L'intelligence est la matière dans laquelle sculpte le pédagogue. Pour parler comme Bergson[14], elle ne s'exprime que dans l'action : « Originellement, dit le philosophe, nous ne pensons que pour agir. C'est dans le moule de l'action que notre intelligence a été coulée. » Nous retrouvons le concept des *représentaction* souvent utilisé au cours de notre voyage pour signifier que toute représentation qu'elle soit imaginaire ou réelle n'existe pas sans être associée à une action réelle ou simulée.

Bien avant que les sciences cognitives n'aient mis de l'ordre dans la pensée, les philosophes et les médecins s'interrogeaient déjà sur la valeur qu'il fallait attribuer à l'intelligence : « À chaque instant, tout le monde parle de l'intelligence et on semble comprendre de quoi il s'agit, mais il est vraiment très difficile de le préciser. » Un maître d'école, un professeur nous diront facilement : « Cet enfant est très paresseux, il ne sait pas grand-chose, mais cela s'arrangera, car il est très intelligent. » Et ils diront d'un autre : « C'est un bon petit garçon, plein de bonne volonté, il travaille, il apprend beaucoup, il est un puits de science ; mais, que voulez-vous qu'on en fasse, il est si peu intelligent. » Sans doute ces paroles nous donnent-elles déjà, une petite indication négative ; pour ces professeurs, ne rien savoir n'empêche pas d'être intelligent, savoir beaucoup, être un puits de science n'empêche pas d'être bête ; mais si nous demandons au professeur : « À quoi voyez-vous que celui-là est intelligent et que celui-ci est bête ? », il ne nous répondra rien de précis et nous sentirons le vague de cette notion populaire de l'intelligence[15].

Devant ce flou, il n'est pas surprenant que l'on ait essayé d'évaluer scientifiquement l'intelligence. C'est une tendance naturelle des hommes de vouloir mesurer ce qu'ils ne peuvent atteindre.

LES TESTS D'INTELLIGENCE

La loi de scolarité obligatoire de 1882 a bien vite permis d'observer les différences d'aptitude à apprendre entre les élèves. Alfred Binet et Théodore Simon (1905), à la demande du ministère de l'Instruction publique, créent des échelles permettant d'évaluer les niveaux d'intelligence de façon « scientifique » et d'identifier les enfants à problèmes. Les scores permettent de dire si un enfant est en avance ou en retard sur son âge et de définir un *âge mental différent* de l'*âge chronologique*. Le ministère crée des classes de « perfectionnement », euphémisme pour désigner des regroupements d'enfants dits, selon les cas, inadaptés, retardés ou handicapés, qui nécessitent une pédagogie spécialisée conduisant parfois à une relégation déguisée en classe de transition ou d'adaptation. Le système a perduré jusqu'aux années 1970 où s'est imposée la mixité de niveau dans une même classe. L'hétérogénéité ne semble pas avoir mis en péril le niveau moyen des résultats[16]. William Stern a suggéré par la suite de standardiser les mesures sur un grand nombre d'individus de différents âges, afin de les rendre comparables et de multiplier par cent le rapport entre l'âge mental et l'âge chronologique. Il appelle quotient intellectuel (QI) ce rapport, le chiffre 100 correspondant à la normale. David Wechler a adapté ce test au besoin d'orientation des recrues de l'armée américaine, puis à différentes populations (adultes, enfants, malades mentaux) pour en faire l'instrument de mesure standard qui intègre les différences culturelles et autres facteurs d'hétérogénéité.

Le succès du QI ne s'est jamais démenti, malgré les équivoques dont le test était porteur. Binet, lui-même, émettait quelques réserves :

« Mon test n'est pas une machine qui donne notre poids imprimé sur un ticket comme une bascule[17]. »

Aujourd'hui, le QI se présente sous plusieurs formes standardisées qui servent à évaluer diverses capacités à résoudre des problèmes ou à accomplir des tâches relevant de différents domaines : compétences visuo-spatiales, logiques, verbales, etc. Il existe ainsi un vaste ensemble de données dites « psychométriques » dont l'analyse montre par ailleurs qu'il existe une forte corrélation entre les scores obtenus dans les différentes épreuves : en général, un sujet « intelligent » réussit à peu près aussi bien dans tous les tests. Le voilà, grâce au test, devenu un homme intelligent, voire très intelligent, ce qui lui permettra de se pavaner au sein d'associations comme la MENSA qui ressemble par certains aspects à un « Club des crétins sociaux ». Chacun se débrouille pour faire bonne figure avec l'intelligence dont il dispose : on pourra vanter son intelligence pratique, sa mémoire, ses talents de sportif ou d'artiste, etc. Le génie de chacun ne fait pas obligatoirement de lui « un génie ».

Le père de la psychologie factorielle, Charles Spearman, a proposé d'utiliser un facteur g (pour *général*), sorte de commun dénominateur de l'intelligence. Plus récemment, Sir Cyril Burt a suggéré que les capacités mentales soient organisées de façon hiérarchique. On s'accorde depuis à reconnaître que l'intelligence qui permet de raisonner et de résoudre des problèmes, l'intelligence analytique dite « fluide », est correctement décrite comme un ensemble de facteurs organisés de façon hiérarchique avec le facteur g à son sommet.

Un débat dans lequel je me refuse à entrer, car il n'est pas tant politiquement incorrect que scientifiquement non pertinent, est de savoir si l'intelligence est un caractère héréditaire ou ne relève que de facteurs d'environnement – éducation, culture, origine sociale – ou de déficits organiques d'origine génétique démontrée.

Les tests laissent de côté ce que j'appellerai l'aspect poétique de l'être, sa sensibilité émotionnelle, sa culture intime, ses inhibitions, ses pudeurs. En témoigne Hölderlin dans son étroit réduit de Tübingen, emporté par le nuage de la démence qui s'était oublié lui-même au point de signer la poésie qu'il continuait d'écrire « votre humble serviteur Scardanelli » : ce génie foudroyé, chez qui survivait l'étincelle de l'esprit, était-il encore intelligent ?

Ma suspicion à l'égard du QI (mais peut-être celle-ci tient-elle à ma prédilection pour les aventuriers qui ont quitté les chemins balisés de l'intelligence) ne doit pas m'empêcher de signaler les études sérieuses et insoucieuses des idéologies qui montrent que l'héritabilité du QI est de 0,1 (sur une échelle allant de 0 à 1) pour les enfants les moins favorisés, alors qu'elle est de 0,72 à l'autre extrémité de l'échelle sociale ; l'influence de l'environnement sur le QI est quatre fois plus forte dans les familles les plus riches. « Ainsi, conclut Michel Imbert, dans le débat nature *versus* culture, la nature serait plus importante quand on est riche et la culture quand on est pauvre. » J'ajoute qu'on a donc toutes les chances d'être un imbécile soi-même quand on a un papa riche et crétin. Voilà de quoi contenter les pauvres.

UN FRONT INTELLIGENT

S'il est une région du cerveau qui semble supporter les menées de l'intelligence, c'est bien le lobe frontal derrière sa façade impérieuse, terrible miroir sans tain qu'éclairent les turbulences de l'âme.

Le lobe frontal représente le tiers du cerveau ; cependant, si l'on s'en tient aux apparences, il ne semble servir qu'à peu de chose, sinon à faire qu'un homme[18] soit un homme accompli, soucieux de ses devoirs et de ses tâches. L'exemple célèbre de Phineas Cage est là pour nous instruire. C'est l'histoire d'un contremaître travaillant à la construction des chemins de fer aux États-Unis : un ouvrier modèle respecté des ouvriers et des patrons. Une explosion lui expédia une barre à mines dans le travers du front, détruisant la majeure partie de ses lobes frontaux.

Au sortir de son coma, il se réveilla un autre homme. Non qu'il souffrît d'une quelconque infirmité ou que son intelligence et son langage s'en trouvassent affectés, mais son caractère était devenu différent : ivrogne, paresseux, instable, blagueur, exhibitionniste (il exhibait sa barre à mine dans les cafés avant de faire la quête), incapable d'organiser son travail, irrespectueux enfin de la hiérarchie sociale. Il a achevé sa vie misérablement. Hanna Damasio a pu reconstituer, grâce à l'ordinateur et à l'étude de son crâne, le trajet de la barre à mine et en déduire l'étendue des lésions de son cortex frontal (Figure 34).

Les neurologues savent aujourd'hui que le cortex frontal, loin d'être une masse indifférenciée, présente des aires multiples répondant chacune à des fonctions précises dans le domaine de tout ce qui touche à l'intelligence et à la pensée abstraite : mémoire à court terme, valence affective, nouveauté, planification, prise de décision, inhibition de l'action. Pour employer une métaphore simpliste, je dirai que le cortex est à la fois le *commissaire-priseur* et le *commissaire de police* de nos actes.

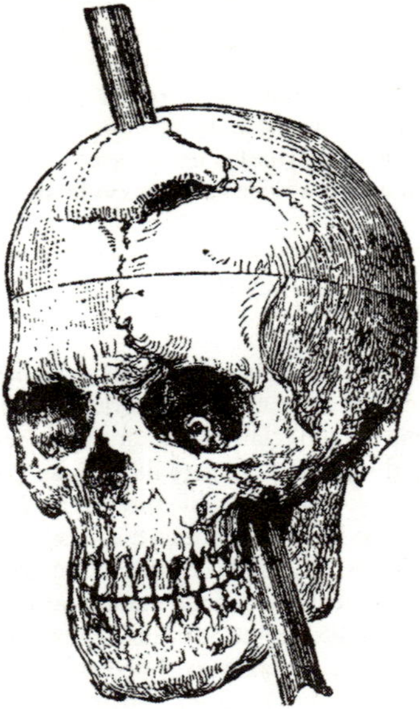

Figure 34. – Ce dessin qui figure dans l'ouvrage de Ferrier (1878) montre le trajet de la barre à mine qui perfora le crâne de Gage. Exhumé quelques années après sa mort, ce crâne a fait l'objet de plusieurs études tentant d'évaluer l'ampleur de la lésion. La plus récente (Damasio *et al.*, 1994) conclut à une lésion bilatérale des lobes frontaux ayant respecté les zones motrices et la zone du langage.
(Figure tirée de l'ouvrage de Marc Jeannerod, *La Physiologie mentale*, Paris, Odile Jacob, 1996).

Au total, on peut dire que les lobes frontaux interviennent dans ce que l'on appelle parfois l'« opérationnalisation » de la pensée[19], c'est-à-dire la transformation de la pensée en actes possédant un sens et dirigés vers un but. L'altération de cette capacité est souvent flagrante chez les malades atteints d'une maladie d'Alzheimer (voir Focus 9).

Plusieurs tests permettent de déterminer avec précision les opérations élémentaires qui sont perturbées chez les patients porteurs de lésions frontales.

Test de la « tour de Londres »

Des anneaux de différentes tailles et de différentes couleurs enfilés sur des tiges doivent être déplacés selon un modèle, sachant qu'un seul anneau peut être déplacé à fois (Figure 35). Ce test met à l'épreuve la mémoire de travail : conservation d'un modèle en mémoire, réalisation d'étapes intermédiaires pour parvenir au but, etc. Un autre test consiste à apparier des cartes selon une règle. Chaque carte comporte de un à quatre symboles caractérisés par leur forme et leur couleur. Un alignement de trois cartes est présenté au patient qui doit découvrir la règle d'appariement (nombre, couleur ou forme) en complétant la série par une quatrième carte. La règle change fréquemment et le patient doit s'adapter à chaque nouvelle situation. Il s'agit donc d'un test qui nécessite l'extraction d'une règle, la mise en mémoire de cette règle et son effacement au profit d'une autre. Les patients frontaux se montrent très déficitaires dans ce genre d'épreuves qui sollicitent les fonctions cognitives impliquées dans l'anticipation, la création d'intentions, la formation de plans et de programmes pour les actions futures, fonctions qui toutes nécessitent l'intervention de la mémoire de travail. Ces déficits avaient échappé aux premiers investigateurs qui recherchaient des troubles de l'intelligence chez les patients porteurs de lésions frontales. Le genre de déficit que nous décrivons ici échappe à la mesure du QI qui ne peut révéler qu'une atteinte globale des fonctions intellectuelles. L'intelligence au sens courant n'est en général pas atteinte chez ce genre de patients.

Marc Jeannerod, *Le Cerveau intime, op. cit.*

MORALITÉ

Selon certains extrémistes de la *réduction*, la morale serait inscrite dans nos gènes et déposée dans notre cortex frontal comme les tables de la loi. La morale serait donc une faculté de l'esprit (pour ne pas parler de l'âme), donc une fonction du cerveau humain. Je n'en crois rien, bien sûr, mais je ne vous oblige pas de me croire. J'ai un discours tout prêt à vous servir pour balancer les affligeantes observations scientifiques et médicales contre lesquelles il nous faudra faire contre mauvaise fortune bon cœur. Ni Dieu le Père, grand protecteur de notre liberté individuelle, ni les philosophes du libre arbitre, ni les juges, ni nos voisins ne pourrons contredire ces faits[20].

Un de mes amis diplomates me disait combien la conduite de nos représentants politiques en visite à l'étranger était souvent détestable. Il me donnait comme le pire exemple, celui récent d'un député français qui s'était comporté de façon inqualifiable pendant son

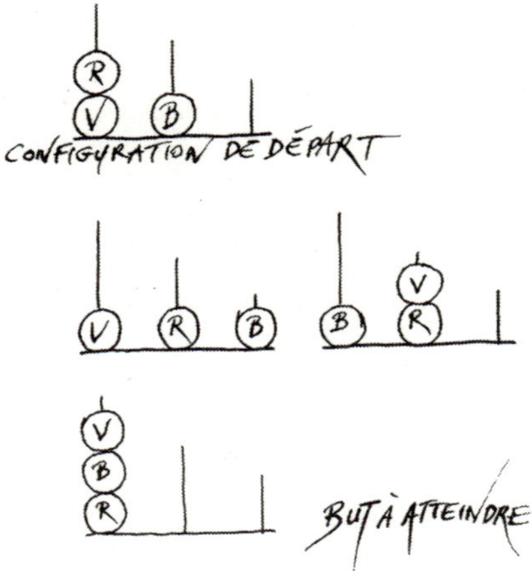

Figure 35. – TEST DE LA « TOUR DE LONDRES » UTILISÉ POUR ÉVALUER LES TROUBLES DUS AUX LÉSIONS DU LOBE FRONTAL : Un boulier comportant trois boules disposées dans une certaine configuration (en haut) est présenté au sujet. Il doit obtenir une des configurations placées en-dessous en ne déplaçant qu'une boule à la fois. La configuration de gauche s'obtient en deux coups, celle de droite en quatre coups, la troisième en six coups. Les patients présentant des troubles de la mémoire de travail et de la planification de l'action échouent à ce genre de test.
(D'après M. Jeannerod.)

séjour : propos obscènes pendant le banquet, privautés à connotation sexuelle vis-à-vis du personnel de l'ambassade, gestes, propositions malhonnêtes, tentative de viol sur la personne de l'épouse du consul général, etc. Il avait fallu l'intervention de voies diplomatiques pour calmer l'énergumène. J'avançais le diagnostic que le député trop dissipé devait souffrir d'un syndrome du lobe frontal.

Quelques mois plus tard, mon ami m'apprit que celui-ci avait été opéré d'une tumeur du cerveau.

Notre cerveau est bien le lieu d'où naissent et se développent les facultés de l'esprit, y compris celles qui nous conduisent sur les chemins du bien et du mal, sentiers suffisamment obscurs et tortueux pour nous laisser la liberté de nous perdre.

FOCUS 11

Le développement de l'intelligence chez l'enfant

OLIVIER HOUDÉ
professeur de psychologie
du développement de l'enfant,
à l'université Paris-Descartes-Sorbonne,
Institut universitaire de France

« Le cerveau des enfants est comme une bougie allumée dans un lieu exposé au vent : sa lumière vacille toujours. »
FÉNELON, *De l'éducation des filles.*

Comment se construit l'intelligence dans le cerveau humain ? Depuis la célèbre « théorie des stades » de Jean Piaget (1896-1980) qui a profondément marqué la psychologie, le monde de l'éducation et le grand public au XXe siècle, cette question est au cœur des recherches en psychologie du développement de l'enfant – discipline d'interface entre les sciences cognitives et la pédagogie.

La conception de l'intelligence de l'enfant selon Piaget était linéaire et cumulative, car systématiquement liée, stade après stade, à l'idée d'acquisition et de progrès. C'est ce que l'on peut appeler le « modèle de l'escalier », chaque marche correspondant à un grand progrès, à un stade bien défini – ou mode unique de pensée – dans la genèse de l'intelligence dite « logico-mathématique » : de l'intelligence sensori-motrice du bébé (0-2 ans), basée sur ses sens et ses actions, à l'intelligence conceptuelle (nombre, catégorisation, raisonnement), d'abord concrète chez l'enfant (vers 6-7 ans), puis abstraite chez l'adolescent (vers 12-14 ans) et l'adulte.

La nouvelle psychologie de l'enfant remet en cause ce « modèle de l'escalier » ou, pour le moins, indique qu'il n'est pas le seul possible. D'une part, il existe déjà chez les bébés des capacités cognitives assez complexes, c'est-à-dire des connaissances physiques, mathématiques, logiques et psychologiques ignorées par Piaget et non réductibles à un fonctionnement strictement sensori-moteur (la « première marche de l'escalier »). D'autre part, la suite du développement de l'intelligence jusqu'à l'adolescence et l'âge adulte compris (la « dernière marche ») est jalonnée d'erreurs, de biais perceptifs, de décalages inattendus (incluant des retours en arrière ou « régressions »), non prédits par la théorie piagétienne. Ainsi, plutôt que de suivre une ligne ou un plan qui mène du sensori-moteur à l'abstrait (les stades de Piaget), l'intelligence avance de façon plutôt biscornue, non linéaire.

Cette nouvelle image de la psychogenèse est cohérente avec les conceptions actuelles – non linéaires elles aussi – de la construction des connaissances dans l'histoire des sciences. Ainsi, pour Michel Serres de l'Académie française, le temps de la science, à travers les siècles, fait apparaître des points d'arrêt, des ruptures, des puits, des cheminées d'accélération foudroyante, des déchirures, des lacunes. Cet historien des sciences propose la métaphore d'un temps qui se plie et qui se tord, tel un mouchoir chiffonné au fond d'une poche, dont les rapports relèvent de la topologie, science des voisinages et des déchirures, et non de la « géométrie métrique », science des distances bien définies et stables (qui seraient ici représentées par les stades de Piaget).

La remise en cause du « modèle de l'escalier » de Piaget

Prenons un exemple cher à Piaget et qui fait, aujourd'hui encore, l'objet de beaucoup de recherches : le nombre. Selon Piaget et son « modèle de l'escalier », il faut attendre l'âge de 6-7 ans, c'est-à-dire l'entrée à l'école élémentaire, l'âge de raison, pour que l'enfant atteigne le stade (la « marche ») qui correspond au concept de nombre. Pour le prouver, Piaget plaçait l'enfant face à deux rangées de jetons en nombre égal, mais de longueur différente selon l'écartement des jetons. Dans cette situation, le jeune enfant considère, jusqu'à 6-7 ans, qu'il y a plus de jetons là où c'est plus long. Cette réponse verbale est une erreur d'intuition perceptive (longueur égale nombre) qui révèle, selon Piaget, que l'enfant d'école maternelle n'a pas encore acquis le concept de nombre. Mais, après Piaget, Jacques Mehler du CNRS et Tom Bever de l'Université Rockefeller ont montré que les enfants réussissent dès 2 ans leur tâche si, par exemple, on remplace les jetons par des nombres inégaux de bonbons. Ils optent en effet pour la rangée qui contient le plus de bonbons, au détriment de l'autre, plus longue. L'émotion et la gourmandise, puisqu'il s'agit alors de manger le plus grand nombre de bonbons, rendent ainsi le jeune enfant « bon mathématicien » et lui font en quelque sorte sauter la marche ou le stade d'intuition perceptive de Piaget ! La recherche sur les capacités numériques précoces est allée plus loin encore en découvrant la naissance du nombre chez le bébé avant le langage, c'est-à-dire avant l'âge de 2 ans.

Des bébés astronomes et mathématiciens

Dans le cadre de sa théorie des stades, Piaget s'est surtout intéressé *aux actions* des bébés (le stade dit « sensori-moteur » : 0-2 ans), réservant l'étude des concepts, des principes cognitifs, aux enfants des stades ultérieurs. Or les actions des bébés étant encore assez souvent maladroites, on admet aujourd'hui que Piaget n'a pu mesurer leur réelle intelligence. Pour évaluer l'intelligence des bébés, les chercheurs ont commencé, dans les années 1980, à s'intéresser à leur regard, c'est-à-dire à leurs réactions visuelles face à des stimulations que leur présente le psychologue. Roger Lécuyer, de l'université Paris-Descartes, a parlé, à ce propos, de « bébés astronomes », c'est-à-dire découvrant l'univers et développant leurs connaissances à l'aide de leurs yeux plutôt que par l'action. Grâce à des moyens techniques, comme la vidéo et l'ordinateur dont ne disposait pas Piaget, on peut mesurer très précisément ces réactions visuelles. C'est ainsi que Renée Baillargeon, de l'Université de l'Illinois, a démontré l'existence de la permanence de l'objet bien plus tôt (dès 4-5 mois) que ne le pensait Piaget (8-12 mois) – capacité du bébé de concevoir qu'un objet continue d'exister lorsqu'il disparaît de sa vue. Baillargeon a aussi démontré la capacité qu'ont les bébés dès 15 mois d'inférer des états mentaux chez autrui (leurs croyances vraies ou fausses). Il s'agit d'exemples de connaissances physiques (sur les objets) et psychologiques (sur les états mentaux : « théories de l'esprit ») très précoces, bien avant l'émergence du langage articulé (2 ans).

Revenons à l'exemple du nombre. Une étude de Karen Wynn, de l'Université de Yale, a ainsi révélé que dès l'âge de 4-5 mois les bébés réalisent sans difficulté l'addition 1 + 1 = 2, ainsi que la soustraction 2 – 1 = 1. Cette capacité numérique a aussi été démontrée par Marc Hauser, de l'Université de Harvard, chez les grands singes qui ont, comme les bébés humains, un cerveau sans langage. Dans l'étude de Wynn, on présente aux bébés un petit théâtre de marionnettes (des figurines de Mickey), où sont réalisés sous leurs yeux des événements possibles (par exemple 1 Mickey + 1 Mickey = 2 Mickey) ou magiques (1 + 1 = 1 ou 1 + 1 = 3) obtenus par trucage expérimental. La mesure du temps de fixation visuelle des bébés montre qu'ils perçoivent les erreurs de calcul : ils regardent plus longtemps, car ils sont surpris, les événements magiques que les événements possibles. Ils conservent donc le nombre exact d'objets attendus dans ce que l'on appelle leur « mémoire de travail ». Par leur regard, les bébés manifestent ainsi une forme élémentaire de raisonnement, de logique, d'abstraction : le « premier âge de raison », bien plus tôt que ne l'imaginait Piaget.

Des stratégies cognitives en compétition

Il est toutefois évident que si les bébés ont déjà des capacités mathématiques (numériques) dès les premiers mois de leur vie, elles sont encore rudimentaires et vont ensuite s'enrichir, notamment lorsque le langage et l'école s'empareront de cette matière première. Le modèle théorique actuel qui rend le mieux compte de la dynamique du développement numérique chez l'enfant d'âge dit « préscolaire » (école maternelle) et scolaire (école élémentaire) est celui de Robert Siegler, de l'Université de Carnegie-Mellon. À propos de la résolution d'opérations arithmétiques plus difficiles que celles qui sont résolues par le bébé (par exemple, 3 + 5 = ?, 6 + 3 = ?, 9 + 1 = ? ou encore 3 + 9 = ?), Siegler a démontré que l'enfant dispose d'une variété de stratégies cognitives qui entrent en compétition dans son cerveau (un peu comme dans l'évolution biologique) : deviner, compter unité par unité avec les doigts de chaque main pour chaque opérant (3 et 5, par exemple) et recompter le tout après (c'est-à-dire 8), compter à partir du plus grand des deux opérants (par exemple, à partir de 9, compter 10, 11, 12) ou encore retrouver directement le résultat en mémoire. À l'encontre du « modèle de l'escalier » de Piaget, où l'enfant passe soudainement d'un stade à l'autre, Siegler propose de concevoir plutôt le développement logico-mathématique, qu'il s'agisse d'additions, de soustractions ou de multiplications, comme « des vagues qui se chevauchent ». Selon cette métaphore, chaque stratégie cognitive est à l'image d'une vague qui approche d'un rivage, avec plusieurs vagues, ou façons de résoudre le problème arithmétique, susceptibles de se chevaucher à tout moment et donc d'entrer en compétition. Avec l'expérience et selon les situations, l'enfant apprend à choisir l'une ou l'autre façon de procéder. Outre l'arithmétique, Siegler a illustré le bien-fondé de son modèle pour diverses acquisitions de l'enfant comme la capacité de lire l'heure, la lecture, l'orthographe, etc.

Quand inhiber, c'est progresser

J'ai pu montrer avec mon équipe que ce qui pose réellement problème à l'enfant dans une tâche comme celle de Piaget (les deux rangées de jetons), ce n'est pas le nombre en tant que tel, puisqu'il l'utilise bien plus tôt, mais c'est d'apprendre à inhiber la stratégie perceptive inadéquate (le biais) « longueur égale nombre », stratégie qui très souvent fonctionne bien et que même les adultes appliquent. Ainsi, se développer, c'est non seulement construire et activer des stratégies cognitives, comme le pensait Piaget, mais *c'est aussi apprendre à inhiber des stratégies qui entrent en compétition dans le cerveau.* Et cela ne va pas de soi ! On pense ici aux obstacles épistémologiques de l'esprit et à la « philosophie du non » décrits jadis par Gaston Bachelard (1884-1962) pour l'histoire des sciences. Il en ressort que le développement de l'enfant n'est pas toujours linéaire, comme l'avaient sans doute déjà pressenti, dans leur pratique, beaucoup d'éducateurs, professeurs des écoles ou parents. Pour une même notion, un même concept à apprendre, des échecs tardifs par défaut d'inhibition peuvent succéder à des réussites bien plus précoces (c'est « la lumière qui vacille toujours », selon la belle citation de Fénelon).

Durant les années 1990, deux psychologues « postpiagétiens », Robbie Case de l'Université de Stanford et Kurt Fischer de l'Université de Harvard ont ainsi simulé sur ordinateur les courbes du développement de l'enfant en termes de systèmes dynamiques non linéaires, c'est-à-dire de courbes d'apprentissage moins régulières, incluant des turbulences, des explosions, des effondrements.

La psychologie de l'enfant, pour être bien comprise, doit aller du très jeune bébé, sur certains points comparé au grand singe (comme on l'a vu pour le nombre sans langage), jusqu'à l'adolescent et l'adulte. C'est l'ensemble du parcours et de la dynamique qui est intéressant, ainsi d'ailleurs que le soulignait déjà Piaget. Nos expériences d'imagerie cérébrale, réalisées avec Bernard et Nathalie Mazoyer à Caen sur le raisonnement logique, ont permis de découvrir ce qui se passe dans le cerveau de jeunes adultes *avant* et *après* l'apprentissage de l'inhibition d'une stratégie perceptive inadéquate, c'est-à-dire avant et après la correction d'une erreur de raisonnement. On observe une très nette reconfiguration des réseaux cérébraux, de la partie postérieure du cerveau (partie perceptive) à sa partie antérieure, dite « préfrontale ». Le cortex préfrontal est celui de l'abstraction, de la logique et du contrôle cognitif – donc de l'inhibition. Dans sa théorie du développement de l'enfant, Piaget affirmait qu'à partir de l'adolescence (12-14 ans : le stade des opérations formelles), on ne devait plus faire d'erreur de logique. C'est le stade le plus élaboré de l'intelligence conceptuelle et abstraite, la dernière « marche de l'escalier » ! Or ce n'est pas le cas. Spontanément, le cerveau des adolescents et des adultes continue à faire, comme celui des enfants plus jeunes, des erreurs perceptives systématiques dans certaines tâches de logique, pourtant assez simples. On découvre à nouveau ici combien, jusqu'à ce dernier stade, le développement de l'intelligence dans le cerveau humain est biscornu et le rôle adaptatif que doit y jouer l'inhibition.

Comme l'écrit Christian Morel, cadre dirigeant d'une grande entreprise industrielle française : « Chez des pilotes, des équipages, des ingénieurs, des managers, disposant d'une compétence de type scientifique et la pratiquant, des processus de raisonnement quasi enfantins semblent parfois surgir ou resurgir, comme s'ils étaient restés en embuscade dans les esprits, prêts à bondir dès la suspension de l'inhibition qui les bride habituellement. »

L'adulte, comme l'enfant, peut apprendre à inhiber les stratégies inadéquates de trois façons : soit par l'expérience propre à partir de ses échecs (démenti des prévisions, constat d'erreur), soit par imitation ou encore par des instructions venant d'autrui. Il faudrait développer à l'école une « pédagogie de l'inhibition » – au sens positif du terme.

L'imagerie cérébrale : vers une cartographie du développement cognitif

Piaget considérait la construction de l'intelligence chez l'enfant (calculer, raisonner, etc.) comme l'une des formes les plus subtiles de l'adaptation biologique. À l'époque, ces réflexions restaient très théoriques. Aujourd'hui, avec l'imagerie cérébrale, on peut commencer à réellement explorer la biologie du développement cognitif, en intégrant – du point de vue comportemental – les découvertes postpiagétiennes (résumées ici) de la nouvelle psychologie de l'enfant.

Depuis la fin des années 1990, des chercheurs utilisent l'imagerie par résonance magnétique *anatomique* (IRMa) pour construire des cartes tridimensionnelles des structures cérébrales en développement. On sait qu'avec le développement neurocognitif de l'enfant s'opèrent une multiplication puis un élagage des connexions (synapses) entre neurones, d'où une diminution de la matière grise du cerveau. Cet élagage correspond, selon Jean-Pierre Changeux, à une stabilisation sélective des synapses par un mécanisme de « darwinisme neuronal ». Les premiers résultats d'IRMa indiquent que cette maturation est loin d'être uniforme. Elle s'effectue par vagues successives selon les zones du cerveau : d'abord les régions associées aux fonctions sensorielles et motrices de base et, ensuite, jusqu'à la fin de l'adolescence, les régions – tel le cortex préfrontal – associées au contrôle cognitif supérieur, notamment l'inhibition.

Depuis peu, on utilise aussi l'imagerie par résonance magnétique *fonctionnelle* (IRMf) pour mesurer les activités cérébrales pendant que l'enfant ou l'adolescent réalise une tâche cognitive particulière, en comparant ce qui se passe aux différents stades du développement. Il devient donc possible de visualiser la dynamique cérébrale qui correspond à l'activation/inhibition des stratégies cognitives aux différents âges (ce que l'on appelle la « macrogenèse ») ou au cours d'un apprentissage à un âge particulier (la « microgenèse »). L'enjeu est d'établir la première cartographie anatomo-fonctionnelle des stades du développement cognitif. Il est aussi de mettre au point, à partir de ces données nouvelles, des applications psychopédagogiques.

CHAPITRE 16

Le cerveau de l'action

L'action traduit le fait de produire un effet sur notre espace extra-corporel (objets, personnes) par l'intervention de notre corps. Action ne signifie pas obligatoirement mouvement, même si elle est le plus souvent l'expression de ce dernier. Lorsque je regarde fixement quelqu'un, mon immobilité ne fait que renforcer la puissance de mon action sur la personne regardée – exemple de l'importance de l'inhibition dans la gestion de nos représentactions.

POSTURE ET MOUVEMENTS

Les mouvements du corps sont réalisés par le système musculo-squelettique sous la commande du système nerveux central et par l'intermédiaire des nerfs moteurs. Ceux-ci activent les fibres musculaires striées par la libération d'acétylcholine au niveau des fonctions synaptiques neuromusculaires.

Je ne crois pas nécessaire d'infliger au visiteur du cerveau – alors que nous sommes presque arrivés au terme de notre voyage – un cours sur la physiologie du mouvement qui implique en premier lieu le système nerveux périphérique, la moelle épinière, le tronc cérébral et des phénomènes réflexes qui disposent d'une large autonomie par rapport au cerveau[1].

Je rappellerai seulement que si notre corps, lorsqu'il est en vie, ne s'effondre pas sur lui-même comme une poupée de son, il le doit à la contraction permanente de muscles qui assurent la fixation des différentes pièces du squelette autour de leurs articulations. On parle de *tonus musculaire* qui est responsable de la *posture*. Celle-ci assure deux fonctions principales : la première est de lutter contre la pesanteur pour maintenir le centre de gravité à l'intérieur de la surface d'appui, grâce à la contraction des muscles extenseurs de nos membres inférieurs (anciens membres postérieurs du temps où nos ancêtres marchaient à quatre pattes). Ce n'est d'ailleurs pas une mince affaire que de tenir debout, les ivrognes en savent quelque chose. Les membres supérieurs gardent aussi un tonus permanent dans leurs muscles extenseurs qui les empêche de pendre lamentablement le long du corps. Il faut enfin insister sur le tonus des muscles du tronc, de la racine des membres et sur celui des muscles du cou et notamment de la nuque. Tous ces muscles et leurs tendons contiennent des récepteurs (*propriocepteurs*) qui sont à l'origine de réflexes entretenant le maintien et assurant la régulation de la posture. N'oublions pas que cette fière allure de chasseur solitaire qui s'avance debout pour affronter l'hostilité du monde est due principalement à un simple arc réflexe (le réflexe myotatique) entre une fibre sensitive et une fibre motrice au niveau de la moelle épinière.

La deuxième fonction de la posture est de préparer et d'accompagner les mouvements du corps dans l'espace, anticipant notamment sur les changements d'équilibre qui peuvent en résulter.

Toutes les actions que nous avons décrites sont celles d'un automate dont on ne peut qu'admirer la perfection mécanique. Cet « automate spinal » ne doit son adaptation à l'environnement qu'à l'intervention du cerveau. C'est par l'intermédiaire de l'automate que celui-ci sélectionne, initie et gère les actions motrices complexes dont il est responsable.

Pour visiter le cerveau moteur, j'ai fait appel à deux spécialistes, tous deux médecins – le cerveau dont chacun de nos mouvements porte la marque ne se révèle souvent à nous que lorsqu'il est lésé. Le premier, Bernard Bioulac, traite de la planification de l'action ; le second, Yves Agid, parle des mouvements anormaux, la manifestation la plus spectaculaire, sinon la plus tragique d'un cerveau malade.

FOCUS 12

Mouvement et planification de l'action

BERNARD BIOULAC
professeur à l'université de Bordeaux-II
directeur de l'Institut de neurosciences
de Bordeaux

Brève histoire de la physiologie du mouvement

Alors que l'organisation sensori-motrice de la moelle épinière n'est clairement établie qu'au milieu du XIXe siècle par l'Anglais Ch. Bell et surtout le Français F. Magendie, l'origine des mouvements volontaires soulève, depuis l'Antiquité, la question d'un centre nerveux générateur. Vraisemblablement l'observation du chirurgien-barbier R. Boyle, en 1691, affermit les bases de ce concept. Il obtient la résolution d'une hémiplégie survenue au décours d'un enfoncement de la boîte crânienne chez un cavalier victime d'une chute. Avec habileté, il lève l'embarrure compressive et controlatérale à l'hémi-paralysie du corps. Cette guérison spectaculaire renvoie à une « zone du mouvement » localisée dans la région frontale du cerveau. L'aventure de la théorie des localisations trouve ici une large part de son essence. Celle-ci, en usant des méthodes anatomo-clinique et expérimentale, sera tenace et d'une formidable robustesse. Apparue quelques années plus tard, la phrénologie de F. J. Gall poussera les feux du localisationnisme à l'extrême en mêlant, par ses « bosses », naïveté et romantisme...

Cette époque positiviste voit, donc, une constellation de travaux cliniques et expérimentaux sur l'origine des mouvements. L'aire frontale ascendante devient le cortex moteur (CM). Celui-ci, par le jeu du croisement des fibres cortico-spinales (voie pyramidale) « commande », les muscles de l'hémi-corps controlatéral.

Tant les études cliniques que la démarche expérimentale confirment la physiopathologie « en miroir » attachée à ce secteur cortical : hémiplégie controlatérale par lésion chez l'homme ou destruction chez le singe (Charcot, Ferrier), épilepsie motrice controlatérale par irritation anormale chez l'homme ou stimulation chimique ou électrique chez l'animal (Jackson, Fritz et Hizig).

Dans les années 1940-1950, l'avancée des connaissances porte sur l'anatomie fonctionnelle du cortex moteur. Ce champ prend de l'ampleur avec la description de la somatotopie chez l'homme (homunculus de Penfield) et chez le singe (simiunculus de Ward et Woolsey). Au-delà de cette approche, l'analyse de l'architecture des neurones pyramidaux *« en colonies et en colonnes »* permet de répondre à la question de savoir si le cortex moteur est organisé en termes de « muscles ou de mouvements ». Asanuma surmonte l'interrogation par la découverte de colonnes où les neurones dédiés à l'innervation d'un muscle donné sont positionnés sur une même génératrice. La mise en œuvre synchrone ou successive de plusieurs colonnes produit un mouvement, voire une séquence motrice. Chang avait préfiguré cette réalité par son idée de *« clavier cortical »*.

Cette longue période, à cheval sur le XIXe et le XXe siècle, est marquée par la conception hiérarchisée du neurologue et expérimentaliste Hughlings-Jackson. Celle-ci mêle localisationnisme et phylogenèse. Tout secteur cortical, sous-cortical, cérébelleux sous-tend une fonction. Au cours de l'évolution, les archéostructures sont mis sous contrôle des paléostructures, finalement la totalité des structures anciennes est inféodée aux néostructures.

Cette conception hiérarchisée influence fortement un neurophysiologiste contemporain de la motricité : E. Evarts. Il travaille sur le modèle du singe entraîné à effectuer un mouvement précis. Avec son école, il introduit, dans les années 1960, le principe de la *« survenue temporelle* (*timing*) » des modifications d'activité neuronale lors de l'exécution motrice.

Ce mode de pensée est dominant jusque vers 1980. Il tente de définir une hiérarchie temporelle et spatiale dans l'activation des néostructures à compétence motrice [cortex moteur, noyaux gris centraux (NGC) pallidum, thalamus...]. Un de ses élèves, Thach, montre que les neurones du néocervelet modifient leur activité avant ceux du cortex moteur ! Est-il pour autant le « chef d'orchestre » qui déclenche la cascade qui aboutit au mouvement ? La conception hiérarchisée exprime déjà ses limites, d'autres plus pertinentes vont se faire jour.

Evarts, cependant, a prodigué des informations considérables dans la compréhension de la régulation centrale du mouvement. Elles concernent les capacités codantes des neurones de ces ensembles vis-à-vis des paramètres du mouvement : durée, amplitude, vitesse, force, direction, orientation...

Conceptions actuelles

Malgré l'apport indéniable de ces travaux, il faut dépasser l'aspect réducteur d'une pure organisation diachronique de la motricité. Ainsi, doit-on revisiter la position par trop hiérarchique du cortex moteur. Surtout il est indispensable de considérer les données collectées, ces vingt dernières années, à partir de territoires corticaux associatifs insérés dans des boucles de régulation. Celles-ci fonctionnent en parallèle et soustendent l'élaboration de plans pour l'action plus qu'une simple programmation motrice.

Le cortex moteur devient un *« lieu de synthèse ou de compactage »* de l'information périphérique et centrale avant que celle-ci, lors de l'initiation, n'attaque, par la voie cortico-spinale, les motoneurones. Pour paraphraser Sherrington, il se comporte comme une « voie finale commune haut située ». Diverses situations expérimentales le confirment : la déafférentation, la cérebellectomie et la destruction du système dopaminergique nigrostriatal.

Les expériences de déafférentation du membre entraîné chez le singe induisent, au niveau du cortex moteur, une profonde désorganisation de la décharge neuronale anticipatoire au début du mouvement. L'animal effectue un mouvement balistique, impulsionnel, très souvent dans la mauvaise direction. Il a perdu le sens du mouvement (cinesthésie). Les neurones du cortex somesthésique, chez l'animal déafférenté, deviennent silencieux pendant le mouvement. La boucle sensori-motrice est rompue anéantissant ainsi le rétrocontrôle périphérique qui s'exerce en permanence sur le cortex moteur et l'informe du bon déroulement du geste en cours pour le corriger si nécessaire.

La cérebellectomie totale (par ablation ou refroidissement) ou partielle (dentatotomie) perturbe, aussi très gravement, l'activité des neurones du cortex moteur. Cette perturbation porte sur la « cohésion » du message neuronal, celui-ci est, alors, dissocié formé de bouffées irrégulières, non « calées » sur l'origine du mouvement. Ce patron anormal est à rapprocher d'un mouvement dyssimétrique constitué d'embardées et d'à-coups. Le néocervelet, entre autres fonctions, participe à l'édification et à la cohérence spatio-temporelle du message à compétence motrice.

La destruction du système dopaminergique nigro-striatal par le MPTP crée chez le singe un syndrome avec bradykinésie et hypertonie qui mime la maladie de Parkinson (MP). Lors du mouvement, l'activité des neurones du cortex moteur paraît *« diluer »* dans le temps (décharge anormalement longue et fréquence faible). Un tel message peu efficace explique la bradykinésie. Le système dopaminergique contribue à la concentration et à la sélection de l'information inscrite dans les programmes moteurs.

Ces trois situations expérimentales extrêmes traduisent combien la genèse de la représentation qui sous-tend la production de mouvement est liée au fonctionnement harmonieux de la périphérie et des centres. Le cortex moteur assure la confluence de ces blocs informationnels.

Parallèlement à ces blocs d'information afférents au cortex moteur (périphérie, cervelet, NGC) davantage liés à la mise en forme du message moteur final surviennent des signaux produits par des structures corticales associatives, ils jalonnent la planification : instruction pour l'action, commande, programmation, mémoire de travail, détection des erreurs. Ces structures génératrices sont indissociables de boucles de régulation cortico-sous-corticales ou interagissent : cognition, motivation et comportement moteur (Alexander et Crutcher 1990) (Figure 36A et B).

Un secteur de l'aire motrice supplémentaire (AMS) dit « aire motrice présupplémentaire (AMpS) » possède des assemblées neuronales impliquées dans le traitement des informations sensorielles destinées à la seule action. Les neurones de l'AMpS ne s'activent, donc, que pour des signaux d'attention liés à l'enclenchement d'un plan précis.

Plus sophistiquée la fonction de commande des neurones du cortex pariétal postérieur (CPP). Ceux-ci, non seulement s'activent bien avant ceux du cortex moteur mais surtout interviennent dans la manipulation et l'exploration de l'espace extrapersonnel. Cet appareil neuronal, décrit par Mountcastle, sous-tend, d'une certaine façon, la mise en œuvre du schéma corporel (image ou représentation de soi) dans « l'agir moteur et visuo-moteur » du sujet au sein de son environnement. Depuis Babinski et Head on sait que, chez le droitier, la lésion de cette région à droite produit une anosodiaphorie, c'est-à-dire une méconnaissance et une indifférence du patient à son hémicorps malade.

Mais dans un secteur du CPP, Rizzolatti découvre, en 1996, les *neurones miroirs*. Ceux-ci modifient leur activité lorsque l'animal effectue un mouvement vers la récompense mais cette activité s'amplifie aussi quand c'est l'expérimentateur qui se saisit de la récompense. On voit dans cet ensemble un support au fait de « se mettre à la place de l'autre agissant »... à l'empathie. Aussi évoque-t-on, d'ailleurs, une altération de cette fonction neuronale dans l'autisme.

Le cortex prémoteur ou l'aire motrice supplémentaire (AMS) sont considérés comme des cortex moteurs associatifs. À la différence du cortex moteur primaire, leurs assemblées neuronales interviennent dans la mise en œuvre de mouvements complexes. Il s'agit d'activités motrices séquentielles formant de véritables programmes moteurs finalisés pouvant impliquer la coordination bimanuelle.

Dans les années 1980, Goldman-Rakic a découvert, dans le cortex dorso-latéral préfrontal (CDLPF), le support neuronal de la mémoire de travail, segment cognitif majeur dans la planification de l'action. Grâce à une tâche visuo-motrice (saccades oculaires), elle entraîne des singes à mémoriser, pendant une phase de délai, la position d'une cible éclairée lors de la phase de présentation. L'animal doit ensuite faire une saccade vers la cible préalablement éclairée pour obtenir la récompense. Certains neurones ne s'activent que pendant le délai. Elle en déduit que l'animal a *internalisé, via* ses neurones du CDLPF, l'information et l'utilise *in fine* pour l'action (mémoire de travail). Le singe porteur d'une lésion du CDLPF est incapable d'une telle opération. Il est distrait et change sans cesse de stratégie motrice. Ceci se retrouve dans la distractivité du syndrome frontal et surtout dans le trouble avec déficit de l'attention et hyperactivité (TDAH) chez l'enfant où l'IRM révèle une dysfonction du CDLPF.

Autre secteur déterminant dans la planification, le cortex cingulaire antérieur (CCA). Il détecte les erreurs et gère les conflits qui en découlent. Les assemblées neuronales cingulaires opèrent une comparaison entre la représentation centrale du mouvement attendu (*expected*) et celle du mouvement réel (*actual*). Toute discordance génère un signal d'erreur.

Grâce à une tâche cognitivo-motrice, qui mime un test de Stroop, on conduit le singe à commettre un plus grand nombre d'erreurs dans l'exécution de son programme. La plupart des neurones cingulaires modifient leur activité pendant la phase d'évaluation qu'il y ait succès ou erreur. Toutefois, l'augmentation d'activité est considérablement plus élevée pour l'erreur commise que le succès obtenu. De surcroît, *via* une gradation de la décharge neuronale, s'opère un véritable codage de la gravité de l'échec ! Cette gravité concorde avec le plus ou moins grand engagement de l'animal dans la tâche (Michelet et coll., 2007).

Un autre trait fonctionnel caractérise certains neurones cingulaires dits « bimodaux ». Ils sont activés, à la fois, pendant l'évaluation (succès et surtout erreur) et lors de la présentation du signal d'attention. Mais leur réponse à ce signal varie en fonction du résultat pour l'essai précédent. Si ce dernier est un échec, la réponse sera plus forte, et les chances de succès pour l'essai suivant plus grandes, alternativement un succès entraînera une réponse attentionnelle plus faible. Un tel appareil neuronal paraît *tirer profit de l'échec* afin d'en éviter la répétition.

Le dysfonctionnement du CCA, inséré dans la boucle limbique, est évoqué dans diverses situations pathologiques. C'est le cas de syndromes frontaux avec persévération. C'est surtout le cas du trouble obsessionnel compulsif (TOC) où le sujet répète à l'infini un geste correcteur qu'il ressent en constance comme faux ou inexact. Dans le TOC, l'IRM révèle une activation anormale des structures incluses dans la boucle limbique.

Il est désormais exclu d'aborder ces secteurs corticaux en les détachant de leurs boucles cortico-sous-cortico-corticales : motrice (CM, AMS et AMpS), associative et cognitive (CPP, CDLPF), limbique (CCA). Ces réseaux ou circuits relient, de façon convergente, le cortex, les noyaux gris centraux, le thalamus et fonctionnent en parallèle. Chaque boucle, à partir de « ses » aires néocorticales mais aussi des segments correspondants des NGC, apporte sa contribution indicielle à l'élaboration d'un programme moteur choisi (instruction, commande, programmation...) (Figure 36, A et B).

Modélisée par Bar-Gad et Bergman, cette élaboration se fait *via* « un opérateur (*actor*) » qui mobilise le ou les segments des boucles appropriées au programme donné. Il se constitue, ainsi, *un ou des modules de convergence* qui traitent, en parallèle, l'information nécessaire à la planification de l'action. Le « bloc final exécutoire » rejoindra la boucle motrice ou oculomotrice (Figure 36C).

Cependant la computation de cette signalisation à visée essentiellement cognitive et limbique est simultanément et profondément influencée par les systèmes dopaminergiques centraux qui se comportent comme des *arbitres* (*critic*). La voie méso-cortico-limbique impacte le cortex et surtout, la voie nigro-striatale interagit fortement au niveau du striatum. Ces *arbitres* instillent, dans la construction du processus cognitivo-moteur, motivation et prédiction de la récompense (Schultz). Ils jouent un rôle majeur dans la concentration des signaux nécessaires à la sélection et au renforcement de tel ou tel module engagé dans l'élaboration du programme choisi et l'exclusion de tout autre (Mink). Cette dyna-

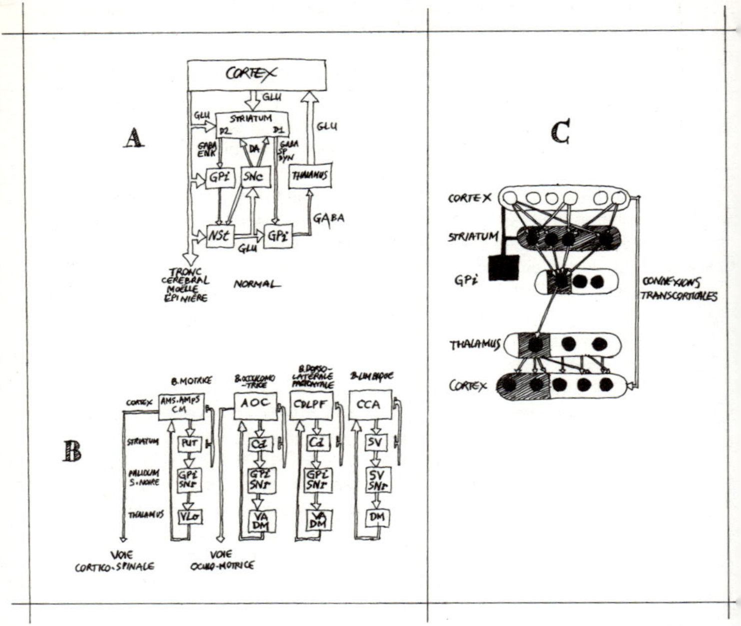

Figure 36. – A : Boucle motrice et connexions cortico-sous-corticales (Alexander et Crutcher).
Le cortex inclut : le cortex moteur, l'aire motrice supplémentaire et l'aire motrice présupplémentaire. Gpe : pallidum externe ; Gpi : pallidum interne ; NST : noyau sous-thalamique ; SNc : pars compacta de la substance noire ; D1 : récepteurs dopaminergiques de type D1 (activateurs) ; D2 : récepteurs dopaminergiques de type D2 (inhibiteurs). Les flèches bleues représentent des voies inhibitrices, les rouges des voies activatrices. Les voies dopaminergiques sont en vert. DA : dopamine ; GABA : acide γ-amino-butyrique ; Glu : acide glutamique ; Enk : enképhaline ; SP : substance P ; Dyn : dynorphine.
Les connexions sous-corticales forment deux circuits : le direct striato-Gpi et l'indirect striato-Gpe-NST-Gpi. Dans les deux cas, le Gpi est la voie de sortie des noyaux gris centraux. Les informations gagnent ensuite le thalamus moteur et les aires corticales motrices. Des copies d'efférences corticales rejoignent chaque niveau. Dans la maladie de Parkinson, la dégénérescence de la SNc entraîne une désinhibition du SNT due à la levée du frein GABAergique du Gpe en réponse à l'hypoactivité des récepteurs noyaux gris centraux. Les informations gagnent ensuite le thalamus moteur et les aires corticales motrices. Des copies d'efférences corticales rejoignent chaque niveau. Dans la maladie de Parkinson, la dégénérescence de la SNc entraîne une désinhibition du SNT due à la levée du frein GABAergique du Gpe en réponse à l'hypoactivité des récepteurs D2 striataux. L'emballement du NST a un effet délétère sur le réseau, la stimulation à haute fréquence corrige cette situation.
B. Organisation des boucles cortico-sous-corticales parallèles : motrice, oculomotrice, dorso-latérale préfrontale et cingulaire antérieur. Cortex : AMS : aire motrice supplémentaire ; AOC : aire oculo-céphalogyre ; CDLPF : cortex dorso-latéral préfrontal ; CCA : cortex cingulaire antérieur. Striatum : put : putamen ; cd : noyau caudé ; SV : striatum ventral (noyau accumbens). Pallidum : Gpi : globus pallidus interne ; PV : pallidum ventral (limbique) ; SNr : substance noire *pars reticulata* (homologue du Gpi).

Thalamus : Vlo : noyau ventro-lateralis oralis ; VA : noyau ventral antérieur ; DM : noyau dorso-médian. Les différents secteurs corticaux et le striatum (Put et cd) sont innervés par les terminaisons des neurones dopaminergiques mésencéphaliques (A_8, A_9, A_{10}).
C. Convergence de l'information dans les boucles cortico-sous-corticales. Modèle de « l'opérateur/arbitre » (*actor-critic*) de Bar-Gad et Bergman. La convergence des afférences qui s'opère entre cortex-striatum-Gpi-thalamus-cortex, renforcée par le système dopaminergique nigrostriatal et méso-cortico-limbique crée un « module de convergence » support d'un plan pour l'action.

mique planificatrice résulte de la fusion entre cognition et motivation, fusion déterminante pour une stratégie et une décision immédiates mais aussi pour la mise en œuvre d'un apprentissage (Figure 36).

Approches physiopathologiques

La conception précédente trouve de forts corrélats dans des situations pathologiques « frontières, voire communes » à la neurologie et à la psychiatrie.

L'akinésie parkinsonienne est plus un état qu'un symptôme. La déplétion dopaminergique perturbe davantage que la simple régulation du mouvement (hypertonie, tremblement), elle touche la planification. Chez le singe rendu parkinsonien par le MPTP il existe une altération grave du fonctionnement neuronal des aires motrices présupplémentaire et supplémentaire et de la boucle motrice. L'instruction pour l'action, la programmation motrice et l'intégration sensori-motrice sont quasi inopérantes (*Escola et coll., 2003*).

Dans ce contexte, l'attention sans motivation ne peut se connoter d'intentionnalité. L'akinésie relève d'un déficit du « vouloir et pouvoir agir ». Elle rejoint, en cela, l'adynamie ou l'aboulie du dépressif ou la catatonie de certains schizophrènes. Autant d'états où l'inhibition de l'action relève d'une défaillance de l'indispensable alliance entre raison et volonté d'une part et motivation et humeur de l'autre.

Ce continuum entre états dits neurologiques et psychiatriques se retrouve dans des hyperfonctionnements dopaminergiques. Il en est ainsi des dyskinésies induites par la L-dopa chez le parkinsonien où l'hypersensibilité de dénervation fait basculer l'akinésie vers une hyperkinésie choréique (dérégulation striatale) avec parfois des hallucinations (dérégulation corticale). Dès lors, et dans cette veine, serait-il impertinent d'évoquer le délire hallucinatoire ?

On peut ainsi faire l'hypothèse que ce type de dysfonction rapportée au CDLPF contribue à la genèse du TDAH ou au CCA à celle du TOC… Mais ne soyons ni réductionniste ni simpliste.

FOCUS 13

Comment identifier un mouvement anormal ?

YVES AGID
professeur de neurologie,
CHU Pitié-Salpêtrière

Le comportement d'un individu s'exprime par des actions : je marche, je conduis, j'éclate de rire, je m'exprime... Quels que soient les tenants et la finalité de ces actions, l'expression comportementale se traduit toujours par des mouvements simples, comme dire au revoir avec la main, ou complexes, tel le déroulé des doigts d'un pianiste sur le clavier. Même si cet individu est apparemment immobile, il est possible d'avoir une représentation mentale élémentaire et instantanée de ses états d'âme, voire de sa personnalité. C'est que la simple observation de la posture de son corps et de son visage (« le regard »), qui peut exprimer la joie ou la colère, dépend de la finesse de la motricité de la face et des mouvements oculaires (et non plus du globe oculaire dont la sphère reste désespérément inexpressive). Le comportement de cet individu – qui s'exprime par des mouvements, des gestes, le langage – combine les trois composantes essentielles, à savoir l'expression motrice, intellectuelle et émotionnelle (sans compter la non moins importante expression végétative de l'organisme, peu ou pas visible, sauf en cas d'émotion).

Les différents types de mouvements

Parmi ces comportements « moteurs » qui permettent de nous mouvoir, mais aussi d'exprimer nos pensées et nos sentiments, il est facile de distinguer deux grandes catégories de mouvements : les *mouvements fins, volontaires* et appris des extrémités, qui peuvent témoigner d'une dextérité étonnante, comme articuler un mot à l'aide des muscles de la phonation et de la bouche, ou enfiler une aiguille à l'aide des doigts ; les mouvements plus grossiers de l'axe et de la racine des membres, par exemple pour marcher et garder son équilibre. Ces mouvements peuvent aussi être séparés en ceux réalisés de façon automatique, car surappris – comme serrer la main pour dire bonjour, faire de la bicyclette, conduire une automobile – et ceux qui exigent un long apprentissage, par exemple pour l'initiation à l'écriture, à la danse, au tennis. Que les mouvements soient volontaires ou automatiques, habituels ou inhabituels, en médecine, nous observons quatre types de mouvements : le mouvement normal, qui peut être volontaire (par exemple, j'enfonce un clou à l'aide d'un marteau) ou involontaire (c'est le cas des mouvements automatiques subconscients, telle la marche) ; le mouvement anormal qui – à l'exception de la paralysie reproduisant la faiblesse ou l'absence totale de mouvements – peut être soit volontaire (comme donner un coup de poing), soit involontaire (par exemple, renverser un vase par maladresse). Lorsqu'on est hésitant pour qualifier un mouvement anormal involontaire, il est commode de qualifier le mouvement anormal involontaire dans l'une des sept catégories classiques. Il n'est rien de plus difficile que de décrire un mouvement anormal involontaire à l'aide de mots (d'où la difficulté pour les médecins de communiquer par voie épistolaire sur ce sujet), mais les définitions, même imparfaites, de chaque mouvement anormal étant acceptées par consensus, il est relativement aisé de qualifier un mouvement anormal donné en observant le patient lui-même ou sur une vidéo. Il faut cependant un peu d'expérience pour qualifier un mouvement anormal involontaire dans l'une de ces sept rubriques, car les définitions sont relativement grossières. Pour le neurologue, c'est une étape essentielle de l'examen médical, car l'identification sémiologique de chacun de ces mouvements anormaux involontaires reflète le dysfonctionnement de système de neurones spécifiques au sein du cerveau, ce qui permet de situer précisément la topographie de la lésion responsable du tableau clinique.

C'est dire l'importance de l'analyse des signes qui permet de mettre un nom sur tel ou tel mouvement anormal, donc de localiser la lésion dans le cerveau, étape indispensable pour trouver la cause de la maladie et donc proposer un traitement adapté. Dans certains cas, les techniques d'imagerie cérébrale permettent de confirmer la topographie de la lésion et d'identifier la cause du mouvement anormal involontaire : les processus occupants de l'espace (tumeur, abcès, hématome) ; les lésions inflammatoires ou infectieuses localisées ; les maladies dégénératives, caractérisées par la disparition prématurée de cellules nerveuses.

Mécanismes des mouvements anormaux

La plupart, sinon la totalité des mouvements anormaux involontaires, quelle qu'en soit la nature, sont dus au dysfonctionnement des circuits de cellules nerveuses topographiquement organisées réunissant les diverses structures des noyaux gris centraux. Si une lésion des noyaux gris centraux entraîne des mouvements anormaux involontaires, c'est que ces structures cérébrales jouent un rôle dans la motricité normale. Chez un sujet normal, alors que les mouvements volontaires prennent naissance dans le cortex cérébral, les mouvements involontaires sont issus des noyaux gris centraux qui ont, en bref, deux fonctions essentielles : a) les noyaux gris centraux permettent *l'exécution automatique de programmes moteurs appris*. Chacun de ces mots est important. Il s'agit de l'exécution des mouvements et non de leur préparation ou de leur initiation ; les mouvements réalisés sont automatiques, devenus routiniers ; les mouvements réalisés ont été appris, surappris ; par *programmes moteurs,*

Les sept catégories de mouvements anormaux involontaires

La *lenteur des mouvements* : c'est ce qu'on observe dans les syndromes akinéto-rigides au cours de la maladie de Parkinson, affection dans laquelle la *rigidité* est particulière, en « tuyau de plomb » avec une roue dentée (perception de saccades rythmées lors du mouvement passif, par exemple de l'avant-bras sur le bras). Le symptôme principal est cependant l'*akinésie* qui est en fait un symptôme complexe, avec plusieurs composantes : a) l'akinésie vraie (absence de mouvement) qui se traduit par un retard, voire l'abolition de l'initiation du mouvement (mesurée par le « temps de réaction », soit l'intervalle de temps – bien inférieur à une seconde – qui sépare l'instant où le sujet reçoit l'ordre de se mouvoir de l'initiation du mouvement) ; b) la bradykynésie ou lenteur du mouvement (au mieux observée lors de la marche ou lorsque le sujet écrit) ; c) l'hypokinésie, soit la difficulté du sujet pour aller jusqu'au bout de son mouvement (à l'origine de la *micrographie*, ou rapetissement des lettres au cours de l'écriture) ; la difficulté de réaliser deux mouvements séquentiels ou concurrentiels (par exemple, porter un verre à sa bouche, ce qui suppose d'abord de serrer le verre dans sa main à l'aide des doigts, puis le porter à la bouche en élevant le bras) ; ces quatre composantes de l'akinésie sont elles-mêmes accentuées par l'altération des fonctions dites supérieures telles que l'hypovigilance, l'inattention, la dépression, l'absence de motivation.
Les *tremblements*, centre de l'oscillation d'un segment de membre autour de son axe selon un rythme plus ou moins rapide et régulier. Ils peuvent être schématiquement de trois types : a) le tremblement *de repos*, comme on le voit dans la maladie de Parkinson, s'observant au mieux lorsque le sujet marche les bras pendants, et qui résulte de la perte de cellules dopaminergiques dans la *substantia nigra* du tronc cérébral ; b) le tremblement d'*attitude*, caractéristique du « tremblement essentiel » (affection bénigne qui peut devenir gênante, par exemple pour porter une tasse à sa bouche), s'observe à l'extrémité des membres supérieurs lorsque le sujet a les bras tendus devant lui et résulte d'un dysfonctionnement du cervelet ; c) le tremblement d'*action*, souvent de grande amplitude, très handicapant, est observé lorsque le sujet met en mouvement ses membres (par exemple, en approchant son index de la pointe du nez), et résulte d'une lésion du tronc cérébral, par exemple après un traumatisme crânien sévère ou dans la sclérose en plaques.
La *dystonie* (tonus anormal), définie comme une anomalie de posture ou un mouvement prolongé de torsion des membres ou du tronc, est causée par des lésions des noyaux gris centraux (plus particulièrement d'un noyau appelé *putamen*).
La *chorée* (du grec « danse ») est caractérisée par des mouvements brusques, explosifs, imprévisibles, disséminés, plus ou moins continus, intéressant l'extrémité des membres, sur un fond d'hypotonie (ce syndrome d'hyperkinésie-hypotonie s'oppose en quelque sorte au syndrome d'hypokinésie-hypertonie des syndromes parkinsoniens) ; les chorées sont souvent secondaires à une inflammation du système nerveux, une hyperviscosité sanguine, un dysfonctionnement endocrinien, l'utilisation de certains médicaments...), mais s'observent aussi dans

diverses maladies héréditaires, dont la plus sévère est la maladie de Huntington. La chorée est provoquée le plus souvent par une lésion des noyaux caudés. Lorsque les mouvements intéressent la racine des membres, ils constituent l'*hémibalisme*, défini par des mouvements de lancer amples, irréguliers, répétitifs de la racine des membres, le plus souvent d'un seul côté (membre supérieur et inférieur) et dus à une lésion sélective du noyau subthalamique.

Les *myoclonies*, ou secousses musculaires brèves, sont soit d'une durée très brève, résultant d'un dysfonctionnement du cortex cérébral, soit d'une durée plus longue, comme dans certaines affections des noyaux gris centraux.

Les *tics* se caractérisent par des mouvements d'une complexité variable, toujours brefs, explosifs, répétitifs souvent provoquants, avec cette particularité de pouvoir être contrôlés par le sujet pendant un certain temps. Le sujet éprouve le besoin (*urge to move*) de faire un tic, qui entraîne une sensation de soulagement lorsqu'il a été effectué. Ils sont le plus souvent transitoires et bénins dans l'enfance, ils peuvent devenir sévères et handicapants par leur intensité et l'association à d'autres symptômes (coprolalie ou prononciation de mots obscènes, automutilations, hyperactivité-inattention, troubles obsessionnels-compulsifs définissent ainsi la maladie de Gilles de la Tourette).

Les *mouvements anormaux complexes*, depuis les stéréotypies (comportements moteurs inhabituels et répétitifs) et le maniérisme observés dans la schizophrénie, jusqu'aux compulsions (actes impossibles à ne pas accomplir sous peine d'angoisse), en réponse à des obsessions (ou pensées intrusives irrépressibles) comme dans les troubles obsessionnels compulsifs.

on entend l'ensemble des mouvements qui sont sous-tendus par la mise en jeu de circuits de neurones topographiquement organisés, le tout aboutissant à un véritable *plan moteur* qui permet la réalisation d'un comportement moteur. La seule erreur dans cet énoncé est le mot moteur, puisque l'on sait désormais que les noyaux gris de la base jouent aussi un rôle important dans la cognition et les émotions ; b) une autre fonction des noyaux gris de la base est la sélection des mouvements, soit éviter les mouvements non désirés et leur façonnement (*shaping*), soit écarter les mouvements parasites. En effet, si les territoires moteurs des noyaux gris de la base sont prééminents, les noyaux gris centraux sont aussi composés des territoires associatifs contribuant à l'élaboration routinière de fonctions cognitives et des territoires limbiques qui jouent un rôle dans le contrôle des émotions. Il existe même des liens subtils entre ces régions – motrice, associative et limbique – du cortex cérébral et les territoires correspondants des noyaux gris de la base, de telle sorte que les circuits de neurones moteurs associatifs et limbiques du cortex cérébral projettent vers les noyaux gris centraux, lesquels reprojettent sur le cortex cérébral (boucles sensori-motrices, associatives et limbiques, cortico-sous-cortico-corticales).

Traitements

Les connaissances anatomiques, mais aussi physiologiques et biochimiques, concernant le fonctionnement des noyaux gris de la base se sont accumulées de façon explosive au cours des deux dernières décennies. C'est ce qui explique le succès des traitements symptomatiques des mouvements anormaux involontaires, essentiellement à l'aide de médicaments (dopamine dans la maladie de Parkinson, bêtabloquants pour les tremblements essentiels, neuroleptiques pour la chorée, antiépileptiques pour les myoclonies...). C'est aussi une raison essentielle du succès récent des techniques neurochirurgicales de stimulation continue des structures cérébrales profondes permettant une amélioration parfois spectaculaire de certains cas de maladie de Parkinson (noyau subthalamique), de dystonie (pallidum), avec des résultats espérés dans le traitement de la maladie de Gilles de la Tourette, des troubles obsessionnels compulsifs et peut-être de la dépression grave. L'idée est d'introduire une électrode miniaturisée dans la structure cible thérapeutique des noyaux gris centraux, afin d'envoyer un faible courant électrique à haute fréquence (130 Hz), grâce à la mise en place d'un pacemaker placé sous la clavicule (un fil électrique fin reliant cette pile à l'électrode). Les indications sont limitées, réservées aux cas graves de ces affections, car les risques d'une intervention neurochirurgicale ne sont pas négligeables ; mais l'avantage est l'absence de destruction de tissu nerveux, la possibilité de réversibilité (il suffit de retirer les électrodes en cas d'échec) et l'adaptabilité des paramètres de stimulation (pour diminuer au mieux ou supprimer la sévérité des symptômes).

Au moment de conclure ce trop bref chapitre sur la physiologie de l'action, je me tourne vers le voyageur égaré dans les noyaux gris centraux ou errant d'aire en aire sur un cortex dont il ne sait plus s'il est d'action ou de représentation ; je ferai un geste vers lui : je lui tendrai une main secourable. C'est une activité motrice propre à l'homme ; elle est tournée vers l'autre. Ce geste à haute portée symbolique est inscrit dans les circuits neuronaux de l'homme. Il débute chez le très jeune enfant par la désignation, première ébauche de la communication qui va de pair avec l'installation progressive du langage qu'accompagne la gestuelle symbolique des mains et de la face ; ces gestes qui nous ouvrent la porte du cerveau de l'autre.

CHAPITRE 17

Le cerveau de l'autre

> « Je ne reconnais pas l'inconnu
> en face de moi,
> car c'est moi
> et je ne pense pas comme lui. »

Dès qu'il vient au monde, l'homme est seul. Démuni dans sa solitude, il ne peut vivre sans la présence affective et effective de l'autre. Dès ses premiers instants, il habite le cœur de l'autre et l'autre habite son cœur[1]. *« C'est par le cœur que nous connaissons les premiers principes, c'est sur ces connaissances du cœur qu'il faut que la raison s'appuie*[2]. *» C'est par le cœur que nous faisons connaissance des uns et des autres.*

À la pénétration du cœur de l'autre répond la pénétration de notre propre cœur par celui de l'autre ; ce que Rousseau appelle la pénétration réciproque. C'est au cerveau et non au cœur que revient la gestion de cet échange ; c'est de cet organe que vient notre besoin passionné de l'autre. Un besoin que l'on peut comparer pour notre part d'humanité à celui d'oxygène ou de glucose pour notre part animale.

L'enfant nouveau-né ne se nourrit pas seulement de lait, mais aussi du regard et des gestes de sa mère, le premier autre auquel il se trouve confronté. Par l'intermédiaire de ses sens qui peu à peu s'éveillent, il pénètre le cœur maternel et s'y installe avec larmes et bagages. En retour, il ouvre son cœur aux autres, leur offrant son savoir inné et le produit de ses découvertes. La compassion préside ses premiers rendez-vous avec la vie avant de devenir le fil conducteur de son existence.

J'appelle compassion une forme d'empathie propre à l'humain et qui veut dire prendre part aux passions de l'autre. Dans la passion se mêlent intimement le sentir et l'agir. La compassion ne réside pas seulement dans l'éprouvé de l'autre, mais aussi dans le mouvement qui anime le moi en direction d'autrui. Cet être d'amour et de tendresse appartient à la même espèce humaine que celui qui fait violence à autrui. Ce que les éthologistes appellent l'agression intraspécifique, c'est-à-dire la menace ou l'affrontement entre individus, est monnaie courante chez les animaux. Mais l'humain est animé par la haine, forme grimaçante et retournée de l'amour. Il est un puits de compassion, c'est pour cela qu'il est méchant – on trouve tellement de vilains objets au fond des puits ! J'appelle contre-passion cette vision négative de la compassion pour souligner la similitude intrinsèque entre l'une et l'autre de ces « formes de vie ».

Dans ce voyage, il ne sera guère question de la contre-passion. Privilège du guide, j'ai choisi de vous épargner une visite au pays de la haine et du ressentiment[3].

Face à cette primauté de ses passions, on m'opposera que l'homme est avant tout un être de raison. Certes, mais lorsque cet admirable logicien est livré dès sa naissance à la solitude ou que des causes organiques l'empêchent de percevoir convenablement la présence de ses congénères, le voici empêché dans l'exercice normal de son humanité. L'exemple anecdotique des enfants-loups et celui autrement fréquent des autistes illustrent tragiquement mon propos (voir Focus 14).

Le trafic des passions entre les hommes me paraît l'emporter sur le commerce des idées pour fonder une communauté où chacun trouve les conditions de son existence. Les biologistes qui étudient les émotions montrent la place de celles-ci dans les comportements des animaux qui se lient ou s'affrontent, mais il n'est pas de bête au monde qui soit capable comme l'homme de mourir dans la passion ou de vivre pour l'amour de son prochain. La compassion me paraît être l'attribut constitutif de l'âme humaine[4].

Lorsque j'ai parlé de la pensée (voir chapitre 15), j'ai évité dans la mesure du possible de faire appel à des « états mentaux ». Par exemple, lorsque j'énonce : « Ça court, ça sent la chair fraîche, ça se mange, ça fait du bien par où ça passe », j'essaie de traduire dans mon langage la série de pensées d'un loup à sa proie attaché. En utilisant le terme de pensée, je ne fais aucune référence à un état mental, je désigne simplement les processus de catégorisation et d'instrumentation de l'animal sur le monde, quel que soit le niveau d'abstraction où ceux-ci se situent. La connaissance que l'animal a de son environnement est enregistrée, on l'a vu (chapitre 15), dans son cerveau sous forme de représentactions et ses modalités d'intervention (actes) y sont inscrites sous forme de schèmes d'action. J'ai déjà utilisé à plusieurs reprises le terme de représentaction pour désigner ces ensembles de perception et d'action. L'humain se distingue de la bête par la richesse extraordinaire et l'abondance de ses représentactions. Elles sont réalisées dans des territoires cérébraux plus ou moins spécialisés, selon les informations qui leur sont transmises par les organes des sens (aires auditives, visuelles, tactiles, etc.). Par le jeu de neurones connectés en réseaux, le sujet découvre le monde et se le représente. D'autres neurones se chargent de l'organisation des déplacements, des gestes subtils de la main, des mimiques faciales et des contractions vocales. Images et mouvements sont indissociables : le regard est un geste des yeux, le toucher réalise un don ou une prise de l'objet.

L'autre occupe la première place dans les représentactions de l'homme : l'autre qui pense en moi et à la place de qui je pense. Dans le face-à-face de l'homme avec l'homme – la rencontre de deux psychés –, il s'agit de deux chairs qui compatissent et de l'échange passionné entre deux corps en émoi. Faut-il pour autant retomber dans le vieux dualisme opposant la raison aux passions ? Non, bien sûr. Ce serait négliger les progrès que les sciences de la cognition (notamment grâce à l'imagerie cérébrale fonctionnelle) ont fait faire à la connaissance des mécanismes de l'intersubjectivité. Decety parle à leur propos d'un sens des autres[5]. Fonction composée « d'une part de la résonance motrice entre soi et l'autre, d'autre part du processus de prise de perspective du point de vue subjectif d'autrui ». Ce sens inné, tel que la vision, l'audition ou toute autre fonction organique, a été façonné par l'évolution pour résoudre des problèmes d'adaptation qui ont permis la sélection naturelle de l'espèce humaine. Le bébé dispose à la naissance de mécanismes neuronaux câblés génétiquement. Ils lui permettent d'édifier sa psyché, véritable efflorescence de formes en devenir, dans l'imitation des formes vives de l'autre. Ces phénomènes qui lient intimement les actions et leurs représentations dans le cerveau de deux sujets constituent, selon moi, les racines évolutives de l'être humain et lui donnent son authentique substance. Avec une réserve, toutefois, qui me conduit à distinguer empathie et compassion. L'empathie est une fonction indispensable à la vie sociale chez les vertébrés. Sur des millions d'années, grâce à l'augmentation des capacités cognitives et à l'enrichissement du répertoire, l'émotif a conduit à cet « animal de société » qui est l'homme. Rien ne s'oppose à ce que l'on parle d'empathie chez l'animal. La compassion me paraît être en revanche le propre de l'homme : prendre part aux passions de l'autre[6].

Les sciences cognitives nous donnent une description de l'humain comparable à celle d'un arbre avec ses racines qui plongent dans le sol de l'évolution et ses branches qui hésitent ou à s'élancer vers le ciel ou à s'entremêler avec celles des arbres voisins pour former une forêt dense, la société des hommes. Absorbées dans l'observation de l'écorce, les sciences ne nous disent rien d'une profondeur qui s'épuise à la surface de l'image du cerveau. Sous cette « peau de l'âme[7] », circule une sève qui alimente la substance de l'arbre. Là, se trouve peut-être une explication de la force mystérieuse du regard : les yeux offrent, en effet, une solution de continuité dans la surface de l'individu ; une brèche par où s'engouffre la compassion.

Si l'existence des hommes se résumait en échanges d'informations entre des corps intelligents se comprenant mutuellement grâce à des codes partagés, entre des corps dont les émois et les tourments sont au seul service de leurs facultés intellectives, on ne voit pas pourquoi la concorde et l'harmonie ne régneraient pas entre eux[8]. À la rationalité instrumentale ou effective s'ajouterait la rationalité expressive ou affective. Produit achevé de l'évolution des espèces récapitulées dans son développement individuel, l'homme serait alors ce chef-d'œuvre dont se moque Hamlet : « Comme il est noble dans sa raison, infini dans ses facultés, ses mouvements, son visage, comme il est résolu dans ses actes, angélique dans sa pensée, comme il ressemble à un dieu ! La merveille de l'univers, le parangon de tout ce qui vit. » Hélas, pauvre homme ! Nous vérifions chaque jour le mensonge de ce propos.

D'intersubjectivité, la sociobiologie ne s'embarrasse guère. L'altruisme que cette discipline étudie fait intervenir la sélection naturelle à un niveau situé entre l'individu et l'espèce où ce n'est pas tant le sujet qui est en cause que ses gènes – un trésor autrement précieux que son âme pour ces naturalistes radicaux.

Il est possible d'aborder ce qui rapproche les individus entre eux à un niveau purement biologique, sans faire intervenir la sociologie et la défense de l'espèce comme fin dernière de tous les mécanismes du vivant. Le lien entre la mère et l'enfant, prototype des liens qui s'établissent ensuite entre les individus, repose sur des câblages cérébraux innés et hérités de l'évolution. Ils sont activés par des hormones sécrétées dans le corps et le cerveau (notamment l'ocytocine, « molécule du lien » ou la dopamine, neuromédiateur du désir) (voir chapitres 5 et 6).

Des anomalies génétiques héréditaires ou accidentelles (voir Focus 15), auxquelles s'ajoutent les dysfonctionnements de la société dans laquelle grandit l'individu, peuvent fournir une explication valable de la violence comportementale de l'homme, expression de la contre-passion. Les animaux offrent des modèles d'agressivité pour se défendre et protéger leurs petits ou de conduites prédatrices pour se nourrir. Dans tous ces cas, il est facile de reconnaître une valeur adaptative. J'avoue être moins convaincu par des arguments biologiques lorsqu'il s'agit d'expliquer la furie qui enflamme régulièrement l'espèce humaine ou l'ivresse contagieuse qui s'empare des hommes à la vue du sang. Le caractère adaptatif du « mal » ne me paraît pas alors évident.

Dans la figure universelle de la compassion, j'identifie le passage mystérieux de l'animal à l'homme, du trafic des émotions à celui des sourires et des larmes et du jeu des hormones à celui des symboles. Les régions du cerveau et leur activation en miroir fournissent un substrat anatomique, déjà présent chez le singe, à la communication interindividuelle fondée sur la représentation des gestes des mains et de la face, amplifiée et complexifiée chez l'homme aux dimensions du langage ; mais elles ne rendent qu'imparfaitement compte de cette intériorité partagée entre deux êtres. Le langage ne peut, en effet, s'adresser à l'autre que dans la mesure où ce dernier est présent à l'intérieur de celui qui parle.

Le concept d'identification (dans le sens de s'identifier à l'autre) occupe une place centrale dans l'œuvre de Freud. Il en fait l'opération principale par laquelle le sujet humain se constitue. À côté de la relation à la mère dont les conditions organiques sont évidentes, le père offre à l'enfant le prototype de l'autre non fusionnel. On voudra bien ne pas y voir un exercice d'égotisme, mais l'exploitation du seul exemple dont je puis disposer.

Après avoir parcouru les avenues et les chemins de traverse de la biologie, le dernier mot est à la philosophie. Compassion et puissance de l'être ne sont pas réductibles l'une à l'autre, mais entretiennent des rapports dialectiques. Ontologiquement, la compassion est le pouvoir de don et d'abandon ou la capacité d'accueil de l'autre en tant qu'autre.

« La raison n'est ni la première ni la dernière instance de l'existence humaine », dit le philosophe Jean Ladrière[9] *L'expérience de base est le sentir (*sentio ergo sum*) ; ce n'est pas le logos, mais le pathos : la capacité d'être affecté et d'affecter. On n'a peut-être pas assez considéré que la conscience est en soi un affect. Le monde vital de l'être humain, son monde originaire se manifeste à travers les affects. Le langage d'avant la raison a jailli au sein d'un ensemble de sensations porteuses de sens. Il est pathétique et émouvant par son contenu passionnel qui, autant sinon plus que la raison, détermine l'essence de l'homme.*

Comme l'affirme Scheler[10]*, comprendre c'est connaître le dedans de l'autre en lui donnant du sens. La compassion est chez l'humain la modalité fondamentale de la connaissance. La première phrase de la métaphysique d'Aristote, « Tous les hommes aspirent par nature à la connaissance », peut alors s'entendre comme l'expression du besoin naturel d'autrui.*

L'intériorisation de l'éprouvé de l'autre suscite le désir ; désir de l'autre qui bascule dans l'infini, un infini que Hegel qualifiait de « mauvais infini » – autre de l'autre de l'autre de l'autre, une altérité où s'épuise le sens comme dans cette ancienne réclame pour la peinture Ripolin. Il est vrai que, dans cette publicité, les hommes se tournent le dos ! À cette ribambelle d'autres, on peut aussi préférer le « Grand Autre », comme dirait Jacques Lacan.

Finalement, la compassion au sens où je l'entends est centrée sur la personne humaine dans sa relation aux autres qui lui permet de prendre conscience d'elle-même. Elle est ainsi le moteur de la construction de cette personne. Ce constat attribue aux émotions le rôle primaire dans l'existence du moi. Il en découle un second constat : l'existence indubitable d'autres « moi » ; une connaissance intérieure de ce que vit l'autre ; la faculté de reconstituer en quelque sorte la perspective de l'autre. Constat que j'ai résumé dans Biologie des passions *par la phrase : « Je suis parce que je suis ému et parce que tu le sais*[11]*. »*

NOUS VOIR COMME NOUS SOMMES

C'est une fonction dont nous sommes incapables sans le secours d'un miroir. *Je* est un reflet dans le regard de l'autre. Ce pourrait être une illusion, si les informations venues de notre propre corps ne venaient nous assurer de la réalité de notre présence au monde.

« Tout ce qui vaut pour moi, vaut pour autrui[12] » ; celui-ci est le garant de mon authenticité. Les neurophysiologistes se sont penchés sur la question et leurs données « apportent de l'eau au moulin à vent des philosophes[13] ». Chez l'homme parangon de l'individuation, l'imitation constitue le ciment de la société.

L'IMITATION

Il y a une sorte de paradoxe à ce que l'individuation, trait affirmé de l'espèce humaine, s'accompagne d'une imitation généralisée qui unifie le groupe en le dynamisant et en lui imposant la production incessante de similitudes garantes de sa perpétuation. Chaque sujet constitue un modèle pour l'autre dans une réciprocité et une diffusion qui ne s'arrêtent que là où cesse la proximité avec l'autre. « De là, cette définition du groupe social : une collection d'êtres en tant qu'ils sont en train de s'imiter entre eux ou en tant que, sans s'imiter actuellement, ils se ressemblent et que leurs traits communs sont des copies anciennes d'un même modèle[14]. »

L'imitation est d'ordre biologique : une capacité intrinsèque du cerveau – le cerveau d'un individu qui exige en retour la participation effective et affective d'autrui.

La meilleure preuve de cet ancrage dans le biologique réside dans l'observation de l'imitation chez animaux non humains. Cette faculté cognitive est difficile à étudier car il convient de ne pas prendre un simple dressage pour un apprentissage par imitation. À cette réserve près, il existe une imitation authentique chez les oiseaux et les primates, notamment chez les singes hominoïdes. L'imitation s'est développée dans ces deux groupes éloignés sur le plan évolutif, en réponse à des contraintes comparables du milieu, le plus souvent imposées par la vie en société.

Pour vivre ensemble, il convient de reconnaître l'autre, de l'identifier – ce que les singes et les oiseaux sociaux (perroquets ou corbeaux) savent faire – et d'être capable de calquer son comportement sur celui de l'autre, ce dont les deux groupes d'animaux semblent également capables.

Comme pour tout ce qui touche à la comparaison entre les hommes et les primates humains, un gouffre nous sépare de nos cousins, malgré l'élan affectif qui nous porte parfois l'un vers l'autre. C'est leur faire offense de les dire en tout point comparables. Le psychologue américain Tomasello[15] pense que ce qui manque aux singes est la capacité de s'identifier à leurs congénères. Celle-ci passerait par celle de l'imitation réciproque. Il était de mode dans les années 1930 de tenter d'abattre les « barrières culturelles » entre les humains et les chimpanzés. Un couple de chercheurs tenta d'élever leur enfant en même temps qu'un bébé chimpanzé. En adeptes de l'apprentissage social, ils espéraient qu'un environnement culturel humain révélerait les capacités cognitives inemployées de l'animal. Les résultats furent non seulement décevants, mais dangereux pour l'enfant :

au bout de quelques mois, le singe, très éveillé dans l'acquisition de ses compétences spécifiques, n'avait fait que peu de progrès dans l'imitation de l'enfant ; ce dernier se comportait en revanche comme un parfait petit chimpanzé et ne se lassait pas de « faire le singe ». Devenir Tarzan ne leur paraissant pas une situation d'avenir pour leur enfant, les chercheurs arrêtèrent l'expérience. Il serait intéressant de savoir aujourd'hui, quel adulte il est devenu : professeur d'université peut-être ?

En matière d'imitation, aucun animal ne surpasse l'homme. Toutes les observations psychologiques ou éthologiques s'accordent pour reconnaître l'importance de l'imitation chez l'humain. Je laisserai momentanément de côté le langage, où le rôle de l'imitation est fondamental, pour m'en tenir à l'imitation gestuelle dans laquelle l'enfant brille par son talent.

Il n'existe pas d'accord sur l'âge où commence l'imitation. Darwin craignait de s'être trompé en la constatant à 4 mois. Meltzoff et Moore ont montré qu'elle se manifestait dès les premières heures de la vie[16].

Une autre tendance manifeste et précoce est l'imitation de soi-même ou propension irrésistible au redoublement – répétition rythmique de quelques sons ou de gestes manuels – avec, selon Baldwin, « passage graduel de la répétition immédiate de son propre mouvement à la répétition d'un mouvement fait par un autre[17] ».

Cette observation, qui date de la fin du XIXe siècle, met déjà l'accent sur ce que Jeannerod appelle les représentations partagées qui lient l'action d'un sujet à celle effectuée par un autre. Dans son acception la plus stricte, ce partage signifie que les deux individus qui réalisent simultanément la même action dans les mêmes conditions présentent dans leur cerveau respectif une activation semblable correspondant à une « représentation » identique[18].

L'enfant, cet « acteur-né », tire la langue, sourit, grimace, fait toutes sortes de mouvements de la face, des membres et des mains, un répertoire inné que l'adulte à son tour imite pour faire l'« intéressant » auprès du bébé ; celui-ci, peu à peu, répond en imitant l'adulte devenu l'« imitateur imité ».

Les capacités imitatives du nourrisson s'amplifient sous la pression de l'émulation qui prend en compte non plus le geste en lui-même, mais son objet[19]. Le désir de cet objet devient le véritable moteur de l'imitation et l'acte apparaît comme la conséquence de l'état passionné – l'antienne de ce livre.

JEUX DE MIROIRS

Pour devenir une personne, le jeune enfant suit un véritable parcours initiatique : passage de l'imitation de l'autre à celle de soi, puis de l'imitation de soi à la conscience de soi. Chaque passage comporte la traversée d'un miroir. Ce « jeu » de miroir permet à l'humain de *s'auto-affecter*, c'est-à-dire de contrôler et manipuler sa psyché. Selon l'expression de Joëlle Proust[20], le *je* est l'acteur d'une comédie dramatique qui se déroule, sans entracte, au passé, au présent et au futur, dont il est tout à la fois le metteur en scène et le public : « *Je* se la joue. » L'émotion est la substance même du théâtre et la compassion fournit le ressort dramatique dont le jeu tire son énergie. René Zazzo[21] a passé une bonne partie de sa vie à observer des enfants se regarder dans une glace. Il a mené des études systématiques sur plusieurs centaines de jeunes à des âges allant de leur naissance à leur septième année.

Que regarde dans un miroir le très jeune enfant (6 mois) ? Avant tout son visage, c'est-à-dire une partie de son corps qui lui est normalement invisible : il ne peut être à la fois la vue et le point de vue (visage vient du latin *visus*, vue). Nous ne connaissons notre visage que par l'intermédiaire d'une surface réfléchissante, d'une photo, d'un portrait, mais jamais directement. Ce qui fait dire à Zazzo que des jumeaux identiques indifférenciables à nos yeux sont les derniers à voir qu'ils se ressemblent. L'« illusion autoscopique » qui fait que nous croyons nous connaître depuis toujours, vient de ce que l'image du visage découverte tardivement comme « nôtre » vient se fondre secondairement dans ce « reflet intérieur » qui, lui, existe dès la naissance. L'enfant voit dans la glace un visage qui le regarde – « visage, miroir de l'âme », figure des plus éculée parmi les clichés poétiques. La situation est donc celle de deux miroirs qui se font face : un problème qui a fasciné les peintres notamment Vélasquez et Picasso. Le tableau *Les Ménines* représente la famille de Philippe IV : au centre de la toile l'infante, entourée de ses demoiselles d'honneur et de la naine Marie Barbola ; sur la moitié gauche, Vélasquez s'est représenté en train de peindre la scène. Pour entrer dans le tableau, devenir son propre modèle – un autre parmi les autres –, le peintre doit utiliser la méthode de l'autoportrait et peindre devant un miroir qui reflète les modèles posant derrière la toile et non devant. Le piège du regard se referme sur un deuxième miroir qui normalement fait face au premier et dans lequel apparaissent le roi et la reine selon un jeu de reflets dont aucun dispositif optique ne peut rendre compte. Le cerveau du peintre s'est détaché du réel pour ne plus opérer que dans des représentations pures ; mais, en devenant le sujet de sa peinture, il authentifie sa présence et échappe au royaume des illusions.

Dans les expériences de Zazzo, l'enfant est placé devant un miroir en pied (une psyché !) qu'il peut contourner (passer « de l'autre côté du miroir »). Deux artifices viennent compléter le dispositif : une tache colorée faite sans attirer son attention sur son front ou son nez et la présence derrière lui d'un objet lumineux ou d'une personne familière, généralement la mère.

Jusqu'à l'âge de 12 mois, il réagit comme s'il voyait un autre enfant derrière la glace : il tape sur le miroir, sourit, entame un dialogue gestuel ; il ne touche pas la tache ; ne se retourne pas vers l'objet ou la personne située derrière lui et lorsqu'il a la capacité de se déplacer, contourne le miroir pour y chercher ce qu'il a vu s'y refléter : la mère et lui-même comme un autre.

De 12 à 16 mois, ce comportement subsiste, enrichi de jeux de mains et jeux de bouche. L'enfant agite ses mains comme pour provoquer cet autre qui l'imite, embrasse la glace et vient toucher la trace qu'il y a laissée avant de recommencer son baiser.

Entre 16 et 18 mois se produit la crise que Zazzo a décrite comme un « phénomène d'évitement » : attitude de perplexité et d'embarras qui se traduit par un détournement de la tête et qui contraste avec la jubilation des mois précédents. L'enfant ne touche toujours pas la tache sur son visage et ne se retourne pas vers l'objet situé derrière lui.

Deux à cinq mois après le début de la réaction d'évitement, l'enfant porte enfin la main à la tache sur son visage. À l'âge de 2 ans, tous les enfants réussissent cette épreuve d'identification visuelle de leur propre visage. Une semaine ou deux après le succès à l'épreuve de la tache, l'enfant commence à employer le pronom personnel « je ».

La surprise est venue de la poursuite des expériences au-delà de 2 ans. En effet, l'enfant continue à aller se chercher derrière le miroir. Cette conduite inattendue persiste six mois après qu'il s'est reconnu. Quant au contournement pour aller retrouver la mère, il ne disparaît totalement que vers l'âge de 7 ans – 7 ans, l'âge dit de raison. À 5 ans, 20 % des enfants présentent encore cet étrange comportement. À l'âge adulte, seuls quelques poètes se détournent du monde réel qui conspire dans leur dos en passant de l'autre côté du miroir.

Les animaux ne semblent pas capables de suivre ce long parcours de découverte de soi dans son propre reflet. Selon Gallup[22], un chimpanzé, à qui on a fait une tache de couleur sur la face, l'animal étant anesthésié, efface ensuite cette tache sur son « visage », lorsqu'il est placé devant une glace. Tous les autres animaux soumis à l'apprentissage du miroir échouent, qu'il s'agisse de macaques ou de chiens. Selon Zazzo, « l'animal en rétroaction avec son propre reflet est comme prisonnier, il ne parvient pas à s'en détacher et s'enlise dans le comportement inacceptable de cet autre incapable d'accomplir le rituel de la rencontre avec un congénère ». Comme l'enfant en période d'évitement, l'animal est placé devant le dilemme : *comment imiter celui qui vous imite ?* Il y a là une impossibilité qui ne peut se résoudre que dans la conscience de soi. Celle-ci, à l'état de prototype inachevé chez les primates supérieurs, devient effective chez l'enfant après 2 ans, grâce à la présence active du cerveau de l'autre dans son propre cerveau.

LES NEURONES MIROIRS

Dans le début des années 1990, l'équipe italienne de Rizzolati fit une observation singulière chez le singe dont les suites s'avérèrent particulièrement fécondes. Le chercheur enregistrait, grâce à des électrodes introduites dans la région motrice préfrontale, l'activité d'un neurone qui déchargeait de façon conjointe à un mouvement de prise avec les doigts qu'il avait appris à effectuer en échange d'une récompense.

L'anecdote raconte qu'alors que le singe était au repos et n'effectuait pas de tâche motrice, le chercheur profita de l'intervalle libre pour prendre un petit « en cas » : quelques olives saisies avec les doigts dans une coupe. Quelle ne fut pas sa surprise, lorsqu'il entendit le neurone au repos se mettre à décharger[23] !

Cette observation fut répétée et les données recueillies systématiquement permirent de proposer le concept de *neurones miroirs*. Ces neurones étaient donc actifs pour un geste précis de la main ou de la bouche que celui-ci soit réellement effectué par l'animal ou qu'il observe son exécution par un tiers. Il *simulait* le geste de l'autre « dans sa tête[24] » (Figure 37).

Ces données font partie de ces observations scientifiques dont la valeur métaphorique l'emporte sur la consistance des faits eux-mêmes. Le « neurone miroir », c'est un peu l'« Alice au pays des merveilles » de la neurophysiologie. Sa valeur n'en est pas moindre. Une des hypothèses avancées par Rizzolati et Arbid[25] est fondée sur le fait que les « neurones miroirs » sont répartis dans la région F5 du singe. Celle-ci pourrait être l'homologue chez l'homme de l'aire de Broca qui joue un rôle essentiel dans les programmes moteurs produisant la parole. « Si tel était le cas, conclut Jeannerod[26], les "neurones miroirs" pourraient constituer un système de communication fondé sur la reconnaissance gestuelle, pour les mouvements des doigts et les mouvements des lèvres : ce système aurait pu évoluer ensuite vers un système de reconnaissance du langage parlé. »

Pour revenir au jeune enfant dont on soupçonne que les « neurones miroirs » s'activent devant son image dans la glace. Il comprend que celui qui l'imite derrière le miroir n'est autre que lui-même. Une

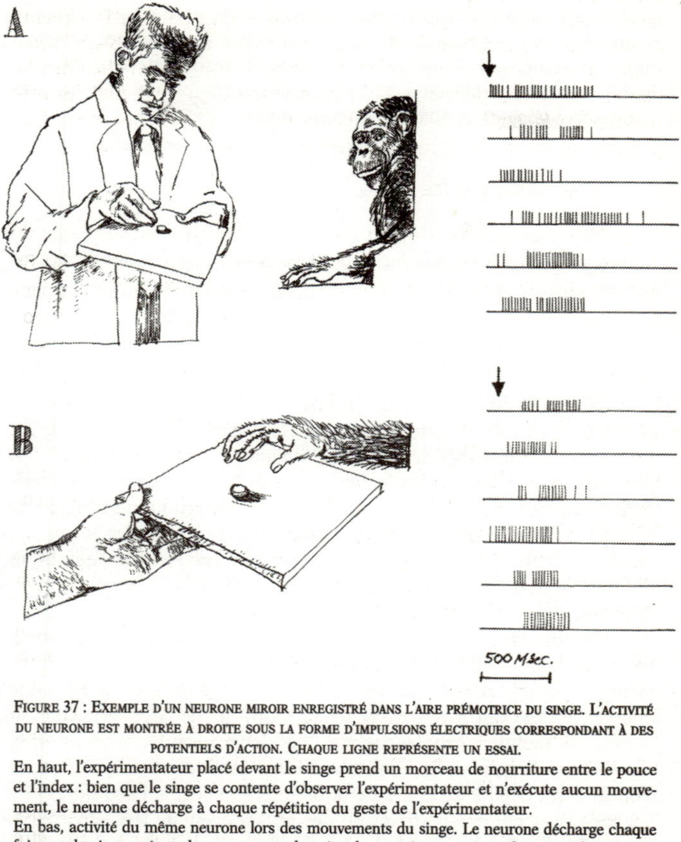

FIGURE 37 : EXEMPLE D'UN NEURONE MIROIR ENREGISTRÉ DANS L'AIRE PRÉMOTRICE DU SINGE. L'ACTIVITÉ DU NEURONE EST MONTRÉE À DROITE SOUS LA FORME D'IMPULSIONS ÉLECTRIQUES CORRESPONDANT À DES POTENTIELS D'ACTION. CHAQUE LIGNE REPRÉSENTE UN ESSAI.
En haut, l'expérimentateur placé devant le singe prend un morceau de nourriture entre le pouce et l'index : bien que le singe se contente d'observer l'expérimentateur et n'exécute aucun mouvement, le neurone décharge à chaque répétition du geste de l'expérimentateur.
En bas, activité du même neurone lors des mouvements du singe. Le neurone décharge chaque fois que le singe exécute le mouvement de prise de nourriture, mais seulement si la prise est effectuée entre le pouce et l'index. Ce neurone code une action, que l'animal l'exécute ou qu'il observe son exécution par quelqu'un d'autre. Ces travaux sont dus au neurophysiologiste italien, Giacomo Rizzolati et son équipe.
(D'après di Pellegrino *et al.*, *Exper. Brain Res.*, 1992, 91 : 176-180).

situation comparable à celle de Vélasquez dans ses *Ménines* : un miroir en face d'un miroir. Il devient le sujet de sa représentation des autres. Les développements parallèles de ses facultés langagières lui permettent alors de dire je.

La mise en place de ces solutions cognitives conduit à ce que les philosophes appellent l'*aperception*. Dans le cerveau se projettent sur le miroir intérieur les actions de son propre corps. En l'absence de sensibilité, autrement dit de l'éprouvé du corps, le miroir intérieur est semblable à une glace placée dans l'obscurité qui ne renvoie plus que des images indistinctes et aux contours brouillés.

CE QUE PENSE L'AUTRE

Deux conceptions ont pour ambition d'expliquer dans le cadre du naturalisme cognitiviste la façon dont les hommes se comprennent les uns les autres : la *théorie de l'esprit* et celle de la *simulation*.

LA THÉORIE DE L'ESPRIT

Qu'appelle-t-on théorie de l'esprit ? L'expression est ambiguë car elle renvoie à une théorie explicative du fonctionnement de l'esprit. Les tenants de la « théorie théorique » n'ont pas cette prétention[27]. Ils postulent que chaque individu serait un psychologue-né et disposerait d'une connaissance implicite (une théorie) de l'esprit lui permettant de spéculer sur les multiples manifestations du psychisme des autres. Ce savoir s'installerait progressivement dans le cerveau de l'enfant et doterait ce dernier de règles lui permettant d'attribuer des états mentaux aux autres et d'en déchiffrer le contenu.

L'acquisition de la « mentalisation » se ferait par la maturation de trois modules spécialisés. Le premier, *theory of body mechanism* (Toby), permet au bébé de découvrir que les autres possèdent une énergie interne qui leur permet de se mouvoir : le bébé se reconnaît comme un mobile parmi les mobiles. Les deux suivants, *theory of mind mechanism* (Tomm 1 à 2) reconnaissent l'intentionnalité : grâce à Tomm 1 qui débute au cours de la première année, le bébé interprète les personnes comme poursuivant des buts au sein de leur environnement ; Tomm 2 au cours de la deuxième année permet à l'enfant de prêter à l'autre des attitudes propositionnelles (penser que, croire que, désirer que).

THÉORIE DE LA SIMULATION

Nous parvenons à savoir ce que pensent les autres « parce que nous sommes capables de simuler à l'intérieur de nous-mêmes leurs états mentaux et de nous mettre à la place des autres : en somme, je vous comprends parce que je fais semblant d'être vous ou, en jouant sur les mots parce que j'utilise les mêmes systèmes neuronaux pour être et vous "con-être"[28] ».

Lorsque le sujet accomplit un acte volontaire, par exemple saisir un objet entre le pouce et l'index, la région du cortex moteur primaire qui commande les muscles de ces doigts est mise en action. Je rappelle que cette région occupe la circonvolution de la frontale ascendante située en avant du sillon médian et que la représentation somatotopique de l'hémicorps controlatéral y dessine un *homonculus*. Parallèlement, l'activité de l'aire dite *prémotrice* située plus en avant traduit la préparation programmatique du geste qui accompagne le rôle d'exécution du cortex moteur primaire. On observe également l'allumage des régions pariétales reliées à la sensibilité des muscles mise en jeu par la réalisation du geste.

Ces régions du cerveau sont aussi sollicitées lorsque le sujet imagine le geste sans le faire (image motrice) ou lorsqu'il observe autrui en train de l'accomplir. Les mêmes zones sont donc impliquées dans l'action, que celle-ci soit réalisée, imaginée ou observée. Il s'agit d'une simulation en temps réel car la durée de l'image motrice est identique à celle du geste effectué.

Si le sujet utilise les mêmes ensembles neuronaux pour agir, se représenter l'action ou la simuler lorsqu'elle est effectuée par autrui, comment peut-il faire la distinction entre ses propres agissements et ceux de l'autre ? Problème dit de l'*agentivité* : agir ou être agi ? C'est au cerveau d'en décider. Il dispose pour cela de signaux sensoriels en provenance de son propre corps qui lui indiquent qu'il est bien en train d'effectuer le geste. Par ailleurs une copie de la commande motrice (copie d'efférence) est capable de prédire les conséquences sensorielles de l'acte. La confrontation de la copie et des données venant des muscles atteste de la conformité entre le programme moteur et sa réalisation.

Pour participer normalement à la vie d'une communauté d'individus, un sujet doit donc connaître l'auteur de ses propres actes : *lui-même*. Cette capacité suppose la connaissance de *soi* différent de l'*autre*, mais ne signifie pas nécessairement la conscience de soi. Une aire du cortex où convergeraient les informations en provenance de l'espace extracorporel (autrui) et celles originaires de l'espace corporel (proprioception) aurait la charge de cette distinction entre le soi et l'autre. Des expériences d'imagerie réalisées par le groupe de Decety[29] désignent pour cette fonction la région du cortex pariétal inférieur *droit*. Il s'agit pour le sujet soit d'imiter l'expérimentateur, soit d'être imité par lui et de l'observer. Le lobule pariétal inférieur droit est fortement activé dans les conditions d'imitation par autrui (regarder l'autre vous imiter). Une autre série d'expériences[30] va plus loin en s'en tenant à la représentation mentale de l'action sans que celle-ci soit effectuée. On demande à des sujets soit d'imaginer un geste familier, soit d'imaginer autrui effectuant le même geste. Dans les deux cas (soi ou autrui), les images motrices allument les mêmes régions frontales et pariétales. Toutefois, on observe, comme dans l'expérience précédente, une forte activation du lobule pariétal inférieur droit lorsque le sujet adopte la perspective d'autrui. En résumant à outrance : autrui a son siège en moi dans mon lobule pariétal droit.

Sans entrer dans le détail de pathologies multiples, je signalerai que des lésions de cette région pariétale inférieure droite sont observées chez les patients atteints de troubles du schéma corporel ou de défauts d'attribution de leurs propres gestes et de ceux d'autrui. Le délire d'influence observé chez des schizophrènes qui imputent l'origine de leurs actes à des entités étrangères pourrait également impliquer le cortex pariétal droit.

De ce qui vient d'être dit, il ressort que la devise du cerveau pourrait être : *imiter et simuler* ; activités qui se mettent en place chez l'homme dès sa venue au monde. Cette devise implique trois conditions : l'existence d'un soi, la perception d'autrui et le masquage de l'action.

PENSER SA VIE

Le soi est une sorte de petit théâtre intime où le sujet se perçoit comme acteur sur la scène du monde – son monde propre, bien sûr, qui occupe son espace extracorporel. Cette proposition rejoint le concept de « soi écologique » développé par James Gibson : « percevoir l'environnement c'est se copercevoir soi-même[31] ». Le néologisme *affordance* créé par Gibson traduit cette relation entre le sujet et l'environnement. Les objets qui constituent le monde propre du soi se prêtent à des actions déterminées : la vue d'une chaise invite à s'asseoir ; celle d'un verre plein, à boire et celle d'un ami, à lui serrer la main. Finalement les interactions que les objets ont entre eux, toute cette agitation du monde, invitent également le sujet à intervenir à se mêler au monde. Cette théorie séduisante est un peu courte, car elle emprisonne le désir du sujet dans son environnement. Certes le désir est spécifié par l'environnement. Je désire ce qui se présente à moi, mais il convient d'ajouter que ces objets de désir ont une histoire qui coïncide avec celle du sujet. Le corps du sujet est lui-même porteur d'affordance : *un corps pour soi.*

Les travaux de Rochat[32] ont montré la précocité de la perception du soi chez le nourrisson – ce qui ne veut pas dire la conscience de soi. Le nouveau-né est capable dès ses premières semaines de se percevoir comme une entité distincte en poursuivant son expérimentation inlassable sur le monde et sur lui-même. Il découvre ainsi des coïncidences spatiales et temporelles entre lui et son milieu : comme par exemple le fait de ressentir deux sensations tactiles distinctes et simultanées lorsque sa main touche une région de son corps, ou d'entendre son cri quand celui-ci s'échappe de sa propre gorge. Le bébé fait facilement la différence entre cette autoproduction et un toucher ou un son d'origine externe. Ainsi, un bébé âgé de deux jours tourne la tête en réponse à un toucher de sa joue par autrui, mais ne réagit pas lorsqu'il se touche lui-même.

Le soi implique l'existence de l'autre. En se percevant soi, le jeune distingue les objets vivants qui occupent son espace extracorporel et perçoit des similitudes entre eux et avec lui : ce sont la mère, le père, les proches, les autres enfin, tous en cercles concentriques de plus en plus éloignés de lui comme les atomes autour d'un noyau. Ce phénomène n'a rien de particulier à l'humain. L'oisillon lié à sa mère lors de sa naissance par le phénomène d'empreinte, acquiert ensuite une représentation cérébrale de ses congénères et de la place qu'ils occupent individuellement dans le monde, que celui-ci se réduise à un poulailler ou à un vol d'oiseaux migrateurs. Chez les primates et *a fortiori* chez les grands singes, la notion d'identité s'affirme comme d'ailleurs l'ensemble des caractères d'individuation pour culminer chez l'humain. Les *cartes cognitives d'identité* représentant nos proches, nos familiers, voire des connaissances lointaines, des personnalités connues et jusqu'à des individus mémorables rencontrés une seule fois forment un immense fichier dans notre cerveau. Sur la carte ou le passeport d'un particulier figure une photo dite d'identité : reconnaître l'autre c'est d'abord reconnaître son visage. Une silhouette, une démarche, une taille peuvent tromper ; un visage rarement.

Dans ces « sommiers anthropométriques » des autres dont chacun dispose dans son cerveau, sa propre fiche signalétique occupe une place de choix. Elle est cependant bien approximative : renseignements de seconde main, image du visage empruntées au miroir et mise à jour très incomplète ; au point que certains d'entre nous qui ont passé la cinquantaine se promènent avec une carte cognitive d'identité qui date de leur jeunesse et ont du mal à se reconnaître sur une photo récente.

Certains patients atteints de *prosopagnosie* sont incapables de reconnaître des visages familiers, mais continuent de réagir émotionnellement à leur vue. Leur cerveau présente des lésions bilatérales de la région inféro-postérieure des lobes temporaux. Très différent, le *syndrome de Capgras* porte non plus sur l'identification des individus familiers, mais sur leurs personnes mêmes qui ont été remplacées par des imposteurs. Ce dédoublement peut s'étendre au patient qui pense qu'un sosie usurpe son identité. Ces substitutions délirantes se font dans un étrange climat d'apathie : pourquoi le patient serait-il ému puisqu'il n'est plus lui-même et que l'autre est bien à l'aise dans sa peau ? Les neuropsychologues font l'hypothèse que les dysfonctionnements intéresseraient les connexions entre les aires temporales de reconnaissance des visages et les structures qui confèrent à cette identification une signification émotionnelle. Cet autre qui occupe ma personne m'est indifférent. L'identification de l'autre est en effet chez l'homme normalement inséparable d'un accompagnement affectif. *La cognition sans émotion n'a plus sa raison d'être.*

Dernier point, mais essentiel : si j'active les mêmes structures nerveuses dans la réalisation effective d'un geste et dans sa simulation, comment, dans ce dernier cas, l'action motrice peut-elle être masquée ? C'est ici qu'intervient une fois encore le phénomène de l'inhibition dont j'ai fait mention à de nombreuses reprises. Le cortex préfrontal (le commissaire de police) est selon toute vraisemblance le responsable de cette interdiction de passage à l'acte en interdisant la sortie motrice : défense qui s'étend aussi bien, nous l'avons vu, à la morale qu'à l'action.

Au moment de refermer – provisoirement – le « théâtre du moi », j'éprouve le regret de n'avoir fait que décrire la machinerie – imitation, simulation, identification. Je conclurai en faisant maintenant descendre des cintres le deus ex machina, notre accompagnon depuis le début de ce livre – le désir.

Non le désir ordinaire (la motivation) qui opère dans les cerveaux animaux, mais un monstre éblouissant qui se nourrit de chair humaine : la chair de l'autre. Que serait une théorie de l'esprit, si celle-ci ne reposait pas sur notre appétit insatiable pour l'humain, pour la chair de notre chair ? Voilà un discours bien pompeux, docteur ! Je vous l'accorde, mais j'ajoute « au commencement était le Verbe [...] et le Verbe s'est fait chair ».

FOCUS 14

L'autisme infantile précoce

JACQUES HOCHMANN
professeur émérite de psychiatrie de l'enfant
à l'université Claude-Bernard (Lyon-I)
médecin honoraire des hôpitaux de Paris

L'invention de l'autisme

Le terme d'autisme a été créé en 1911, par le psychiatre suisse Eugen Bleuler pour désigner un des symptômes de la maladie mentale du jeune adulte qu'il avait isolée : la schizophrénie. Bleuler qualifiait d'« autistique » la tendance du patient schizophrène à se retirer du monde, à se replier sur lui-même et à s'absorber seulement dans sa vie intérieure, en coupant tout contact avec son environnement. Ce terme a été repris en 1943, par un pédopsychiatre américain, d'origine allemande, Leo Kanner, à propos d'une première cohorte de onze jeunes enfants qui présentaient tous, depuis la naissance, ce que l'auteur définissait comme un « trouble inné du contact affectif ». Le souci de Kanner était essentiellement un souci de clarification nosologique. Alors que, dans le champ complexe de l'arriération mentale, découpé d'abord de manière purement linéaire, en fonction du niveau intellectuel, on commençait à distinguer des entités cliniques et étiologiques différenciées – tels le mongolisme, le myxoedème congénital, la sclérose tubéreuse de Bourneville ou la phenylcétonurie – dans les années 1930, le diagnostic de schizophrénie, d'abord réservé aux adultes, s'était progressivement étendu aux enfants, pour qualifier une grande variété de troubles du comportement et de l'activité mentale. Réagissant contre ce qu'il considérait comme une sorte de « fourre-tout » nosologique, Kanner entendait décrire un syndrome spécifique, distinct de l'arriération mentale – ces enfants lui paraissaient intelligents, malgré leur apparent retard de développement – comme de la schizophrénie. Ce syndrome était caractérisé par deux symptômes cardinaux : un isolement, l'*aloneness,* et une tendance à maintenir un univers immuable, la *sameness.* Kanner insistait en outre sur le caractère anxieux de ces enfants, redoutant tout changement dans leur environnement et éclatant en crises d'angoisse massive au moindre imprévu. Il était aussi frappé par le caractère très particulier de leur langage marqué, pour ceux d'entre eux qui avaient acquis un langage articulé, par des répétitions stéréotypées des phrases toutes faites, des néologismes, un évitement des termes abstraits et ce qu'il appelait des « métaphores », c'est-à-dire des mots ou des phrases détournés de leur sens usuel et utilisés de manière condensée pour désigner une situation, souhaiter le bonjour à une personne ou évoquer un interdit. Surtout, ce langage n'avait pas valeur de communication et semblait être une activité quasi automatique. Kanner reconnaissait que le terme d'autisme était peut-être inapproprié. En effet, si ces enfants paraissaient éviter tout contact avec les personnes, ils pouvaient au contraire manifester un extrême intérêt pour certains objets inanimés auxquels ils restaient parfois fixés de manière adhésive. Pour expliquer ce syndrome, Kanner hésitait. Il avait remarqué dans son échantillon une structure de personnalité particulière des parents, tous des intellectuels particulièrement brillants. Sous des dehors agréables, les mères cachaient une grande froideur, les pères se montraient plus intéressés par des spéculations abstraites ou par leur réussite professionnelle que par la quotidienneté des rapports avec leur enfant. Ils faisaient montre d'un caractère obsessionnel, surtout dans la façon d'observer leur enfant et de tenir un journal détaillé de ses faits et gestes et de son évolution. Toutefois, tout au long de travaux ultérieurs, Kanner devait chercher à se dédouaner vis-à-vis des parents, en répétant qu'il s'était contenté de décrire un état de fait sans attribuer à ces faits une valeur causale. Il pensait que l'attitude des parents était insuffisante pour produire un état autistique chez l'enfant, état qu'il estimait lié à une probable anomalie biologique inconnue, à un handicap des relations affectives, analogue à un handicap moteur ou sensoriel. Il finit par supposer que les particularités des parents traduisaient soit une réaction psychologique aux difficultés rencontrées avec leur enfant, soit l'existence d'un facteur génétique, une sorte de phénotype autistique *a minima*.

Diagnostic rapidement adopté par la communauté des psychiatres américains, puis européens. L'autisme infantile précoce devait donner lieu à de très nombreuses discussions qui prirent une tournure polémique avec l'entrée en scène des associations de parents, particulièrement actives aux États-Unis. La discussion devait porter essentiellement sur trois points : l'étiologie de l'autisme, les limites du diagnostic et donc l'épidémiologie, enfin les modalités de prise en charge.

La bataille de l'étiologie

Dès le départ, un certain nombre d'auteurs avaient critiqué la typologie des parents établie par Kanner. Ainsi, une psychiatre new-yorkaise, Lauretta Bender, qui, par ailleurs, considérait l'autisme comme une forme particulière de schizophrénie, affirmait que l'échantillon de Kanner souffrait d'un biais de recrutement. Elle avait, quant à elle, rencontré des autistes dans toutes les catégories sociales et ethniques avec, chez leurs parents, tous les profils psychologiques possibles, ce que devaient démontrer des enquêtes ultérieures. Contrairement à une opinion répandue, les premières psychanalystes à s'être occupées de soigner des enfants autistes, Mélanie Klein à Londres, Margaret Mahler à New York, partageaient, sur ce point, la position de Lauretta Bender. Toutes deux affirmaient que, quelles que soient par ailleurs leurs difficultés personnelles éventuelles, les mères ne pouvaient être tenues pour responsables de la pathologie de leur enfant et que l'autisme était vraisemblablement lié à des anomalies structurelles de la personnalité de l'enfant, probablement héréditaires. Du fait de ces anomalies, une sensibilité particulière à l'angoisse, pour Mélanie Klein, une incapacité à former avec la mère la relation symbiotique primaire nécessaire au développement de la psyché et à trouver dans les attitudes maternelles un signal d'orientation émotionnelle, pour Margaret Mahler l'enfant était submergé par l'effroi et l'incompréhension et devait donc se protéger en élaborant des mécanismes de défense contre le monde extérieur et contre l'activité de symbolisation de ce monde.

Ces positions malheureusement furent rapidement recouvertes par un psychanalysme simplifié, bien loin des théorisations freudiennes, qui attribuaient de manière quasi mécanique le développement autistique soit à une carence affective (analogue à celle des enfants déprivés de stimulations sociales), soit à une sorte d'injection mortifère des fantasmes parentaux. Prenant la suite d'un siècle d'abandon des « idiots », ces lointains ancêtres des autistes, à la férule de maîtres répressifs ainsi qu'à la castration, à la stérilisation, voire à l'élimination prônée par des eugénistes, convaincus d'une transmission héréditaire absolue et omnipotente, la théorie psychogénétique, portée par l'enthousiasme thérapeutique, bien qu'impossible à prouver ou à falsifier, connut un vif succès. L'atmosphère culturelle et politique de l'après-nazisme y contribuait. Toutefois, à partir des années 1980, au moment où, pour des raisons économiques, les thérapies inspirées par la psychanalyse connaissaient un reflux global, les parents regroupés en associations se rebellèrent contre des affirmations qu'ils estimaient, à juste titre, infondées, culpabilisantes, et dont les applications n'obtenaient pas toujours les succès éclatants qui leur avaient été promis. Un éducateur d'origine autrichienne, devenu directeur d'un établissement spécialisé à Chicago, Bruno Bettelheim, devint la cible privilégiée de leurs attaques. On l'a peut-être exagérément diabolisé. Le point de vue presque exclusivement psychogénétique qu'il a défendu, dans des ouvrages à grande diffusion, ne lui était en rien personnel, mais représentait alors l'opinion la plus commune. Bettelheim avait seulement eu le malheur d'user de métaphores inutilement blessantes et de comparer l'attitude de retrait autistique à celle de sujets désespérés qu'il avait pu observer lors d'un passage douloureux en camp de concentration. De là à assimiler l'ambiance d'une famille d'enfant autiste à l'univers concentrationnaire et à prêter aux mères un désir de solution finale, il n'y avait qu'un pas, d'autant plus aisé à franchir que Bettelheim, dans la ligne de nombreux éducateurs de son temps, prônait des solutions d'internat et une séparation de l'enfant et de sa famille. On a oublié, du coup, tout l'apport de cet éducateur de grande qualité : tous ses efforts pour construire un environnement thérapeutique et décrypter, derrière les symptômes de l'enfant, l'expression maladroite d'une souffrance que rien, aujourd'hui ne permet de mettre sur le compte des conditions du milieu.

En réaction contre un psychogénétisme militant, le balancier de l'histoire des idées ramenait un organicisme tout aussi élémentaire et excessif dans ses formulations. L'autisme, comme l'avait proposé Kanner, redevenait un handicap, au même tirre qu'une cécité ou une surdité, lié à un trouble du développement des neurones, d'origine génétique. De nombreuses recherches s'engagèrent alors et se poursuivent aujourd'hui, pour prouver un ensemble d'hypothèses, soutenu souvent avec la même énergie et la même absence de nuances que celle qui faisait dériver la psychose de l'enfant de la perversion maternelle (comme l'a écrit, sans charité, un psychanalyste issu du clergé).

Où en est-on ? Si un certain nombre de gènes candidats sont en cours d'exploration, aucun ne peut prétendre, à lui seul, être responsable d'un trouble aussi complexe et aussi certainement multifactoriel. Le déterminisme génétique ne peut être que polygénique, vecteur d'une vulnérabilité qui n'élimine pas le rôle de facteurs d'environnement de tous ordres (biologiques aussi bien que psychologiques, c'est-à-dire interactifs entre plusieurs sujets). Certes, dans les enquêtes effectuées auprès de paires de vrais jumeaux, lorsqu'un jumeau est autiste, il y a beaucoup de chances pour que l'autre le soit aussi, mais la concordance n'est jamais de 100 %. Plusieurs zones de l'encéphale ont été étudiées et le sont de plus en plus, grâce aux progrès de l'imagerie cérébrale et, notamment de l'imagerie cérébrale fonctionnelle. On a, à un moment, noté des anomalies du vermis cérébelleux chez un certain nombre d'autistes sans pouvoir généraliser à d'autres ces premières constatations. Récemment, une zone du cortex cérébral, le sillon temporal supérieur, spécialisée dans la reconnaissance des personnes, a semblé moins performante dans un petit groupe d'autistes adultes, moins affectés que des sujets normaux par la différence entre un bruit quelconque et une voix familière (celle de leur mère, par exemple). Mais il est difficile de dire si ce trouble éventuel de la discrimination est simplement le témoin d'une activité psychologique empêchée ou s'il est la cause de cet empêchement. Plus prometteurs semblent actuellement les travaux de psychologie cognitive qui cherchent à mettre en évidence chez les autistes un trouble fondamental de l'empathie, ce processus neuropsychologique, authentifié par la découverte des neurones miroirs, qui permet au sujet humain de résonner en écho aux actes et aux émotions d'autrui. D'autres travaux se focalisent davantage sur les modalités perceptives des autistes, sur leurs compétences particulières à discerner un petit détail au détriment de la prise en compte de figures d'ensemble. On a aussi évoqué un défaut de filtrage par le tronc cérébral de sensations qui deviennent ainsi source d'une excitation démesurée, génératrice de désordres intérieurs. On a également retrouvé, chez certains autistes et dans leurs familles, une concentration anormalement élevée d'un neuromédiateur, la sérotonine, dans les plaquettes sanguines, considérées, pour des raisons embryologiques, comme un reflet des conditions neuronales.

Derrière ce qui a justement été dénommé l'« énigme de l'autisme », on commence, cependant, à entrevoir des possibilités de rapprochement qui dépasseraient l'opposition entre organogenèse et psychogenèse, une opposition que tant les progrès des neurosciences que les avancées de la réflexion psychanalytique rendent maintenant désuète. On pourrait peut-être imaginer que l'enfant promis à un destin autistique est venu au monde avec un câblage neuronal qui ne lui permet pas d'utiliser sa mère comme une source d'organisation cohérente des émotions qui le traversent, dans les états de plaisir comme dans les états de déplaisir. Privé de cette organisation de son monde interne comme de son environnement, l'enfant se protégerait en développant des réactions sensori-motrices spécifiques qui l'encapsulent au lieu de le mettre en communication avec autrui. L'immuabilité autistique (la *sameness* dont parlait Kanner) trouverait là son explication, utilisant des modalités perceptives singulières, une autosensualité, des stéréotypies motrices, plus tard des rituels et des obsessions, elle contribuerait à un isolement protecteur (une *aloneness*).

Les limites du diagnostic et l'épidémiologie

Pour pouvoir poursuivre ces recherches, il faut au moins s'accorder sur les critères diagnostiques, afin de disposer de groupes de personnes autistes suffisamment homogènes. En l'absence de lésion ou de trouble métabolique connu, d'examen de laboratoire probant, le diagnostic d'autisme ne peut reposer que sur un consensus quant aux symptômes constitutifs du syndrome. Longtemps la description de Kanner a prévalu. On s'est depuis accordé pour rassembler l'ensemble du tableau clinique, soit trois rubriques : les troubles de la communication, les troubles de la socialisation, les troubles de l'imagination. C'est la triade dite de Lorna Wing, du nom de la psychiatre anglaise, auteur de cette classification.

Les troubles de la communication affectent aussi bien la communication verbale que la communication non verbale. L'enfant, souvent dès le début de la vie, étonne son entourage parce qu'il ne regarde pas, ne sourit pas, n'anticipe pas le mouvement qui va le sortir de son berceau. Dans la moitié des cas, il reste mutique. Quand le langage apparaît, ce langage frappe par un certain nombre de particularités. Souvent monocorde, d'allure automatique, il est souvent écholalique, ignore la polysémie et a, on l'a dit, peu de valeur de communication.

Les troubles de la localisation entretiennent et confirment l'*aloneness* de Kanner. L'enfant ne se lie pas aux autres, ne vient pas chercher de réconfort auprès d'autrui, semble indifférent aux émotions d'autrui.

Les troubles de l'imagination sont marqués par l'absence ou la pauvreté des jeux de faire semblant et par la difficulté de l'activité symbolique. L'enfant a beaucoup de peine à utiliser un objet pour en représenter ou en évoquer un autre. Ses récits, quand il parle, sont factuels. Il se fixe sur des préoccupations parfois obsédantes, ritualise son existence et celle de ses proches, ne tolère aucun changement. Il peut se fixer sur des objets dits autistiques, véritables fétiches dont il ne peut se séparer. Comme l'a noté la psychanalyste anglaise, Frances Tustin, il est souvent fasciné par des formes impalpables : une fumée, un miroitement. Il est souvent envahi par des stéréotypies.

À cette description, où l'on aura reconnu les principaux signes réunis par Kanner, on a ajouté quelques points. D'une part, on admet, contrairement aux dires de son inventeur, que l'autisme dans les trois quarts des cas est associé à un déficit intellectuel, parfois moyen ou léger, souvent profond. D'autre part, on a mieux reconnu dans les différents types d'angoisse qui envahissent ces enfants des angoisses psychotiques mettant en jeu l'identité, voire l'existence même du sujet : angoisse d'anéantissement, de liquéfaction, de pénétration, de précipitation dans un gouffre sans fond. Un auteur anglais, Donald Meltzer, a parlé de « démantèlement autistique » pour décrire l'agrippement de l'enfant à une série de sensations isolées les unes des autres : un son, une odeur, un contact, qui semblent avoir pour fonction de le retenir au bord d'un précipice.

Tel est l'autisme typique, syndrome « spécifique », existant depuis la naissance et que Kanner estimait rare, puisqu'il parlait, dans ses premières publications, d'un cas pour dix mille enfants, en condamnant les effets de mode et les dérives du diagnostic. L'évolution des idées a amené secondairement à distinguer, à côté du syndrome de Kanner, des autismes atypiques, soit du fait de leur apparition plus tardive (dans la deuxième année de la vie après un premier développement normal), soit du fait d'un tableau clinique incomplet. C'est ici que commence la dérive redoutée par Kanner, qui tenait à la « spécificité » de son syndrome. L'autisme est en effet devenu à la mode et le mot lui-même est de plus en plus communément employé pour désigner une attitude de refus de considération pour le point de vue d'autrui. Sous la pression des parents désireux d'obtenir pour leur enfant un diagnostic hautement médiatisé et qui, croient-ils, leur permettraient d'obtenir de meilleures conditions de prise en charge, un grand nombre de sujets présentant un déficit intellectuel grave, séquelle de diverses encéphalopathies ou lié à des anomalies génétiques connues ou encore inconnues, sont aujourd'hui qualifiés d'autistes. À l'autre extrémité de ce qu'on appelle, de nos jours, le « spectre autistique », un certain nombre d'enfants, d'adolescents ou d'adultes, d'intelligence normale, voire supérieure, mais qui présentent des troubles de la relation à autrui, une maladresse sociale, sont décrétés « autistes de haut niveau » ou « syndrome d'Asperger ». Hans Asperger était un psychiatre et un éducateur autrichien contemporain de Kanner qui a décrit, en 1944, ce qu'il a appelé des « psychopathies autistiques ». Ces sujets, plus âgés, ressemblaient à ceux réunis par Kanner. Ils avaient tous le langage et avaient fait des acquisitions scolaires. L'article d'Asperger, redécouvert par Lorna Wing, a permis d'élargir les frontières du spectre autistique et d'y inclure des sujets considérés jusque-là comme des personnalités schizoïdes ou simplement comme des originaux. Certains d'entre eux revendiquent aujourd'hui, au nom du droit des minorités, la reconnaissance sociale de leur forme particulière d'intelligence, cependant que d'autres, mettant en doute la spécificité du syndrome d'Asperger, n'y voient qu'une forme particulière de « troubles envahissant du développement » qui recouvre, outre l'autisme typique et atypique, les troubles désintégratifs de l'enfance de nature démentielle, le syndrome de Rett, une maladie dégénérative du système nerveux dont on connaît maintenant l'origine génétique, les rares cas de schizophrénie infantile et la vaste *terra incognita* des « troubles envahissants du développement non spécifiés autrement ».

Avec toutes ces ambiguïtés, l'épidémiologie de l'autisme devient quasiment impossible. Comment en effet définir l'incidence et la prévalence d'un trouble dont la définition reste aussi vague ? On est passé ainsi à cinq cas pour dix mille, puis à un cas pour mille. Aux dernières nouvelles, la puissante association de parents d'enfants autistes américains revendique deux millions d'autistes aux États-Unis avec une incidence de un pour cent cinquante naissances ! Ce taux d'incidence s'accroîtrait de 15 à 17 % chaque année, laissant présager quatre millions d'autistes américains dans une décennie. Pour expliquer cette épidémie, on a accusé les méfaits de la vaccination contre la rougeole, les oreillons et la rubéole. On a incriminé les métaux lourds, d'autres nuisances alimentaires, le réchauffement climatique. Il semble bien que seul l'élargissement des critères diagnostiques explique cette soudaine multiplication. L'autisme est devenu un phénomène de société. Il sera difficile d'en préciser les causes tant qu'on n'aura pas isolé, dans une masse polymorphe, ses sous-classes plus homogènes, à l'aide d'une analyse séméiologique rigoureuse, sans éliminer, comme on le fait trop actuellement, l'étude affinée des mécanismes psychopathologiques, une typologie des angoisses sous-jacentes et des mécanismes de défense contre ces angoisses.

Les modalités de prise en charge

Les excès de la psychogenèse répondaient, on l'a vu, à un souci de disposer d'une théorie permettant de légitimer le soin psychothérapique des enfants autistes. S'inspirant de leur démarche (et de leurs succès) auprès des enfants névrotiques, certains psychanalystes, dans le sillage de Mélanie Klein, ont développé des stratégies de dévoilement. Faisant l'hypothèse des conflits refoulés et d'angoisses archaïques liés à ces conflits, ils ont voulu nommer aussi précocement que possible ces conflits internes et ces angoisses, tels qu'ils les pensaient rejoués dans la relation dite transférentielle entre le jeune patient et son analyste. D'autres, davantage dans la ligne d'Anna, la fille de Freud, ont refusé de dissocier le soin psychanalytique de l'éducation. Avec Margaret Mahler, ils ont davantage cherché à offrir à l'enfant une relation réparatrice où il pourrait éprouver la symbiose primitive avec la mère supposée lui avoir manqué et, petit à petit, se défaire des manœuvres pathologiques de survie édifiées depuis la naissance. Articulées avec un travail collectif au sein d'institutions à vocation à la fois pédagogique, éducative et thérapeutique, ces psychothérapies, aujourd'hui, s'orientent de plus en plus vers une mise en histoire de ce que l'enfant éprouve dans sa relation prolongée avec son ou sa thérapeute, des éprouvés qui sont continuellement reliés à ce que l'enfant vit par ailleurs dans le reste de son réseau institutionnel, ainsi que dans sa famille, avec laquelle la collaboration est devenue essentielle. L'autiste est en effet un sujet en panne d'histoire personnelle, son « identité narrative » (pour reprendre le beau terme du philosophe Paul Ricœur) est en miettes. Le travail thérapeutique consiste, pour l'essentiel, à l'aider à mieux se situer dans l'espace et le temps en nouant des liens entre tous les éléments dispersés de son expérience intime, à travers un récit qu'on lui raconte, afin qu'il parvienne à le construire et à se le raconter à soi-même.

Du fait des malentendus accumulés lorsque l'option psychogénétique dominante tenait les parents à distance des lieux de soins et limitait les contacts entre les soignants et eux, du fait aussi d'un certain nombre de désillusions nourries par des promesses excessives, ce programme, qui n'exclut aucune étiologie organique et qui ne se conçoit qu'en coopération avec les familles et les structures éducatives, est, à l'heure actuelle, fortement attaqué par certains représentants des usagers. On préconise, à sa place, des mesures strictement éducatives, voire des méthodes basées sur la théorie du conditionnement, dont on sait pourtant, à présent, qu'elle ne fournit pas un modèle adéquat pour comprendre le développement normal ou pathologique. Dans un domaine où l'évaluation est difficile, du fait de l'hétérogénéité des populations traitées et d'un désaccord sur les objectifs poursuivis, les querelles s'enflamment dans un climat qui tient plus des batailles politiques que d'un débat scientifique. L'enfant autiste ne laisse personne indifférent et la vigueur des passions qu'il suscite, les exclusives, voire les excommunications qui se multiplient autour de lui, amènent parfois à se demander si l'autisme, dont certains voudraient faire une épidémie, n'est pas contagieux !

Dire
Communiquer
Emouvoir
Enoncer
Convaincre
Écouter
Dire
Décrire
Manifester
Prononcer
Articuler
Analyser
Exprimer
Apprendre
Parler

CHAPITRE 18

Le jardin des langues

> « Ce qui fit l'harmonie du jardin
> Ne fait pas celle de l'esprit ».
>
> Laura RIDING, *La Vaine Vie de Voltaire.*

> « Cela est bien dit, répondit Candide,
> mais il faut cultiver notre jardin ».
>
> VOLTAIRE, *Candide.*

Le « jardin des langues » est l'espace cultivé le plus remarquable du cerveau humain. On peut parler à son propos d'une « autre nature[1] *» pour définir ce phénomène énigmatique que l'on nomme le langage. Celui-ci intègre en effet le génie inventif de l'homme dans les formes les plus diverses et les plus élaborées, allant de la poésie au discours politique et à l'expression fondamentale de ce qu'il est convenu d'appeler la nature humaine. La comparaison entre langage et jardin ne me paraît pas une fleur de rhétorique à la fois précieuse et gratuite, mais, au contraire, d'une pertinence que je soulignerai par une longue citation empruntée à John Dixon Hunt : « L'ambition d'un jardin est de représenter dans son cadre propre et par ses ressources propres la totalité des richesses naturelles et culturelles du monde [...]. De plus, la représentation qu'implique l'art des jardins n'était pas seulement une construction symbolique du monde depuis l'endroit où on le voyait le mieux ; elle prenait également en compte le processus par lequel le regard se constituait. Un jardin, pourrait-on dire en écho avec Michel Foucault, est l'espace où la présence de la représentation et le "re" de sa répétition sont rendus simultanément tangibles*[2]. *»*

On me permettra un dernier clin d'œil à la mode linguistique des années 1960 où Lacan re-trouve Foucault en affirmant que « l'inconscient est structuré comme un jardin ».

Nous verrons plus loin que le langage est la plus exemplaire des re/présent/actions dont le cerveau soit capable.

UNE BÊTE QUI PARLE

« L'homme parle avec ses mains et sa bouche ; il parle aussi avec son cœur. »

Au cours d'un séjour en Afrique, mon grand-père avait fait l'acquisition d'un perroquet pour lui tenir compagnie. Dans son sabir savoureux, le marchand lui avait garanti que l'animal parlait. Après quelques semaines, l'animal n'avait toujours pas prononcé un mot, malgré les efforts de mon grand-père pour lier conversation. Il s'était donc résigné à rendre l'oiseau au vendeur en accusant celui-ci de l'avoir trompé. L'homme indigné eut alors ces mots admirables : « Il ne parle pas, mais il pense ! » Mon grand-père ne trouva rien à rétorquer et repartit avec le perroquet qu'il ramena en France. L'oiseau mourut neurasthénique une dizaine d'années plus tard, sans avoir jamais prononcé une parole. Mon grand-père le suivit peu de temps après. La pensée silencieuse de son compagnon favori le délassait, disait-il, du bavardage incessant de sa femme dont il prétendait qu'elle n'avait jamais eu une seule pensée de sa vie. Par ces propos indignés, mon grand-père signifiait sûrement qu'il n'est pas nécessaire de parler pour penser et que les paroles ne traduisent pas toujours des pensées chez celui ou celle qui les prononce.

« Ce dont on ne peut parler, il faut le taire ! » Ma grand-mère n'avait pas lu Wittgenstein. Elle parlait, parlait et n'avait pas grand-chose à dire. Elle exprimait simplement le besoin de l'autre, de son écoute, de son regard. Pas plus les paroles que les réponses ne l'intéressaient en dehors de la compassion qu'elle attendait d'autrui. Le même Wittgenstein affirme que si les lions pouvaient parler nous ne les comprendrions pas. Selon Dennet, si les lions étaient doués de parole, nous les comprendrions bien, mais ils n'auraient pas grand-chose à nous raconter. Ils ne sauraient dire s'ils sont contents de leur sort et de leur condition de lions, ils ne sauraient exprimer leurs « états d'âme ». Et Premack d'ajouter que, si les poules disposaient d'une grammaire, elles n'auraient rien d'intéressant à partager. J'ai connu des grammairiens dont les bavardages pédants étaient de purs morceaux d'inanité sonore ; si j'avais été un poulet, j'aurais trouvé plus captivante la conversation d'une poule.

LE LANGAGE EST UN INSTINCT

Si l'homme est un animal, le langage est-il un instinct qui n'appartient qu'à lui ? Dans ce cas, est-il le produit d'une rupture catastrophique au sein du règne animal ou plus « naturellement » le résultat de la sélection naturelle et d'une évolution graduelle, tout comme la bipédie chez les hominidés ou dans une autre branche de l'arbre phylogénétique, le vol des oiseaux ? L'instinct est une capacité innée d'un animal à acquérir un comportement typique de l'espèce dans des conditions appropriées de milieu et notamment au contact de parents et congénères. L'homme n'apprend pas vraiment à parler, pas plus que l'oiseau n'apprend à voler. Ce savoir est déposé par ses gènes dans son cerveau et c'est le congénère qui lui révèle ce trésor.

Par définition, le langage met en relation un émetteur et un récepteur. L'enfant ne parlera pas s'il n'a personne à qui parler et son interlocuteur devient, par la force des choses et par la force des mots, son instituteur. La même force qui lui a ouvert dans l'enfance les secrets du langage le pousse à les enseigner plus tard au bébé. Il est donc aussi juste de dire que le langage est le résultat d'un apprentissage que d'affirmer sa nature instinctive et héréditaire.

L'innéité du langage n'est pas acceptée par ceux qui tiennent ce talent unique de l'homme pour sa plus belle invention faite il y a une centaine de milliers d'années par des *Homo sapiens* et transmise à la suite des générations.

À l'appui de la thèse de l'innéité, il y a la capacité de produire spontanément un langage. Des enfants sourds, exposés très tôt au langage des signes, babillent avec leurs mains en produisant un flot de gestes imités systématiques, bien que dépourvus au début de signification. Ce « babillage manuel » se produit vers 8 à 10 mois, âge où le babillage vocal apparaît chez le bébé entendant. Le langage articulé s'est donc par nécessité déplacé du pharynx aux mains. On peut légitimement conclure que l'apprentissage de la parole met en jeu des capacités innées, indépendantes de la modalité vocale ou manuelle.

L'apparition spontanée d'un langage chez l'enfant est également illustrée par le phénomène décrit par le linguiste Bickerton. Au début du siècle, les immigrés à Hawaï, venus de pays très différents, coupés de toute racine culturelle et pressés par la nécessité de communiquer entre eux, adoptèrent spontanément un jargon *pidjin* composé de mots hachés empruntés au langage des patrons, l'anglais, et assemblés de façon anarchique, sans aucune règle qui ressemblât à une syntaxe ; un système de communication, mais en aucun cas une langue, puisque éloigné de toute grammaire. Or les enfants de première génération, éduqués par des parents parlant pidjin, utilisèrent spontanément une langue bizarre et composite, le créole hawaïen, mais qui n'en obéissait pas moins à une syntaxe stricte. Bickerton en conclut que la capacité de formaliser le langage, selon des règles identifiables par le linguiste, témoigne d'une disposition innée du jeune enfant.

L'usage correct des pronoms n'est pas, semble-t-il, le résultat d'un apprentissage auprès de parents qui ne savent pas s'en servir. Cette disposition naturelle ne peut toutefois s'exprimer pleinement que pendant une période critique de la maturation du cerveau qui correspond à la fenêtre d'âge où l'enfant acquiert un langage fait de sons (ou de signes manuels en cas de surdité). Les membres de certaines familles présentent des troubles spécifiques du langage indiquant une origine génétique. On connaît également les cas très rares d'un retard mental associé à un étonnant talent pour la conversation : c'est le syndrome de Williams, lié à une anomalie sur le chromosome 11. Les enfants qui en sont atteints ressemblent, selon Steven Pinker[3], à Mick Jagger et présentent un QI de 50 (incapacité de trouver leur chemin, nouer leurs lacets, faire une addition, etc.) avec des aptitudes linguistiques remarquables.

Ces exemples plaident en faveur de la nature instinctive du langage chez l'homme. Ils signifient qu'il existe dans le cerveau de celui-ci des dispositifs anatomiques et des organisations neuronales d'origine génétique qui lui permettent d'apprendre à parler pendant une période critique. Ce constat n'entraîne pas forcément la présence d'un « organe mental » du langage qui exprimerait une grammaire universelle, apanage du genre humain et dépourvu de tout antécédent phylogénétique. Pourquoi faudrait-il, si on en croit Chomsky, qu'un « big bang » fasse brusquement jaillir du cerveau d'un anthropoïde un organe du langage, sorte de champignon atomique mental venant bouleverser le règne animal ?

Le langage articulé est certes d'une fabuleuse complexité, mais n'est-ce pas également le cas des ailes de l'oiseau, de la trompe de l'éléphant, ou d'autres merveilles de la vie dont personne ne conteste plus qu'elles sont le produit de la sélection naturelle ? Quand je dis que l'homme est un singe que l'évolution a doté progressivement de la faculté de communiquer avec ses congénères à l'aide de la parole, je n'énonce pas une hypothèse scientifique plus étrange que celle proposée par des paléontologues, selon laquelle les oiseaux sont des dinosaures ayant acquis la capacité de voler, même si on ne sait pas plus comment les ailes sont venues au corps d'un reptile que les mots à la bouche d'un singe.

Mais, comme ce fut le cas vraisemblablement pour la bipédie, l'installation graduelle d'un protolangage avant de laisser la place au langage moderne n'exclut pas l'hypothèse de sauts évolutifs.

PHYLOGENÈSE ET ONTOGENÈSE[4] DU LANGAGE

Le problème du langage articulé est inséparable de celui de l'outil et du comportement instrumental, cette autre spécialité de l'homme. La parole est une machine construite avec des pièces réunies entre elles selon une double articulation. La première assemble des unités minimales, mots ou fragments de mots, appelées *monèmes*, ayant à la fois une forme et un sens qu'elles conservent lorsqu'elles sont isolées ; elles sont commutables et ont le pouvoir de modifier la fonction des éléments dont elles sont contiguës et ainsi de proche en proche d'en altérer l'ensemble. La seconde articulation porte sur la commutation d'unités minimales distinctives ayant une forme phonétique, mais pas de signification : les *phonèmes*.

Je décrirai plus loin la machinerie cérébrale du langage, m'en tenant ici à ce qui précède le langage humain (les antécédents) chez l'animal. Cela revient à poser le problème des rapports de la pensée et du langage. Selon Descartes, *l'expression de la pensée est nécessaire à l'existence même de cette pensée*. La preuve que les animaux ne pensent pas réside selon lui dans leur inaptitude à formuler à l'aide du langage ce qui relève de la pensée indépendamment de leurs passions et des besoins de leur corps.

Depuis Darwin, on considère que ce privilège exorbitant de l'homme n'est plus acceptable. La pensée n'a pas besoin du langage pour s'exercer sur le monde dans lequel est plongé l'animal. Encore convient-il de faire la différence entre la pensée que je qualifierai de *totalitaire*, observée chez les invertébrés – elle atteint son apogée chez les insectes sociaux – et la *libre pensée* des vertébrés qui prend ses racines dans la jouissance et la souffrance de l'individu. Une expérience de Schneirla[5] illustre cette différence. Un rat et une fourmi sont tous deux capables d'apprendre à parcourir un labyrinthe ; examinés séparément, on observe toutefois une différence dans leur manière d'apprendre. La fourmi s'initie lentement et intègre successivement chaque choix correct, étape après étape. Le rat au contraire anticipe à chaque étape les étapes à venir ; bien mieux il apprend à apprendre, il améliore sa performance lorsqu'il est confronté à de nouveaux labyrinthes. Le rat se précipite vers le but avec une allure d'autant plus grande qu'il sait d'après son expérience y trouver plus de nourriture : le rat est un être guidé par ses désirs. Ceux-ci n'appartiennent qu'à lui et sont l'expression de son corps impatient. En bon vertébré, le rat dispose d'un cerveau et d'un système neurovégétatif qui le tient informé de ses passions. Aucun rat dans cette épreuve ne se comporte d'une manière identique à celle d'un de ses congénères. Une fourmi, en revanche, en vaut une autre. Chacune décline les mêmes procédures à partir des mêmes signaux, selon les mêmes codes parfois d'une extrême complexité et utilise des stratégies d'action fixées par les programmes génétiques. Sans être désobligeant pour les fourmis et les abeilles, convenons-en : ce sont des automates. On pourrait être tenté alors de souscrire à l'opinion de Descartes et conclure que ces animaux ne pensent pas, mais ce serait sur des arguments opposés à ceux utilisés par le philosophe pour refuser la pensée à l'animal : ces bestioles sont en fait, trop raisonnables ; elles ne s'écartent jamais des impératifs dictés par l'espèce car elles ne connaissent pas la passion. Dans cette protopensée extraordinairement performante en matière d'adaptation de l'animal au milieu, rien ne fait défaut à la machine pour assurer la congruence du sujet et du monde. Le phénomène d'association permet à l'organisme de lier un comportement inné à un nouveau signal. Un tel processus ne nécessite aucune analyse du contenu du signal. Pour le dire autrement, la pensée invertébrée manque de détachement – je n'ose parler de liberté.

Pour bénéficier de ce que Joëlle Proust[6] appelle une pensée détachée, l'animal doit distinguer « ce qu'il pense de ce sur quoi il pense », et analyser le contenu de ce qu'il perçoit afin de le ranger en catégories. Notre animal est devenu un faiseur de concepts. L'abeille, remarquable ouvrière et géomètre de précision, n'a pas le concept de fleur à sa disposition et n'utilise, pour butiner celle-ci, que des signaux invariants qui pour être subtils n'en sont pas moins fixés. Tel n'est pas le cas de l'oiseau qui peut catégoriser non seulement des fleurs, mais des arbres, des maisons, des voitures, des graines et des fruits, des congénères bien sûr et d'autres animaux prédateurs ou proies. Lorsqu'on apprend à un pigeon à picorer une image de rose pour obtenir de la nourriture, il est ensuite capable de reconnaître une marguerite ou un œillet, même s'il n'en a jamais vu. Il infère du concept de fleur qu'il pourra en tirer une récompense.

Quand le corbeau perché sur un arbre tient dans son bec un fromage, il sait que celui-ci entre dans la catégorie des objets mangeables et fait partie d'un monde objectif dont la réalité ne lui appartient pas. Il peut le vérifier en ouvrant son large bec. On connaît la suite. Mais on ne l'y reprendra plus : il n'est pas trop tard pour comprendre que ce qui se mange doit être solidement tenu dans le bec. Heinrich a montré que les corbeaux sont capables de catégoriser les objets selon leur valeur nutritive et peuvent apprendre divers moyens pour les obtenir en choisissant celui qui leur paraît le plus approprié : le faire rouler ou tirer sur une ficelle par exemple, compte tenu du poids de l'objet qu'ils estiment à vue d'œil.

Les oiseaux n'ont pas le privilège de la pensée conceptuelle. Parmi l'innombrable peuple des eaux, les poissons ne passent pas pour des intellectuels ; mais peut-être sont-ils victimes de préjugés anthropomorphiques car on commence seulement à découvrir leur capacité à déjouer les pièges et à se représenter le monde en agissant au mieux de leurs intérêts passionnés. La palme [*sic*] revient aux mammifères marins et le catalogue des exploits cognitifs des dauphins et baleines remplirait aisément ce chapitre. Le public selon ses inclinaisons estime supérieures les capacités intellectives du rat, du chien ou du chat. Il n'est pas jusqu'à l'âne dont on apprécie à la fois le jugement et le caractère capricieux. Tous s'accordent en revanche pour reconnaître aux primates et plus particulièrement aux anthropoïdes une pensée conceptuelle de haut niveau. Un chapitre entier ne suffirait pas pour décrire les exploits de ces intellectuels dans le domaine, notamment, de la représentation de l'espace, celui de la relation entre les objets dont la conséquence est la création d'outils.

Des raisonnements logiques comme l'*inférence transitive* sont à la portée du chimpanzé : si A est équivalent à B et B équivalent à C, alors A est équivalent à C. Ces relations peuvent se faire à un niveau plus élevé ne portant plus sur des objets isolés mais sur des catégories.

Il s'agit dans ces exemples de pensée solitaire, mais nous avons vu qu'il pouvait exister une pensée de groupe chez les animaux sociaux. Reste néanmoins, la question de savoir s'il existe chez l'animal une cognition sociale spécialisée dans la gestion des relations interindividuelles.

Une telle pensée prendrait en charge les objets sociaux. Ceux-ci diffèrent des objets ordinaires : ils sont dotés d'autonomie et répondent aux stimulations selon des modalités qui nécessitent une interprétation ; en bref, ils interagissent avec le sujet. Reconnaître un partenaire et s'adresser à lui c'est, en effet, faire preuve de capacités de catégorisation sur des objets dont les invariants sont surchargés d'éléments variables. Choisir, par exemple, un allié suppose une évaluation fondée sur des critères qui nécessitent un haut niveau d'analyse. À l'hypothèse d'une pensée sociale indépendante résultant des contraintes adaptatives imposées par la vie à plusieurs, s'oppose l'affirmation théorique d'une pensée conceptuelle comme phénomène unitaire dont le développement conduit nécessairement à *la découverte de l'autre comme objet à penser*. En bref, c'est l'intelligence qui produit la socialisation et non l'inverse. Penser l'autre, c'est aussi le reconnaître comme objet pensant, c'est-à-dire échanger avec lui des représentations. Rien n'interdit de considérer qu'intervient alors le langage, à la condition toutefois de préciser ce que l'on désigne sous ce terme.

L'étude de l'*ontogenèse du langage* a fait récemment l'objet d'observations passionnantes en RMNf et en TEP[7]. L'observation du bébé renforce encore la notion de parenté entre le langage et les fonctions instrumentales. Différents systèmes d'objets permettent d'étudier, au cours de son développement, l'apparition de stratégies de plus en plus complexes d'appariements et d'assemblages d'objets. La stratégie d'assemblage permet de mettre en évidence une hiérarchisation des actions qui évoque la construction même du langage avec sa double articulation. La manipulation instrumentale montre donc un développement modulaire comparable à celui du langage. On observe qu'une même structure cérébrale sous-tend la fonction langagière et la manipulation d'objets, tout au moins au début du développement de l'enfant. Ce n'est que dans un deuxième temps que s'établit une modularité respective des deux fonctions. Si l'on analyse en détail les « profils cognitifs » des sujets atteints de troubles du langage, on observe que ceux-ci ne sont jamais totalement isolés et que d'autres fonctions, concernant aussi bien la manipulation du monde que sa compréhension, sont presque toujours et de façons très diverses subtilement touchées. On peut raisonnablement conclure que le langage est certes un instinct présent chez tous les hommes, mais que son expression fait appel à un ensemble de systèmes neuronaux qui servent à d'autres prouesses illustrant également l'habileté et l'intelligence de l'homme.

LES FONCTIONS DU LANGAGE

Bühler, un des grands psychologues de la *Gestalt*, attribue trois fonctions au langage en tant qu'instrument de communication[8] soit : a) *la fonction expressive :* le langage sert à exprimer les émotions ou les pensées de l'émetteur ; b) *la fonction injonctive, signalétique ou d'appel* : le langage sert à provoquer certaines réactions chez le récepteur ; c) *la fonction descriptive* : le langage sert à décrire un certain état des choses. Selon Bühler, les deux premières fonctions sont communes aux langages humains et animaux ; en revanche, la fonction descriptive est une caractéristique du seul langage humain. Popper attribue une quatrième fonction au langage humain : d) *la fonction argumentative* qui constitue la base de la pensée critique. J'y ajoute une cinquième fonction : e) *la fonction compassionnelle* à laquelle je consacrerai un développement séparé.

LA FONCTION EXPRESSIVE

Qu'il s'agisse d'émotions ou de pensées, cette fonction met en avant la présence insistante et inévitable du corps dans tout processus de communication animale ou humaine. Exprimer veut dire : faire sortir par pression sur un corps. C'est la pression du monde qui s'exerce sur le corps pour en faire sortir le langage.

LA FONCTION INJONCTIVE

Cette fonction comporte les *indices* et les *signaux*. On peut considérer comme des indices, les indications fournies par un individu sur ce qu'il est : je suis immangeable ou je suis un mets de choix, je suis toxique, je suis dangereux ou inoffensif, je cours vite, etc. Tous ces indices perceptibles directement ont un coût et n'ont été conservés par la sélection naturelle qu'en raison de leurs avantages. Comme toujours en matière d'adaptation, il n'y a pas de profit sans risque. Cela est vrai pour le financier comme pour le ver luisant, champion des indices trompeurs.

Les *signaux* s'échangent entre individus d'une même espèce. Ils sont souvent le résultat d'un processus dit de *ritualisation* survenu lors de l'évolution. Les signaux d'accueil en sont un exemple particulièrement démonstratif. Encore incapable de parler à la tête de l'autre, le singe s'adresse au derrière de celui-ci. Peut-être ce dos à dos annonce-t-il le face-à-face caractéristique de l'espèce humaine : convenez avec moi qu'un visage est plus expressif qu'un cul.

Les signaux vocaux sont légion et varient selon les espèces, parfois même selon les situations.

Pour le plus grand bonheur des amateurs de mots croisés, l'éléphant barrit, le rhinocéros barète, la chèvre béguète, le chameau blatère, l'âne brait, la perdrix cacabe, le renard glapit, la pie jacasse, l'aigle glatit, la huppe pupule, et l'homme parle. Même le silence des eaux peut être troublé par les vocalisations de certains poissons comme le grogneur. Leur fonction injonctive est manifeste. Le singe vervet émet trois cris différents selon le type de prédateur qui s'approche (aigle, léopard, python). Ils provoquent chez les congénères des réponses adaptées : se réfugier dans un arbre face à un ennemi terrestre ou se cacher dans un buisson quand le méchant vient du ciel. Par son cri, le vervet exprime aussi son émotion ; la force de la peur augmente le caractère impératif du signal : un « tous aux abris » d'autant plus sonore qu'il s'adresse à des proches.

Dans le domaine de la sexualité, les signaux d'appel réalisent chez certaines espèces de véritables chants.

LA FONCTION DESCRIPTIVE

On peut s'interroger sur son caractère spécifiquement humain. Le cas des singes vervet est à ce sujet intéressant. Ne donne-t-il pas une description du contexte avec leurs trois cris – sous-arbitraires qui ont un caractère référentiel ? Cette connaissance est acquise par apprentissage chez le jeune vervet et enfin le singe sait à quoi renvoie le cri sans voir l'émetteur ou l'événement. Il lui suffit d'en connaître le sens. S'agit-il d'une sémantique rudimentaire ? La question reste posée.

Pourquoi le singe rhésus émet-il cinq cris distincts quand il trouve de la nourriture ? Décrit-il le menu à ses congénères ? Et lorsqu'il utilise trois cris différents pour désigner un aliment rare et de qualité, s'agit-il de synonymes ou de précisions gastronomiques dont le sens nous échappe ?

LA FONCTION ARGUMENTATIVE

Elle a été décrite par Karl Popper et n'appartient qu'à l'homme. Celui-ci excelle à convaincre l'autre, à l'« instrumenter » pour le faire changer d'avis et obtenir son adhésion. J'avance l'hypothèse que le langage lui sert d'outil pour manipuler son prochain. Je rappelle qu'un outil est un objet utilisé pour agir sur le monde et les choses physiques. L'animal emprunte parfois des brins de paille, un bâton, une pierre pour parvenir à ses fins ; l'homme a acquis la capacité d'articuler deux ou plusieurs pièces pour façonner un engin composite en vue d'une opération déterminée : un éclat de pierre au bout d'un bâton pour faire une lance ; des plumes à l'autre extrémité pour obtenir une flèche dirigée contre le gibier ou l'adversaire ; une pierre taillée attachée par des lianes à un manche de bois qui devient hache pour tailler la charpente d'un abri ; et ainsi de suite jusqu'à inventer des outils appelés engins de destruction massive et qui ne servent qu'à se retourner contre l'espèce.

Le langage humain obéit au même principe. La parole est un outil construit à partir d'éléments réunis entre eux selon une *double articulation* (voir plus haut). Les mots, les phrases ne serviraient à rien s'ils n'étaient reçus par un destinataire. Les mots du dictionnaire demeurent inertes tant qu'ils ne sortent pas d'une bouche ; ils sont comme des outils rangés sur l'établi, attendant la main qui les anime. À la différence des objets sur lesquels s'exerce l'outil, ceux que le langage manipule interagissent avec lui : ils comprennent et peuvent répondre. Le récepteur travaille tout autant que l'émetteur. Une des tâches les plus problématiques auxquelles un interlocuteur est confronté est la *segmentation* ; à l'exemple de l'incipit de *Zazie dans le métro* « Doukipudonktan », le cerveau doit trouver les frontières des mots pour extraire un sens de la chaîne acoustique. Le jeune enfant fait un effort d'apprentissage considérable pour découper les mots dans le discours des grands qui ne marquent aucune pause, aucune accentuation pour lui faciliter le travail. Quand les gens parlent, le bébé écoute, devine l'utilisation que le locuteur veut faire de ce bruit et finit avec un lexique dans la tête.

Le rythme d'acquisition est phénoménal. De 18 mois à 6 ans, l'enfant s'approprie environ neuf mots par jour qu'il extrait comme des pépites d'une gangue de mots déjà connus ou encore ignorés. Il arrive souvent que ce mineur de fond se trompe dans ses extractions. Dans « La règle du jeu », Michel Leiris raconte qu'entendant des adultes parler d'un incendie à Billancourt, il avait compris « habillé en cour » qui signifiait pour lui « être vêtu de façon commode pour la course et tel qu'on pût avec une vitesse maxima, rallier les lieux où l'on criait "au feu" ou "au secours". La ceinture rouge et noire des pompiers gymnasiarques, tel était, sans doute aucun, le détail essentiel par lequel se définissait l'habillement en cour ». Sans trop savoir la manière dont l'enfant s'y prend, on peut penser qu'il recherche des régularités, des repères sonores l'aidant à découper la langue maternelle en éléments fonctionnels.

Malgré toute la science des linguistes, le langage humain conserve bien des mystères. Comment du sens peut-il émerger du vacarme que font les paroles des hommes ? Comment se fait-il que des êtres qui se comprennent si bien, s'entendent parfois si mal ? C'est que le langage ne sert pas seulement l'entendement, mais aussi – et peut-être surtout – les passions. La *fonction compassionnelle* est peut-être la plus essentielle des fonctions du langage humain.

LA FONCTION AFFECTIVE DU LANGAGE

La tragédie de Sophocle *Philoctète* offre une superbe illustration de la fonction compassionnelle de la parole. Combattant de la guerre de Troie, Philoctète avait été mordu au pied par un serpent lors d'une expédition à l'îlot de Chrysée. Son pied suppurait sous un mal rongeur ; emplissant l'espace de clameurs sinistres, il empêchait ses compagnons de procéder en paix aux libations et aux sacrifices. Les Grecs l'avaient donc abandonné sur une île déserte où pendant dix ans il demeura seul, ne s'exprimant que par des cris comme s'il avait été retranché du champ de la parole.

Mais le misérable avait été l'ami d'Héraclès. C'est lui qui avait allumé le bûcher du héros le jour de sa mort et il avait reçu en héritage son arc et ses flèches infaillibles. En l'écartant de la communauté, ses compagnons n'avaient pas osé emporter le cadeau d'Héraclès. Et ils le regrettaient, eux qui combattaient toujours devant Troie l'invincible. Car l'oracle s'était prononcé : jamais les Achéens ne remporteraient la victoire s'ils ne disposaient des flèches d'Héraclès. Ainsi ce corps répugnant et souffrant, confiné au désert et devenu orphelin de sa propre langue, reprit-il toute son importance. Ulysse enjoignit Néoptolème, fils d'Achille, d'approcher Philoctète et de capter son âme, afin de s'emparer par la ruse de son arme. Le moment le plus émouvant de la tragédie est celui où Philoctète entre en scène. Les Archéens ont débarqué sur l'île. En son absence, ils ont investi la grotte où gît le misérable et guettent son retour. Le chœur l'entend qui vient. Il le reconnaît au bruit de ses cris. « Un bruit a retenti : la plainte de quelqu'un qui souffre, il n'est pas loin, il pousse d'épouvantables cris. » Philoctète paraît. Il boite, mais, surprise, il ne crie pas. Comme si le fait d'une présence humaine l'avait rétabli dans le langage et qu'alors la douleur s'était apaisée. Et Philoctète parle : « Oh ! Étrangers qui êtes-vous ? [...] Mais c'est votre voix que je veux entendre. » On lui répond, et aussitôt s'échappent de sa bouche des paroles de joie : « *Ô philtaton phônèma* », « ô parler chéri ». Et voilà que le misérable, arraché à la condition animale où l'éloignement de la communauté des hommes l'avait plongé, retrouve au son de la parole, son appartenance à l'humanité et le chemin de la compassion.

Un autre cri signale l'entrée dans le monde des humains : celui des nouveau-nés. Confronté à sa nouvelle condition, le petit homme pousse un cri de stupéfaction dont l'écho dans son âme ne cessera de le poursuivre jusqu'à sa mort. Le cri accompagne les premiers mouvements respiratoires grâce auxquels le bébé renifle le monde. Respirer, crier, sentir, exprimer son désir et sa souffrance : l'homme est déjà présent dans ces modalités affectives et expressives qui habitent le nouveau-né.

Le cri de naissance a été étudié par les chercheurs : précédé d'une inspiration, il suit de 20 à 30 secondes l'expulsion totale du corps[9]. Lorsque l'enfant paraît, il crie et ceci pour son plus grand bien : ses cris renforcent, en effet, le réflexe d'éjection de lait chez la mère, c'est-à-dire la libération d'ocytocine dans le sang et le cerveau de cette dernière. Cette hormone suscite ou amplifie la compassion de la mère mêlée au désir de le faire taire : « Plus tu cries, plus je t'aime, mais je t'en prie tais-toi ! » – déjà toute l'ambivalence de l'amour.

Reliquat du cri primal, le cri du nourrisson traduit une émotion fondamentale, la faim, la soif ou la douleur. Il persiste, latent et prêt à jaillir, chez l'adulte et se situe diamétralement à l'opposé du langage. Toute compassion en est absente. Il dit la solitude tragique, l'absence, la perte désespérée de l'autre chez l'homme réduit à sa souffrance animale comme le pauvre Philoctète. Quelques amateurs de cinéma se souviennent peut-être d'un des premiers films d'Antonioni – son plus beau – intitulé *Le Cri* : celui que pousse en se précipitant dans le vide un homme abandonné par la femme de sa vie.

À côté de ce cri universel marqué à la fois par la déréliction et par l'animalité, d'autres cris apparaissent chez le nourrisson dans les jours et semaines qui suivent la naissance. Ce sont des cris-signaux bien différents du cri primal qui ne renvoie qu'« au vide abyssal originaire » selon l'expression de Leopardi. Cris d'appel ou de menace, ils s'apparentent à des vocalisations à fonction de communication. Ils varient d'une culture à l'autre : un bébé japonais ne crie pas comme un bébé parisien. Les bébés réagissent aux cris d'autres nourrissons ; les filles plus que les garçons. Une visite dans une crèche permet d'apprécier le caractère contagieux des cris. Tout se passe comme si le bébé, avant de disposer de l'organe langagier encore absent de son cerveau, devait se contenter de ses cris pour exprimer son besoin de communiquer avec l'autre. Mais, j'insiste sur ce point, en aucune manière, le cri n'est le précurseur, l'antécédent évolutif du langage. Même lorsqu'il est un support de communication, jamais le cri ne devient parole. Les structures du cerveau dont il dépend n'interviennent pas dans le langage.

De ses premiers balbutiements à ses dernières paroles, des millions de mots sortent de la bouche d'un homme (184 800 000 en moyenne sur 70 ans) : des mots de tous les jours, des mots d'esprit, des mots amers, des mots de la fin, des mots cruels, des mots pour rire, des mots piquants, des mots qui tuent. Un mot, ce peut être tout ! L'émotion, la douleur, la tragédie, la poésie, l'amour, l'expérience de la vie : tout un monde, toute une philosophie. Les mots ne sont pas seulement « des sons chargés de sens », ils sont aussi porteurs d'une émotion qui pointe vers l'auditeur à la façon d'un aiguillon ou se répand sur lui comme une liqueur bienfaisante.

Scherer[10] a étudié systématiquement la force affective d'un énoncé. Il demandait à des auditeurs de porter un jugement émotionnel sur des phrases présentées de façon à ce que n'intervienne pas le contenu verbal. Le niveau d'excitation du locuteur était facilement appréciable d'après la hauteur de la voix (registre) et le timbre ; l'intonation permettait de différencier, sur des indices acoustiques spécifiques, la peur, la violence, l'arrogance ou l'indifférence.

L'expression faciale de l'émotion agit mécaniquement sur la parole. Un sourire raccourcit le conduit vocal et élargit son ouverture provoquant des modifications sur le signal acoustique : augmentation de la fréquence et de l'amplitude des formants[11] ainsi que de la hauteur de la voix[12] : *je t'écoute sourire.*

À l'effet acoustique s'ajoute celui de la prosodie. Celle-ci porte sur l'enveloppe musicale de la parole, c'est-à-dire le rythme, la mélodie et l'accent. Je rappelle sa valeur linguistique pour marquer la segmentation des mots et la séparation des phrases. Sa valeur émotionnelle est tout aussi importante.

La parole est inséparable de ce visage dont elle jaillit. En parlant de l'autre, je lis sur sa face les effets de mon discours ; son émotion me devient sensible. J'observe les signes de compréhension : ils signifient que mon interlocuteur a pénétré ma pensée pour autant que je le laisse s'y promener à sa guise à moins que je ne cherche à l'y égarer sur les chemins de ma duplicité.

Tout un jeu de regards se déroule pendant le face-à-face. L'interlocuteur attentif suit des yeux ce que lui montre le locuteur ou scrute ce qui ne s'entend pas. L'auditeur regarde davantage le locuteur que l'inverse. Peut-être s'agit-il de pudeur de la part de ce dernier, une peur de se trahir, une réticence à se dévoiler ? Une autre possibilité serait qu'il veuille se protéger des signaux en provenance de l'autre qui pourraient embrouiller ou interrompre le fil de son discours. La technique du divan en psychanalyse radicalise cette situation de celui qui parle.

La position de l'auditeur n'est évidemment ni passive ni neutre. La fixité de son regard peut devenir un frein pour le locuteur. En revanche, une mimique approbatrice, un hochement de tête, des onomatopées brèves sont comme des « remontoirs de la conversation ».

Du côté du locuteur, l'expression faciale, dont on a vu qu'elle pouvait modifier les caractéristiques mécaniques du son, peut altérer le sens d'un énoncé. L'ironie n'est pas seulement contenue dans le texte, elle s'affiche dans les sourcils et un certain plissement des paupières. En quelques traits de crayon, un bon dessinateur peut faire apparaître les sarcasmes sur un visage sans qu'une légende soit nécessaire. Les mouvements des sourcils s'entendent comme des accents mis sur certaines syllabes. Cette véritable prosodie du visage est manifeste dans les films muets et l'accompagnement musical apparaît tout à fait justifié.

Les mouvements des lèvres du locuteur n'interviennent pas seulement dans la formation des phonèmes, ils sont également porteurs d'affects qu'on ne peut séparer des sons. « En notre nature, écrit Herder, sommeillent autant de genres de la sensibilité que de sortes de sons[13]. » Ils viennent s'éveiller sur nos lèvres. Les mouvements des lèvres fournissent des indices à la compréhension de la parole que ne sont pas seuls à utiliser les sourds. Un interlocuteur entendant pratique sans le savoir la lecture labiale. D'où la gêne lors de la vision d'un film mal doublé. Le décalage son/image peut parfois produire des illusions sonores. Un sujet entend [*da*] quand on lui passe l'enregistrement du phonème [*ba*] avec l'image correspondant à la prononciation de [*ga*][14].

Cette lecture labiale de la parole correspond peut-être à ce qui reste d'un langage gestuel archaïque impliquant la bouche et les mains. Ces dernières se portent d'ailleurs à hauteur de la bouche lorsqu'il s'agit de mieux se faire entendre de l'interlocuteur et ce dernier élargit généralement son champ de vision à l'ensemble face-mains, en prenant du recul, lorsqu'il cherche à améliorer sa compréhension. L'étude des structures du cerveau et des mécanismes neurologiques du langage va nous permettre d'interpréter cette observation.

LA MÉCANIQUE DU LANGAGE

La parole illustre parfaitement le concept de représentaction qui associe perception et geste. Pour plus de 90 % des droitiers, le cerveau gauche est le cerveau qui parle avec un pôle antérieur pour l'action et un pôle postérieur pour la représentation.

Le langage est une faculté du cerveau et c'est bien du côté du cerveau qu'il faut chercher les structures attachées aux capacités langagières. Ce sont des lésions localisées du cerveau qui ont attiré l'attention sur certaines régions associées à une perte de la parole (aphasie) ou à des dysfonctionnements caractéristiques du langage. Les travaux associant l'observation clinique du patient à l'étude neuroanatomique de son cerveau ont été particulièrement féconds entre la fin du XIXe siècle et le XXe siècle. L'imagerie cérébrale est venue depuis peu enrichir de façon spectaculaire le corpus de nos connaissances sur le langage.

La gloire de la découverte du rôle du cerveau gauche dans la production du langage revient à Paul Broca, chirurgien parisien, originaire de Sainte-Foy-la-Grande, petite bourgade des bords de la Dordogne qui fut un foyer de la renaissance protestante au XIXe siècle et a compté parmi ses natifs quelques grands spécialistes du cerveau.

Broca présente le 18 avril 1861 à l'hôpital de la Salpêtrière le cas d'un malade nommé Le Borgne et surnommé « Tan ». Après un accident vasculaire cérébral, ce malade avait perdu toute capacité de parler, alors même qu'il continuait à comprendre ce qu'on lui disait (on connaît depuis lors ce déficit sous le terme d'*aphasie motrice* ou encore *aphasie d'expression*, dite de Broca). Il ne pouvait que répéter constamment les deux mêmes syllabes, « tan-tan », d'où son surnom. Ces difficultés ne semblaient pas être liées à une incapacité à contrôler son système phonatoire, car les énoncés parlés préservés étaient produits correctement. Après la mort de ce patient, l'examen de son cerveau révéla une lésion dans l'hémisphère gauche du cortex cérébral, plus précisément dans la partie inférieure du lobe frontal, le long de la scissure de Sylvius (appelée depuis aire de Broca).

La découverte de Broca fut suivie en 1874 par celle du neurologue allemand Karl Wernicke. Celui-ci rapporte l'observation de deux patients incapables de comprendre le langage parlé, en conservant la capacité de parler (aphasie dite *sensorielle*) qui présentaient des lésions de la partie supérieure du lobe temporal gauche (*aire de Wernicke*) au voisinage des aires sensorielles auditives (Figure 38).

Il ne fut pas surprenant de découvrir par la suite l'existence d'un faisceau de fibres nerveuses reliant les deux aires (faisceau arqué). Sa destruction entraînait une troisième forme d'aphasie (dite de *conduction*) dans laquelle le patient peut émettre et comprendre des mots mais est incapable de les mettre en relation.

La neuropsychologie fonctionnelle grâce à l'imagerie a bouleversé ces données un peu trop simples pour être honnêtes. Les trois régions restent bien sûr impliquées en première ligne mais d'une façon intriquée dans la production et la perception de la parole. Les patients qui présentent une lésion de l'aire de Broca – celle-ci ne constitue d'ailleurs plus une entité homogène – ont bien un déficit de production du langage. Celui-ci est caractérisé par un défaut d'assemblage des syllabes et des mots donnant un discours de type télégraphique et des répétitions de mots. Mais on note également chez ces aphasiques de type Broca un trouble dans l'analyse de l'organisation syntaxique de la phrase. La sémantique, le sens des mots, reviendrait à l'aire de Wernicke élargie à ses régions avoisinantes et divisée en sous-régions spécialisées par exemple pour nommer les objets, les animaux, les outils et les personnes.

En résumé, au pôle antérieur (aire de Broca et aires d'exécution motrice) seraient dévolues l'organisation et la production du geste phonatoire et au pôle postérieur la perception, la reconnaissance et l'attribution du sens, les deux pôles assurant ensemble la « représentaction ».

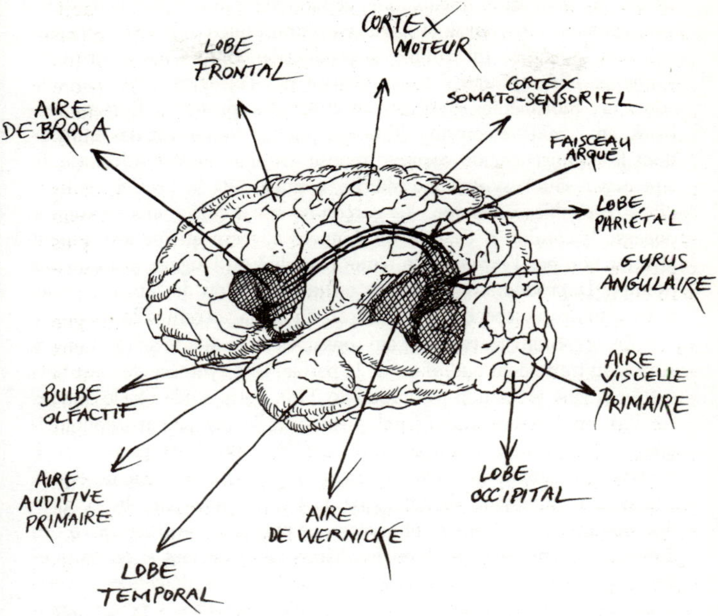

Figure 38. – Les grandes aires du langage.

Le modèle dit de Lichheim (1885), comprenant trois centres : un *centre moteur* dont la destruction provoque une aphasie d'expression (Broca), un *centre sensoriel* (auditif) dont la destruction entraîne une aphasie sensorielle (Wernick) avec le *faisceau d'association* les reliant (noyau arqué) dont la lésion est suivie d'une aphasie de conduction et, enfin, un *centre conceptuel* responsable d'aphasies transcorticales, reste d'actualité (modèle de Geschwind, 1979). La neuropsychologie cognitive, grâce à l'apport de l'imagerie a sensiblement modifié la conception trop étroitement localisationniste au profit d'une approche fonctionnelle. Ainsi, l'étude des patients caractérisés classiquement comme des aphasiques de Broca a montré une altération non seulement de leurs capacités de production du langage, mais encore de leur capacité de perception. L'analyse des performances des patients dans ce double versant suggère que le dysfonctionnement n'est pas lié à une modalité fonctionnelle particulière de traitement, mais à un type spécifique d'information linguistique, celui concernant le niveau syntaxique. En effet, Caramazza et Zurif ont montré que ces patients présentent non seulement un trouble de production connu sous le terme de « langage télégraphique » et caractérisé par l'absence dans leur discours des morphèmes grammaticaux (articles, pronoms, flexions verbales, etc.), mais encore une difficulté pour le traitement des énoncés dont la compréhension correcte repose sur une analyse adéquate de leur organisation syntaxique interne, comme c'est le cas des énoncés dits « réversibles » tels que « Le garçon pousse la fille » ou « La voiture dépasse le camion ». Ce type de données suggère qu'une lésion peut affecter non pas l'exploitation d'une modalité du langage, comme par exemple la production, la lecture ou la perception du langage parlé, mais d'un niveau spécifique et abstrait du langage comme la *syntaxe*[15].

De nombreux travaux ont été consacrés en imagerie aux premières étapes du traitement auditif ou de la parole. Une synthèse des résultats a été obtenue grâce à la technique du TEP. Cette étude révèle que les localisations prétendument impliquées dans le traitement phonologique varient de manière importante selon les auteurs. En particulier, il observe que plus de 22 aires corticales ont été associées par différents auteurs au traitement phonologique. Ces variabilités dans la localisation des aires de traitement phonologique peuvent être attribuées à des différences dans les procédures expérimentales utilisées et en particulier à la nature de la tâche expérimentale effectuée (détection de phonème, détection de rime). Selon lui les différentes tâches expérimentales utilisées pourraient mettre en jeu différents « aspects » de ce traitement. Si cela est correct, ces résultats peuvent indiquer que le « traitement phonologique » est assuré non pas par un système unique, mais par une pluralité de sous-systèmes fonctionnellement distincts.

Ne parler que du cerveau gauche serait une simplification abusive. Chez un nombre non négligeable de sujets – différemment apprécié selon les études –, les aires de la parole sont à droite, notamment chez les gauchers, mais non exclusivement[16]. Des jeunes enfants ayant subi à la naissance ou dans leur premier âge des lésions du cerveau gauche apprennent très bien à parler avec le droit. Enfin, les orateurs de gauche – je parle bien sûr de leur cerveau et pas de leurs opinions politiques – utilisent leur cerveau droit dans la partie prosodique du langage et dans le traitement des noms abstraits et à forte charge affective. Il est probable que, lorsqu'un homme évoque le nom de Dieu, il se sert de son cerveau droit. Cet exemple permet d'illustrer l'avantage adaptatif des spécialisations hémisphériques : gain d'espace sur le cortex, gain de temps en rapprochant les fonctions directement liées sur le même hémisphère et surtout partage des tâches assurant à chacune une relative indépendance. Un chef d'État peut prier avec son cerveau droit en demandant la protection du « Seigneur » et élaborer avec son cerveau gauche les discours qui subjugueront ses alliés et les stratégies pour anéantir ses ennemis. Il ne faut pas pour cela suivre la tentation trop facile d'opposer un hémisphère droit qui parlerait le langage du cœur et un hémisphère gauche qui pratiquerait celui de la raison. Ce ne serait là que fariboles pour amuser le lecteur.

Il est important de ramener le langage à sa finalité première : la parole est un acte qui ne peut être que destiné à l'autre, c'est-à-dire à un organisme sensible qui le recueille. Ce qui se manifeste à travers les sens apparaît toujours dans les limites du plaisir et de la souffrance. Ce sont les sens qui donnent aux mots du sens. Il n'existe pas de noms, d'odeurs, de visions, de saveurs, venus du monde qui soient totalement dépourvus de signification. Il n'existe pas de paroles qui ne soient une expression sensuelle du monde. Des êtres qui communiqueraient entre eux par l'intermédiaire de signes totalement arbitraires et articulés selon les règles ordonnées de la logique formeraient une société syntaxiquement correcte mais inhumaine.

La linguistique savante fait trop oublier que la langue originelle ne peut être que métaphorique, autrement dit qu'elle montre quelque chose qui a un sens en transférant une signification à ce qui est montré. En elle, de façon spécifiquement humaine, au-delà des cris de l'animal, parlent la joie et la douleur qui sont les modalités premières de l'être-au-monde. En reprenant à peu près les mots de Marcel Proust, on pourrait dire que, comme dans les puits artésiens, la parole monte d'autant plus haut que la souffrance et la joie ont plus profondément creusé le cœur.

Parler avec sa bouche ou avec ses mains est un acte moteur dont les aires de commande corticale sont au voisinage de l'aire de Broca. C'est en parallèle une activité sensorielle qui intéresse les aires réceptrices auditives ou visuelles à proximité de l'aire de Wernicke. J'ai déjà signalé la correspondance entre l'aire de Broca et la région du cortex frontal chez le singe où se trouvent les neurones miroirs. Ces données laissent à penser que l'observation d'un geste intentionnel chez un autre (appelons-le A) déclenche chez un observateur (appelons le B) les phénomènes neuronaux identiques à ceux qui ont permis la réalisation du geste par A. Une inhibition nerveuse bloquerait la production effective du geste chez B. Toutefois ce blocage incomplet et laissant paraître l'ébauche du mouvement permettrait à A de savoir que son geste a bien été perçu et compris par B. On serait ici en présence d'une forme primitive de langage gestuel qui existerait donc chez un singe proche de l'homme comme le macaque. L'évolution amènerait chez l'homme un développement de ce mode de communication par représentation, en substituant notamment l'entrée auditive à l'entrée visuelle et la gestuelle oro-pharyngée à la gestuelle manuelle. Cette dernière pouvant d'ailleurs retrouver sa prééminence en cas de surdité.

C'est ici que s'arrête donc, comme elle a débuté, notre quête de l'autre, objet de notre voyage extraordinaire dans le cerveau. Avec un repentir toutefois qui sonne comme un paradoxe, le dernier focus (15) consacré aux maladies dégénératives dans ce cerveau.

J'ai présenté, en effet, celui-ci comme l'organe de la liberté et de l'amour – liberté surveillée, toutefois, livrée à l'impérieuse contrainte des gènes et amour qui prend trop souvent le masque de la haine : cerveau, « être de contrastes » comme disent les guides.

Épilogue

À l'instant de quitter la pièce[1], je parcours des yeux mon bureau avec les volumes éparpillés qui jonchent le sol, les tirés à part d'articles empilés, les étagères de livres déplacés comme de vieilles personnes chassées de leur place légitime.

Le voyage est fini – inachevé comme tous les voyages, avec tant de lieux négligés, comme le cervelet et la moelle épinière, de fonctions parcourues au pas de course comme la sensibilité. Le cerveau est un continent, faut-il le répéter une dernière fois ? Malgré les pages accumulées que de visites trop hâtives, de partis pris, de regards négligents ou hâtifs, comme dans ces voyages organisés où « l'on fait l'Europe en dix jours ». Et puis, il y a l'absence, symbolique celle-là, de l'épilepsie, le mal sacré des Grecs, la maladie peut-être la plus emblématique du cerveau. Boby Naquet, un des plus grands épileptologues de l'histoire de la neurologie, m'avait promis de nous faire visiter ce paysage tourmenté de l'encéphale dont il était le familier et un irremplaçable guide. Ce livre lui est dédié, mais aucun hommage ne pourra le faire revenir. En revanche, un des grands plaisirs de l'aventure qui s'achève, aura été la compagnie de chercheurs et de médecins qui m'ont offert la très grande preuve d'amitié et d'estime, d'accepter de participer au voyage, afin de mettre leur talent et leur science au service des visiteurs du cerveau.

La tristesse est pour moi la plus belle des émotions. Elle accompagne la fin de nos entreprises, de nos espoirs, de nos amours ; elle a la couleur des crépuscules sur la rivière qui baigne mon village et la douce amertume d'un apéritif italien. Ce voyage dans le cerveau était un voyage sentimental ; il est juste qu'il s'achève avec un brin de cette mélancolie qui a si souvent accompagné nos pas. « Pourtant, acceptez ceci en tant que corollaire et conclusion, tandis que vous vous souciez de vous-même dans le cas de cette mélancolie ou de toute autre mélancolie, que vous vous occupez de la santé de votre corps et de votre esprit, observez ce bref précepte, ne vous laissez pas aller à la solitude et à l'oisiveté. *Ne soyez pas solitaire, ne soyez pas oisif.*

Sperate miseri,
cavete faelices

Désires-tu être libéré du doute ? Désires-tu échapper à l'incertitude ? Repens-toi tant que ton esprit est clair ; ce faisant, je te l'assure, tu seras en sécurité, parce que tu étais pénitent à un moment où tu aurais pu commettre un péché[2]. »

Platon Descartes
Hyppocrate Galien Willis
Aristote Stenon
Galvani Broca Golgi
Ramon Y Cajal Loewi

APPENDICE

Histoire de la découverte du cerveau

LE RÊVEUR DE LASCAUX

L'homme a toujours su que sa tête était le siège de son esprit. N'est-ce pas à son front que se portent instinctivement ses mains lorsque le poids de ses pensées l'accable ? N'est-ce pas de sa tête que s'évadent ses rêves lorsqu'il est plongé dans un profond sommeil ? Michel Jouvet, le grand explorateur de nos nuits, le savant qui a découvert la source des songes dans le cerveau, donne une interprétation pénétrante d'une des plus anciennes représentations humaines connues, celle de la scène du puits dans la grotte de Lascaux. On y voit un homme à tête d'oiseau, étendu les bras en croix ; il est en érection. D'un côté de son corps, un oiseau, réplique de sa tête, est posé sur un mât ; de l'autre, un bison énorme et menaçant dont le ventre blessé par une lance brisée laisse échapper les entrailles. Je laisse la parole à Jouvet, le physiologiste des rêves : « L'apparition périodique (toutes les quatre-vingt-dix minutes) d'une érection au cours du sommeil coïncide avec le rêve. On pourrait donc supposer que l'oiseau représenterait l'esprit de l'homme qui quitte le corps pour aller vagabonder dans le passé ou le futur. Ce dessin traduirait la prémonition (ou le désir) de la mise à mort d'un bison. Le concept d'une âme ou d'un esprit quittant le corps (la tête) a été retrouvé à la naissance de toutes les civilisations par les ethnologues. Il faudrait alors supposer que nos ancêtres Cro-Magnon avaient déjà remarqué que l'érection est un fidèle témoin corporel du rêve. Comment expliquer que ce témoin ne fut redécouvert que vingt mille ans plus tard, en 1965, par le neurophysiologiste Fisher à New York ? » Je crois pour ma part que l'homme a toujours su qu'il bandait en rêvant, mais qu'il a préféré cacher la trouble nature de ses songes : ce sexe complice de l'esprit que l'on dissimule pour mieux le vénérer.

L'ÂME ET L'ESPRIT

Pauvre humain qui a découvert qu'il pense ! Le voilà bien embarrassé de ce qu'il nomme tantôt l'âme, tantôt l'esprit, deux mots incertains dans ce qu'ils désignent : perdre l'esprit et rendre l'âme signifient dans le premier cas, perdre le sens des choses et, dans le second, perdre la vie. Le joli mot grec de *psyché* est utilisé plus volontiers aujourd'hui que celui d'âme trop encrassé par des siècles de superstition. L'histoire mythique de Psyché, mieux qu'une définition, éclaire le sens que j'entends donner à la psyché. Celle-ci désigne le *moi*, c'est-à-dire l'autre qui pense en moi et à la place de qui je pense. Elle signifie le désir de cet autre sur lequel se répandent la douceur du plaisir et la brûlure de la haine. L'histoire du cerveau humain est sans doute celle de l'Amour, si l'on pense que les premiers mots échangés sous l'arbre par Adam et Ève furent « je t'aime » ; ce qui leur valut tant de tourments.

LE FORCEUR DE COFFRE-FORT

On observe dans les crânes préhistoriques des trous qui ne sont pas les suites de blessures, mais des traces de trépanations témoignant de la curiosité de l'homme pour ce qui se cache dans sa tête. S'agissait-il de pratiques magiques ou d'interventions à visée médicale ? Question sans réponse à laquelle se mêle celle du cannibalisme : la cervelle humaine était un mets de choix dans certaines cultures.

LE CŒUR ET LA RAISON

Même lorsqu'il se pose en irréductible matérialiste, il y a toujours chez l'homme un combat entre le cœur et la raison. Ce n'est pas une question de science, mais l'expression organique de sa double nature : chair et esprit. La première appartient à la matière, le second au domaine des apparences qu'il cherche en vain à traverser.

L'homme sent battre son cœur au rythme de ses émois. Il n'y a donc rien d'étonnant à ce qu'il fasse de celui-ci le siège de son esprit tourmenté. Il s'ensuit un conflit historique pour le choix du siège de l'âme : le cœur qui s'impose à nos sentiments ou la tête où se rassemblent les organes des sens, sources de nos représentations.

LE CERVEAU SPERMATIQUE

Dans l'ancienne Chine, le cœur était considéré comme l'organe de l'esprit et le cerveau un océan, source d'élan vital dans lequel se jetait la moelle ; celle-ci n'était autre que du sperme transformé produit par les testicules. Cette théorie a guidé les pratiques érotiques des Chinois : économiser son sperme ; c'était économiser sa vie. Il

Légende de psyché

Il était une fois un roi et une reine. Ils avaient une fille appelée Psyché, d'une si grande beauté qu'on ne pouvait l'exprimer, ni la louer de façon suffisante à cause de la pauvreté du langage humain. Vénus, jalouse de cette rivale, fit venir son fils Éros, un garnement aux mauvaises façons et le chargea de la venger en inspirant à Psyché un amour ardent pour le « dernier des hommes ». Or l'excès même de sa beauté éloignait de Psyché les prétendants. Soupçonnant quelque malédiction, son père consulta l'oracle qui ordonna d'exposer sur un rocher la jeune fille parée pour un hymen funèbre avec un monstre horrible. Tandis qu'elle dormait, un zéphyr l'emporta et la déposa sur un gazon frais où elle s'endormit. À son réveil, la belle se retrouva dans un palais enchanté. Craignant pour son honneur en pareille solitude, elle fut prise d'effroi, redoutant ce qu'elle ne connaissait pas. Annoncé par un léger bruit, le mari inconnu (était-ce le monstre terrible annoncé par l'oracle ?) monte sur le lit et fait de Psyché sa femme. Il se retire en hâte avant le lever du jour. Mais voici que l'Amour était devenu amoureux de Psyché. Chaque nuit, la visite se répéta sous l'interdit prescrit par l'époux de voir son visage. L'interdit, elle le brava et découvrit la grâce divine de son bel amant au lieu du monstre attendu. Mais voici qu'elle se pique à une des flèches qu'elle tire du carquois et c'est ainsi que l'innocente Psyché devint amoureuse de l'Amour. Enflammée à chaque instant par davantage de désir pour Éros, elle se pencha et s'abandonna au point qu'une goutte d'huile bouillante tomba de la lampe sur l'épaule droite du Dieu. Plein de colère, il se réveilla et s'envola dans la région des nuages. Accrochée à sa jambe droite, Psyché tenta en vain d'accompagner son vol avant de retomber, épuisée sur le sol. Alors commença la longue errance de Psyché persécutée par Vénus qui retint l'Amour blessé et malade de sa passion contrariée, dans une prison secrète. Après les redoutables épreuves franchies par la belle Âme. Jupiter ne put que lui accorder l'immortalité transmise par une simple gorgée d'ambroisie.

La légende se conclut ainsi : « Psyché passa, selon les règles, sous la puissance de l'Amour et lorsque le moment fut venu, il leur naquit une fille nommée Volupté. »

Ce qu'il y a d'intéressant dans ce conte est la double nature immortelle et charnelle de Psyché. Toute la condition mystérieuse de l'âme humaine s'y révèle. Psyché et Éros (l'Âme et l'Amour) peuvent après un long chemin semé de malheurs et d'épreuves jouir librement de cette facilité de « se pénétrer réciproquement » qui permet à l'homme d'accéder à l'immortalité mettant fin à ses tourments : éternité de l'Âme qui rejoindrait ainsi l'éternité de l'Amour.

D'après *L'Âne d'or* d'Apulée.

était enseigné que si l'on avait le pouvoir de dépuceler dix mille vierges au cours d'une nuit, sans éjaculer, on pourrait vivre dix mille ans !

Cette influence a persisté jusqu'à aujourd'hui dans des cultures d'inspiration chinoise et chez des chrétiens intégristes. Les Japonais n'admettent pas que la « mort cérébrale », dont on peut attester la survenue grâce à l'encéphalogramme, soit assimilée à la mort d'un individu. Il faut que les battements du cœur s'arrêtent pour témoigner de la mort d'une personne. L'Académie pontificale de la vie au Vatican prône l'interdiction de prélever des organes chez un sujet en état de mort cérébrale au prétexte que son âme serait présente dans son corps aussi longtemps que bat son cœur. Une position dogmatique qui entrave les greffes d'organes et condamne ainsi à la mort des milliers de malades.

Les manuels du sexe enseignent que l'homme, un instant avant d'atteindre à son comble, doit se retenir. Il doit empêcher l'éjaculation, soit par discipline mentale, soit par des moyens physiques, par exemple en comprimant le conduit séminal avec ses doigts. Alors son essence *yang*, activée par ce contact avec le *yin* de la femme, « refluera en amont », le long de la colonne vertébrale fortifiant son cerveau et tout son organisme. Par conséquent, si l'homme limite ses émissions aux jours où la femme est sujette à concevoir, sa perte d'essence *yang* sera ces jours-là compensée par l'engendrement d'enfants parfaits de corps et d'esprit. On voit que ces théories s'attachent étroitement non seulement à la santé des parents, mais aussi à celle de leur descendance. Tel est le fondement de l'eugénique chinoise. [...]

Deux notions fondamentales sont mises en évidence. La première, c'est que la semence d'un homme est sa possession la plus précieuse, la source non seulement de sa santé, mais de sa vie même ; toute émission de semence diminuera cette force vitale, à moins qu'elle ne soit compensée par l'acquisition d'une quantité équivalente d'essence *yin* féminine. La seconde, c'est que l'homme doit donner à la femme une satisfaction complète chaque fois qu'il s'accouple avec elle, mais qu'il ne doit se permettre l'orgasme que dans certaines occasions prescrites.

Robert Van Gulik, *La Vie sexuelle dans l'ancienne Chine*, Paris, Gallimard, 1971.

LE CERVEAU ET LE CŒUR

C'est une guerre de vingt-cinq mille ans qui commence en Grèce au VIe siècle avant Jésus-Christ et s'achève par le triomphe du cerveau au XIXe siècle après Jésus-Christ. Dès le début, ce dernier marque un point : n'est-ce pas du cerveau de Jupiter que jaillit Athéna, la déesse intellectuelle ? Ce qui vaut mieux, convenons-en, que de sortir de sa cuisse.

Du côté des médecins, le cerveau a eu d'abord la préférence. Alcméon, puis Hippocrate en font l'organe central des sensations et de la conscience. Le second proclame dans son traité du « mal sacré » (l'épilepsie) que le cerveau est le « héraut de la conscience ». Il note également qu'un seul côté du corps est saisi de convulsions lorsqu'une lésion du cerveau siège de l'autre côté – une observation que ne saurait démentir un neurologue moderne. Démocrite, enfin, le premier des philosophes matérialistes, énonce que le cerveau, sentinelle avancée du corps dissimulée par des membranes fibreuses, est le gardien de l'intelligence.

Deux géants de la philosophie, Platon et Aristote, ont incarné respectivement le *cérébrocentrisme* et le *cardiocentrisme*. Dans le *Phédon*, Platon expose sa théorie dans laquelle le cerveau procure à l'homme les sensations de l'ouïe, de la vue et de l'odorat, ce que nul ne songe plus à nier ; de ces sensations naissent la mémoire et le jugement ; puis de la mémoire et du jugement devenus stables, naît de la même manière la connaissance. Une conception modulaire des facultés psychologiques, localisées et séquentielles que l'on retrouve dans l'approche cognitiviste moderne du cerveau.

La position d'Aristote s'oppose radicalement à celle de Platon. Il donne au cœur un rôle central dans la génération et le contrôle des idées et des émotions. Les propriétés cognitives du cœur « Acropole du corps » viennent de la chaleur brûlante qui y règne. Le cerveau, organe froid, ne sert qu'à refroidir le cœur.

Notons que, malgré son caractère improbable, ce cerveau radiateur n'est pas si éloigné de la réalité chez l'homme. À la base de son cerveau, les anatomistes décrivent en effet un système de refroidissement du sang par échange de chaleur entre le sang veineux et le sang artériel. Il s'agit vraisemblablement d'un dispositif adaptatif qui permet au bipède humain de promener son vaste cerveau au soleil brûlant de la savane sans craindre l'insolation.

ENFIN GALIEN VINT

Celui-ci fut considéré jusqu'à Descartes comme le Maître absolu de la médecine et fut enseigné pendant des siècles sans que l'on ose mettre en doute ses théories, ni chercher à les valider.

Ce médecin célèbre qui vivait au IIe siècle de notre ère, soit plus de cinq cents ans après Hippocrate, jouissait d'une riche clientèle. Il exerçait aussi son art auprès des gladiateurs dont les blessures variées lui offraient un merveilleux matériel d'étude qui lui permit d'entrevoir quelques fonctions cérébrales comme la motricité et la sensorialité.

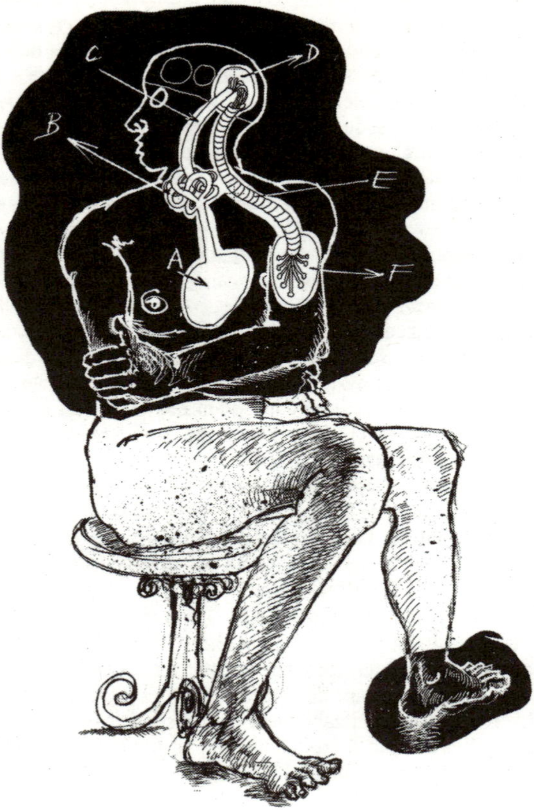

Figure 39. – Esprits vitaux et animaux (Galien, 300 avant Jésus-Christ).

A. Le cœur contient les esprits animaux ; ceux-ci vont dans le cerveau.

B. Ils passent à travers le *Rete mirabilis* et sont ainsi distillés pour devenir les esprits animaux.

C.D. Les esprits animaux gagnent un nerf creux.

E. Nerf creux qui véhicule les esprits animaux.

F. Muscle

Ce schéma ascendant et descendant pourrait faire croire que l'idée de réflexe était déjà latente, mais il faudra encore douze siècles pour que Descartes et Willis expriment correctement ce concept (d'après Michel Jouvet).

Excellent anatomiste, il fut toutefois empêché de disséquer un homme en raison d'interdits politico-religieux. Les arguments que donnaient alors les censeurs étaient à peu près les mêmes que ceux qui interdisent aujourd'hui l'utilisation des cellules souches humaines. Galien dut se contenter de disséquer des bœufs et des cochons. Sa description de l'anatomie humaine est donc copiée sur celle de ces animaux. C'est pourquoi, pendant plus de dix siècles, on décrira un réseau de petits vaisseaux à la base du crâne appelé *rete mirabilis* (réseau merveilleux) qui n'existe pas chez l'homme. Ce réseau permet de distiller les esprits vitaux (*spiritus vitalis*) qui viennent du cœur, en esprits animaux (*spiritus animalis* ou *pneuma psychikon*). Ces derniers sont stockés dans les ventricules cérébraux avant de descendre dans les nerfs crâniens afin d'établir des connexions matérielles avec les muscles et les organes des sens (Figure 39). Toutefois, ne pouvant décider si le pneuma ou l'esprit était l'âme (*anima*, psyché) ou seulement son véhicule, Galien, comme le fera plus tard Descartes, botte en touche sur le problème de l'âme. Il conseille : « N'allez pas consulter les Dieux pour découvrir par divination l'âme dirigeante, interrogez plutôt l'anatomiste. »

LE MOYEN ÂGE ET LA PENSÉE VENTRICULAIRE

Les ventricules cérébraux, sortes de cavités flasques qui occupent le centre du cerveau, intéressent les anatomistes du Moyen Âge, car ce sont les seules parties facilement repérables dans cette masse informe et molle qu'ils ont l'interdiction de disséquer librement.

On trouve dans l'*Épitomaque* paru à la fin du XVe siècle une description de ces ventricules qui doit plus à la spéculation qu'à l'observation scientifique. Il existe quatre compartiments se rapportant aux qualités de l'esprit. Le premier ventricule est responsable du sens commun ; le ventricule moyen (notre troisième ventricule) est responsable du jugement et le dernier contient la mémoire – une théorie cellulaire qui est assez proche des idées platoniciennes. Cependant la pensée d'Aristote demeure dominante en ces temps de scolastique soumis à la domination absolue des « docteurs » de la foi. Il s'ensuit que c'est vers le cœur-citadelle que se dirigent toutes les sensations. Il faudra attendre les dernières décennies du XXe siècle pour que le cœur (corps), et les passions qu'il fait naître, retrouve sa place dans la génération des actes et des pensées au sein du cerveau (voir Vincent, *Biologie des passions*, 1986).

LES « HUMEURS » DE GALIEN MONTENT À LA TÊTE

La scholastique galénique accorde les fonctions du corps au jeu à la fois subtil et mouvementé de quatre humeurs : la bile jaune, la bile noire, la pituite (ou phlegme) et le sang. Ces humeurs sont excrétées par les ouvertures du crâne : le sang par la bouche, la pituite par le nez, la bile jaune par les oreilles sous forme de cérumen et enfin la bile noire par les yeux sous forme de larmes. N'est-ce pas la bile noire (l'atrabile) qui déborde à flots du cerveau dans les larmes amères du malheureux mélancolique ?

Un véritable système hydraulique est installé dans le cerveau. Un courant liquidien s'écoule entre le premier et le second ventricule, autrement dit entre le sens commun et le jugement ; il peut être bloqué par la fermeture d'une valve en forme de ver (*vermis*) qui arrête ainsi le flux de la pensée (Figure 40).

Comme on le voit, les physiologistes de la fin du Moyen Âge ne sont dépourvus ni d'imagination ni d'esprit de système. La pensée

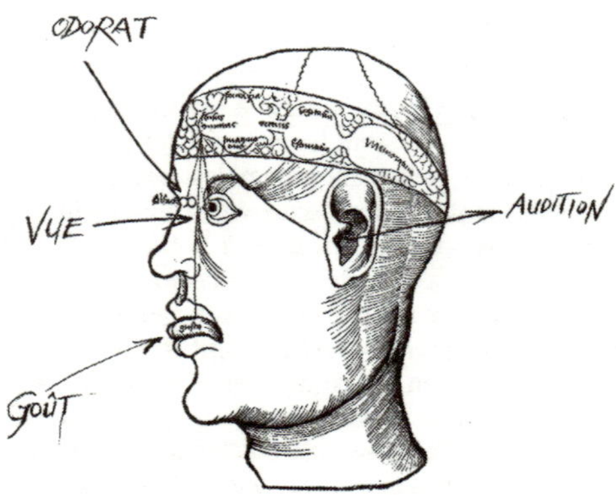

Figure 40. – VOICI L'UN DES PORTRAITS LES PLUS POPULAIRES DE LA DOCTRINE CELLULAIRE. En 1503, Gregor Reisch (1467-1525), prieur chartreux de Fribourg et confesseur des l'empereur Maximilien Ier publia son compendium de grammaire, science et philosophie, *Margarita philosophica*, la première encyclopédie moderne de poids. Ce dessin y apparaît souvent et a été reproduit. Trois cellules communiquent librement : la première s'appelle *sensus gitativa*, la deuxième *estimativa* et la troisième *memorativa*. Les organes des « sens spéciaux » sont reliés à la première cellule, et entre elle et la seconde est écrit le mot « vermis ». Le ver qui peut obstruer la circulation à ne pas confondre avec la partie médiane du cervelet des anatomistes modernes.
(D'après E. Clarke et K. Dewhurst, *Histoire illustrée de la fonction cérébrale*, Paris, Roger Dacosta, 1984.)

métaphorique règne alors dans la science. Mais, n'en est-il pas toujours ainsi ? L'observation rigoureuse des faits et la pratique de l'expérimentation ont-elles fait taire désormais l'imagination et la rhétorique chez les savants devenus des chercheurs ? Dans le meilleur des cas, les plus belles théories scientifiques sont encore celles qui réussissent à franchir la barrière des préjugés et à pénétrer le sens commun. Fonctionner à contre-courant est la marque d'un cerveau scientifique authentique.

En donnant une description exacte des ventricules cérébraux, grâce à leur moulage réalisé par la technique de la cire perdue empruntée à son métier de sculpteur, Léonard de Vinci inaugure l'alliance de la technique et de la science, fondement de la science moderne.

La Renaissance n'apporte guère de bouleversement dans la connaissance du cerveau. Celui-ci, peut-être défendu par la teneur sacrée qu'il inspire encore, ne bénéficie pas des progrès de l'anatomie humaine et de la vogue des amphithéâtres où la dissection des cadavres est devenue la base de l'enseignement de la médecine. Certes une vision réaliste et plus précise a remplacé les dessins grossiers et maladroits du Moyen Âge, mais il faudra attendre Descartes pour que devienne possible une science expérimentale des choses de l'esprit, paradoxalement débarrassée de l'esprit.

DESCARTES ET LES MACHINES CÉLIBATAIRES

Nous avons tous à l'intérieur de notre cerveau un buste de Descartes auquel il convient de faire la révérence. Il ne fait pas bon de parler à la légère de celui qui a donné aux Français le trait le plus marquant de leur génie : l'esprit cartésien. La représentation du cerveau proposée par le grand philosophe n'en est pas pour autant moins extravagante que celle de ses prédécesseurs. Je m'appuierai pour ce qui va suivre sur une communication personnelle de Michel Jouvet.

Descartes essaie de comprendre les liens de l'âme et du corps. Sa réponse inaugure ce qu'on appelle le dualisme scientifique qui sépare radicalement l'âme substance pensante et la matière substance étendue. Le fameux « Je pense donc je suis » indique la primauté de la conscience qui permet de penser l'âme en tant que substance pensante d'une manière indépendante du corps. Dès lors, la science en se consacrant exclusivement à la substance étendue n'a plus à se préoccuper de l'âme qui devient l'affaire exclusive des philosophes et théologiens ; ces derniers incontournables aussi longtemps que Dieu intervient dans l'affaire.

En dépit de l'abandon progressif au XVIIe siècle du fameux *rete mirabilis,* Descartes continue de faire appel exclusivement aux ventricules selon une anatomie et une physiologie inspirées de la plus stricte orthodoxie scolastique. Le reste du cerveau, c'est-à-dire le cerveau lui-même, ne l'intéresse pas.

Dans son traité *De l'Homme*, il décrit un mécanisme qui est considéré comme le modèle primitif de ce que par la suite on a appelé un *réflexe*. La perception sensible (vision, audition, goût, odorat, toucher) est due à l'effet des esprits animaux sur l'âme par le moyen de la glande pinéale qui doit à sa position idéale sur la ligne médiane du cerveau sa promotion au rôle de messagère des esprits et de l'âme (voir la Figure 41 de Descartes qui explique la vision).

Descartes invente ainsi une belle machine : une machine qui n'est pas réaliste, mais ressemble à celle inventée par les surréalistes : une machine célibataire dont les mécanismes ne fonctionnent que pour la jouissance intellectuelle de leur concepteur. On ne peut que souligner l'identité de la figure de la jeune fille imaginée par Descartes dans son traité et la célèbre « mariée mise à nu par ses célibataires même » de Marcel Duchamp.

En bref, résume Jouvet, « Descartes a inventé une machine. Le problème, comme le montrera Stenon, est que cette machine n'a aucun rapport avec l'anatomie. Il en sera ainsi à la fin du XXe siècle avec les modèles de fonctionnement de l'“esprit” fondés sur les mécanismes des ordinateurs[1] ».

Thomas Willis, docteur d'Oxford, prouve que le *reta mirabilis* n'existe pas chez l'homme et abandonne la théorie ventriculaire quand, à la même époque, Descartes en fait le cœur de sa machine. Willis propose les corps striés qu'il décrit dans la profondeur du cerveau, comme étant le siège du sens commun, sans aucun argument pour étayer ses affirmations. Willis élabore une théorie qui fait le lit des esprits animaux dans le cerveau. Ils sont le produit de l'activité cérébrale. Celle-ci est éloignée de toute transcendance et le cortex participe activement à la conservation des souvenirs.

Stenon se permet de critiquer avec une pertinence remarquable pour son temps les idées physiologiques de Descartes et de Willis. Stenon est probablement un des esprits scientifiques les plus exercés de son temps. Anatomiste, Stenon décrit le canal excréteur de la parotide qui porte son nom ; biologiste, il reconnaît que tous les animaux vivipares produisent des œufs ; géologue, il fonde les bases de la cristallographie et de la stratigraphie qui permettent de reconstituer l'histoire géologique d'une région. Nommé prêtre, puis évêque de Munster, il se consacre à la conversion des luthériens. Il sera récompensé *post mortem* d'une vie si remplie en étant béatifié par Jean-Paul II. Sa vie et son œuvre montrent que la fréquentation de

Figure 41. – A. Beaucoup de dessins du livre de Descartes, *De homine* (1662) et de sa version française de 1664, se présentent sous forme de diagrammes. Celui-ci montre sa théorie mécanique de la fonction cérébrale. La lumière venant de l'objet (ABC) entre dans les yeux et forme des images visuelles (1, 3, 5) sur la rétine, qui est en connexion avec les parois ventriculaires par l'intermédiaire de tubes creux représentant les nerfs optiques. Les terminaisons circulaires ouvertes des tubes sont visibles et 2, 4, 6 est celui qui est afférent ou stimulus sensoriel. Des tubes, le message passe à travers les ventricules par le truchement des esprits animaux et atteint la pinéale (qui est en forme de pointe) (H) chez qui elle déclenche le stimulus moteur. Ainsi, les esprits animaux venant des ventricules sont envoyés par la voie de l'ouverture située en 8 à l'intérieur du nerf jusqu'au muscle du bras qu'il gonfle, produisant le mouvement. Ceci naturellement est la base du réflexe et la théorie moderne du réflexe commence avec la conception primitive de Descartes des composants afférents et efférents.
B. Cette figure montre les ouvertures des tubes nerveux dans les parois ventriculaires et les connexions existant avec la pinéale (H).
(D'après E. Clarke et K. Dewhurst, *Histoire illustrée de la fonction cérébrale*, Paris, Roger Dacosta, 1984.)

Dieu ne conduit pas fatalement à écrire des sottises, lorsqu'il s'agit de science. Pendant sa période d'anatomiste, Stenon a écrit un très remarquable *Discours sur l'anatomie du cerveau* dont quelques extraits montreront la modernité.

Stenon

« [...] Ces gens [Stenon parle de Descartes et Willis] qui ont l'affirmation si prompte, vous donneront l'histoire du cerveau et la disposition de ses parties avec la même assurance que s'ils avaient été présents à la composition de cette merveilleuse machine et que s'ils avaient pénétré dans tous les desseins de son grand Architecte [...].
[...] Monsieur Willis [...] loge le sens commun dans le *corpus striatum*, l'imagination dans le corps calleux et la mémoire dans l'écorce [...]. Quelle assurance peut-il donc avoir pour nous faire croire que ces trois opérations se font dans les trois corps qu'il leur destine [...] certes, le corps calleux nous est si méconnu que pour peu qu'on ait de l'Esprit, on en peut dire tout ce qu'on veut...
[...] pour ce qui est de Monsieur des Cartes... il connaît trop bien les défauts de l'Histoire que nous avons de l'Homme, pour entreprendre d'en expliquer la véritable composition. Aussi n'entreprend-il de nous expliquer une machine qui fasse toutes les actions dont les hommes sont capables [...].
[...] quant à ce que dit Monsieur des Cartes, que la Pinéale peut servir aux actions, mais qu'elle penche tantôt d'un côté et tantôt de l'autre, l'expérience nous assure qu'elle en est tout à fait incapable [...]. »

On ne saurait faire de meilleures recommandations aux chercheurs en neurosciences du XXIe siècle toujours tentés de construire de belles machines sur la foi de quelques images du cerveau : machines à penser ou machines à décerveler ?

Pauvres anatomistes ! Le temps n'est pas encore venu, malgré leurs efforts pour comprendre où se cachent dans le cerveau les secrets de l'âme humaine. Le grand écrivain romantique Nievo écrit dans ses *Confessions d'un Italien* : « Que les anatomistes se cassent les reins à disséquer des cadavres ! Le sentiment et la pensée échappent à leur scalpel et, plongés dans l'éternel et mystique bûcher de l'intelligence, ils lancent vers le ciel leurs langues de feu. »

LES LUMIÈRES N'ÉCLAIRENT PAS LE CERVEAU

Descartes a laissé à ses successeurs un corps sans esprit et un esprit sans corps. Un corps sur lequel peuvent s'affairer en toute tranquillité les savants pendant que l'âme est ailleurs, c'est-à-dire nulle part. Dès lors, à quoi bon s'intéresser au cerveau, cette boutique obscure où se tient le commerce des sensations et des actions[2] ?

Mais jamais la métaphysique ne fut l'ennemie de la science. Un autre courant de pensée prend également sa source à Amsterdam ;

une onde pure qui arrose l'intelligence du cœur, celle de Spinoza, sauve l'unité du corps et de l'esprit. La résistance à Descartes vient surtout des Anglais et de Locke qui affirme l'existence d'une *matière pensante*. Son apôtre, Voltaire, proclame : « Je suis corps et je pense. » N'y a-t-il pas quelque vanité de la part d'un philosophe de refuser à Dieu omnipotent le pouvoir d'attribuer à la matière dont l'homme est fait, le don du sentiment et de la pensée ? Quelle triste destinée que celle de Descartes, confiée à la cohorte bruyante de ses disciples et des sectaires. À trop vouloir se protéger de la nuisance des prêtres avec son âme de parade accrochée au revers du corps, l'auteur du *Discours de la méthode* a recruté sous une même bannière les bigots de tous bords, ceux de la religion et ceux de la science. Le XVIIIe siècle est celui de l'essor des techniques célébré justement dans l'*Encyclopédie*. L'usage se répand d'un nouvel instrument, le microscope, qui permettrait d'observer la structure fine du cerveau, si l'on disposait de la possibilité de le couper en tranches très fines que l'on pourrait ensuite fixer et colorer. Ce que l'on ne sait pas faire encore. La vue est le plus influençable des sens et le savant ne voit souvent que ce qu'il s'attend à trouver. C'est pourquoi Van Lecwenhoeck ne découvre dans le cerveau que des globules, Malpighi n'y voit que des ganglions et Ruysch des vaisseaux sanguins. Nulle trace des esprits animaux, désignés parfois sous le terme de fluide nerveux. Ce dernier est pour le grand anatomiste Soemeering – le premier à représenter correctement les circonvolutions cérébrales – le médiateur de l'âme, contenu dans les ventricules. Ce siècle tellement vivant, inventeur de la liberté et qui réclame pour tous les hommes le droit au bonheur, est aussi à l'origine des théories vitalistes. Stahl, un des pères de la chimie moderne et l'auteur de la fameuse et fumeuse théorie du *phlogistique,* estimait que les phénomènes de la vie étaient régis par une « âme sensitive » inaccessible aux méthodes d'analyse de la matière : l'âme préside toutefois aux réactions chimiques qui sont ses « desservants » immédiats dans l'organisme. Cette théorie, une fois dépouillée de son contexte religieux piétiste, est reprise par les médecins de l'école de Montpellier et devient grâce à Bordeu et à son ami Diderot un matérialisme qui accorde à la matière des propriétés vitales radicalement différentes de ses propriétés mécaniques. Il faut lire *Le Rêve de D'Alembert* dans lequel éclate le génie touche à tout de Diderot. Sans nommer le cerveau, il compare l'instrument de l'entendement humain à un clavecin doté d'une sensibilité et d'une mémoire qui font de lui à la fois l'instrument et l'interprète d'une mélodie qui n'a point d'autre compositeur que lui-même. Dieu n'est pas l'auteur de la partition, mais l'instrument n'en est pas pour autant un piano mécanique.

J'ajouterai que le clavecin, animal sensible, est aussi un être qui souffre, qui jouit, qui a faim et soif, bref qui exprime des passions qu'il peut partager avec d'autres clavecins formant l'orchestre humain. Cela ne revient-il pas à dire qu'il possède une âme matérielle ? Celle-ci trouvera bientôt sa place dans le cerveau dont le siècle suivant va entreprendre l'exploration.

LE CERVEAU MARCHE À L'ÉLECTRICITÉ

Pour en finir avec Galien et ses esprits animaux, trente siècles de règne presque absolu ! Un professeur italien, Galvani, porte le coup décisif en démontrant l'existence d'une électricité animale qui vient occuper la place incertaine abandonnée par le fluide mystérieux de l'antique médecine. Comme cela est fréquent dans l'histoire des sciences, des expériences erronées ouvrent la porte de la vérité.

La polémique

Pour la première fois dans l'histoire, la science divise le peuple. Il y a eu, bien sûr, Copernic et Galilée, mais cela se passait entre clercs et hommes de pouvoir ; l'Église gardait farouchement le temple et ses vérités sacrées. Les lumières éclairent désormais les chemins de la liberté. L'objet de la dispute entre Galvani et Volta n'est autre que la nature du fluide mystérieux de ces esprits animaux qui animent les corps vivants ; un phénomène physique accessible à la science et qui n'a rien de divin, bien qu'il se manifeste souvent dans le ciel, l'*électricité.*

Deux phénomènes opposés dans leur caractère s'affrontent dans cette polémique. D'un côté, Alessandro Volta (1745-1827), jeune et brillant professeur de physique à l'Université de Parme, le type même du savant ambitieux et opportuniste. Après que Bonaparte eut conquis l'Italie sous le prétexte de la délivrer, il est couvert d'honneurs par l'empereur Napoléon qui fait de lui un comte et un sénateur. Ce goût pour les honneurs, faiblesse ordinaire des savants, n'enlève rien à la gloire éternelle d'être le découvreur du courant électrique et de la pile qui porte son nom.

De l'autre, Luigi Galvani (1737-1798), titulaire à 29 ans de la prestigieuse chaire d'anatomie de l'Université de Bologne, s'illustre par ses brillantes dissertations sur la physiologie de l'oreille avant de devenir le fondateur de l'électrophysiologie, celle-ci étant considérée comme la mère des sciences du système nerveux. Sa mise modeste et l'honnêteté de ses mœurs sont à la mesure inverse de l'arrogance voltaïque. Sommé de faire allégeance au libérateur corse, il choisira de se démettre de sa chaire et de ses fonctions, ajoutant ainsi à sa gloire scientifique, celle d'un héros de la liberté et d'un patriote italien.

Il serait trop fastidieux de rapporter les expériences successives réalisées sur une cuisse de grenouille reliée par ses nerfs à un fragment de moelle épinière, elle-même suspendue par un crochet de cuivre à une balustrade en fer. Il nous suffira de dire que les contractions musculaires observées sans l'aide d'une étincelle électrique venant d'une source extérieure lui permettaient de conclure « qu'il existe un déséquilibre électrique entre les nerfs et les muscles de la grenouille », les nerfs étant négativement et les muscles positivement chargés. Autrement dit qu'il y a production de courant électrique.

La riposte de Volta n'a pas tardé : l'électricité observée par Galvani n'est pas produite par l'animal, mais par la pile électrique formée par le contact entre deux métaux différents, le cuivre du crochet et le fer de la balustrade. Volta avait raison, mais *la théorie de Galvani était juste.* La dispute fut violente, mêlant idéologie et mauvaise foi. À la mort de Galvani, son neveu continua la lutte. Le XIXe siècle donna raison à Galvani. En 1848, Dubois-Raymond, pionnier de l'électrophysiologie, écrit que « le bouleversement introduit par Galvani parmi les docteurs peut seulement être comparé avec le ferment suscité dans l'arène politique contemporaine par la Révolution française ».

C'est une grande leçon qu'on doit tirer de cet épisode de l'histoire des sciences : celle de l'erreur féconde et du rôle des artefacts dans la production de théories. Ferrier (1808-1864) qui fut un des premiers à utiliser l'électricité pour stimuler le cerveau avait créé dans son Institut de métaphysique à Oxford un département d'*agnoiologie* qui signifie étude de l'ignorance, en opposition à l'*épistémologie*, un terme qu'il introduit pour désigner la théorie de la connaissance : ô innocente ignorance qui éclaire les progrès de la science !

Ce n'est qu'au milieu du XIXe siècle que grâce à la mise au point d'instruments capables de mesurer de faibles quantités de courant (les galvanomètres) que l'Italien Matteucci et le Prussien Dubois-Raymond – la science est alors européenne – montreront le passage d'un courant entre l'intérieur lésé d'un muscle et sa surface (courant de lésion). On réalise très vite que le phénomène nerveux qui se propage le long des nerfs n'est pas un courant électrique proprement dit, mais une onde de négativité de quelques millisecondes de durée, formée au niveau de la stimulation qui se déplace sans varier d'amplitude le long de la fibre nerveuse. La vitesse de conduction de ce « potentiel d'action » mesurée par von Helmholtz se révèle en effet très différente de celle de l'électricité : quelques mètres par seconde au lieu de 300 000 km par seconde.

Une question se pose alors : si tous les nerfs transportent un signal identique, comment se fait-il que le nerf optique qui relie l'œil au cerveau transporte des informations visuelles, alors que le nerf auditif transmet des sons ? Müller suggère qu'il revient au cerveau d'*interpréter* les messages qu'il reçoit en fonction de leur provenance ; ce que l'on appelle l'*énergie spécifique des nerfs* traduit un codage en ligne de l'information et laisse entrevoir l'existence de régions spécialisées du cerveau pour traiter chaque type de sensations. La grande aventure des localisations cérébrales a déjà commencé.

UNE SCIENCE ERRONÉE ENGENDRE LES SCIENCES DU CERVEAU APPELÉES AUJOURD'HUI NEUROSCIENCES

Les anatomistes du XVIIIe siècle avaient mis de l'ordre dans ce qui n'apparaissait que désordre dans les replis observés à la surface du cerveau comparable en cela aux « tortuosités de l'intestin grêle ». Ce fut le mérite de Gall et de son élève Spurzheim de bâtir une nouvelle science de *phrénologie* dont le succès fut immense dans la première moitié du XIXe siècle, passant du cabinet du savant aux salons de la bonne société. Comme le souligne Jouvet, les bases de cette science trop mondaine pour être honnête étaient correctes : 1) le cerveau est l'organe de la pensée ; 2) les facultés mentales et morales sont localisées au niveau d'aires corticales spécifiques ; 3) un excès ou un déficit de ces facultés pourrait être détecté en examinant le cerveau. Le bât blesse sur ce dernier point. Gall pense en effet que les bosses du crâne sont la manifestation extérieure de l'activité cérébrale sous-jacente (Figure 42).

Le système de Gall fut victime de son succès. Dépassé par des imitateurs sans scrupule et des adeptes trop crédules, Gall fut relégué parmi les charlatans où il rejoignit Mesmer, gloire éteinte du magnétisme animal.

LES LOCALISATIONS CORTICALES

Une anatomie plus précise des observations microscopiques de l'architecture intime du cerveau, l'inspection du cerveau lors de l'autopsie de malades étudiés de leur vivant et la comparaison entre lésions et symptômes (méthodes anatomo-clinique), les méthodes de coloration de tranches fines de cerveau, les méthodes de stimulations électriques des différentes zones corticales enfin, toutes ces techniques employées pendant une cinquantaine d'années de façon convergente et systématique permirent d'établir définitivement la « doctrine » de la localisation cérébrale.

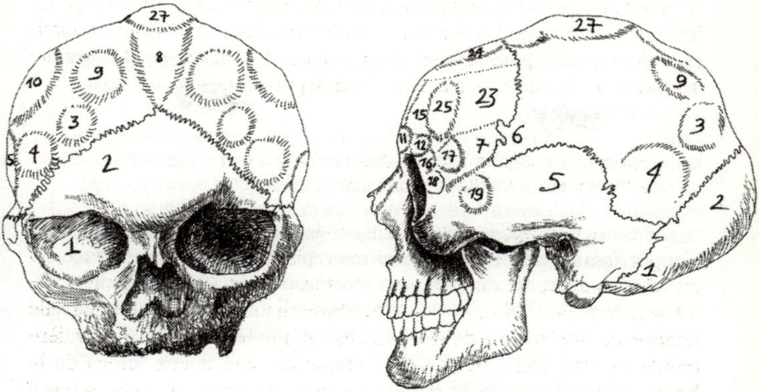

Figure 42. – VUES POSTÉRIEURE ET LATÉRALE D'UN CRÂNE HUMAIN AVEC SES DIFFÉRENTES BOSSES SELON LA TERMINOLOGIE DE GALL.

1. Instinct de reproduction
2. Amour de la descendance
3. Amitié
4. Autodéfense et courage
5. Instinct carnivore, tendance au meurtre
6. Ruse, adresse
7. Sens de la propriété, avarice, tendance à voler
8. Orgueil, arrogance, hauteur, amour de l'autorité
9. Vanité, ambition, amour de la gloire
10. Prudence, prévoyance
11. Mémoire des choses et des faits, éducabilité
12. Sens des lieux et de l'espace
13. Mémoire, sens de son prochain
14. Mémoire des mots
15. Sens du langage et de la parole
16. Sens de la couleur
17. Sens du son, de la musique
18. Sens des nombres, des mathématiques
19. Sens de la mécanique, de l'architecture
20. Sagesse
21. Sens de la métaphysique
22. Espace satirique et du calembour
23. Talent poétique
24. Bonté, compassion, moralité
25. Don d'imitation
26. Religion
27. Fermeté dans le propos, obstination, constance

Les localisations corticales

Le système de Gall fut rapidement submergé et plagié par des admirateurs et des faussaires. Au début, Gall décrivit 27 organes représentés par des bosses souvent difficiles à palper.

Spurheim ajouta 8 nouvelles bosses (soit 35). Enfin, comme toujours, certains, comme John Wesley Redfield de New York, augmentèrent de façon outrancière le nombre d'organes jusqu'à 160 en inventant la bosse du « républicanisme », de l'« amour fidèle » et du « sens de la responsabilité ».

Malgré ses excès, la phrénologie fut adoptée par certains cercles médicaux. Ainsi, Broussais, en 1831, avait mesuré son crâne avec un crâniomètre très perfectionné, avant, et quatre ans après avoir été élu à l'Académie des sciences morales et politiques. Pendant cette période, il s'était livré à un travail intellectuel important et il constata que sa « protubérance métaphysique » (aire 21 de Gall située sur le sommet de la tête, à 3 cm de la ligne médiane) avait augmenté de trois millimètres !

L'illustre Broussais qui a laissé son nom à un hôpital parisien n'était pas en manque d'imagination quand il composa son *Traité de phrénologie* de 850 pages. Je ne résiste pas à une brève citation : « Chez Napoléon, l'organe de l'ordre est admirablement développé : il avait en effet un ordre bien remarquable ; il possédait aussi les localités, l'espace, l'étendue, le calcul, et avec cela une haute intelligence, de manière à distribuer son armée de la façon la plus avantageuse. Il joignait à ces avantages un excellent jugement ; aussi le vit-on bientôt, lorsqu'il parvint au pouvoir suprême, substituer au désordre dont la France gémissait, une administration parfaitement régulière, dans l'intérêt de son despotisme. »

De quoi rendre jaloux les plus performants de nos modernes imagiers du cerveau.

Broca est sans contestation possible le découvreur des localisations du cerveau, le Colomb de ce nouveau monde selon l'expression de Trochu.

Il serait injuste de ne pas citer quelques prédécesseurs de Broca. François Leuret qui eut le mérite de relier le développement des circonvolutions dans l'espèce humaine à celui de l'intelligence et surtout Bouillaud qui posa de 1825 le principe d'une fonction motrice spécifique au langage localisée dans le cerveau ; la dominance cérébrale gauche pour la parole avait également été repérée par le docteur Dax, médecin à Sommières.

Je ne rangerai pas parmi les localisationnistes Gratiolet bien qu'il ait introduit un système de nomenclature dans la dénomination des cir-

Broca

C'est avec Pierre Paul Broca que s'ouvre véritablement l'ère moderne des localisations cérébrales, Broca examine le cerveau d'un homme de 51 ans, nommé Leborgne, qui avait perdu l'usage de la parole depuis vingt et un ans, époque où il avait été admis à l'hospice de Bicêtre.
Il ne prononçait qu'une seule syllabe, qu'il répétait ordinairement deux ou trois fois de suite : « Tan, tan... » À telle enseigne qu'il était connu dans l'hospice sous le sobriquet de Tan. Transporté le 11 avril 1861 en chirurgie pour un phlegmon gangreneux du membre inférieur paralysé (toute la jambe droite « depuis le pied jusqu'à la fesse » était atteinte), il fut soumis par Broca à un examen méthodique en dépit des difficultés occasionnées par l'absence de langage. Leborgne décéda des suites de son infection le 17 avril à 11 heures du matin, et une autopsie fut pratiquée quelques heures après, ce qui permit à Broca de présenter son cerveau dès le lendemain, le 18 avril, à la Société d'anthropologie, avant de le plonger dans un flacon d'alcool qui est encore aujourd'hui conservé au musée Dupuytren à Paris.
Le cerveau présente une lésion, bien visible et relativement étendue, de l'hémisphère gauche. C'était le lobe frontal, plus précisément la troisième circonvolution, qui « présentait la perte de substance la plus étendue » et était entièrement « détruite dans toute sa moitié postérieure ». Broca conclut que « selon toute probabilité, c'est dans la troisième circonvolution frontale que le mal avait débuté » ; il affirme, comme une conséquence inévitable de cette découverte : « Les grandes régions de l'esprit correspondent aux grandes régions du cerveau. » La neuropsychologie moderne vient de naître. Broca reconnaît sa dette envers le mouvement phrénologique : « Gall eut l'incontestable mérite de proclamer le grand principe des localisations cérébrales, qui a été, on peut le dire, le point de départ de toutes les recherches sur le cerveau. »

Michel Imbert, *Traité du cerveau, op. cit.*

convolutions cérébrales. Je signalerai pour l'anecdote que Gratiolet était originaire de la même petite ville que Broca, située au bord de la Dordogne : Sainte Foy-la-Grande était une citadelle protestante où le père de Broca était pasteur et celui de Gratiolet médecin catholique et de pauvre pratique en raison de son statut minoritaire dans la « Genève française ». Cela n'empêcha nullement Broca d'accueillir et de protéger le jeune Gratiolet quand celui-ci entreprit à Paris des études de médecine à l'ombre de son grand aîné. Cela n'empêcha pas non plus Gratiolet d'être un farouche opposant à la doctrine des localisations.

Je remarque que Bouillaud et Dax, comme Gratiolet, étaient protestants. Que vient faire la religion dans cette affaire ? Un exemple du poids de l'idéologie dans la science. La critique la plus virulente des localisations des facultés était venue de Flourens, catholique ardent et par ailleurs brillant expérimentateur, qui ne pouvait admettre que les facultés de l'âme fussent partagées entre différentes régions du cerveau : comme l'Église catholique, l'âme est *une et universelle* (du grec *katholos*). Les cartographies du cerveau furent souvent rejetées avec mépris par les globalistes, encouragés par certains microscopistes comme Golgi qui voyaient dans l'architecture fine du cerveau un vaste réseau réticulaire. Au début du XXe siècle, Lashley soutenait que la faculté d'apprentissage d'un rat ne dépendait pas de la localisation de l'ablation, mais de la quantité de cerveau enlevée. Selon lui, toute aire corticale intacte pouvait exécuter les fonctions d'une autre. Le chef de cette « secte » était sans conteste le professeur Goltz de Strasbourg qui montrait qu'un chien décortiqué pouvait marcher, se diriger, dormir et se réveiller. Fort de ses certitudes, il exhiba son chien sans cortex lors du congrès médical international de Londres en 1881. Son triomphe fut immédiat et sans véritable lendemain.

LA VICTOIRE DES LOCALISATIONNISTES

Le développement des techniques de coloration des cellules ou des voies nerveuses avec notamment la découverte par Betz de grosses cellules de forme pyramidale dans le cortex situé en avant de la scissure de Rolando, l'observation de la structure lamellaire du manteau cérébral permettent de délimiter des aires corticales qui diffèrent par l'architecture cérébrale. Brodman décrit ainsi 52 aires corticales à qui le nouveau siècle trouvera des fonctions.

Ce fut l'œuvre des physiologistes armés de leurs électrodes métalliques reliées à un générateur de courant électrique. Ces recherches furent inaugurées par les Allemands Frisch et Hitzig qui, voulant démontrer en 1870 la fausseté des travaux français sur les localisations, montrèrent que la stimulation du cortex frontal du chien produisait des mouvements des membres controlatéraux : bel exemple de la science triomphant des préjugés nationalistes. Trois ans plus tard, les localisateurs anglo-saxons avec Ferrier réussirent à établir la carte des points moteurs chez le chien : première esquisse de la représentation somatotopique de la moitié controlatérale du corps humain dans la circonvolution frontale ascendante (*homonculus*), obtenue dans les années 1940 par un neurochirurgien canadien de génie, Penfield qui profite d'interventions chirurgicales chez des patients épileptiques pour stimuler à l'aide d'électrodes l'écorce cérébrale insensible au toucher (Figure 43).

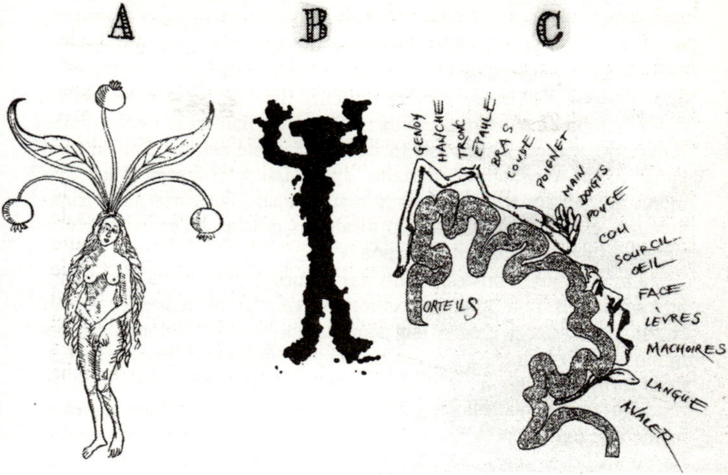

FIGURE 43. – L'*HOMONCULUS*, DE LA PENSÉE MAGIQUE À LA PENSÉE BIOLOGIQUE.
En A, mandragore ; en B, représentation anthropomorphe de la période chalcolithique (5 000 ans av. J.-C.), Vallée des merveilles (Courtoisie de Henry de Lumley) ; en C, l'*homonculus*, Penfield et Rasmussen ont construit la carte des différents muscles du corps représentés sur le cortex controlatéral. Les résultats de ces recherches sont résumés sous la forme d'une figuration humaine plaquée sur la surface extérieure du cerveau, dans laquelle la taille des différentes parties du corps correspond à la surface corticale impliquée dans leur contrôle. Comme on le voit clairement sur la Figure B représentant l'homonculus moteur, une grande partie du cerveau est consacrée au contrôle moteur des organes vocaux. Les régions motrices occupent une superficie proportionnelle à leur importance fonctionnelle chez l'homme : la main droite, le pouce, les muscles faciaux, ceux de la bouche sont exagérément représentés par rapport aux autres parties.

LA THÉORIE NEURONALE

La question du « où » paraissant résolue et les facultés instrumentales et intellectuelles de l'homme étant désormais assignées à résidence dans des territoires bien délimités, il restait la question du « comment » : quels sont les moyens et l'organisation par lesquels le cerveau exerce son empire sur notre misérable chair ?

On sait depuis le milieu du XIXe siècle que la vie est constituée à partir d'une unité de base, la cellule. Le cerveau ne fait pas exception à la règle, il est composé de cellules de formes extraordinairement variées appelées plus tard *neurones* dont on découvrira qu'elles sont accompagnées d'autres cellules « moins nobles » qui les flanquent tel un valet son maître : les *cellules gliales*.

C'est un véritable conflit qui va opposer les deux grands anatomistes du système nerveux : l'Italien Golgi et l'Espagnol Ramon y Cajal. Le premier invente la technique portant son nom qui permet grâce à une imprégnation argentique, comparable à celle utilisée en photographie, de révéler sur des tranches fines de cerveau les neurones avec leurs fins prolongements : « Spectacle inattendu ! s'émerveille Ramon y Cajal qui a reçu une formation d'artiste peintre. Sur un fond jaune d'une translucidité parfaite, apparaissent clairsemés des filaments noirs lisses et minces, ou épineux et épais, des corps noirs triangulaires, étoilés, fusiformes ! On dirait des dessins à l'encre de chine sur un papier transparent du Japon. »

Les deux anatomistes, réunis par un prix Nobel en 1906, s'affrontent sur la question de l'organisation des cellules nerveuses en réseau continu pour Golgi, discontinu pour Ramon y Cajal. Selon Golgi, les innombrables branches partant du corps cellulaire et leurs ramifications forment ce qu'on appelle un *syncytium* sans interruption avec les branches des autres cellules ; selon Ramon y Cajal, la cellule nerveuse forme une unité fonctionnelle le *neurone avec son axone et ses dendrites* ; il s'articule avec d'autres neurones par l'intermédiaire de formations spécialisées : les *synapses*. Comme toutes les sciences en période d'effervescence, la neurophysiologie est féconde en néologismes et chaque nouvelle théorie apporte son lot de jargon ; au visiteur étranger d'en prendre son parti. Que vaut-il mieux : parler de prolongement unique ou d'axone, de branches ou de dendrites ? Parler français ou parler grec ? Dénommer les choses est le propre de l'homme. Il a parfois tendance à en abuser.

LA SYNAPSE : ÉLECTRIQUE OU CHIMIQUE ?

La synapse est une découverte fondamentale pour comprendre le fonctionnement du cerveau. Le jeu des connexions entre les neurones grâce à cette sorte d'écluse permet le passage des signaux électriques et de créer des circuits où l'information est traitée et distribuée. Le plus simple d'entre eux est l'arc réflexe dit monosynaptique dans lequel un neurone afférent venant de la périphérie (en général sensoriel) s'articule par une synapse avec un neurone efférent retournant à la périphérie (en général un muscle). De tels arcs existent dans la moelle épinière : c'est grâce à eux que nous conservons un tonus musculaire au lieu d'être des chiffes molles comparables à des poupées de son. Une myriade de circuits synaptiques autrement complexes utilise les milliards de neurones de notre cerveau et les milliers de synapses qui relient chacun d'entre eux aux autres.

Avant de terminer cette histoire, il me reste à évoquer une dernière polémique qui a pris fin dans les années 1930 : la transmission se fait-elle par contact électrique ou par un messager chimique qui navigue d'une rive à l'autre de la synapse ? Jusqu'au début du XXe siècle, la synapse électrique a régné sur le cerveau en maîtresse absolue avant de céder la place à la synapse chimique et aux neurotransmetteurs. L'acétylcholine fut le premier à être identifié au niveau des terminaisons du nerf vague au niveau du cœur, en 1921 par l'Autrichien Loewi et au niveau de la jonction neuromusculaire par Dale en 1937. Ici commence vraiment l'histoire de ce qu'on appelle aujourd'hui, les neurosciences.

La science se fait en rêvant

Pendant la nuit du 15 octobre 1920, Otto Loewi rêva d'une expérience qui lui permettrait de démontrer que la transmission de l'influx nerveux, provoqué par l'excitation du nerf vague (un nerf crânien) qui entraîne le ralentissement du cœur, se fait par l'intermédiaire d'un agent chimique. À son réveil, il ne se souvenait plus de l'expérience. La nuit suivante, il fit le même rêve et, réveillé, il décida cette fois de ne plus attendre ; vêtu de sa houppelande et de son bonnet de nuit, il descendit sur-le-champ dans son laboratoire pour réaliser l'expérience. Celle-ci consistait à stimuler électriquement le nerf vague d'un cœur de grenouille isolé et continuant à battre dans du liquide physiologique contenu dans un petit récipient. Après quelques minutes de stimulation électrique, le liquide d'incubation était versé dans un autre récipient contenant un cœur isolé ; celui-ci ralentissait alors spontanément. Loewi en concluait que la stimulation du nerf vague avait produit à sa terminaison une libération d'une substance chimique (en l'occurrence de l'acétylcholine) qui avait diffusé dans le bain.

LE BEL AUJOURD'HUI

Pour conclure cette histoire, un aperçu des progrès scientifiques dans le domaine des neurosciences nous servira de viatique pour la visite du cerveau. Les découvertes récentes dans la connaissance de cet organe ont été spectaculaires. En a-t-on découvert pour autant les secrets de l'âme humaine ? Un vieil homme dont la seule certitude est de mourir doit résister à la tentation d'inscrire sur sa tombe en guise d'épitaphe : « RIEN », comme l'a fait le cinéaste Ozu.

Voici pour retrouver un peu d'espoir, quelques avancées spectaculaires et des progrès conséquents dans l'histoire contemporaine de la conquête du cerveau.

LES AVANCÉES

Les techniques d'*imagerie cérébrale* permettent d'observer le cerveau au travail et de connaître le niveau d'activité de régions bien définies lors de l'exécution de différentes tâches mentales. Avec la reconstitution en trois dimensions et la résonance magnétique nucléaire à balayage rapide, il est désormais possible à l'homme de regarder vivre son propre cerveau.

À l'échelon cellulaire, on connaît parfaitement aujourd'hui la nature de l'influx nerveux et des différents phénomènes électriques qui confèrent au neurone ses propriétés d'excitabilité et ses capacités dans le traitement de l'information. Les méthodes biophysiques dites de « *patch-clamp* » ouvrent un accès direct aux canaux ioniques et permettent de comprendre les modalités d'action des messagers chimiques et de leurs récepteurs.

Au niveau moléculaire, outre l'identification de la structure des canaux, des neurotransmetteurs et de leurs récepteurs, la mise à jour d'un inventaire foisonnant de molécules interagissant en cascade permet de comprendre les substrats fonctionnels et moléculaires de phénomènes fondamentaux comme le plaisir, la souffrance, la dépendance, la mémoire et la formation des cartes cognitives dans le cerveau. Un domaine nouveau et prometteur est celui du *développement* avec la découverte et l'isolement des facteurs de croissance, des molécules d'adhésion qui assurent à la fois la genèse et la cohérence des structures et plus récemment des molécules qui interviennent dans la navigation et le guidage des fibres nerveuses responsables de l'organisation des voies et des réseaux dans le cerveau. Enfin, l'existence de cellules souches dans le cerveau adulte permet d'envisager pour le futur des implantations de neurones neufs dans un cerveau lésé ou usé.

La génétique a été particulièrement féconde dans le domaine des neurosciences mettant au jour des familles de gènes pour les enzymes, récepteurs et protéines qui assurent les diverses fonctions neuronales. La découverte de gènes régulateurs, responsables du développement du cerveau selon les plans de l'espèce, ouvre des perspectives considérables, non seulement sur la compréhension du développement du cerveau, mais aussi sur les modalités de son fonctionnement. Dans le domaine de la pathologie, l'identification du gène et de la nature de la mutation a pu être obtenue dans quelques affections monogéniques du système nerveux dont la chorée de Huntington offre l'exemple le plus spectaculaire.

LES MOINDRES PROGRÈS ET LES DÉCEPTIONS

Il n'est pas habituel dans un bilan scientifique d'insister sur les échecs. Les médias, qui s'intéressent aux succès spectaculaires et omettent quelquefois d'assurer le suivi souvent décevant de résultats annoncés à grand fracas, participent à ce concert spontané transformant la recherche en marche triomphale.

Les médicaments du cerveau. Malgré les efforts considérables consentis par la recherche institutionnelle et l'industrie pharmaceutique, peu de molécules réellement nouvelles sont apparues au cours de la dernière décennie. Certes, une meilleure connaissance des cibles potentielles dans le cerveau, grâce notamment à l'identification génétique des récepteurs pour les neurotransmetteurs, a permis de multiplier le nombre de molécules actives et de mieux orienter leurs indications chez les patients. L'inventaire des neurotransmetteurs s'est enrichi ; un nouveau système de neuromodulation, le système endocannabinoïde, est venu prendre sa place à côté des endomorphines dans le jeu turbulent des humeurs cérébrales. Mais on ne peut comparer ces découvertes sporadiques à la véritable révolution que fut l'apparition, il y a déjà plusieurs décennies, des premières molécules tranquillisantes et antidépressives. On peut par ailleurs se demander si le succès mondial de certains produits sur le marché des psychotropes ne témoigne pas davantage de l'efficacité du marketing que d'une réelle originalité thérapeutique.

L'informatique. L'intelligence artificielle constitue une branche particulièrement féconde des recherches en informatique, notamment dans le domaine de la robotique et des machines experts ; sa contribution à la compréhension des fonctions cognitives du cerveau s'est en revanche révélée décevante. Les apports considérables de l'informatique restent cantonnés au niveau technique, qu'il s'agisse par exemple de l'imagerie ou du traitement des données électrophysiologiques.

Les interventions sur le cerveau. Après l'usage à titre palliatif de la neurochirurgie (stimulation électrique) dans le domaine d'affections neurodégénératives du cerveau comme la maladie de Parkinson ou de troubles graves du comportement, une thérapeutique réellement substitutive a été proposée sous la forme de transplantation de cellules nerveuses embryonnaires au sein de structures cérébrales dégénérées ou lésées. La complexité des problèmes soulevés, l'absence de suivi à long terme plaident en faveur de la plus grande circonspection.

La génétique des maladies héréditaires se heurte à la rareté des affections monogéniques, à la compréhension très insuffisante des mécanismes pathologiques et à l'absence totale dans un avenir proche de solutions thérapeutiques. Les résultats les plus évidents sont d'ordre diagnostique et posent ouvertement la question de l'eugénisme. Il est à craindre là encore que la publicité faite autour de quelques résultats spectaculaires ne fasse naître des espérances trompeuses chez les patients.

FOCUS 15

Les maladies génétiques du système nerveux

ALEXIS BRICE
professeur de neurologie
praticien hospitalier CHU Pitié-Salpêtrière

Le système nerveux est un organe complexe en raison de la très grande diversité des cellules qui le composent et de la multiplicité de leurs connexions. Il est facile de comprendre que cette complexité nécessite l'expression coordonnée de très nombreux gènes. Ainsi, plus de la moitié de nos gènes (environ 30 000 au total) sont exprimés dans le système nerveux. Il en résulte que près de la moitié des maladies génétiques affectent le système nerveux à des degrés divers avec une grande diversité des manifestations cliniques.

Au cours des vingt dernières années, et plus particulièrement depuis la détermination de la séquence du génome humain et donc des gènes qui le composent, plus de 1 000 gènes responsables de maladies qui affectent le système nerveux sont connus. La connaissance des anomalies génétiques ou mutations à l'origine de maladies du système nerveux est déjà à l'origine d'applications pour les malades et les médecins qui sont résumées ci-dessous.

Une meilleure classification des maladies et la détermination de leurs caractéristiques précises

Les maladies génétiques du système nerveux sont rares mais nombreuses. En effet, si la plupart des maladies génétiques du système nerveux sont des maladies orphelines et touchent moins d'une personne sur deux mille, leur nombre est impressionnant puisqu'il se chiffre en milliers d'affections différentes. À côté de ces maladies très rares, il existe également des formes génétiques de certaines maladies communes comme les maladies d'Alzheimer et de Parkinson. La classification des maladies a été revisitée depuis l'avènement de la génétique moléculaire puisque des maladies qui paraissaient uniques se sont révélées multiples. Par exemple, certaines dégénérescences rétiniennes (rétinites pigmentaires), qui conduisent plus ou moins rapidement à la cécité, peuvent être causées par l'altération d'une centaine de gènes différents. Dans chaque famille, un de ces gènes est impliqué, mais il peut varier d'une famille à l'autre. On parle alors d'hétérogénéité génétique. La génétique moléculaire a également montré que, le plus souvent, il existe dans chaque gène des mutations différentes d'une famille à l'autre. Cette situation est qualifiée d'hétérogénéité allélique. De plus, les manifestations cliniques sont souvent variables de même que la sévérité en fonction de la nature du gène en cause ou de ses mutations. Il en résulte une grande complexité. La classification des maladies du système nerveux est évidemment bouleversée par ces découvertes qui sont maintenant utilisées pour permettre un diagnostic précis.

Le diagnostic génétique permet un conseil génétique adapté pour le malade et ses proches

La découverte de nombreuses anomalies génétiques responsables de maladies du système nerveux a amélioré les possibilités de diagnostic, avec des applications pour le conseil génétique. Chez un patient, l'analyse génétique permet de préciser le diagnostic et contribue à limiter l'errance diagnostique fréquente dans les maladies rares. Dans certaines maladies, la connaissance du gène et de la mutation permet de mieux évaluer le pronostic de la maladie et donc d'adapter la prise en charge. C'est surtout la possibilité d'un conseil génétique fondé sur le mode de transmission de la maladie. Il est ainsi possible de calculer le risque de récurrence de la maladie dans la descendance. Le conseil génétique peut conduire au diagnostic prénatal ou au diagnostic présymptomatique. Le diagnostic prénatal, avec interruption médicale de grossesse en cas de résultat défavorable, permet aux couples à risque de ne pas avoir d'enfants atteints de maladie génétique. Légalement, cette possibilité concerne les maladies d'une particulière gravité qui se révèlent chez l'enfant et qui sont incurables. Cependant, pour de nombreuses maladies génétiques, il existe une variabilité d'expression dont les causes ne sont pas connues. Ainsi, s'il est possible de déterminer si l'enfant à venir est porteur d'une mutation, il n'est pas toujours possible d'en prédire précisément les conséquences. Cette incertitude pose des problèmes délicats tant aux couples qu'à l'équipe médicale dans le cadre du diagnostic prénatal.

La découverte des gènes responsables de certaines maladies neurodégénératives de l'adulte, qui se transmettent de génération en génération et qui sont encore incurables, pose des problèmes spécifiques. Il en est ainsi par exemple de la maladie de Huntington pour laquelle il est possible de déterminer le statut génétique d'une personne à risque, c'est-à-dire appartenant à une famille portant cette maladie, qui ne présente pas encore de manifestations de la maladie. Il s'agit du diagnostic présymptomatique qui répond à l'angoisse de personnes à risque d'avoir reçu la mutation responsable de la maladie d'un parent atteint. Pour certains, la connaissance de leur statut génétique, même en cas de résultat défavorable, est plus supportable que l'incertitude. Cependant, vivre en sachant que l'on va développer une maladie incurable sans en connaître la date et sans possibilité de traitement préventif est souvent psychologiquement éprouvant. C'est pourquoi la pratique des tests présymptomatiques a été encadrée et qu'ils sont réalisés dans le cadre d'une prise en charge pluridisciplinaire au long cours. Les situations telles que le diagnostic prénatal ou le diagnostic présymptomatique posent donc de multiples problèmes d'ordre éthique qui nécessitent un dialogue entre les personnes concernées et l'équipe médicale pluridisciplinaire, qui comprend des psychologues, en vue d'une décision appropriée. Enfin, le diagnostic préimplantatoire constitue maintenant pour certaines maladies une alternative au diagnostic prénatal, qui n'implique pas d'interruption médicale de grossesse. En effet, cette technique de procréation médicalement assistée consiste à implanter des embryons génétiquement sélectionnés après fécondation *in vitro.* Cependant, elle reste très difficile à mettre en œuvre, tant au plan technique en raison de l'expertise requise que pour le couple concerné en raison des contraintes imposées.

La compréhension des conséquences des mutations pour l'organisme et les traitements

Si les applications pour le diagnostic génétique se multiplient, celles qui concernent le traitement des maladies génétiques restent beaucoup plus limitées. En effet, pour envisager de traiter des maladies génétiques, il est indispensable d'en comprendre les mécanismes et la découverte du gène responsable ne constitue qu'une étape initiale. L'identification du gène responsable d'une maladie et de ses mutations permet maintenant de créer des modèles de la maladie génétique soit *in vitro,* par exemple dans des systèmes cellulaires, soit *in vivo,* chez des animaux de laboratoire. Ces modèles sont accessibles à l'expérimentateur et permettent de disséquer les mécanismes qui sont à l'origine d'une anomalie de développement, d'un dysfonctionnement ou d'une dégénérescence de certains neurones. Ces connaissances servent à identifier des cibles thérapeutiques potentielles qui peuvent être alors testées et validées dans ces modèles. Les découvertes de la génétique sont récentes et ces approches prennent beaucoup de temps, d'où des possibilités thérapeutiques encore très limitées pour la plupart des maladies génétiques. À côté de ces thérapies qui visent à contrecarrer les conséquences du dysfonctionnement d'un gène muté, il en existe d'autres qui agissent plus en amont pour apporter la protéine qui fait défaut ou pour empêcher l'expression d'une protéine mutée et toxique éventuelle, par exemple. Ici encore, les modèles animaux sont très utiles pour valider les pistes thérapeutiques. Cependant, leur application chez des patients pose encore de nombreux problèmes liés à l'accessibilité des cellules cibles dans le système nerveux, à l'efficacité et à la toxicité des vecteurs utilisés, aux problèmes de régulation dans le temps et dans l'espace des gènes médicaments qui sont introduits. Nous assistons actuellement à un foisonnement d'approches thérapeutiques, géniques ou médicamenteuses avec des résultats encourageants dans des modèles animaux. Cependant, l'expérience montre que, de la souris à l'homme, le saut est important et que les différences l'emportent parfois sur les similitudes. Des résultats prometteurs chez la souris ne valent pas promesse de réussite pour les patients.

Notes

CHAPITRE PREMIER

Le paysage cérébral

1. Catherine Pozzi, *Peau d'âme*, Paris, La Différence, 1990.

2. Cellules à caractère embryonnaire, ayant conservé la capacité de se diviser, qui fournissent les cellules s'engageant dans une différenciation lors du développement. Chez l'adulte on désigne sous le terme de cellules souches, des cellules remplaçant celles déjà différenciées engagées dans un processus de mort cellulaire. Il en existe, on le verra, dans plusieurs régions du cerveau adulte.

3. La myéline est une graisse qui isole les axones de certains neurones. Elle facilite et augmente la vitesse de conduction de l'influx nerveux dans la fibre.

CHAPITRE 2

Avec qui voyager ?

1. Voir en particulier D. Widlöcher *et al.*, *Choisir sa psychothérapie*, Paris, Odile Jacob, 2006.

2. E. Kandel, *Cellular Basis of Behavior : An Introduction to Behavioral Neurobiology*, Freeman, San Francisco, 1976.

3. J. E. Le Doux, *Le Cerveau des émotions*, Paris, Odile Jacob, 2005.

4. B. A. Alford et A.T. Beck, *The Integrative Power of Cognitive Therapy*, New York, The Guilford Press, 1997.

5. D. Meggli, *Erickson, hypnose et psychothérapie*, Paris, Retz, 2005.

6. F. Roustang, *Qu'est-ce que l'hypnose ?*, Paris, Minuit, 1994 ; voir aussi *Il suffit d'un geste*, Paris, Odile Jacob, 2003.

CHAPITRE 3

Le climat et les saisons

1. Pour une revue générale de l'histoire des notions d'humeur et de tempérament, ainsi que sur les recherches récentes, voir J. Kagan, *La Part de l'inné*, Paris, Bayard, 1998.

2. H. Heine, *Lorelei*.

3. R. Descartes, *Les Passions de l'âme*, Paris, Vrin, 1970.

4. J.-D. Vincent, *Biologie des passions*, Paris, Odile Jacob.

5. P. Ekman, « Universal and cultural difference in facial expression of emotion in man and animal », in *Nebraska Symposium of Motivation*, J. C. Cole éd., Lincoln, Université du Nebraska, 1972.

6. Les amines biogènes forment une famille de substances qui comprend la dopamine, la noradrénaline, l'adrénaline (la plus connue du grand public), la sérotonine, l'histamine.

7. M. Proust, *Le Temps retrouvé, À la recherche du temps perdu*, Paris, Gallimard, coll. « La Pléiade », t. III, p. 864.
8. J. Delay, *Les Dérèglements de l'humeur*, Paris, PUF, 1961.
9. C. Henry *et al.*, « Towards a reconceptualization of mixed states, based on an emotional reactivity dimensional model », *Journal of Affective Disorders*,
10. Sur les rats, voir J.-D. Vincent, *La Chair et le Diable*, Paris, Odile Jacob, 1996.
11. Sur la théorie des tempéraments en psychiatrie voir H. S. Akiskal, « An integrative perspective of recurrent mind disorders in the mediating role of personality », *Psychosocial Aspects of Depression Hillsdate*, New Jersey, Laurence Erbaum Associates, 1991 ; et R. Jouvet, « Clinique de la tristesse », *Communication et représentation*, P. Fédida éd., Paris, PUF, 1986.
12. On appelle nycthémère une durée de 24 heures comprenant le jour et la nuit.

CHAPITRE 4
Dormir

1. Sigmund Freud, *Sur le rêve*, trad. Cornélius Heim, dossier et notes de F. Legrand, Paris, Folio, 2007.
2. M. Jouvet, *Pourquoi rêvons-nous ? Pourquoi dormons-nous ? Où, quand, comment ?* Paris, Odile Jacob, 2000.
3. J. Horne, *Why We Sleep*, Oxford, Oxford University Press, 1988.
4. J. Demotes-Mainard, *À quoi bon dormir*, Frison-Roche, 2000.
5. Voir le numéro spécial sur le sommeil du *Monde 2* daté du 20 janvier 2007.

CHAPITRE 5
Manger

1. Antoine Laurent Lavoisier, Fermier général de son état et chimiste de génie a montré que l'air était composé pour quatre cinquièmes d'azote et pour un cinquième d'un gaz qui avive la flamme d'une bougie (l'oxygène). Il mesure grâce à un calorimètre (appareil destiné à mesurer la production de chaleur) que la chaleur produite par un animal qui respire équivaut à la combustion d'une certaine quantité de charbon en présence d'oxygène tout comme la flamme vive d'une chandelle en présence de ce gaz.
2. Ces noms sonnent familièrement aux oreilles d'un adulte d'âge mûr qui en surveille anxieusement les taux, afin d'être prévenu à temps d'une montée qui signale son entrée dans la zone des tempêtes (diabète, maladies cardio-vasculaires et autres).
3. Le glycogène est une macromolécule de sucre formée à partir du glucose et produisant du glucose.
4. Les protéines sont des macromolécules formées de la liaison entre eux d'un nombre plus ou moins grand d'acides aminés. Les liaisons entre acides aminés peuvent être rompues par une réaction chimique dite d'hydrolyse.
5. Voir J.-M. Bourre, *Les Bonnes Graisses*, Paris, Odile Jacob, 1991 et *Diététique du cerveau*, Paris, Odile Jacob, 2003.
6. On peut déceler la tendance à l'obésité par la mesure de la « cellularité » du tissu adipeux qui est donnée par le nombre d'adipocytes par mm^3 et leur volume moyen.
7. J. Le Magnen, « Bases neurobiologiques du comportement alimentaire », *in* J. Delacour, *Neurobiologie des comportements*, Paris, Hermann, 1984.
8. C. Fischler, *L'Homnivore*, Paris, Odile Jacob, 1990.
9. Brillat-Savarin, *op. cit*.

CHAPITRE 6

L'Hypothalamus' Restaurant

1. Les yeux sont formés à partir de l'ébauche embryonnaire du cerveau antérieur, la face et la bouche naissent d'une petite région primitive du cerveau, la crête neurale qui est aussi à l'origine du système sympathique, support de nos affects.

2. Le mot appétit désigne le désir d'un objet alimentaire (ou d'un objet amoureux au sens du XVIIIe siècle) dans l'attente d'un plaisir. Le terme de faim s'applique à une sensation d'ailleurs difficile à décrire, traduisant un besoin de l'organisme en matière énergétique.

3. Un tissu qui existe chez les rongeurs, mais qui a disparu chez l'homme en dehors de la période néonatale. Il intervient uniquement dans la thermogenèse sans frisson et est particulièrement développé chez les hibernants.

4. Ces hormones semblent impliquées dans des pathologies qui frappent principalement les adolescents, l'anorexie et la boulimie nerveuses.

5. L'usage a été longtemps de donner les noms de grands anatomistes aux places et voies du cerveau comme on le fait pour les villes. Il existe un noyau d'Edinger (et Westphal) qui contient les neurones parasympathiques destinés à l'œil.

6. Le terme de « flaveur » est parfois utilisé pour désigner le complexe de sensations gustatives et olfactives. C'est un joli mot d'origine française remis à la mode par les auteurs de langue anglaise *flavor*. Il rend assez bien la pluricité de sens qui s'attache aux mots des sens. Une dame peut-elle accorder ses flaveurs à un soupirant quand elle n'a pas de goût pour lui et ne peut pas le sentir ?

7. A. Holley, *Le Cerveau gourmand*, Paris, Odile Jacob, 2006.

8. A. Holley, *ibid.*

9. J.-M. Amat et J.-D. Vincent, *L'Art de parler la bouche pleine*, *op. cit.*

10. J.-M. Amat et J.-D. Vincent, *ibid.*

11. J.-P. Sartre, *L'Être et le Néant*, Paris, Gallimard, 1947.

12. Le *symposium* désigne le dernier acte d'un banquet grec pendant lequel les convives après avoir mangé se consacrent exclusivement au discours et à la boisson.

13. Dix composants principaux interviennent dans l'arôme du sauvignon, d'après P. Darriet dont le plus important est le métoxy-3-isobutyryl-3-pyrazine dont il suffit de faire disparaître le radical soufré pour que s'évanouisse l'arôme caractéristique de pierre à feu.

14. B. Proust, *Petite géométrie des parfums*, Paris, Le Seuil, 2007.

15. G. M. Shepherd, « Smell images and the flavour system in the human brain », *Nature*, 444, 2006, p. 316-320.

16. Stérique désigne la configuration spatiale d'un composé chimique. Une même molécule peut également exister sous deux formes qui sont le reflet en miroir l'une de l'autre, identiques, mais non superposables comme la main droite et la main gauche (D et L).

17. L. Buck et R. Axel, « A novel multigene family may encode odorant receptors : a molecule basis for odor recognition », *Cell*, 65, 1991, p. 157-187.

18. G. Shepherd, *loc. cit.*

19. Les interneurones du bulbe olfactif sont l'objet d'une neurogenèse permanente, phénomène découvert récemment qui est décrit par un de ses découvreurs, P. M. Lledo, dans le Focus 5.

20. P. M. Lledo, G. Gheuzi et J.-D. Vincent, « Information processing in the mammalian olfactory system », *Physiol. Rev.*, 85, 2005, p. 298-317.

21. E. T. Rolls, « Taste, olfactory and food texture processing in the brain and the control of food intake », *Physiol. Behav.*, 85, 2005, p. 45-56.

22. P. Claudel, *Cantate à trois voix*.

CHAPITRE 7

Boire

1. Ces récepteurs, comme les osmorécepteurs sont probablement des canaux membranaires qui laissent passer les cations et sont codés par des gènes de la famille TRVP récemment isolés : I. S. Nalini, S. Cierra et C. W. Bourgue, *Médecine et Science*, 22, 2006, p. 1035-1036.

2. R. Dantzer, « Psychobiologie des émotions », *in Neurobiologie des comportements*, J. Delacour éd., Paris, Hermann, 1994.

CHAPITRE 8

Mourir de soif

1. M. Lowry, *Lunar Caustic*, Paris, Julliard, coll. « Les Lettres nouvelles », 1963.

2. On consultera sur les maladies liées à la consommation d'alcool, le très précieux ouvrage de B. Rueff, *Les Maladies de l'alcool*, Paris, John Libbey, Eurotext, 1995.

3. Je reviendrai sur ce thème lors de la visite des lieux de plaisir.

4. S. Freud, *Le Mot d'esprit et ses rapports avec l'inconscient*, Paris, Gallimard, 1930.

5. C. David, *L'État amoureux. essais psychanalytiques*, Paris, Payot, 1975.

6. P. Fouquet, *Séminaire d'alcoologie*, faculté de médecine de Necker et Paris-Ouest, 1980.

7. Je remercie le docteur Alain Lizotte de m'avoir fait bénéficier de sa connaissance des patients alcooliques.

8. Y. Liu et W. Hunt, *The « Drunken » Synapse : Studies of Alcool Related Disorder*, Boston, Dordrech, Londre & Moscou, Kluwer Academic Publ. Corp. NY, 1999.

9. G. R. Siggins, M. Roberts, Z. Nie, « The tipsy terminal : presynaptic effect of ethanol », *Pharmacology and Therapeutics*, 107, 2005, p. 80-98.

CHAPITRE 9

La vallée des plaisirs

1. H. Cureau de la Chambre, *Le Caractère des passions : où il est traité de la nature et des effets des passions courageuses*, Paris, P. Rocolet, 1650.

2. La joie est la passion par laquelle l'esprit passe à une perfection plus grande.

3. M. Cabanac, « Physiological role of pleasure », *Science*, 173, 1971.

4. C. Davis *et al.*, *Appetite*, 42, 2003.

5. N. D. Vilkow *et al.*, *Amer. J. Psychiat.*, 156, 1999.

6. G. R. Wang, *Expert Opinion*, 2002, 6.

7. J. Olds, « Self-stimulation of the brain », *Science*, 1998, 127.

8. C'est le célèbre effet Coolidge appelé ainsi en référence à une visite dans un élevage modèle de bovins du président des États-Unis et de la *First lady*. Celle-ci, alors qu'on lui présentait un taureau capable d'honorer une trentaine de vaches dans sa journée, se tourna vers son époux avec une réaction d'admiration et peut-être d'envie. Le Président lui répondit : « Oui, ma chère, mais pas avec la même ! »

9. E. T. Rolls, *Behav. Br. Sci.*, 2000, 23(2).

10. J'utilise le terme de messager de sens très général préférable à ceux plus difficiles à préciser de neuromédiateur, neurotransmetteur ou neuromodulateur.

11. R. L. Wise et M. A. Bozarth, *Psychol. Rev.*, 13 (suppl. 1), 1987.

12. J.-D. Jentsch *et al.*, *Neurosci.*, 1999, 90.

13. P.W. Kalivas *et al.*, *Glutamate and disorders of cognition and maturation*, Series of NY Academy of Sciences, vol. 1003 ; Y. Shaham *et al.*, *Psychopharmacol.*, 2003, 168.

14. B.C. Wittman *et al.*, *Neuron*, 2005, 45.

15. On trouvera des références complètes et une revue exhaustive sur l'addiction dans le livre de G. F. Koob et M. Le Moal, *Neurobiology of Addiction*, Acad. Press, 2006, véritable « bible » de l'addiction.

16. C.R. Lupica *et al.*, *Br. J. Pharmacol.*, 143, 2004, p. 227-223.

17. J. N. J. Reynolds *et al.*, « Dopamine-dependent plasticity of corticostriatal synapses », *Neural Networks*, 15, 2002, p. 507-521.

CHAPITRE 10
Le rire et compagnie

1. D. Mobbs *et al.*, « Humor modulates the mesolimbic reward centers », *Neuron*, 4, 2003, p. 1041-1048.

2. J.-D. Vincent, *Le Cœur des autres. Une biologie de la compassion*, Paris, Plon, 2003.

3. R. Masters *et al.*, « The facial displays of leaders : toward an ethology of human politics », *J. Social of Biology Structure*, 9, 1986, p. 319-343.

4. F. Lelord et C. André, *La Force des émotions*, Paris, Odile Jacob, 2001.

5. A. Malraux, *La Métaphore des dieux*, t. I, Paris, Gallimard, 1957.

6. Stendhal, bien sûr ! Ah, le sourire de celle qu'on aime.

7. R. Provine, *Le Rire. Sa vie, son œuvre*, Paris, Robert Laffont, 2003.

8. R. Provine, « Laugher », *American Scientist*, 84, 1996, p. 38-45.

9. J.-D. Vincent, *Le Cœur des autres. Une biologie de la compassion*, *op. cit.*

10. John Milton, *Le Paradis perdu*, traduction Chateaubriand.

CHAPITRE 11
Boulevard Pavlov

1. Les réseaux neuronaux se développent grâce à leur capacité d'apprentissage. Le psychologue Hebb fut le premier à présenter un apprentissage à partir des neurones artificiels. « Lorsqu'un axone de la cellule A est suffisamment proche pour pouvoir exciter la cellule B et qu'il prend part de manière répétitive ou persistante à cette excitation, alors on doit trouver soit un phénomène de croissance, soit un changement métabolique dans l'une ou l'autre des cellules, tel que l'efficacité de la cellule A pour exciter B doit être accrue. » En d'autres termes, la synapse entre la cellule A et la cellule B doit faciliter la transmission de l'influx nerveux lorsque les deux sont excitées en même temps, et au contraire, si les cellules A et B ne sont pas activées sur la même excitation, la synapse doit inhiber cette transmission.

2. Eric Kandel, *À la recherche de la mémoire. Une nouvelle théorie de l'esprit*, Paris, Odile Jacob, 2007.

3. Eric Kandel a séjourné au centre de biologie marine d'Arcachon pendant les automnes de 1962 et 1963, où il mena ses premières expériences sur l'aplysie en compagnie de Ladislav Tauc (1925-1999).

4. Eric Kandel a reçu le prix Nobel de physiologie et de médecine en 2000, qu'il a partagé avec Avid Carlson et Paul Greengard. Lors de son discours au Karolinska Institute, il a projeté une superbe photographie due à Jack Byrne d'une aplysie arborant la médaille Nobel.

5. Dans son aspiration à réconcilier l'inconscient freudien et l'inconscient cérébral, Eric Kandel incarne le paradigme dominant le champ de la psychoneurophysiologie depuis la seconde moitié du XIXe siècle. Dans son essai sur l'inconscient cérébral (Paris, Seuil, 1992), Marcel Gauchet a montré comment ce que nous savons du fonctionnement du système nerveux, et en particulier ce que nous avons appris du réflexe, continue de trouver ses bases d'accréditation dans les nouveaux modèles du mécanisme de l'esprit qui en ont résulté. L'annonce de la mort de Dieu dont se réclame Nietzsche n'est que la conséquence de la disparition du sujet qui s'enracine dans la nouvelle physiologie nerveuse. L'inconscient psychanalytique lui-même, en dépit d'une opposition plus apparente que réelle, partage à ses débuts la même « illusion réflexe » avec la psychologie organique scientifique. Ce n'est que tardivement et sous la pression des pulsions que le *moi* retrouvera sa souveraineté jaillissante.

6. Toute référence à James Brown est évidemment à exclure. L'aplysie, malgré sa motricité à la fois syncopée et ondulante et ses comportements en chaîne, n'appartient pas à la culture rock'n'roll.

7. C'est dans le laboratoire d'Alfred Fessard, berceau des neurosciences françaises, qu'Eric Kandel s'initia au modèle de l'aplysie sous la direction de Ladislav Tauc qui étudiait déjà les propriétés électrophysiologiques des connexions synaptiques dans le ganglion abdominal de l'aplysie. Les articles publiés par Tauc et Kandel dans le *Journal de physiologie* de Londres en 1965 préfigurent l'ensemble des travaux sur l'aplysie qu'il portera par la suite au niveau d'excellence qui a immortalisé le mollusque.

CHAPITRE 12
Les chemins de l'amour

1. François Cheng, *L'Éternité n'est pas de trop*, Paris, Albin Michel, 2002.

2. Moment dans le sens de la physique, comme on dit le moment d'un couple.

J.-P. Vernant, *L'Individu, la Mort, l'Amour*, Paris, Gallimard, 2002,

3. Citations du *Banquet* de Platon.

4. « La nature humaine, au fond, n'était pas meilleure, mais les hommes trouvaient leur sécurité dans la facilité de se pénétrer réciproquement et cet avantage dont nous ne sentons plus le prix, leur épargnait bien des vices. » J.-J. Rousseau, *Discours sur les sciences et les arts*, Paris, GF, 1978.

5. E. Levinas.

6. Les lettres des deux amants, avant et après ce que j'appellerai pudiquement la déchirure du pacte hormonal conclu entre leurs deux corps, ne sont citées que pour leur valeur exemplaire. Elles proviennent de deux sources et je n'ai aucune compétence et encore moins de légitimité pour participer aux querelles sur leur authenticité. Ce sont les *Lettres des deux amants*, traduites et présentées par Sylvain Piron, Paris, Gallimard, 2005 et les *Lettres d'Abélard et Héloïse*, Paris, LGF, 2007.

7. Les neurones sensibles aux stéroïdes sexuels sont révélés grâce à la technique d'*autoradiographie*, qui permet d'observer au microscope sur des coupes de cerveau l'hormone marquée par un produit radioactif, fixée électivement sur ses sites récepteurs.

8. La testostérone est transformée dans le cerveau en œstradiol grâce à une enzyme, l'aromatase. Elle accomplit son action masculinisante sur le corps après avoir été réduite en *dihydrotestostérone* grâce à une 5αréductase.

9. Le désir ne se manifeste pas de la même façon chez le mâle et chez la femelle. D'une seule pièce chez le premier, il est plus hétérogène chez cette dernière. On distingue : l'*attractivité* ou pouvoir de séduction, la *proceptivité* ou attirance éprouvée pour un mâle et la *réceptivité* ou adoption d'une posture permettant l'accouplement, par exemple, la

lordose – un terme qui ne vient pas du mot lord en anglais – qui désigne l'incurvation du dos facilitant l'accès de la voie génitale à la pénétration du mâle. On désigne, enfin sous le terme d'*œstrus* un état hormonal particulier qui permet la ponte de l'ovule chez la femelle. Dans la plupart des espèces, le *rut* ou désir n'existe qu'au moment de l'œstrus, lorsque la sécrétion d'œstradiol est maximale. C'est le temps où la femelle est désirable et accepte (avec plaisir) le mâle, le temps où s'affirme la finalité du sexe – la reproduction –, tout conspirant alors à faire se rencontrer l'ovule femelle et le spermatozoïde mâle. Chez le primate, l'œstrus est moins soumis au contrôle du cerveau et le désir échappe à l'œstrus. En règle générale, la guenon ne présente pas de chaleurs. Cela ne veut pas dire qu'il n'existe pas de variation du désir au cours du cycle. Statistiquement, les rapprochements sexuels sont plus fréquents à l'approche de l'ovulation, au milieu du cycle, et diminuent au cours de la période du corps jaune. Ces résultats concernent les guenons et les étudiantes d'universités américaines, chez qui les travaux de Persky ont révélé que les pulsions sexuelles augmentaient lors du pic hormonal précédant l'ovulation (voir J.-D. Vincent, *Biologie des passions, op. cit.*).
10. N. Devidze, A. W. Lee, J. Zhou et D. W. Pfaff, « CNS arousal mechanisms bearing on sex and other biologically related behaviors », *Physiol. Behav.* 88, 2006.
11. Franck Beach, le pionnier et le maître longtemps incontesté de la recherche dans le domaine du comportement sexuel, est sans doute à l'origine d'une position aussi rigoriste (F. Beach, « A review of physiological and psychological studies of sexual behavior in mammals », *Physiol. Rev.*, 1947).
12. T. Spiteri et A. Agmo, « Preclinical models of sexual desire », *Sexologies*, 15, 2006, p. 241-249.
13. H. Fisher, A. Aron, M. Mashek, H. Li et L. L. Brown, « Defining the brain system of..., romantic attraction and attachment », *Archives of Sexual Behavior*, 2002, 31. Voir aussi Helen Fischer, *Histoire naturelle de l'amour*, Paris, LGF, 1994.
14. L. Vincent, *Comment devient-on amoureux ?*, Paris, Odile Jacob, 2001.
15. Pour plus de détails, on se référera à J.-D. Vincent, *Le Cœur des autres, op. cit.*
16. Lydia Courage, *Les Amants du soleil*, Paris, Zéphir, 1926.
17. J. Money, *Lovemaps*, New York, Irvington Publishers, 1986.

CHAPITRE 13
Le salon des beaux-arts

1. Une partie de ce chapitre a été tirée d'une conférence publiée dans *Neurosciences sensorielles et cognitives*, « Percevoir et protéger », L. Collet, C. Corbé, M. Doly, M. Imbert et Y. Christen, (éd.), Marseille, Solal Éditeur, 2007.
2. Le lobe occipital.
3. B. Cendrars, *Emmène-moi au bout du monde*, Paris, Gallimard, coll. « La Pléiade ». Peut-on rêver meilleur compagnon de voyage ?
4. M. Ficin, *Commentaires sur le* Banquet *de Platon*, 4.
5. Voltaire, article « Beau », *Dictionnaire philosophique*, t. 2.
6. La formule du Dr Cabanis (1757-1808) est la suivante : « Le cerveau sécrète la pensée comme le foie sécrète la bile. »
7. F. Jacob, *Le Jeu des possibles*, Paris, Fayard, 1981.
8. J.-D. Vincent, *Biologie des passions*, *op. cit.*
9. E. Grassi, *La Métaphore inouïe*, Paris, Quai Voltaire, 1990.
10. « Dans Arles où sont les Aliscans/Quand l'ombre est rouge sous les roses/et clair le temps/Prends garde à la douceur des choses », P.-J. Toulet, *Les Contrerimes*, Paris, Robert Laffont, coll. « Bouquins », 1986.

11. S. Zeki, « Art and the brain », *Daedalus*, 127, 1998, p. 71-103.
12. G. de Nerval, *Les Chimères*, « Le Christ aux olives ».
13. M. Jeannerod, *Le Cerveau machine*, Paris, Fayard, 1983.
14. J. Clair, *L'Art est-il une connaissance ?* Paris, Le Monde Éditions, 1996.
15. Voir J.-D. Vincent, *Le Cœur des autres, op. cit.*
16. J.-D. Vincent, *La Chair et le Diable*, Paris, *op. cit.*

CHAPITRE 14

Le grenier des souvenirs

1. G. Perec, *Je me souviens*, Paris, Hachette Littératures, 2006.
2. G. Perec, *Cantatrix sopranica L. et autres écrits scientifiques*, Paris, Le Seuil, 1992.
3. J. Garcia, W. G. Honkins et K. W. Rusiniak, « Behavior and regulation of the milieu interieur in man and rat », *Science*, 1974, p. 824.
4. D. Schacter, *Science de la mémoire, oublier et se souvenir*, Paris, Odile Jacob, 2003.
5. W. B. Scoville et B. Milner, « Loss of recent memory after bilateral hippocampal lesion », *J. Neurol. Neurosurg. Psychiatry*, 20, 1957, p. 11-21.
6. T. Shallice et E. Warrington, « The independence of the verbal memory stores : a neuropsychological studies », *Quarterly J. Experim. Psychol.*, 22, 1970, p. 261-273.
7. Saint-John Perse, *Chronique*, Paris, Gallimard, 1960.
8. L'amnésie antérograde porte sur l'incapacité de fixer les souvenirs, le patient oublie à mesure. L'amnésie antérograde porte sur les souvenirs anciens ; elle est graduelle et atteint d'abord les moins anciens et s'étend progressivement dans le passé.
9. Jean-Marie Charcot (1825-1893), neurologue, professeur à la Salpêtrière. Il introduit l'hypnose dans la médecine et décrit la grande hystérie ou hystéro-épilepsie dont il fait un trouble neurologique. Freud assistera à ses cours en 1885.
10. J. Cambier et P. Verstichel, *Le Cerveau réconcilié*, Paris, Masson, 1998.
11. Voir l'excellent ouvrage de synthèse de Marc Jeannerod, *Le Cerveau intime*, Paris, Odile Jacob, 2002.
12. A. Fleischer, *Les Trapézistes et le rat*, Paris, Le Seuil, 2001.
13. On mesure la capacité de la mémoire de travail par le nombre d'items d'une série qu'on est capable de répéter immédiatement. Il suffit de mémoriser une dizaine de mots quelconques et de tenter de les restituer quelques secondes plus tard : le nombre de mots n'excède pas en général six. De plus, cette mémoire présente un fort taux d'oublis que l'on mesure par la durée de l'« impasse mnésique ». On observe que le nombre de mots décroît rapidement avec le temps.
14. M. Jeannerod, *Le Cerveau intime, op. cit.*
15. E. Kandel et L. Squire, *La Mémoire. De l'esprit aux molécules*, Paris, De Boeck Université, 2002.
16. J. Cambier et P. Verstichel, *op. cit.*

CHAPITRE 15

Le cerveau des facultés

1. François-Paul Alibert, *Ignobles propos* (Apocryphe), Canada, Paris, 1930.
2. A. Lalande, *Vocabulaire technique et critique de la philosophie*, Paris, PUF.
3. N. Verdier, *Laissez mon âme en paix*, Cambes, La Palanque, 2003.
4. M. Heidegger.
5. J.-J. Rousseau, *Confessions*, IX.

6. J.-J. Rousseau, *Discours sur l'origine de l'inégalité*, Paris, Gallimard, coll. « La Pléiade », 1969.
7. A. Green *La Causalité psychique*, Paris, Odile Jacob, 1995.
8. J. R. Curham et A. Pentland, « The slices of negociation predicting outcome from conversational. Dynamics within the first five minutes », *J. of Applied Physiology*, 2007, 92 ; Ap. Dijksterhuis et coll., « On making the right choice : the deliberation without attention », *Science*, 2006, 911.
9. L. Cohen, *L'Homme thermomètre*, Paris, Odile Jacob, 2004.
10. V. S. Ramachandran, *Le Fantôme intérieur*, Paris, Odile Jacob, 2002.
11. E. Bisiach et C. Luzatti, « Unilateral neglect of representation space », *Cortex*, 14, 1978, p. 129-133.
12. M. Jeannerod, *L'Homme sans visage*, Odile Jacob , Paris, 2007.
13. V.S. Ramachandran, *Le Fantôme intérieur*, *op. cit.*
14. H. Bergson, *L'Évolution créatrice*, *op. cit.*
15. Pierre Janet, cité par Michel Imbert, *op. cit.*
16. Les débats du CNP, *Repenser l'école obligatoire*, Paris, Albin Michel, 2004.
17. Cité par M. Imbert, *op. cit.*
18. Je ne le répéterai jamais assez, homme veut dire ici à la fois homme et femme.
19. M. Jeannerod, *Le Cerveau intime*, *op. cit.*
20. Les psychiatres américains, soucieux de classification systématique, ont défini un ensemble de troubles du comportement sous le sigle IED (pour *Intermittent Explosive Disorders*). Ce désordre affecterait plus de dix millions d'individus aux États-Unis. Pour une provocation insignifiante, une futile frustration, voire sans raison apparente, le sujet se met à vociférer, brise un vase, lance les objets qui lui tombent sous la main et exécute des gestes offensifs destinés à son entourage qui, tout en déplorant son mauvais caractère, marche sur des œufs en sa présence. Parfois la violence offensive verse dans le délit sinon le crime et le misérable se retrouve devant un tribunal.

CHAPITRE 16
Le cerveau de l'action

1. Et le cervelet ! Pourquoi ne pas lui avoir consacré au moins un chapitre ? Il possède presque autant de neurones que le cerveau. C'est un parti délibéré. On ne peut visiter en suivant le même itinéraire deux régions aussi indissociables que différentes. Notre voyage s'est voulu passionné, placé sous le signe des sentiments, une quête de la psyché cachée dans les replis du cortex et les tréfonds de l'encéphale. Le cervelet ne pense pas : il ne jouit pas. Il ne dispose pas de la capacité de déclencher les mouvements lui-même. Il n'en est pas moins indispensable à la réalisation d'un mouvement précis et harmonieux. Une lésion du cervelet entraîne des perturbations importantes des mouvements rapides des membres supérieurs, de la marche, voire de la phonation, malgré l'absence de toute paralysie et de toute perturbation sensitive. Le cervelet est en quelque sorte placé en « dérivation » par rapport aux grandes voies motrices qui ne font rien sans l'en informer. De même, il reçoit des données sensorielles provenant des muscles qui lui indiquent comment se déroulent les mouvements et par les organes des sens, il sait ce qui se passe dans le monde du sujet. Il contrôle, apporte les réajustements et participe à la planification des mouvements dont la commande est ailleurs dans le cortex moteur du cerveau. Il peut modifier l'amplitude, la vitesse, la force et la direction du mouvement. Il règle la contribution indispensable de la posture à l'équilibre et à la réalisation des mouvements. En bref, il ne fait rien, mais intervient dans tout. Il joue, enfin, un rôle essentiel dans l'apprentissage : on ne devient pas acrobate sans le cervelet.

CHAPITRE 17

Le cerveau de l'autre

1. Le cœur dont je parle n'est pas le muscle écarlate dont les contractions font circuler le sang, mais le siège que les croyances anciennes attribuent aux sentiments, resté depuis la métaphore de nos émotions et le blason de nos vertus.

2. Blaise Pascal, *Pensées*.

3. Voir J.-D. Vincent, *La Chair et le Diable*, Paris, Odile Jacob, 1996.

4. J'espère que le visiteur est maintenant assuré que j'utilise le mot âme (ou psyché) en dehors de tout contexte spiritualiste, métaphysique ou théologique. Mon âme est moniste et n'appartient qu'à mon cerveau.

5. J. Decety, « Le sens des autres ou les fondements naturels de la sympathie », *in* Y. Michaud (éd.), *Qu'est-ce que la vie psychique ?*, Paris, Odile Jacob, 2002.

6. J.-D. Vincent, *Le Cœur des autres, op. cit.*

7. Catherine Pozzi, *Peau d'Âne*, Paris, La Différence, 1990.

8. J.-J. Rousseau, *Discours sur les sciences et les arts*, Paris, Garnier Flammarion, 1971.

9. J. Ladrière, *Vie sociale et destinée*, Gemblour, Duerlot, 1973.

10. M. Scheler, *Nature et forme de la sympathie*, Paris, Payot, 1971.

11. J.-D. Vincent, *Biologie des passions, op. cit.*

12. J.-P. Sartre, *L'Être et le Néant*, Paris, Gallimard, 1953.

13. J. Verpré, *Le Néant gai*, Cambes, Pagodon, 2007.

14. G. de Tarde, *Les Lois de l'imitation*, Paris, Kiné, 1993.

15. M. Tomasello, *The Cultural Origin of Human Cognition*, Cambridge, Cambridge University Press.

16. A. N. Meltzoff et M. K. Moore, « Infant intersubjectivity broadening the dialogue to include imitation, identity and intention », *in* S. Braten (éd.), *Intersubjective Communication and Emotion in Early Ontogeny*, Cambridge, Cambridge University Press, 1998.

17. J. Decety, « Naturaliser l'empathie », *L'Encéphale*, 28, 2002, p. 9-20.

18. J. M. Baldwin, *Le Développement mental chez l'enfant et dans la race*, Paris, Félix Alcan, 1897.

19. C. Heyes, Trends in Cognitive Sciences, *Causes and consequences of imitation*, 5 : 2001, p. 253-260.

20. J. Proust, « La pensée de soi », *in* Y. Michaud (éd.), *Qu'est-ce que la vie psychique*, Paris, Odile Jacob, 2002.

21. R. Zazzo, « La genèse de la conscience de soi (la reconnaissance de soi dans l'image du miroir) », *in* P. Fraisse (éd.), *Psychologie de la connaissance de soi*, Paris, PUF, 1975.

22. G. Gallup, « Chimpanzee, self recognition », *Science*, 1970, 167, p. 86-87.

23. Les potentiels d'action d'un neurone ne sont pas seulement « visibles sur l'écran d'un oscilloscope, mais font également un son caractéristique et doux aux oreilles d'un électrophysiologiste ».

24. G. Rizzolati, L. Fadiga, V. Gallese et L. Fogassi, « Premotor cortex and the recognition of motor actions », *Cognitive Brain Research*, 3, 1996, p. 188-194.

25. G. Rizzolati et M. Arbid, « Language within our grasp », *Trends in Neurosciences*, 21, 1988, p. 188-194.

26. M. Jeannerod, *La Nature de l'esprit*, Paris, Odile Jacob, 2002.

27. D. Premack et G. Wooddruff, « Does the chimpanzee have a theory of mind ? », *The Behavioural and Brain Sciences*, 1, 1978, p. 516-526.

28. M. Jeannerod, *op. cit.*

29. J. Decety, T. Chaminade, J. Grèzes et A. N. Meltzoff. « A PET exploration of neural mechanisms involved in reciprocal imitation », *Neuroimage*, 2002, 15(1), p. 265-272.

30. P. Ruby et J. Decety, « Effect of the subjective perspective taking during simulation of action : a PET investigation of agency », *Nature, Neuroscience,* 2002, 15, p. 265-272.
31. J. Gibson, *The Ecological Approach to Visual Perception,* New York, Hougton Mifflin, 1979.
32. P. Rochat, « Self perception and action in infancy », *Exp. Brain Res.,* 1998, 123, p. 102-109. Voir aussi *Le Monde des bébés,* Odile Jacob, 2006.

CHAPITRE 18

Le jardin des langues

1. On consultera à ce propos l'ouvrage de John Dixon Hunt, *L'Art du jardin et son histoire,* Paris, Odile Jacob, 1996.
2. M. Foucault, *Les Mots et les Choses,* Paris, Gallimard, 1996.
3. S. Pinker, *L'Instinct du langage,* Paris, Odile Jacob, 1999.
4. La phylogenèse décrit l'évolution des espèces animales et l'ontogenèse le développement de l'individu au sein d'une espèce donnée. La loi de la récapitulation...
5. T. C. Schneirla, « The process and mechanism of ant learning. The combination problem and the successive presentation proble », *J. Compar. Neurol.,* 17, 1934, p. 309-328.
6. J. Proust, *Les Animaux pensent-ils ?,* Paris, Bayard, 2003.
7. G. Dehaene-Lambertz, S. Dehaene et L. Hertz-Pannier, « Functional neuro-imaging of speech perception in infants », *Science,* 298, 2002, p. 213-215.
8. Dans R. Nadeau, *Vocabulaire technique et analytique de l'épistémologie,* Paris, PUF, 1999.
9. Selon Eibl-Eibesfeld, le cri du nouveau-né obéirait à un modèle unique : un son expiré d'une durée moyenne d'une seconde, suivi d'une pause de 0,2 seconde, puis un murmure inspiré de 0,1 à 0,2 seconde ; une pause de 0,2 seconde et enfin un son expiré.
10. K. Scherer, « Vocal affect expression : a review and a model for future research ? », *Psychological ICSLP,* 1966.
11. Lorsqu'un excitateur entre en vibration, il fournit un signal dont le résonateur va amplifier certaines composantes. On obtient alors des *formants* qui sont un facteur fondamental dans la caractérisation du timbre. Ils servent, justement, à « former » ce dernier.
12. V. C. Tartler, « Happy talk : perceptual and acoustic affects of smiling on speech », *Perception & Psychophysics,* 27, 1980, p. 24-27.
13. J. G. Herder, *Traité sur l'origine de la langue,* traduction de P. Penisson, Paris, Aubier, 1977.
14. P. Feyereisen et J.-D. de Lannoy, *Psychologie du geste,* Bruxelles, Liège, Mardaga, 1985.
15. J. Seguin et L. Ferraud, *Leçons de parole,* Paris, Odile Jacob, 2000.
16. G. Josse et N. Tzourio-Mazoyer, « La spécialisation hémisphérique pour le langage », *in* O. Houdé, B. Mazoyer et N. Tzourio-Mazoyer (éds.), *Cerveau et psychologie,* Paris, PUF, 2001.

Épilogue

1. « As you leave the room », poème de Wallace Stevens, Paris, José Corti, 2006.
2. R. Burton, *Anatomie de la mélancolie, op. cit.*

APPENDICE

Histoire de la découverte du cerveau

1. Il faut se méfier des machines célibataires. La machine de Turing qui a engendré les ordinateurs n'était au départ qu'une machine ô combien célibataire.

2. Trois siècles plus tard, les comportementalistes (béhavioristes) chasseront à nouveau le cerveau des champs de la science en limitant leurs études aux lois qui président les relations entre les stimuli et les réponses comportementales : l'animal réagit par des actes aux sollicitations du milieu (réflexes). Le cerveau, « boîte noire » inaccessible à l'observation objective, est laissé en pâture aux tenants de la subjectivité et de l'introspection, des romanciers plutôt que des savants.

Invités

1. *Yves Agid* est professeur des Universités, praticien hospitalier ; chef de service clinique de neurologie et neuropsychologie du CHU, Pitié-Salpêtrière-Paris-VI. Directeur scientifique de l'ICM, Institut du cerveau et de la moelle épinière. Le professeur Yves Agid, à la fois chercheur et clinicien, est le spécialiste des maladies neurodégénératives du système nerveux et des troubles de la motricité (mouvements anormaux). Sa réputation internationale lui vaut d'être un consultant écouté auprès des célébrités et des plus humbles.

2. *Jean-Marie Amat* est cuisinier et écrivain. La cuisine est pour lui un art et un humanisme. Il a longtemps tenu les fourneaux du Saint-James à Bordeaux et officie actuellement au Prince noir. Il est l'auteur de deux ouvrages de référence en littérature gastronomique, *L'Art de parler la bouche pleine* et *Pour une nouvelle physiologie du goût* chez Odile Jacob.

3. *Bernard Bioulac* est professeur des Universités, praticien hospitalier, directeur de l'Institut des neurosciences de Bordeaux, directeur adjoint du département des Sciences de la vie au CNRS. Les recherches de Bernard Bioulac sont notamment à l'origine des traitements par stimulation électrique du cerveau des troubles de la motricité chez l'homme, particulièrement dans la maladie de Parkinson.

4. *Marc-Louis Bourgeois* est professeur émérite des Universités et praticien hospitalier au CHU de Bordeaux. Il est également docteur en psychologie. Ses recherches et sa pratique clinique en font un expert internationalement reconnu dans le traitement des troubles dépressifs. Il préside l'Association de recherche et de traitement des troubles bipolaires (ART-TB). Auteur de nombreux ouvrages, il vient de publier récemment chez Odile Jacob un livre de référence intitulé *Manie et Dépression*.

5. *Alexis Brice*, professeur des Universités-praticien hospitalier, est chef de service du département de génétique cytogénétique médicale de l'hôpital de la Salpêtrière à Paris. Ses travaux sur les maladies génétiques du cerveau lui ont valu de recevoir le grand prix de la Fondation pour la recherche médicale.

6. *François Clarac*, directeur de recherches émérite au CNRS, est spécialiste des réseaux des neurones et de l'approche comparée de l'activité locomotrice. Il a travaillé au centre de Biologie marine du CNRS d'Arcachon sur des modèles d'invertébrés qui ont permis de comprendre le fonctionnement des réseaux de neurones responsables de la locomotion et, plus récemment, au centre de neurobiologie du CNRS de Marseille où il a étendu ses approches à la neurophysiologie des vertébrés supérieurs. Il est l'auteur de plusieurs livres et de publications classiques dans le domaine de la locomotion.

7. *Bruno Dubois*, professeur des Universités-praticien hospitalier, neurologue clinicien et chercheur, est un expert international dans le domaine des troubles de la mémoire. Il a notamment contribué à la mise au point de tests permettant le dépistage précoce de la maladie d'Alzheimer.

8. *Chantal Henry*, professeur des Universités-praticien hospitalier au CHU de Créteil, a poursuivi parallèlement des activités de recherche et une pratique hospitalière au CHU de Bordeaux. Ses travaux originaux sur le rôle du stress et des émotions dans la physiopathologie des troubles maniaco-dépressifs lui valent une reconnaissance internationale dans ce domaine.

9. *Jacques Hochmann* est professeur honoraire à l'université Claude-Bernard-Lyon-I, praticien-chef de service à l'hôpital du Vinatier. Ce grand psychiatre a su allier une formation psycho-analytique à une expérience clinique et une recherche dans différents domaines de la psychopathologie qui transcendent les positions doctrinales et les nosographies restrictives. Un grand médecin à l'écoute de la misère psychique. Il a notamment publié *La Consolation* chez Odile Jacob.

10. *Olivier Houdé*, docteur en psychologie, professeur de psychologie cognitive à l'université de Paris-V-Sorbonne et membre de l'Institut universitaire de France, est un des meilleurs spécialistes européens des sciences cognitives. Il a exploré le développement chez l'enfant de la rationalité et des différentes expressions de ce qu'il est convenu d'appeler l'intelligence. Il a participé à de nombreux ouvrages collectifs notamment un ouvrage de référence, *Cerveau et Psychologie*, en collaboration avec Bernard Mazoyer et Nathalie Tzourio-Mazoyer (PUF, 2002) et *Dix Leçons de psychologie et pédagogie* (PUF, 2006).

11. *Marc Jeannerod* est professeur des Universités-praticien hospitalier et membre de l'Institut (Académie des sciences). Il a fondé et dirigé l'Institut des sciences cognitives de Lyon. Marc Jeannerod est un des grands physiologistes de l'*action*. Il a mis en évidence que l'action imaginée et l'action exécutée activent un réseau semblable d'aires corticales (théorie dite de la simulation). Ses travaux, en renouvelant complètement la conception de la représentation de l'action, permettent d'appréhender la compréhension de certaines maladies mentales. Marc Jeannerod est de surcroît un écrivain fécond dont l'activité dépasse largement le cadre de la vulgarisation scientifique – son dernier ouvrage, *L'Homme sans visage* (Odile Jacob, 2007), est un chef-d'œuvre littéraire.

12. *Michel Jouvet*, professeur des Universités-praticien hospitalier à l'université Lyon-I, est membre de l'Institut (Académie des sciences) et médaille d'or du CNRS. On ne peut résumer l'activité scientifique de ce grand savant qui a renouvelé les recherches physiologiques sur le sommeil en découvrant le sommeil paradoxal et en explorant les fonctions et les mécanismes neuronaux du sommeil. Ce grand humaniste est aussi un poète et un écrivain dont les œuvres (*Le Château des songes* et *Le Sommeil et le rêve*, entre autres) ont été publiées chez Odile Jacob.

13. *Alain Lizotte* est un psychiatre, pédopsychiatre de formation et psychanalyste qui a consacré depuis plusieurs dizaines d'années ses capacités d'écoute et d'empathie au soutien de centaines de patients, sans parti pris d'école ni attitude doctrinale, dans le seul souci de soulager et parfois de guérir.

14. *Pierre-Marie Lledo* est sans conteste un des tout premiers neurobiologistes de sa génération. Il est directeur de recherches au CNRS et dirige l'unité « Perception et Mémoire » à l'Institut Pasteur. Il a apporté des contributions majeures à la compréhension des phénomènes de plasticité dans le système nerveux et le système neuroendocrinien. Son intérêt s'est focalisé sur la compréhension des mécanismes neuronaux du sens olfactif et lui a permis d'être le premier à décrire le phénomène de neurogenèse (formation de nouveaux neurones dans le système nerveux adulte). Il a obtenu de nombreuses distinctions internationales, notamment le prix de la Fondation Schlumberger.

15. *Michel Meulders* est professeur émérite de neurophysiologie et prorecteur honoraire à l'Université catholique de Louvain. Il a été président de l'Académie royale de médecine de Belgique et est membre étranger de l'Académie nationale de médecine. Ses travaux dans différents domaines de la neurophysiologie sont aujourd'hui des classiques et son ouvrage sur *Helmholtz, des lumières aux neurosciences* (Odile Jacob, 2001) apporte un éclairage indispensable sur les neurosciences.

16. *Jean-Marc Orgogozo*, spécialiste en neurologie, psychiatrie et médecine nucléaire, est professeur de neurologie, chef de pôle hospitalo-universitaire de Neurosciences cliniques et président du Groupe international d'harmonisation en recherche clinique sur les démences.

17. *Alain Prochiantz*, professeur au Collège de France, membre de l'Institut, a révolutionné la compréhension des mécanismes moléculaires à l'œuvre dans le développement du cerveau. Son approche théorique de la biologie du développement et du *vivant* est le sujet de plusieurs livres. Écrivain et homme de théâtre, il est le prototype de l'honnête homme du néoromantisme. *Les Anatomies de la pensée* et *Machine-Esprit* sont parus chez Odile Jacob.

18. *Gérard Slama* est professeur d'endocrinologie, diabète, maladies métaboliques à l'université René-Descartes-Paris-V et a dirigé le service de diabétologie de l'Hôtel-Dieu pendant plus de quinze ans. La participation de ce grand médecin nutritionniste à un ouvrage sur le cerveau attire l'attention sur ce fléau moderne qu'est l'obésité, et sur sa complication majeure, le diabète, dont il est un expert reconnu au plan international. Le cerveau n'est malheureusement pas étranger

à ces graves désordres du corps, démontrant, s'il en était encore besoin, l'inanité du clivage corps/esprit.

19. *Lucy Vincent,* neurobiologiste et écrivain, est l'auteur de plusieurs livres consacrés au corps et à l'amour publiés chez Odile Jacob. Son ouvrage *Comment devient-on amoureux* réunit avec talent la science biologique et l'art d'aimer.

Remerciements

Ma gratitude à Lucy ma femme qui m'a accompagné tout au long de ce voyage extraordinaire avec tendresse et patience. Tout mon amour à Felicity ma fille, mon assistante dans mes relations conflictuelles avec mon Mac.

Mon amitié fidèle à Odile Jacob et Bernard Gotlieb mes éditeurs bienveillants qui ont eu pour moi toutes les indulgences.

Toute ma sympathie à Cécile Andrier qui joint efficacité et rigueur, pour le travail qui l'attend.

Merci à Hélène Hryn, ma fidèle assistante et mon remède à ma dyslexie.

À Alain Carignon pour son travail bibliographique.

À mes amis de la Fondation pour l'innovation politique, qui me confirment dans l'idée que les hémisphères gauche et droit du cerveau ne vont pas l'un sans l'autre.

À Roya Aghakhani pour sa disponibilité et son efficacité dans la gestion de mes activités désordonnées

À Nicole Le Douarin pour sa vigilante amitié.

À Jean-François Moueix qui fut mon compagnon de voyage dans l'hypothalamus. À sa santé !

À mes fidèles mousquetaires enfin, Jacques Demotes-Mainard, Gilles Gheuzi, Pierre-Marie Lledo et Philippe Vernier.

Ma reconnaissance à Jean-Luc Fidel qui ne m'a pas ménagé ses encouragements et a corrigé, par une lecture indulgente mais avisée, mes divagations et monstruosités stylistiques : un grand faiseur de livres.

À François Durkheim,
l'Artiste qui a donné son Âme à ce livre.

Table

Dans la collection « Poches Odile Jacob »

N° 1 : Aldo Naouri, *Les Filles et leurs mères*
N° 2 : Boris Cyrulnik, *Les Nourritures affectives*
N° 3 : Jean-Didier Vincent, *La Chair et le Diable*
N° 4 : Jean François Deniau, *Le Bureau des secrets perdus*
N° 5 : Stephen Hawking, *Trous noirs et Bébés univers*
N° 6 : Claude Hagège, *Le Souffle de la langue*
N° 7 : Claude Olievenstein, *Naissance de la vieillesse*
N° 8 : Édouard Zarifian, *Les Jardiniers de la folie*
N° 9 : Caroline Eliacheff, *À corps et à cris*
N° 10 : François Lelord, Christophe André, *Comment gérer les personnalités difficiles*
N° 11 : Jean-Pierre Changeux, Alain Connes, *Matière à pensée*
N° 12 : Yves Coppens, *Le Genou de Lucy*
N° 13 : Jacques Ruffié, *Le Sexe et la Mort*
N° 14 : François Roustang, *Comment faire rire un paranoïaque ?*
N° 15 : Jean-Claude Duplessy, Pierre Morel, *Gros Temps sur la planète*
N° 16 : François Jacob, *La Souris, la Mouche et l'Homme*
N° 17 : Marie-Frédérique Bacqué, *Le Deuil à vivre*
N° 18 : Gerald M. Edelman, *Biologie de la conscience*
N° 19 : Samuel P. Huntington, *Le Choc des civilisations*
N° 20 : Dan Kiley, *Le Syndrome de Peter Pan*
N° 21 : Willy Pasini, *À quoi sert le couple ?*
N° 22 : Françoise Héritier, Boris Cyrulnik, Aldo Naouri, *De l'inceste*
N° 23 : Tobie Nathan, *Psychanalyse païenne*
N° 24 : Raymond Aubrac, *Où la mémoire s'attarde*
N° 25 : Georges Charpak, Richard L. Garwin, *Feux follets et Champignons nucléaires*
N° 26 : Henry de Lumley, *L'Homme premier*
N° 27 : Alain Ehrenberg, *La Fatigue d'être soi*
N° 28 : Jean-Pierre Changeux, Paul Ricœur, *Ce qui nous fait penser*
N° 29 : André Brahic, *Enfants du Soleil*
N° 30 : David Ruelle, *Hasard et Chaos*
N° 31 : Claude Olievenstein, *Le Non-dit des émotions*
N° 32 : Édouard Zarifian, *Des paradis plein la tête*
N° 33 : Michel Jouvet, *Le Sommeil et le Rêve*
N° 34 : Jean-Baptiste de Foucauld, Denis Piveteau, *Une société en quête de sens*
N° 35 : Jean-Marie Bourre, *La Diététique du cerveau*
N° 36 : François Lelord, *Les Contes d'un psychiatre ordinaire*

N° 37 : Alain Braconnier, *Le Sexe des émotions*
N° 38 : Temple Grandin, *Ma vie d'autiste*
N° 39 : Philippe Taquet, *L'Empreinte des dinosaures*
N° 40 : Antonio R. Damasio, *L'Erreur de Descartes*
N° 41 : Édouard Zarifian, *La Force de guérir*
N° 42 : Yves Coppens, *Pré-ambules*
N° 43 : Claude Fischler, *L'Homnivore*
N° 44 : Brigitte Thévenot, Aldo Naouri, *Questions d'enfants*
N° 45 : Geneviève Delaisi de Parseval, Suzanne Lallemand, *L'Art d'accommoder les bébés*
N° 46 : François Mitterrand, Elie Wiesel, *Mémoire à deux voix*
N° 47 : François Mitterrand, *Mémoires interrompus*
N° 48 : François Mitterrand, *De l'Allemagne, de la France*
N° 49 : Caroline Eliacheff, *Vies privées*
N° 50 : Tobie Nathan, *L'Influence qui guérit*
N° 51 : Éric Albert, Alain Braconnier, *Tout est dans la tête*
N° 52 : Judith Rapoport, *Le garçon qui n'arrêtait pas de se laver*
N° 53 : Michel Cassé, *Du vide et de la création*
N° 54 : Ilya Prigogine, *La Fin des certitudes*
N° 55 : Ginette Raimbault, Caroline Eliacheff, *Les Indomptables*
N° 56 : Marc Abélès, *Un ethnologue à l'Assemblée*
N° 57 : Alicia Lieberman, *La Vie émotionnelle du tout-petit*
N° 58 : Robert Dantzer, *L'Illusion psychosomatique*
N° 59 : Marie-Jo Bonnet, *Les Relations amoureuses entre les femmes*
N° 60 : Irène Théry, *Le Démariage*
N° 61 : Claude Lévi-Strauss, Didier Éribon, *De près et de loin*
N° 62 : François Roustang, *La Fin de la plainte*
N° 63 : Luc Ferry, Jean-Didier Vincent, *Qu'est-ce que l'homme ?*
N° 64 : Aldo Naouri, *Parier sur l'enfant*
N° 65 : Robert Rochefort, *La Société des consommateurs*
N° 66 : John Cleese, Robin Skynner, *Comment être un névrosé heureux*
N° 67 : Boris Cyrulnik, *L'Ensorcellement du monde*
N° 68 : Darian Leader, *À quoi penses-tu ?*
N° 69 : Georges Duby, *L'Histoire continue*
N° 70 : David Lepoutre, *Cœur de banlieue*
N° 71 : Université de tous les savoirs 1, *La Géographie et la Démographie*
N° 72 : Université de tous les savoirs 2, *L'Histoire, la Sociologie et l'Anthropologie*
N° 73 : Université de tous les savoirs 3, *L'Économie, le Travail, l'Entreprise*

N° 74 : Christophe André, François Lelord, *L'Estime de soi*
N° 75 : Université de tous les savoirs 4, *La Vie*
N° 76 : Université de tous les savoirs 5, *Le Cerveau, le Langage, le Sens*
N° 77 : Université de tous les savoirs 6, *La Nature et les Risques*
N° 78 : Boris Cyrulnik, *Un merveilleux malheur*
N° 79 : Université de tous les savoirs 7, *Les Technologies*
N° 80 : Université de tous les savoirs 8, *L'Individu dans la société d'aujourd'hui*
N° 81 : Université de tous les savoirs 9, *Le Pouvoir, L'État, la Politique*
N° 82 : Jean-Didier Vincent, *Biologie des passions*
N° 83 : Université de tous les savoirs 10, *Les Maladies et la Médecine*
N° 84 : Université de tous les savoirs 11, *La Philosophie et l'Éthique*
N° 85 : Université de tous les savoirs 12, *La Société et les Relations sociales*
N° 86 : Roger-Pol Droit, *La Compagnie des philosophes*
N° 87 : Université de tous les savoirs 13, *Les Mathématiques*
N° 88 : Université de tous les savoirs 14, *L'Univers*
N° 89 : Université de tous les savoirs 15, *Le Globe*
N° 90 : Jean-Pierre Changeux, *Raison et Plaisir*
N° 91 : Antonio R. Damasio, *Le Sentiment même de soi*
N° 92 : Université de tous les savoirs 16, *La Physique et les Éléments*
N° 93 : Université de tous les savoirs 17, *Les États de la matière*
N° 94 : Université de tous les savoirs 18, *La Chimie*
N° 95 : Claude Olievenstein, *L'Homme parano*
N° 96 : Université de tous les savoirs 19, *Géopolitique et Mondialisation*
N° 97 : Université de tous les savoirs 20, *L'Art et la Culture*
N° 98 : Claude Hagège, *Halte à la mort des langues*
N° 99 : Jean-Denis Bredin, Thierry Lévy, *Convaincre*
N° 100 : Willy Pasini, *La Force du désir*
N° 101 : Jacques Fricker, *Maigrir en grande forme*
N° 102 : Nicolas Offenstadt, *Les Fusillés de la Grande Guerre*
N° 103 : Catherine Reverzy, *Femmes d'aventure*
N° 104 : Willy Pasini, *Les Casse-pieds*
N° 105 : Roger-Pol Droit, *101 Expériences de philosophie quotidienne*
N° 106 : Jean-Marie Bourre, *La Diététique de la performance*
N° 107 : Jean Cottraux, *La Répétition des scénarios de vie*
N° 108 : Christophe André, Patrice Légeron, *La Peur des autres*
N° 109 : Amartya Sen, *Un nouveau modèle économique*
N° 110 : John D. Barrow, *Pourquoi le monde est-il mathématique ?*

N° 111 : Richard Dawkins, *Le Gène égoïste*
N° 112 : Pierre Fédida, *Des bienfaits de la dépression*
N° 113 : Patrick Légeron, *Le Stress au travail*
N° 114 : François Lelord, Christophe André, *La Force des émotions*
N° 115 : Marc Ferro, *Histoire de France*
N° 116 : Stanislas Dehaene, *La Bosse des maths*
N° 117 : Willy Pasini, Donato Francescato, *Le Courage de changer*
N° 118 : François Heisbourg, *Hyperterrorisme : la nouvelle guerre*
N° 119 : Marc Ferro, *Le Choc de l'Islam*
N° 120 : Régis Debray, *Dieu, un itinéraire*
N° 121 : Georges Charpak, Henri Broch, *Devenez sorciers, devenez savants*
N° 122 : René Frydman, *Dieu, la Médecine et l'Embryon*
N° 123 : Philippe Brenot, *Inventer le couple*
N° 124 : Jean Le Camus, *Le Vrai Rôle du père*
N° 125 : Elisabeth Badinter, *XY*
N° 126 : Elisabeth Badinter, *L'Un est l'Autre*
N° 127 : Laurent Cohen-Tanugi, *L'Europe et l'Amérique au seuil du XXIe siècle*
N° 128 : Aldo Naouri, *Réponses de pédiatre*
N° 129 : Jean-Pierre Changeux, *L'Homme de vérité*
N° 130 : Nicole Jeammet, *Les Violences morales*
N° 131 : Robert Neuburger, *Nouveaux Couples*
N° 132 : Boris Cyrulnik, *Les Vilains Petits Canards*
N° 133 : Christophe André, *Vivre heureux*
N° 134 : François Lelord, *Le Voyage d'Hector*
N° 135 : Alain Braconnier, *Petit ou grand anxieux ?*
N° 136 : Juan Luis Arsuaga, *Le Collier de Néandertal*
N° 137 : Daniel Sibony, *Don de soi ou partage de soi*
N° 138 : Claude Hagège, *L'Enfant aux deux langues*
N° 139 : Roger-Pol Droit, *Dernières Nouvelles des choses*
N° 140 : Willy Pasini, *Être sûr de soi*
N° 141 : Massimo Piattelli Palmarini, *Le Goût des études ou comment l'acquérir*
N° 142 : Michel Godet, *Le Choc de 2006*
N° 143 : Gérard Chaliand, Sophie Mousset, *2 000 ans de chrétientés*
N° 145 : Christian De Duve, *À l'écoute du vivant*
N° 146 : Aldo Naouri, *Le Couple et l'Enfant*

N° 147 : Robert Rochefort, *Vive le papy-boom*
N° 148 : Dominique Desanti, Jean-Toussaint Desanti, *La liberté nous aime encore*
N° 149 : François Roustang, *Il suffit d'un geste*
N° 150 : Howard Buten, *Il y a quelqu'un là-dedans*
N° 151 : Catherine Clément, Tobie Nathan, *Le Divan et le Grigri*
N° 152 : Antonio R. Damasio, *Spinoza avait raison*
N° 153 : Bénédicte de Boysson-Bardies, *Comment la parole vient aux enfants*
N° 154 : Michel Schneider, *Big Mother*
N° 155 : Willy Pasini, *Le Temps d'aimer*
N° 156 : Jean-François Amadieu, *Le Poids des apparences*
N° 157 : Jean Cottraux, *Les Ennemis intérieurs*
N° 158 : Bill Clinton, *Ma Vie*
N° 159 : Marc Jeannerod, *Le Cerveau intime*
N° 160 : David Khayat, *Les Chemins de l'espoir*
N° 161 : Jean Daniel, *La Prison juive*
N° 162 : Marie-Christine Hardy-Baylé, Patrick Hardy, *Maniaco-dépressif*
N° 163 : Boris Cyrulnik, *Le Murmure des fantômes*
N° 164 : Georges Charpak, Roland Omnès, *Soyez savants, devenez prophètes*
N° 165 : Aldo Naouri, *Les Pères et les Mères*
N° 166 : Christophe André, *Psychologie de la peur*
N° 167 : Alain Peyrefitte, *La Société de confiance*
N° 168 : François Ladame, *Les Éternels Adolescents*
N° 169 : Didier Pleux, *De l'enfant roi à l'enfant tyran*
N° 170 : Robert Axelrod, *Comment réussir dans un monde d'égoïstes*
N° 171 : François Millet-Bartoli, *La Crise du milieu de la vie*
N° 172 : Hubert Montagner, *L'Attachement*
N° 173 : Jean-Marie Bourre, *La Nouvelle Diététique du cerveau*
N° 174 : Willy Pasini, *La Jalousie*
N° 175 : Frédéric Fanget, *Oser*
N° 176 : Lucy Vincent, *Comment devient-on amoureux ?*
N° 177 : Jacques Melher, Emmanuel Dupoux, *Naître humain*
N° 178 : Gérard Apfeldorfer, *Les Relations durables*
N° 179 : Bernard Lechevalier, *Le Cerveau de Mozart*
N° 180 : Stella Baruk, *Quelles mathématiques pour l'école ?*

N° 181 : Patrick Lemoine, *Le Mystère du placebo*
N° 182 : Boris Cyrulnik, *Parler d'amour au bord du gouffre*
N° 183 : Alain Braconnier, *Mère et Fils*
N° 184 : Jean-Claude Carrière, *Einstein, s'il vous plaît*
N° 185 : Aldo Naouri, Sylvie Angel, Philippe Gutton, *Les Mères juives*
N° 186 : Jean-Marie Bourre, *La Vérité sur les oméga-3*
N° 187 : Édouard Zarifian, *Le Goût de vivre*
N° 188 : Lucy Vincent, *Petits arrangements avec l'amour*
N° 189 : Jean-Claude Carrière, *Fragilité*
N° 190 : Luc Ferry, *Vaincre les peurs*
N° 191 : Henri Broch, *Gourous, sorciers et savants*
N° 192 : Aldo Naouri, *Adultères*
N° 193 : Violaine Guéritault, *La Fatigue émotionnelle et physique des mères*
N° 194 : Sylvie Angel et Stéphane Clerget, *La Deuxième Chance en amour*
N° 195 : Barbara Donville, *Vaincre l'autisme*
N° 196 : François Roustang, *Savoir attendre*
N° 197 : Alain Braconnier, *Les Filles et les Pères*
N° 198 : Lucy Vincent, *Où est passé l'amour ?*
N° 199 : Claude Hagège, *Combat pour le français*
N° 200 : Boris Cyrulnik, *De chair et d'âme*
N° 201 : Jeanne Siaud-Facchin, *Aider son enfant en difficulté scolaire*
N° 202 : Laurent Cohen, *L'Homme-thermomètre*
N° 203 : François Lelord, *Hector et les secrets de l'amour*
N° 204 : Willy Pasini, *Des hommes à aimer*
N° 205 : Jean-François Gayraud, *Le Monde des mafias*
N° 206 : Claude Béata, *La Psychologie du chien*
N° 207 : Denis Bertholet, *Claude Lévi-Strauss*
N° 208 : Alain Bentolila, *Le Verbe contre la barbarie*
N° 209 : François Lelord, *Le Nouveau Voyage d'Hector*
N° 210 : Pascal Picq, *Lucy et l'obscurantisme*
N° 211 : Marc Ferro, *Le Ressentiment dans l'histoire*
N° 212 : Willy Pasini, *Le Couple amoureux*
N° 213 : Christophe André, François Lelord, *L'Estime de soi*
N° 214 : Lionel Naccache, *Le Nouvel Inconscient*
N° 215 : Christophe André, *Imparfaits, libres et heureux*
N° 216 : Michel Godet, *Le Courage du bon sens*

N° 217 : Daniel Stern, Nadia Bruschweiler, *Naissance d'une mère*
N° 218 : Gérard Apfeldorfer, *Mangez en paix !*
N° 219 : Libby Purves, *Comment ne pas être une mère parfaite*
N° 220 : Gisèle George, *La Confiance en soi de votre enfant*
N° 221 : Libby Purves, *Comment ne pas élever des enfants parfaits*
N° 222 : Claudine Biland, *Psychologie du menteur*
N° 223 : Dr Hervé Grosgogeat, *La Méthode acide-base*
N° 224 : François-Xavier Poudat, *La Dépendance amoureuse*
N° 225 : Barack Obama, *Le Changement*
N° 226 : Aldo Naouri, *Éduquer ses enfants*
N° 227 : Dominique Servant, *Soigner le stress et l'anxiété par soi-même*
N° 228 : Anthony Rowley, *Une histoire mondiale de la table*

Cet ouvrage a été transcodé et mis en pages
chez Nord Compo (Villeneuve d'Ascq)

Impression réalisée par

CPI
Brodard & Taupin

La Flèche (Sarthe), le 25-09-2009
N° d'impression : 53822
N° d'édition : 7381-2349-X
Dépôt légal : octobre 2009

Imprimé en France